工业自动化系统与技术

主　编　徐立芳

副主编　莫宏伟

哈爾濱工程大學出版社

内 容 简 介

本书内容为工业自动化通用技术，具体涉及工业自动化生产线与立体仓库，低压电器、传感器与自动化仪表，步进电机、伺服电机及伺服控制，可编程序控制器 PLC、通用运动控制器、运动控制技术，计算机监控系统与射频识别技术、监控组态软件，现场总线技术与工业以太网，工业机器人，等等。内容丰富，深入浅出，编写形式上，将理论讲解与工程实际问题相联系，重点内容配有工程技术应用案例。

本书可作为高等院校自动化等相关专业应用型、技能型人才培养的专业教材，也可供从事自动化技术开发与应用的工程技术人员使用。

图书在版编目(CIP)数据

工业自动化系统与技术/徐立芳主编. —哈尔滨：哈尔滨工程大学出版社，2014.8(2017.1 重印)
ISBN 978-7-5661-0905-7

Ⅰ. ①工…　Ⅱ. ①徐…　Ⅲ. ①自动化系统
Ⅳ. ①TP27

中国版本图书馆 CIP 数据核字(2014)第 201469 号

出版发行　哈尔滨工程大学出版社
社　　址　哈尔滨市南岗区东大直街 124 号
邮政编码　150001
发行电话　0451-82519328
传　　真　0451-82519699
经　　销　新华书店
印　　刷　北京中石油彩色印刷有限责任公司
开　　本　787 mm×1 092 mm　1/16
印　　张　19
字　　数　475 千字
版　　次　2014 年 8 月第 1 版
印　　次　2017 年 1 月第 2 次印刷
定　　价　35.00 元
http://www.hrbeupress.com
E-mail:heupress@hrbeu.edu.cn

前　言

当前,国内高校普遍开设"自动化生产-仓储物流系统"实践类课程。通过这类课程的学习,学生能够全面地熟悉、了解当代工业控制领域的一些典型系统、工程应用技术、整体运行环境及标准;但是,与课程开设情况不相符的是,缺少一本系统集成典型工业自动化系统与技术的教材。由于课程内容涉及到多门专业知识、多种工程应用技术,通常师生需要同时参考多本专业书籍,才能满足学习要求。

本书是作者在多年自动化系统实践课程教学的基础上,对课程内容及知识体系重新进行梳理,最终确立了整本书的框架结构和内容层次。

本书共分8章,第1章介绍了工业自动化及其发展,与工业信息化的关系,工业自动化系统的基本组成与分类、结构分级、典型系统,以及当代工业自动化发展潮流和热点技术,自动化领域的跨国公司行业发展情况;第2章介绍了物流系统与自动化立体仓库的分类及构成、相关设备和基本作业流程;分析德马泰克、胜斐迩、蒙牛乳业自动化立体仓库应用案例,自动化立体仓库在我国的发展情况以及总体规划与设计;第3章介绍了检测系统与传感器的特性指标,仪表的误差与精度,常用低压电器、传感器与自动化仪表;包括开关与主令电器、断路器与熔断器、接触器与继电器等常用低压电器,各类传感器(压力、磁电、光电、超声波、温度、湿度、机械位移)与编码器,压力、液位、流量、温度仪器仪表;第4章介绍了伺服电机与伺服系统,包括交、直流伺服电机与步进电机的结构及工作原理,永磁同步电动机的伺服控制、交流电机变频调速等等;第5章介绍了运动控制技术的发展,运动控制系统组成、功能、分类和关键技术;重点介绍了可编程序控制器(PLC)与通用运动控制器的工程应用技术,以固高GT-400系列运动控制器为例,对其编程环境和函数库、应用于堆垛机系统的速度控制例程进行了分析;第6章介绍了计算机监控系统及其在变电所中的应用案例,监控组态软件及基于iFIX的自动化立体仓库监控系统,自动识别、RFID射频识别技术及其在医院病历追踪、博物馆个性化体验、追踪枪支器械中的应用案例;第7章介绍了基金会、Profibus、CAN等典型现场总线技术与现场总线控制系统,CIP-控制及信息协议与工业以太网;第8章介绍了工业机器人的发展、基本组成与类型、主要技术指标,对工业机器人的运动学、静力学与动力学进行了分析,介绍了工业机器人轨迹规划、生成与控制,以及工业机械手PLC控制系统应用案例。

本书特色如下:(1)专业覆盖面广,信息量大,涉及多门专业知识与交叉学科知识的综合应用；(2)案例、实物图片多、现场性强；(3)教材内容与工程应用同步。

感谢哈尔滨工程大学2012年本科生教材立项对本书出版的资助。本书出版过程中得到了哈尔滨工程大学出版社多位工作人员的大力支持与帮助，在此表示衷心感谢！

本书在编写过程中，参考了固高科技(深圳)有限公司有关GT－400运动控制器编程手册、自动化立体仓库使用手册，在此表示衷心感谢！

作者虽然长期从事自动控制相关研究工作，但是由于经验和水平所限，书中难免存在疏漏和不足之处，希望读者提出宝贵的批评和意见。作者联系方式：mxlfang@163.com。

编　者

2014年5月

目录
CONTENTS

CONTENTS

第1章 工业自动化

工业自动化是机器设备或生产过程在不需要人工直接干预的情况下,按预期的目标实现测量、操纵等信息处理和过程控制的统称。自动化技术就是探索和研究实现自动化过程的方法和技术,它是涉及机械、微电子、计算机、机器视觉等技术领域的一门综合性技术。工业革命是自动化技术的助产士,正是由于工业革命的需要,自动化技术才得到了蓬勃发展;同时,自动化技术也促进了工业的进步。如今自动化技术已经被广泛地应用于机械制造、电力、建筑、交通运输、信息技术等领域,成为提高劳动生产率的主要手段。

自动化技术作为21世纪工业领域中最重要的技术之一,主要解决的是生产效率和一致性问题,无论是追求高速、连续和大批量的大型企业,还是追求灵活、柔性的定制化中心企业,都依赖自动化技术的应用。当今世界已经从产品经济过渡到服务经济,过渡到一个需要客户体验的时代。大规模定制,也就是快速大批量制造符合个性需求的产品已经成为世界级的发展趋势,这就需要生产企业具有很高的自动化水平来解决效率和柔性的矛盾。自动化技术与现代工业企业的关系,已经远远超越了为企业提高效益的范畴,成为企业赖以生存和发展的基础之一。

1.1 工业自动化及其发展

1.1.1 工业自动化技术

工业自动化技术是当代工业生产必不可少的重要部分。随着微型计算机和网络技术的广泛应用,工业自动化技术正在发生着重大的变化。

什么是工业自动化技术?

工业自动化技术是一种运用控制理论、仪器仪表、计算机和其他信息技术,对工业生产过程实现检测、控制、优化、调度、管理和决策,达到增加产量、提高质量、降低消耗、确保安全等目的的综合性技术,包括工业自动化软件、硬件和系统三大部分。自动化系统本身并不直接创造效益,但它对企业生产过程起着明显的提升作用:

(1)提高生产过程的安全性;

(2)提高生产效率;

(3)提高产品质量;

(4)减少生产过程的原材料、能源损耗。

据国际权威咨询机构统计,自动化系统投入和提升企业效益方面产出比为1:4~1:6。特别在资金密集型企业中,自动化系统占设备总投资10%以下,起到“四两拨千金”的作用。传统的工业自动化系统,即机电一体化系统主要是对设备和生产过程的控制,即由机械本体、动力部分、测试传感部分、执行机构、驱动部分、控制及信号处理单元、接口等硬件元素,在软件程序和电子电路的逻辑信息流引导下,相互协调、有机融合和集成,形成物质和能量的有序规则运动，从而组成工业自动化系统或产品。

在工业自动化领域，传统的控制系统经历了继基地式气动仪表控制系统、电动单元组合式模拟仪表控制系统、集中式数字控制系统和集散式控制系统 DCS 的发展历程。

近年来，随着控制技术、计算机、通信、网络等技术的发展，信息交互沟通的领域正迅速覆盖从工厂的现场设备层到控制、管理各个层次。

1.1.2 工业自动化与工业信息化的关系

根据清华大学自动化系金以慧教授的定义，工业信息化是指在工业的生产、管理、经营过程中，通过信息基础设施，在集成平台上，实现信息的采集（传感器及仪器仪表）、信息的传输（通信）、信息的处理（计算机）以及信息的综合应用（自动化、管理、经营等功能）等都是信息化的内容。自动化与信息化的关系如图 1.1 所示。

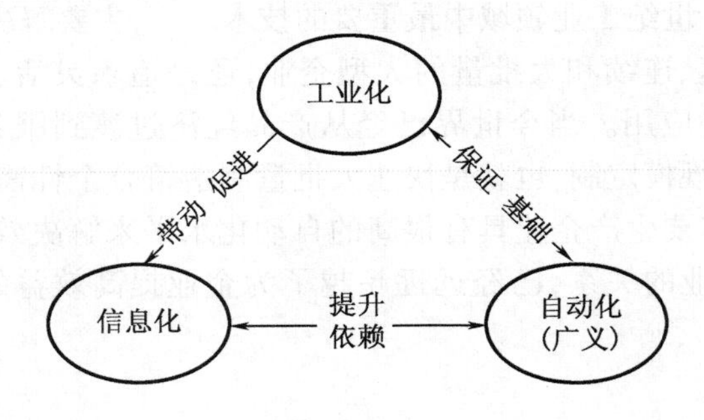

图 1.1 自动化与信息化的关系

将信息技术用于企业产品设计、制造、管理和销售的全过程，以提高企业的市场应变能力和竞争能力，这是企业信息化的主要内容和目标。自动化往往是指包括检测、控制和继电保护等常规自动化的概念。广义自动化是指实现经营管理、计划调度、成本核算、生产监控、故障诊断、自动控制等更大范围内的自动化，又称之为“综合自动化”或称三层结构的“流程工业 CIMS”。

1.1.3 工业自动化的发展

第一阶段 20 世纪 40 年代—60 年代初期

需求动力：市场竞争，资源利用，减轻劳动强度，提高产品质量，适应批量生产需要。

主要特点：此阶段主要为单机自动化阶段，各种单机自动化加工设备出现，并不断扩大应用和向纵深方向发展。

典型成果和产品：硬件数控系统的数控机床。

第二阶段 20 世纪 60 年代中—70 年代初期

需求动力：市场竞争加剧，要求产品更新快，产品质量高，并适应大中批量生产需要和减轻劳动强度。

主要特点：此阶段主要以自动生产线为标志，在单机自动化的基础上，各种组合机床、组合生产线出现，同时软件数控系统出现并用于机床，计算机辅助设计（CAD），计算机辅助制造（CAM）等软件开始用于实际工程的设计和制造中，此阶段硬件加工设备适合于大中批量的生产和加工。

典型成果和产品:用于钻、镗、铣等加工的自动化生产线。

第三阶段 20 世纪 70 年代中期至今

需求动力:市场环境的变化,使多品种、中小批量生产中普遍性问题愈发严重,要求自动化技术向其广度和深度发展,使其各相关技术高度综合,发挥整体最佳效能。

主要特点:自 20 世纪 70 年代初期美国学者首次提出计算机集成制造(CIM)概念至今,自动化领域已发生了巨大变化,其主要特点是:CIM 已作为一种哲理、一种方法,工业自动化逐步为人们所接受。

CIM 也是一种实现集成的相应技术,把分散独立的单元自动化技术集成为一个优化的整体。所谓哲理,就是企业应根据需求来分析并克服现存的"瓶颈",从而实现不断提高实力、竞争力的思想策略;而作为实现集成的相应技术,一般认为是数据获取、分配、共享;网络和通信;车间层设备控制器;计算机硬、软件的规范、标准等。同时,并行工程作为一种经营哲理和工作模式自 80 年代末期开始应用和活跃于自动化技术领域,并将进一步促进单元自动化技术的集成。

典型成果和产品:计算机/现代集成制造系统(CIMS)工厂,柔性制造系统(FMS)。

1.2 工业自动化系统的基本组成

工业自动化系统指对工业生产过程及其机电设备、工艺装备进行测量与控制的自动化技术工具(包括自动测量仪表、控制装置)的总称。工业自动化系统以构成的软、硬件可分类为自动化设备、仪器仪表与测量设备、自动化软件、传动设备、计算机硬件、通信网络等。

(1)自动化设备:包括可编程序控制器(PLC)、传感器、编码器、人机界面、开关、断路器、按钮、接触器、继电器等工业电器及设备。

(2)仪器仪表与测量设备:包括压力仪器仪表、温度仪器仪表、流量仪器仪表、物位仪器仪表、阀门等设备。

(3)自动化软件:包括计算机辅助设计与制造系统(CAD/CAM)、工业控制软件、网络应用软件、数据库软件、数据分析软件等。

(4)传动设备:包括调速器、伺服系统、运动控制、电源系统、发动机等。

(5)计算机硬件:包括嵌入式计算机、工业计算机、工业控制计算机等。

(6)通信网络:包括网络交换机、视频监视设备、通信连接器、网桥等。

工业自动化系统产品一般又可分成下列几类:

(1)可编程序控制器(PLC):按功能及规模可分为大型 PLC(输入输出点数 >1024),中型 PLC(输入输出点数 256~1024)及小型 PLC(输入输出点数 <256 点)。

(2)分布式控制系统(DCS):又称集散控制系统,按功能及规模亦可分为多级分层分布式控制系统、中小型分布式控制系统、两级分布式控制系统。

(3)工业 PC 机:能适合工业恶劣环境的 PC 机,配有各种过程输入输出接口板组成的工控机,以及近年出现的 PCI 总线工控机。

(4)嵌入式计算机及 OEM 产品:包括 PID 调节器及控制器。

(5)机电设备数控系统(CNC,FMS,CAM)。

(6)现场总线控制系统(FCS)。

1.3 工业自动化系统结构分级

广义上,工业自动化系统通常分为5级:企业管理级、生产管理级、过程控制级、设备控制级和检测驱动级。前两个管理级涉及的高新技术主要是计算机技术、软件技术、网络技术和信息技术;过程控制级涉及的高新技术主要是智能控制技术和工程方法;设备控制级和检测驱动级涉及的高新技术主要是三电一体化技术、现场总线技术和新器件交流数字调速技术。

可将上述5级分层归纳为:企业管理决策系统层(ERP)、生产执行系统层(MES)、过程控制系统层(PCS)三层结构和计算机支撑系统(企业网络、数据库),并实现系统集成,从而实现企业的物流、资金流、信息流的集成,提高企业竞争力。企业管理决策系统层(ERP)、生产执行系统层(MES)必须建立在设备自动化和过程自动化基础上。工业自动化系统分级如图1.2所示。

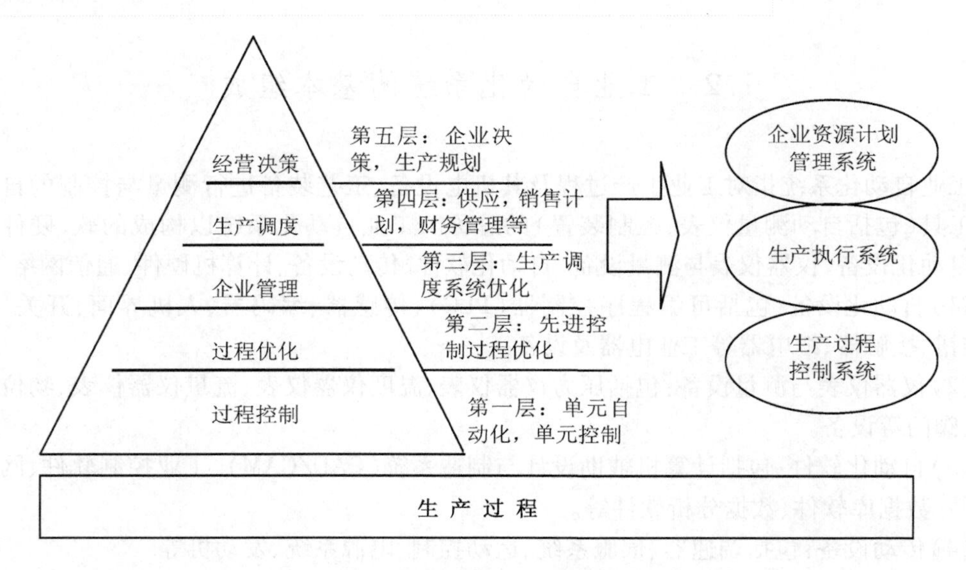

图1.2 工业自动化系统分级

1.3.1 企业管理决策系统层(ERP)

20世纪90年代以来,制造资源计划(MPRⅡ)经过进一步地发展完善,形成了目前的企业资源计划ERP系统。ERP除了包括和加强了MRPⅡ各种功能外,更加面向全球市场,所管理的企业资源更多,支持混合式生产方式(分散生产与流程生产),管理覆盖面更宽,进入了企业供应链管理。从企业全局角度进行经营与生产计划,是制造业企业的综合集成经营系统,也是集成化的企业管理软件系统。

图1.3中,ERP面向市场,能够对市场快速响应,强调了供应商、制造商与分销商间的新伙伴关系。ERP强调企业流程与工作流程,通过工作实现对企业的人员、财务、制造与分销间的集成,支持企业过程重组,支持后勤管理,使得企业的资金流、物流、信息流更加有机地结合,支持多种方式,即分散制造业与流程生产过程。此外,ERP系统还包括了金融投资管理、质量管理、运输管理、项目管理、法规与标准、过程控制(待链接)等,目的是通过ERP提高企业的经济效益。

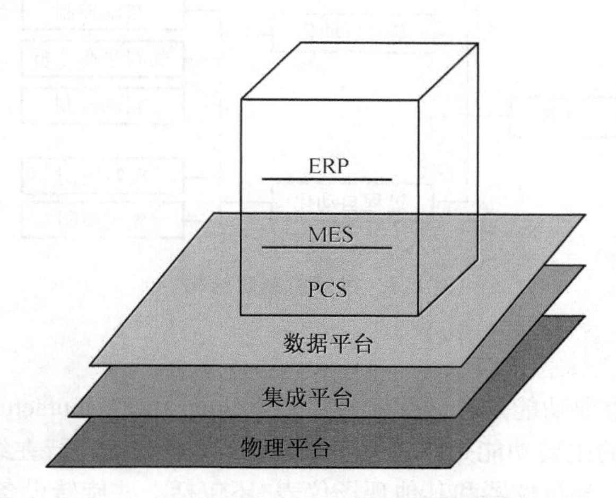

图1.3　企业管理决策系统层和过程控制系统层结构

由于互联网技术迅猛发展,改变了传统的管理和信息传递的单向制,又实现了实时与互动性。在网络经济中,管理需要考虑的问题更多。例如:如何管理和优化企业的外部资源,在全球经济环境中,建立业务网络,拓展企业新的业务增长点,如何在各个业务环节中,密切同客户的关系,在越来越复杂的供求关系中准确、及时地为现有和潜在的客户提供"个性化"的产品和服务等。

市场和客户需求决定了企业生产。企业必须更注意市场营销和客户服务、客户关系,其重点发生转移。销售、服务、经营等客户关系管理(CRM)成为重点。企业战略管理(SEM)产品,客户关系管理(CRM)、供应链管理(SCM)都已是ERP的内容。支持电子商务,将是ERP软件进一步发展的必由之路。

1.3.2　过程控制层(PCS)

按费希尔·罗斯蒙特控管一体化的策略,过程管理能力的过程控制概念,即工厂网络。更明白地说:"过程管理=过程控制+设备管理",是开放式结构,是基于FF现场总线的工厂网络,"Web"概念就连接了设备系统和软件的网络。凡是现场总线FF(Fieldbus Foundation)产品供应商的设备、系统和软件均可纳入过程控制概念结构里。这样,给最终用户带来了设备兼容的好处。

工厂管控网结构的各个组成部分有机地联系在一起,提供了三个方面的主要功能,即过程控制,设备管理,业务管理和执行,以及集成的模块软件和智能化的现场设备。

(1)过程控制

过程控制系统不仅能有效和可靠地完成各种控制任务,覆盖常规DCS / PLC的所有功能,它还能实现"任意地点的控制",即用户能够把控制功能下装到现场设备或系统中执行。

任意地点的控制是工厂网络结构与 FF 现场总线技术相结合的产物。对于一些基本的控制回路来说，把控制功能下装到现场变送器或阀门中执行，既能加快回路信号响应，改善调节品质，又能减轻控制系统负担，使其完成较复杂的优化控制等任务，同时增加了系统的分散度，提高了系统可靠性。过程控制层结构如图 1.4 所示。

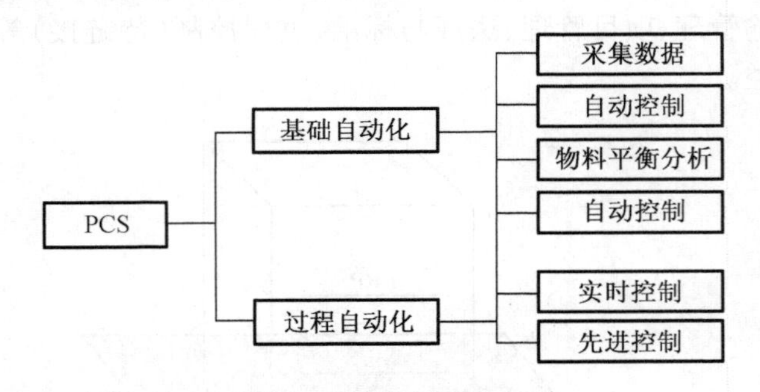

图 1.4　过程控制层结构

(2)设备管理

工厂网络另一项重要功能是自动化制造系统(Automatic Manufacturing System，AMS)的设备管理能力。AMS 的主要功能是对过程中，运行的现场设备进行在线的监测和诊断。它不仅包括变送器、阀门、分析仪器和其他现场仪表，还包括一些旋转设备，如泵和电机。

经过管理软件的处理，FF 现场总线设备中的大量信息，如标定日期和步骤，组成材质、状态诊断等，能够被用来对设备进行组态和标定、自动存档，及时诊断和预测潜在的故障。所有这些任务都不需到环境恶劣或危险的现场，只需在控制室，维护车间或网络的任意节点上即可轻松完成。

(3)集成的模块软件

在工厂网络结构中，集成的模块软件把过程和设备自身的大量信息转化为有用的知识和判断，即对运行和维护人员来说，不必陷入到繁杂的数据之中，而是得到直观、高效的分析、提示和判断。这一点在 AMS 设备管理软件中体现得尤为明显，从而极大地提高了工作效率。

软件的模块化结构同时意味着用户可以根据需要灵活、方便地应用软件，而且这些软件都是基于 Windows 的，具有相同设备的外观和感受，减少了很多使用和掌握所需的时间和费用。

(4)业务管理和执行

对一个企业而言，仅仅具备过程控制和设备管理仍然是不够的，还必须对企业的各个环节，从订单处理到生产计划及财务审查进行全方位的管理。这些都是业务管理的内容。

在过程管理和业务管理的信息集成方面，通过遍及企业内部的工业标准数字通信网络及 OPC 服务器，其网络结构涵盖了从设备层到工厂和业务系统的各个层次，包括过程的优化、维护管理、资源分配和其他企业管理任务。

工厂网络运行着智能化、模块化软件，用户通过它可定义过程、设备和商业上的信息，包括过程测量、设备运行和管理，即在系统运行状态下，对全厂的智能现场仪表和设备进行组态、监测、运行诊断和维护记录，从而能更平衡地操作，减少了停工维修的时间，也减少了施工、安装、维护和设备保养的支出。

(5)智能化现场设备

包括智能压力、温度、流量等及多参数变送器、智能分析仪,以及具有预测性维护和诊断能力的阀门等。

工业控制系统是计算机技术与自动控制技术结合的产物,不仅是计算机的重要门类,而且是实现工业生产自动化,优质、高产、低耗,提高工业企业经济效益的重要技术手段。发展工控机对实现工业现代化、促进产业信息化和振兴经济有重要意义,调查工控机的市场对发展工控机和改造传统产业,以及促进两个根本转变都有很大意义。

1.3.3 制造执行系统(MES)

MES 是美国 AMR 公司(Advanced Manufacturing Research)在 20 世纪 90 年代初提出的,国际制造执行系统协会的白皮书对制造执行系统(Manufacturing Execution Systems, MES)所下的定义:“制造执行系统传递信息,使得从下单到完成品间的生产过程能够最佳化。生产活动进行时,MES 使用及时、正确的数据,提供适当的导引、响应及报告。针对条件改变,立即快速反应,减少无附加价值的活动,达到更有效的生产作业及流程。MES 改善了设备的回收率,准时交货率、库存周转率、边际贡献、现金流量绩效。MES 提供企业与供货商之间双向沟通所需的生产信息。”

目前,国外知名企业应用 MES 系统已经成为普遍现象,国内许多企业也逐渐开始采用这项技术来增强自身的核心竞争力。

1.3.4 企业计划层与过程控制层之间的信息“断层”问题

我国制造业多年来采用的传统生产过程特点是“由上而下”按计划生产。简单地说是从计划层到生产控制层,企业根据订单或市场等情况“制订生产计划→生产计划到达生产现场→组织生产→产品派送”。企业管理信息化建设的重点也大都放在计划层,以进行生产规划管理及一般事务处理。如 ERP 就位于企业上层计划层,用于整合企业现有的生产资源,编制生产计划。在下层的生产控制层,企业主要采用自动化生产设备、自动化检测仪器、自动化物流搬运储存设备等解决具体生产(制程)中的生产瓶颈,实现生产现场的自动化控制。

ERP 系统和现场自动化系统之间出现了管理信息方面的“断层”,对于用户车间层面的调度和管理要求,它们往往显得束手无策或功能薄弱。比如面对以下车间管理的典型问题,它们就难以给出完善的解决手段:

(1)出现用户产品投诉的时候

能否根据产品文字号码追溯这批产品的所有生产过程信息?能否立即查明它的原料供应商、操作机台、操作人员、经过的工序、生产时间日期和关键工艺参数?

(2)生产线需要混合组装多种型号产品的时候

同一条生产线需要混合组装多种型号产品的时候,能否自动校验和操作提示,以防止工人部件装配错误、产品生产流程错误、产品混装和货品交接错误?

(3)线上出现最多的 5 种产品缺陷

过去 12 小时之内生产线上出现最多的 5 种产品缺陷是什么,次品数量各是多少?

(4)每种产品数量,如何供应

目前仓库以及前工序、中工序、后工序线上的每种产品数量各是多少,要分别供应给哪些供应商,何时能够及时交货?

(5)加工时间

生产线和加工设备有多少时间在生产,多少时间在停转和空转?影响设备生产潜能的最主要原因是设备故障、调度失误、材料供应不及时、工人培训不够还是工艺指标不合理?

(6)产品质量检测数据的统计和分析

能否对产品的质量检测数据自动进行统计和分析,精确区分产品质量的随机波动与异常波动,将质量隐患消灭于萌芽之中?

(7)自动统计

能否废除人工报表,自动统计每个过程的生产数量、合格率和缺陷代码?

MES 的定位,是处于计划层和现场自动化系统之间的执行层,主要负责车间生产管理和调度执行。一个设计良好的 MES 系统可以在统一平台上集成诸如生产调度、产品跟踪、质量控制、设备故障分析、网络报表等管理功能,使用统一的数据库和通过网络连接可以同时为生产部门、质检部门、工艺部门、物流部门等提供车间管理信息服务。系统通过强调制造过程的整体优化来帮助企业实施完整的闭环生产,协助企业建立一体化和实时化的 ERP/MES/SFC 信息体系。

近年来,一种新的国际标准正在成为企业的行为规范,就是控制系统集成规范。这就是国际标准化组织/国际电工委员会的 IEC/ISO 62264 和美国国家标准组织/美国仪表系统与自动化学会的 ANSI/ISA-95,它定义了企业级业务系统与工厂车间级控制系统相集成时所使用的术语和模型。该标准还定义了中间层 MES 系统应支持的生产作业活动。

很多供应商、用户、顾问都参与了该标准的制定和定义,这就确保了该标准具有坚实的基础以及高度的可用性。该标准目前由三部分组成,其中第 3 部分定义了 MES 的作业活动。它着重阐述了与生产(Production)、维护(Maintenance)及质量(Quality)等有关的作业活动。通常来说,这些活动都是同等重要的,不过,如果和生产或者生产作业无关的话,可能也就不需要维护作业或质量作业了。

1.4 工业自动化的典型系统

1.4.1 计算机数据采集系统

“数据采集”是指将温度、压力、流量、位移等模拟量采集转换成数字量后,再由计算机进行存储、处理、显示或打印的过程。相应的系统称为数据采集系统。从严格意义上说,数据采集系统应该是用计算机控制的多路数据自动检测或回检测,并且能够对数据实行存储、处理、分析,以及从检测的数据中提取可用的信息,供显示、记录、打印或描绘的系统。

数据采集系统起始于 20 世纪 50 年代。1956 年,美国首先研究了用在军事上的测试系统。目标是测试中不依靠相关的测试文件,由非熟练人员进行操作,并且测试任务是由测试设备高速自动控制完成的。

大约在 20 世纪 60 年代后期,国外就有成套的数据采集设备产品进入市场,此阶段的数据采集设备和系统多属于专用系统。20 世纪 70 年代中后期,随着微型机的发展,诞生了采集器、仪表同计算机融为一体的数据采集系统。数据采集系统发展过程中逐渐分为两类:

一类是实验室数据采集系统，另一类是工业现场数据采集系统。就使用的总线而言，实验室数据采集系统多采用并行总线，工业现场数据采集系统多采用串行数据总线。

20世纪90年代至今，在国际上技术先进的国家，数据采集技术已经在工业等领域被广泛应用。由于集成电路制造技术的不断提高，出现了高性能、高可靠性的单片数据采集系统。目前有的产品精度已达16位，采集速度每秒达到几十万次以上。数据采集技术已经成为一种专门的技术，在工业领域得到了广泛的应用。该阶段数据采集系统采用更先进的模块式结构，根据不同的应用要求，通过简单的增加和更改模块，并结合系统编程可扩展或修改系统，迅速地组成一个新的系统。数据采集作为获取信息的工具，成为电子、机械制造、冶金、航空航天等控制系统中至关重要的一环。在多个领域的数据检测过程中，往往需要随时检测各环节的电压、电流、温度、湿度、流量、压力等参数，还要对任意检测点参数能够进行随机查寻，将其检测到的数据转换提取出来，以便进行比较，作出决策，调整控制方案，提高产品的合格率，产生良好的经济效益。

图1.5是某煤矿大型设备数据采集系统环形网络的拓扑结构图，采用了工业环型以太网监测系统，网络设计方案中由监控总站的管理计算机、数字服务器、视频服务器、环网交换机和各种矿用仪器仪表搭建而成。系统的主干网采用100 M的工业以太网技术，用以保证各监测、监控信息进行高速传输和交换，保证系统的实时性。主干网在设计时具有冗余性，设备具有纠错能力，具有灵活性和可扩展性，保证了高可靠性，同时还能支持多种网络协议。主干网的连接采用光纤分布式数据接口（FDDI）。

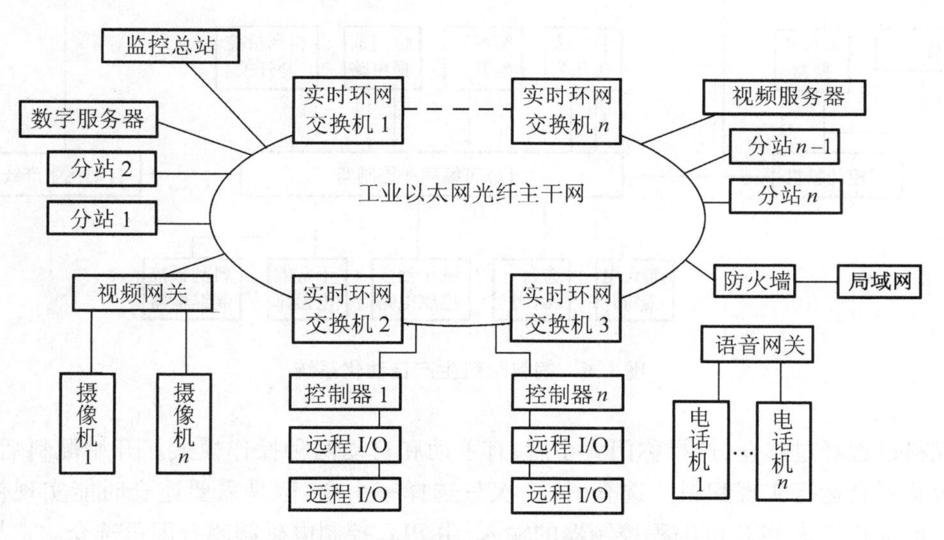

图1.5 远程环形网络监控系统拓扑结构

整个矿区系统分布较广，由一个监控总站、多个监控分站组成。具体分别为远程网络监控总站、机运区分站、副立井分站、副斜井分站、空压机分站、多个风机分站、中央泵房分站、主斜井皮带机分站、运输大巷皮带机分站、运销站分站等。现场所需要采集的模拟量为441个，开关量209个，脉冲量4个。其中具有R485通信口的后备保护装置及仪表有46个。系统在每个区建立子系统（分站），每一个分站既是下位机也是上位机。子系统亦能独立处理本系统的命令，采取分布式控制、危险分散，局域瘫痪不至于影响整个系统的正常运行。

近年来,数据采集与处理的新技术、新方法,直接或间接地引发其革新和变化,实时监控(远程监控)与仿真技术(包括传感器、数据采集、微机芯片数据、可编程控制器 PLC、现场总线处理、流程控制、曲线与动画显示、自动故障诊断与报表输出等)把数据采集与处理技术提高到了一个崭新的水平。

1.4.2 工业配料生产自动化

图 1.6 是一个饲料配料生产自动化系统,采用微计算机、PLC 可编程序控制器和生产线组成饲料配料生产自动化。饲料中各种原料的质量由配料仓的称重传感器产生,信号经过放大、模数转换送入工控计算机。工控计算机配有 A/D 转换卡,软件由 VB 和 Access 数据库实现数据存储和用户操作界面。

设计的自动化生产线有 10 个原料仓,1 个配料仓,配料仓由液压泵带动运行。每个原料仓和配料仓之间通过称门相通。称门的大小决定进料的多少,称门下面有一排干黄管,产生决定称门大小的 10 个位置信号。它决定着仓门开起的大小,10 个位置信号对应 10 个称门挡位。选择哪一个仓进行配料是由手动或微机控制 PLC 可编程控制器,PLC 可编程控制器控制旋转电磁阀的电磁铁闭合实现的。

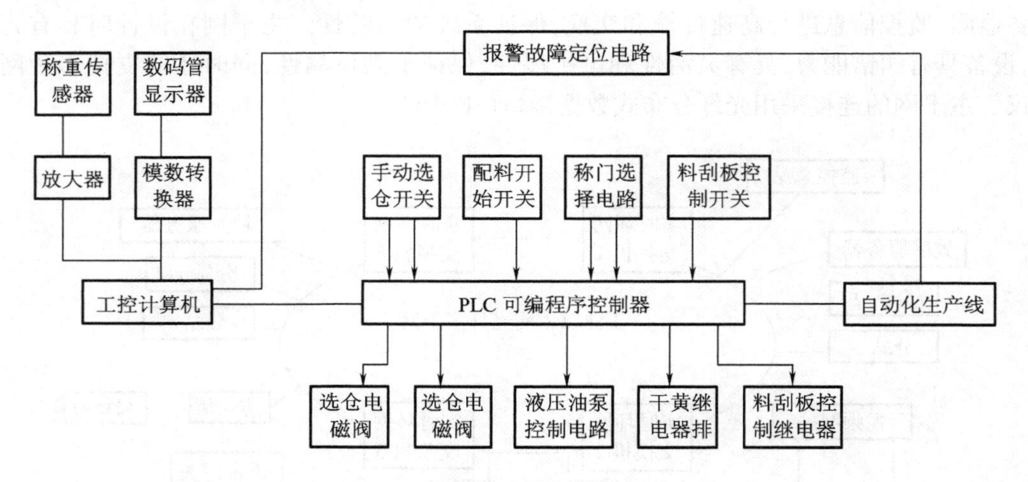

图 1.6 饲料配料生产自动化系统

配料过程经过选仓,选择称门大小后,有手动和自动两种操作模式。开始配料后,液压油泵拉着料仓运行实现配料。选仓时,一次只选择一个仓,但是需要连仓时能实现依次连仓。手动选仓作为 PLC 可编程控制器的输入,由 PLC 控制电磁阀闭合即可选仓。选择称门后实现手动配料,由计算机 RS232 口控制 PLC 实现自动配料。

1.4.3 食品及发酵工业自动化系统

Yalumba 是澳大利亚历史最悠久的家族式葡萄酒酿造公司,也是该国最大的葡萄酒出口商。2005 年 1 月 Moppa 酿造车间开始进行生产。该车间最重要的目标就是达到年处理 30 000 t 葡萄的能力,通过高精尖的自动化控制系统,实现连续生产。其关键的秘诀在于,自动化的工业生产液流控制能够确保葡萄在最佳环境下发酵,并提供较大的产量。特别是在每次加工时,都能准确地控制发酵率,减少氧化,这两个关键因素在很大程度上都取决于对温度的控制。

为了确保自动化系统能够在 Angaston 酿造厂长期、稳定运行，Yalumba 公司选择罗克韦尔自动化的集成架构作为 Moppa 酿造车间的全面集成化控制系统平台，如图 1.7 所示。系统的主用户操作界面由全冗余的监视控制和数据采集（SCADA）服务器承担，有 5 台现场客户端，运行 Rockwell Software RS View SE 监控版软件。操作员可以通过 SCADA 系统控制加工液流速度、酿造进度，监视整个车间的运行状态。同时，SCADA 系统还与 Yalumba 公司自己的"酿酒管理系统"集成在一起。这是一种非商用的数据库，存储所有葡萄酒的分类标签。

(a)

(b)

图 1.7 Moppa 酿造车间的全面集成化控制系统平台

多达 10 台 Allen-Bradley Control Logix 可编程自动化控制器（PAC）能够胜任多种任务，包括顺序控制、过程控制和驱动控制，不仅可以连接 Allen-Bradley Power Flex 变频器，用于对给进机、压榨机、搅拌器进行监视和控制；还能进行 PID 温度控制、含糖量和酵母细胞监视。Control Logix 还控制着 Moppa 酿造车间的冷却车间，即控制所有加工阶段的温度。三台液氨压缩机和一台循环泵负责将液氨注入到强制冷却器中，用于冷却发酵罐。该控制系统需要根据发酵率对应的冷却量，按照优化的比例进行压缩。

为了将所有自动化系统连接在一起，Moppa 酿造车间采用了集成架构中的三层通信网络，它们都采用相同协议，从而允许数据在整个工厂中无缝传输。在监控层，采用遍及全厂的 Ether Net/IP 网络，将 SCADA 服务器、客户端和每个 Control Logix PAC 控制站连接在一起；Control Net 通信网络用于高速、点对点数据交换和 I/O 输入/输出数据的传输；在设备层，由 Device Net 网络负责传感器、执行机构等设备的通信。

1.5 工业自动化技术发展潮流和热点

我国工业自动化的发展道路，大多是在引进成套设备的同时进行消化吸收，然后进行二次开发和应用。目前，我国工业自动化技术、产业和应用都有了很大的发展，工业计算机系统行业已经形成，工业自动化技术正在向智能化、网络化和集成化方向发展。

1.5.1 以工业 PC 为基础的低成本工业自动化将成为主流

众所周知，从 20 世纪 60 年代开始，西方国家就依靠技术进步（即新设备、新工艺以及计算机应用）开始对传统工业进行改造，使工业得到飞速发展。20 世纪末，世界上最大的变化就是全球市场的形成。全球市场导致竞争空前激烈，促使企业必须加快新产品投放市场时间（Time to Market）、改善质量（Quality）、降低成本（Cost）以及完善服务体系（Service），这就是企业的 T. Q. C. S. 。虽然计算机集成制造系统（CIMS）结合信息集成和系统集成，追求更完善的 T. Q. C. S. ，使企业实现“在正确的时间，将正确的信息以正确的方式传给正确的人，以便作出正确的决策”，即“五个正确”。然而，这种自动化需要投入大量的资金，是一种高投资、高效益同时是高风险的发展模式，很难为大多数中小企业所采用。在我国，中小型企业以及准大型企业走的还是低成本工业自动化道路。

工业自动化主要包含三个层次，从下往上依次是基础自动化、过程自动化和管理自动化，其核心是基础自动化和过程自动化。

传统的自动化系统，基础自动化部分基本被 PLC 和 DCS 所垄断，过程自动化和管理自动化部分主要是由各种进口的过程计算机或小型机组成，其硬件、系统软件和应用软件的价格之高令众多企业望而却步。

20 世纪 90 年代以来，由于 PC-based 的工业计算机（简称工业 PC）的发展，以工业 PC、I/O 装置、监控装置、控制网络组成的 PC-based 的自动化系统得到了迅速普及，成为实现低成本工业自动化的重要途径。我国重庆钢铁公司几乎全部大型加热炉拆除了原来 DCS 或单回路数字式调节器，而改用工业 PC 来组成控制系统，并采用模糊控制算法，获得了良好效果。

由于基于 PC 的控制器被证明可以像 PLC 一样可靠，并且被操作和维护人员接受，所以一个接一个的制造商至少在部分生产中正在采用 PC 控制方案。基于 PC 的控制系统易于安装和使用，有高级的诊断功能，为系统集成商提供了更灵活的选择，从长远角度看，PC 控制系统维护成本低。

由于可编程控制器（PLC）受 PC 控制的威胁最大，所以 PLC 供应商对 PC 的应用感到很不安。事实上，他们现在也加入到了 PC 控制“浪潮”中。

近年来，工业 PC 在我国得到了异常迅速的发展。从世界范围来看，工业 PC 主要包含两种类型：IPC 工控机和 Compact PCI 工控机以及它们的变形机，如 AT96 总线工控机等。由于基础自动化和过程自动化对工业 PC 的运行稳定性、热插拔和冗余配置要求很高，现有的 IPC 已经不能完全满足要求，将逐渐退出该领域，取而代之的将是 Compact PCI-based 工控机，而 IPC 将占据管理自动化层。我国于 2001 年设立了“以工业控制计算机为基础的开放式控制系统产业化”工业自动化重大专项，目标就是发展具有自主知识产权的 PC-based 控制系统，在 3 ~ 5 年内，占领 30% ~ 50% 的国内市场，并实现产业化。

几年前，当“软 PLC”出现时，业界曾认为工业 PC 将会取代 PLC。然而，时至今日工业 PC 并没有代替 PLC，主要有两个原因：一个是系统集成原因；另一个是软件操作系统 Windows NT 的原因。一个成功的 PC-based 控制系统要具备两点：一是所有工作要由一个平台上的软件完成；二是向客户提供所需要的所有东西。可以预见，工业 PC 与 PLC 的竞争将主要在高端应用上，其数据复杂且设备集成度高。工业 PC 不可能与低价的微型 PLC 竞争，这也是 PLC 市场增长最快的一部分原因。从发展趋势看，控制系统的将来很可能存在于工业 PC 和 PLC 之间，一些融合的迹象已经出现。

1.5.2 PLC 在向微型化、网络化、PC 化和开放性方向发展

长期以来,PLC 始终处于工业控制自动化领域的主战场,为各种各样的自动化控制设备提供非常可靠的控制方案,与 DCS 和工业 PC 形成了三足鼎立之势。同时,PLC 也承受着来自其他技术产品的冲击,尤其是工业 PC 所带来的冲击。

目前,全世界 PLC 生产厂家约 200 家,生产 300 多种产品。国内 PLC 市场仍以国外产品为主,如 Siemens、Modicon、A-B、OMRON、三菱、GE 的产品。经过多年的发展,国内 PLC 生产厂家约有三十家,但都没有形成颇具规模的生产能力和名牌产品,可以说 PLC 在我国尚未形成制造产业化。在 PLC 应用方面,我国是很活跃的,应用的行业也很广。专家估计,2000 年 PLC 的国内市场销量为 15 ~ 20 万套(其中进口占 90% 左右),约 25 ~ 35 亿元人民币,年增长率约为 12%。预计到 2005 年全国 PLC 需求量将达到 25 万套左右,约 35 ~ 45 亿元人民币。

PLC 市场也反映了全世界制造业的状况,2000 年后大幅度下滑。但是,按照 Automation Research Corp 的预测,尽管全球经济下滑,PLC 市场将会复苏,估计全球 PLC 市场在 2000 年为 76 亿美元,到 2005 年底将回到 76 亿美元,并继续略微增长。

微型化、网络化、PC 化和开放性是 PLC 未来发展的主要方向。

在基于 PLC 自动化的早期,PLC 体积大而且价格昂贵。但在最近几年,微型 PLC(小于 32I/O)已经出现,价格只有几百欧元。随着软 PLC(Soft PLC)控制组态软件的进一步完善和发展,安装有软 PLC 组态软件和 PC-based 控制的市场份额将逐步得到增长。

当前,过程控制领域最大的发展趋势之一就是 Ethernet 技术的扩展,PLC 也不例外。现在越来越多的 PLC 供应商开始提供 Ethernet 接口。可以相信,PLC 将继续向开放式控制系统方向转移,尤其是基于工业 PC 的控制系统。

1.5.3 面向测控管一体化设计的 DCS 系统

集散控制系统 DCS(Distributed Control System)问世于 1975 年,生产厂家主要集中在美、日、德等国。我国从 20 世纪 70 年代中后期起,首先由大型进口设备成套中引入国外的 DCS,首批有化纤、乙烯、化肥等进口项目。当时,我国主要行业(如电力、石化、建材和冶金等)的 DCS 基本全部进口。20 世纪 80 年代初期在引进、消化和吸收的同时,开始了研制国产化 DCS 的技术攻关。

近 10 年,特别是"九五"以来,我国 DCS 系统研发和生产发展很快,崛起了一批优秀企业,如北京和利时公司、上海新华公司、浙大中控公司、浙江威盛公司、航天测控公司、电科院以及北京康拓集团等。这批企业研制生产的 DCS 系统,不仅品种数量大幅度增加,而且产品技术水平已经达到或接近国际先进水平。在 2001 年全国应用的 4 426 套 DCS 系统中,国产 DCS 系统为 1 486 套,占 35%。短短几年,国外 DCS 系统在我国一统天下的局面从此不再出现。这些专业化公司不仅占据了一定的市场份额,积累了发展的资本和技术,同时使得国外引进的 DCS 系统价格也大幅度下降,为我国自动化推广事业作出了贡献。与此同时,国产 DCS 系统的出口也在逐年增长。

虽然国产 DCS 的发展取得了长足进步,但国外 DCS 产品在国内市场中占有率还较高,其中主要是 Honeywell 和横河公司的产品。我国 DCS 的市场年增长率约为 20%,年市场额约为 30 ~ 35 亿元。由于近 5 年内 DCS 在石化行业大型自控装置中没有可替代产品,所以

其市场增长率不会下降。据统计,到 2005 年,我国石化行业有 1 000 多套装置需要应用 DCS 控制;电力系统每年新装 1 000 多万千瓦发电机组,需要 DCS 实现监控;不少企业已使用 DCS 近 15 ~20 年,需要更新和改造。所以,今后 5 年内 DCS 作为自动化仪表行业主要产品的地位不会动摇。

1.5.4 控制系统正在向现场总线(FCS)方向发展

由于 3C(Computer、Control、Communication)技术的发展,过程控制系统将由 DCS 发展到 FCS(Field bus Control System,FCS)。

FCS 可以将 PID 控制彻底分散到现场设备(Field Device)中。基于现场总线的 FCS 又是全分散、全数字化、全开放和可互操作的新一代生产过程自动化系统,它将取代现场一对一的 4 ~20 mA 模拟信号线,给传统的工业自动化控制系统体系结构带来革命性的变化。

根据 IEC61158 的定义,现场总线是安装在制造或过程区域的现场装置与控制室内的自动控制装置之间的数字式、双向传输、多分支结构的通信网络。现场总线使测控设备具备了数字计算和数字通信能力,提高了信号的测量、传输和控制精度,提高了系统与设备的功能、性能。IEC/TC65 的 SC65C/WG6 工作组于 1984 年开始致力于推出世界上单一的现场总线标准工作,走过了 16 年的艰难历程,于 1993 年推出了 IEC61158 -2,之后的标准制定就陷于混乱。2000 年初公布的 IEC61158 现场总线国际标准子集有八种,分别为:

类型 1 IEC 技术报告(FFH1);

类型 2 Control - NET(美国 Rockwell 公司支持);

类型 3 Profibus(德国 Siemens 公司支持);

类型 4 P - NET(丹麦 Process Data 公司支持);

类型 5 FFHSE(原 FFH2)高速以太网(美国 Fisher Rosemount 公司支持);

类型 6 Swift-Net(美国波音公司支持);

类型 7 WorldFIP(法国 Alsto 公司支持);

类型 8 Interbus(美国 Phoenix Contact 公司支持)。

除了 IEC61158 的 8 种现场总线外,IECTC17B 通过了三种总线标准:SDS(Smart Distributed System),ASI(Actuator Sensor Interface),Device NET。另外,ISO 公布了 ISO11898CAN 标准。其中,Device NET 于 2002 年 10 月 8 日被中国批准为国家标准,并于 2003 年 4 月 1 日开始实施。

目前在各种现场总线的竞争中,以 Ethernet 为代表的 COTS(Commercial-Off-The-Shelf)通信技术正成为现场总线发展中新的亮点。其关注的焦点主要集中在两个方面:

(1)能否出现全世界统一的现场总线标准;

(2)现场总线系统能否全面取代现时风靡世界的 DCS 系统。

采用现场总线技术构造低成本的现场总线控制系统,促进现场仪表的智能化、控制功能分散化、控制系统开放化,符合工业控制系统的技术发展趋势。国家在"九五"期间为了加快现场总线技术在我国的发展,重点放在智能化仪表和现场总线技术的开发和工程化上,补充和完善工艺设备、开发装置和测试装置,建立智能化仪表和开发自动化系统的生产基地,形成适度规模经济。2000 年,"九五"国家科技攻关计划"新一代全分布式控制系统研究与开发"和"现场总线智能仪表研究开发"两个项目相继完成。这两个项目以及先期完成的"现场总线控制系统的开发"项目,针对国际上已经出现的多种现场总线协议并存的局面,重点选择了 HART 协议和 FF 协议现场总线技术攻关。

1.5.5 仪器仪表技术在向数字化、智能化、网络化、微型化方向发展

经过 50 年的发展,我国仪器仪表工业已有相当基础,初步形成了门类比较齐全的生产、科研、营销体系。现有各类仪器仪表企业 6 000 余家,年销售额约 1 000 亿元,成为亚洲除日本之外第二大仪器仪表生产国。据海关统计,除去随成套工程项目配套引进的仪器仪表不计,去年进口各类仪器仪表近 60 亿美元,约占我国仪器仪表工业总产值的 50%。但目前我国仪器仪表行业产品大多属于中低档水平,随着国际上数字化、智能化、网络化、微型化的产品逐渐成为主流,差距还将进一步加大。目前,我国高档、大型仪器设备大多依赖进口。中档产品以及许多关键零部件,国外产品占有我国市场 60% 以上的份额,而国产分析仪器占全球市场不到千分之二的份额。

2001 年 3 月,第九届全国人大四次会议批准的“十五”计划纲要首次提出“把发展数控机床,仪器仪表和基础零部件放到重要位置,努力提高质量和技术水平”。2001 年 8 月,国家计委把仪器仪表明确列为国民经济重要技术装备,国家经贸委制定并公布的仪器仪表行业“十五”规划,确立了 6 项高技术产业化项目:

(1)基于现场总线技术的全开放分散控制系统及智能仪表;

(2)新型传感器;

(3)智能化工业控制部件与执行机构;

(4)环境与污染源监测仪器及自动监测系统;

(5)城市污水处理利用成套工艺设备中的仪表自动化控制系统;

(6)炼钢转炉煤气净化回转成套装置中的仪表自动化控制系统。

根据仪器仪表行业的预测,“十五”期间我国仪器仪表市场大致是:2002 年 1 628 亿;2003 年 1 790 亿;2004 年 1 969 亿;2005 年 2 165 亿。5 年间,平均年市场容量为 1 806 亿(相当于 220 亿美元),其中工业自动化仪表和控制系统占 41%、科学测试仪器占 25%、医疗仪器占 17%、其他占 17%,平均年增长率将不会低于 10%。

今后仪器仪表技术的主要发展趋势:仪器仪表向智能化方向发展,产生智能仪器仪表;测控设备的 PC 化,虚拟仪器技术将迅速发展;仪器仪表网络化,产生网络仪器与远程测控系统。

1.5.6 数控技术向智能化、开放性、网络化、信息化发展

从 1952 年美国麻省理工学院研制出第一台试验性数控系统,到现在已走过了 51 年的历程。近 10 年来,随着计算机技术的飞速发展,各种不同层次的开放式数控系统应运而生,发展很快。目前正朝着标准化开放体系结构的方向前进。就结构形式而言,当今世界上的数控系统大致可分为 4 种类型:(1)传统数控系统;(2)“PC 嵌入 NC”结构的开放式数控系统;(3)“NC 嵌入 PC”结构的开放式数控系统;(4)SOFT 型开放式数控系统。

我国数控系统的开发与生产,通过“七五”引进、消化、吸收,“八五”攻关和“九五”产业化,取得了很大的进展,基本上掌握了关键技术,建立了数控开发、生产基地,培养了一批数控人才,初步形成了自己的数控产业,也带动了机电控制与传动控制技术的发展。同时,具有中国特色的经济型数控系统经过这些年来的发展,产品的性能和可靠性有了较大的提高,逐渐被用户认可。

国外数控系统技术发展的总体发展趋势是:新一代数控系统向 PC 化和开放式体系结构方向发展;驱动装置向交流、数字化方向发展;增强通信功能,向网络化发展;数控系统在控制性能上向智能化发展。

进入 21 世纪,人类社会将逐步进入知识经济时代,知识将成为科技和生产发展的资本与动力,而机床工业,作为机器制造业、工业以至整个国民经济发展的装备部门,毫无疑问,其战略性重要地位、受重视程度,也将更加鲜明突出。

智能化、开放性、网络化、信息化成为未来数控系统和数控机床发展的主要趋势:向高速、高效、高精度、高可靠性方向发展;向模块化、智能化、柔性化、网络化和集成化方向发展;向 PC-based 化和开放性方向发展;出现新一代数控加工工艺与装备,机械加工向虚拟制造的方向发展;信息技术(IT)与机床的结合,机电一体化先进机床将得到发展;纳米技术将形成新发展潮流,并将有新的突破;节能环保机床将加速发展,占领广大市场。

1.5.7 工业控制网络将向有线和无线相结合方向发展

自从 1977 年第一个民用网系统 ARC net 投入运行以来,有线局域网以其广泛的适用性和技术价格方面的优势,获得了成功并得到了迅速发展。然而,在工业现场,一些工业环境禁止、限制使用电缆或很难使用电缆,有线局域网很难发挥作用,因此无线局域网技术得到了发展和应用。

随着微电子技术的不断发展,无线局域网技术将在工业控制网络中发挥越来越大的作用。无线局域网(Wireless LAN)技术可以非常便捷地以无线方式连接网络设备,人们可随时、随地、随意地访问网络资源,是现代数据通信系统发展的重要方向。无线局域网可以在不采用网络电缆线的情况下,提供以太网互联功能。在推动网络技术发展的同时,无线局域网也在改变着人们的生活方式。无线网通信协议通常采用 IEEE802.3 和 802.11 通信协议,802.3 用于点对点方式,802.11 用于一点对多点方式。无线局域网可以在普通局域网基础上通过无线 Hub、无线接入站(AP)、无线网桥、无线 Modem 及无线网卡等来实现,以无线网卡使用最为普遍。无线局域网的未来研究方向主要集中在安全性、移动漫游、网络管理以及与 3G 等其他移动通信系统之间的关系等问题上。

在工业自动化领域,有成千上万的感应器、检测器、计算机、PLC、读卡器等设备,需要互相连接形成一个控制网络,通常这些设备提供的通信接口是 RS-232 或 RS-485。无线局域网设备使用隔离型信号转换器,将工业设备的 RS-232 串口信号与无线局域网及以太网络信号相互转换,符合无线局域网 IEEE802.11b 和以太网络 IEEE802.3 标准,支持标准的 TCP/IP 网络通信协议,有效地扩展了工业设备的联网通信能力。

计算机网络技术、无线技术以及智能传感器技术的结合,产生了“基于无线技术的网络化智能传感器”的全新概念。这种基于无线技术的网络化智能传感器,使得工业现场的数据能够通过无线链路直接在网络上传输、发布和共享。无线局域网技术能够在工厂环境下,为各种智能现场设备、移动机器人以及各种自动化设备之间的通信提供高带宽的无线数据链路和灵活的网络拓扑结构,在一些特殊环境下有效地弥补了有线网络的不足,进一步完善了工业控制网络的通信性能。

1.5.8 工业控制软件正向先进控制方向发展

自 20 世纪 80 年代初期诞生至今,工业控制软件已有 20 年的发展历史。工业控制软件作为一种应用软件，是随着PC机的兴起而不断发展的。工业控制软件主要包括人机界面软件(HMI)，基于PC的控制软件以及生产管理软件等。目前，我国已开发出一批具有自主知识产权的实时监控软件平台、先进控制软件、过程优化控制软件等成套应用软件，工程化、产品化有了一定突破，打破了国外同类应用软件的垄断格局。通过在化工、石化、造纸等行业的数百个企业(装置)中应用，促进了企业的技术改造，提高了生产过程控制水平和产品质量，为企业创造了明显的经济效益。2000年，"九五"国家科技攻关计划项目"大型骨干石化生产系统控制及计算机应用技术"通过了验收。

作为工控软件的一个重要组成部分，国内人机界面组态软件研制方面近几年取得了较大进展，软件和硬件相结合，为企业测、控、管一体化提供了比较完整的解决方案。在此基础上，工业控制软件将从人机界面和基本策略组态向先进控制方向发展。

先进过程控制APC(Advanced Process Control)目前还没有严格而统一的定义。一般将基于数学模型而又必须用计算机来实现的控制算法，统称为先进过程控制策略，如自适应控制、预测控制、鲁棒控制、智能控制(专家系统、模糊控制、神经网络)等。

由于先进控制和优化软件可以创造巨大的经济效益，因此这些软件也身价倍增。国际上已经有几十家公司，推出了上百种先进控制和优化软件产品，在世界范围内形成了一个强大的流程工业应用软件产业。因此，开发我国具有自主知识产权的先进控制和优化软件，打破外国产品的垄断，替代进口，具有十分重要的意义。

在未来，工业控制软件将继续向标准化、网络化、智能化和开放性发展方向。

1.6 自动化领域的跨国公司发展简况

从20世纪80年代我国进行改革开放开始，自动化领域的跨国公司在我国经历了从考察试点到扩大规模再到大规模系统化投资的过程。特别是进入21世纪，中国已成为世界上经济最具活力的地区之一，中国成为了世界经济增长的发动机吸引着越来越多的自动化领域跨国公司到中国投资。

在中国发展良好的跨国公司的一个共同特点就是注重在中国的本土化，适应中国转型的市场环境。随着中国工控自动化的发展，ABB和西门子等自动化领域跨国公司经过近几十年的发展都取得了巨大的成功，学习工业生产自动化系统相关知识，必不可少地需要了解这些自动化领域大型跨国公司的背景和行业特色。

1. 施耐德电气(Schneider Electric) Schneider Electric

全球能效管理专家，业务遍布100多个国家，在能源与基础设施、工业过程控制、楼宇自动化和数据中心与网络等市场处于世界领先地位，在住宅应用领域也拥有强大的市场能力。在过去的40年里，施耐德电气在电力、制冷和控制领域以及在能源管理和提高能源效率方面，一直保持着全球领先的地位。施耐德电气帮助家乐福中国在2010年前达到节能20%的目标。2009年的销售额为157.9亿欧元，2011年的销售额(Revenue)为224亿欧元，拥有130 000名员工。

施耐德电气(中国)投资有限公司自1979年在中国建立第一条超高压输电线

(500 kV),1987 年在天津成立第一家合资企业(天津梅兰日兰)至今已成为拥有 3 个办事处、26 个地区办事处、11 个合资企业、3 800 名员工的大型公司。

施耐德电气主营业务领域涉及:

(1)数据中心及网络

在过去的40 年里,施耐德电气在电力、制冷和控制领域以及在能源管理和提高能源效率方面,一直保持着全球领先的地位。施耐德电气专门为数据中心开发了提高性能与优化成本的解决方案。这些解决方案可以确保数据中心现在和将来都具有可用的、安全的基础设施,让电信运营商、银行、主机托管公司、互联网公司、IT 服务提供商以及政府机构等拥有可靠和可升级的数据中心,更好地服务其核心业务。

施耐德电气的电力、制冷和控制解决方案的原创性体现在它能为所有关键负载提供综合解决方案,比如安全的电力供应、快速升级和增加设备电源需求、IT 机房制冷、安装和操作成本控制。

(2)能源和基础设施建设

在山西朔州安家岭选煤厂的节能改造项目中,施耐德电气提出并实施了旨在提高电能质量的整体解决方案,其中包括:电能质量分析、功率因数校正方案定义、低压电容器改造方案及低压快速功率因数校正设备方案、中压电容器改造方案、节能费用估算等。凭借出色的项目服务,施耐德电气的整体方案为客户带来了巨大的收益。

(3)工业 - 能源优化专家

都江堰二期(二线)现在是拉法基全球水泥工厂中安全性和稳定性的示范工厂之一。施耐德电气提供的分布式数字控制系统,基于标准的 Quantum Unity PLC 和经典 SCADA 系统,且全部的应用程序均由 UAG 自动编译生成。有了 UAG 的帮助,操作员只需处理单个数据库架构。显然,它成了拉法基的最佳选择。

(4)商业建筑

施耐德电气为家乐福节能超市武汉光谷店、北京望京店和上海巨峰店提供了全面的节能解决方案、产品与服务,包括楼宇自控(灯光控制系统)、能源监控系统、暖通空调系统中的变频器、母线系统、标准配电产品、电气系统的第三方验收服务。同时,为了降低家乐福其他超市的节能改造成本,施耐德电气同时提供了电气系统的评估、升级改造、咨询等服务,使维护或改造成本最小化,节能方案设计更加标准化及实施更加方便。

(5)解决方案

施耐德电气在创新、质量和效率方面有着宏伟的战略,使电力应用更为安全和便捷的同时,以更全面、有效地解决方案服务于市场需求。提供可靠、超纯的供电,确保获得纯净的不间断供电,以及覆盖产品使用周期的服务,提供全面的能源和自动化管理解决方案。

2. ABB 集团 ABB

ABB 集团位列全球 500 强企业,集团总部位于瑞士苏黎世。ABB 由两个拥有 100 多年历史的国际性企业——瑞典的阿西亚公司(ASEA)和瑞士的布朗勃法瑞公司(BBC Brown Boveri)在 1988 年合并而成。两公司分别成立于 1883 年和 1891 年。ABB 是电力和自动化技术领域的领导厂商。ABB 的技术可以帮助电力、公共事业和工业客户提高业绩,同时降低对环境的不良影响。ABB 集团业务遍布全球 100 多个国家,拥有 13 万名员工,2010 年销售额高达 320 亿美元。

ABB发明、制造了众多产品和技术，其中包括全球第一套三相输电系统、世界上第一台自冷式变压器、高压直流输电技术和第一台电动工业机器人，并率先将它们投入商业应用。ABB拥有广泛的产品线，包括全系列电力变压器和配电变压器，高、中、低压开关柜产品，交流和直流输配电系统，电力自动化系统，各种测量设备和传感器，实时控制和优化系统，机器人软硬件和仿真系统，高效节能的电机和传动系统，电力质量、转换和同步系统，保护电力系统安全的熔断和开关设备。这些产品已广泛应用于工业、商业、电力和公共事业中。

ABB集团位列全球500强企业（2008年在世界500强排列第256位，2009年位列第230位，2010年位列第237位），2009至2011年销售额都高达320亿美元。并在苏黎世、斯德哥尔摩和纽约证券交易所上市交易。

ABB与中国的关系可以追溯到20世纪初，1907年ABB向中国提供了第一台蒸汽锅炉。从此，ABB公司与中国的贸易关系有了长足的发展。1974年ABB在香港设立了中国业务部，随后又于1979年在北京设立了其永久性办事处。1994年ABB果断地将ABB中国总部迁至北京。并在1995年正式成立了ABB（中国）有限公司。ABB迄今在中国拥有18 000名员工，在80个不同城市服务于34个本地企业和近40个销售与服务分公司。2010年，ABB在中国的销售额达44亿美元，继续保持了中国作为ABB全球第一大市场的领先地位。ABB在中国通过与当地合作伙伴的密切合作，在输配电、自动化产品和系统等方面都建立起了强大的生产基地。业务包括完整系列的电力变压器和配电变压器；高、中、低压开关应用；电气传动系统和电机等。这些产品已广泛应用于工业和电力行业。ABB在工程和项目管理方面的能力，表现在金属、制浆、化学、生命科学、汽车工业、电力行业自动化以及建筑系统等多个领域。

ABB在中国参与了众多国家重点项目的建设，如三峡电站建设和输配电工程、南水北调工程、青藏铁路、北京奥运工程中的首都国际机场的改扩建项目、变电站项目、轻轨项目等。此外，ABB还为亚洲最大的石化项目上海赛科、广州地铁、上海地铁、北京人民大会堂、上海通用汽车、宝钢等众多客户提供了可靠的电力或自动化技术解决方案。目前，中国已经成为ABB全球第一大市场。

3. 西门子股份公司 SIEMENS

西门子是世界上最大的电气和电子公司之一，国际总部位于德国慕尼黑。其业务遍及全球190多个国家，在全世界拥有大约600家工厂、研发中心和销售办事处。西门子成立25年之后，即1872年，和中国开始了业务往来。西门子在中国的第一笔订单是向中国提供指针式电报机，这标志着中国现代电信事业的开展。

1879年西门子接到一笔来自中国政府的“照明设备”订单。西门子提供了一台10马力（1马力=735瓦特）的蒸汽发电机，用于上海港的照明，大大提高了港口的工作效率。2001年8月，西门子成功生产了第一台SOMATOM欢星CT机，这是全球结构最紧凑、最经济有效的CT设备，由中国研发人员与位于德国和美国的西门子医疗系统集团研发中心合作开发。这台在中国制造的先进CT机同时面向国内及国外市场。2006年10月，西门子中国研究院在北京正式成立。该研究院和西门子美国研究院成为西门子在德国以外的两个最大和最重要的研究基地。

公司的业务主要集中于6大领域：信息和通信、自动化和控制、电力、交通、医疗系统和照明。西门子的全球业务运营分别由13个业务集团负责，其中包括西门子财务服务有限公司和西门子房地资产管理集团。此外，西门子还拥有两家合资企业，博世－西门子家用电器集团和富士通西门子计算机(控股)公司。

西门子工业业务领域能够提供全球独一无二的自动化技术、工业控制和驱动技术以及工业软件,能够满足生产企业的所有需求,涵盖整个价值链,从产品设计和开发到产品生产、销售和服务。同时,还能针对客户特有的市场和需求,提供专门的综合定制服务,以使客户获益最大化。通过采用先进的软件和自动化技术,能够缩短产品投放市场时间高达50%,同时大幅降低生产企业的能源和污水处理成本。因此,凭借其节能产品和解决方案,西门子工业业务领域能够大大提高客户的市场竞争力,并为环境保护事业作出重要贡献。工业业务领域由工业自动化集团、驱动技术集团、客户服务集团以及冶金技术部构成,在中国拥有62个办事处以及14家运营公司。

西门子的全部业务集团都已进入中国,截至2002年9月底,西门子在华长期投资总额超过6.1亿欧元。西门子在全国各地设有40多家公司和26个地区办事处,为2万1千多人提供就业机会。2002年,西门子在华公司中财务合并的公司的销售总额为36亿欧元。

4.罗克韦尔自动化公司(Rockwell) **Rockwell Automation**

罗克韦尔(Rockwell)自动化公司是一家拥有近百年历史的美国公司,其经营范围在工业自动化,航空电子及通信以及电子商务行业中。为全球商用及军用航空业,提供先进的综合航空电子系统及移动通信设备。罗克韦尔目前全球共有4 8000名员工,年营业额约70亿美元,其中35%来自于美国以外的地区。拥有诸如 Allen - Bradley(A - B),Reliance Electric,Dodge,Rockwell Collins 等知名品牌。通用汽车、福特、波音、宝马、康柏、柯达、可口可乐、雀巢等国际著名公司均是其主要客户。

罗克韦尔公司在中国拥有12家工厂和办事处,200名员工,年销售额超过1亿美元。罗克韦尔自动化在北美工业自动化公司中占第1位,在欧洲及拉美地区的大公司中排第3位或第4位,而在中国及亚洲地区占主导地位。罗克韦尔公司进入中国市场虽然不长,但成果很好,例如:与宝山钢铁公司和武汉钢铁公司所作的工作;完成了一些给水、污水处理工程;承担了香港和北京新机场的行李货运系统工程项目等。

罗克韦尔自动化公司在上海已经成立了罗克韦尔自动化研究中心,并与中国的七所一流大学建立了正式的关系,其中包括清华、上海交通大学、浙江大学、东南大学、重庆大学、哈尔滨工业大学和广州大学。对每一所大学都赠送了罗克韦尔自动化设备,以使每所大学建立一座自动化实验室供学生们使用。其中,在清华大学、上海交通大学、浙江大学、东南大学和重庆大学还设立了20个奖学金名额。

5.通用电气公司 (General Electric Company)

通用电气公司(GE)是世界上最大的多元化服务性公司,从飞机发动机、发电设备到金融服务,从医疗造影、电视节目到塑料,GE公司致力于通过多项技术和服务创造更美好的生活。GE在全世界100多个国家开展业务,在全球拥有员工近300 000人。杰夫·伊梅尔特先生自2001年9月7日起接替杰克·韦尔奇担任GE公司的董事长及首席执行官。

通用电气公司的总部位于美国康涅狄格州费尔菲尔德市。这家公司的电工产品技术比较成熟,产品品种繁多。它除了生产消费电器、工业电器设备外,还是一个巨大的军火承包商,制造宇宙航空仪表、喷气飞机引航导航系统、多弹头弹道导弹系统、雷达和宇宙飞行系统等。闻名于世的可载原子弹和氢弹头的阿特拉斯火箭、雷神号火箭就是这家公司生产的。

通用电气公司的历史可追溯到托马斯·爱迪生,他于1878年创立了爱迪生电灯公司。1892年,爱迪生电灯公司和汤姆森-休斯顿电气公司合并,成立了通用电气公司(GE)。GE是自道·琼斯工业指数1896年设立以来唯一至今仍在指数榜上的公司。

7个发展引擎产生85%利润,消费者金融集团、商务融资集团、能源集团、医疗集团、基础设施集团、NBC环球、交通运输集团;4个现金增长点在增长的经济环境下持续产生现金流和收益:高新材料集团、消费与工业产品集团、设备服务集团、保险集团。

旗下公司有:GE资本、GE航空金融服务、GE商业金融、GE能源金融服务、GE金融、GE基金、GE技术设施、GE航空、GE企业解决方案、GE医疗、GE交通、GE能源设施、GE水处理、GE油气、GE能源、GE消费者与工业、GE器材、GE照明、GE电力配送。GE的品牌口号是"梦想启动未来"(Imagination at Work)。早在1906年,GE就开始发展同中国的贸易,是当时在中国最活跃、最具影响力的外国公司之一。1908年,GE在沈阳建立了第一家灯泡厂。1934年,GE买下了慎昌洋行,开始在中国提供进口电气设备的安装和维修服务。1979年,GE与中华人民共和国重建贸易关系。1991年,第一家合资企业GE航卫医疗系统有限公司在北京成立。

迄今为止,GE的所有工业产品集团已在中国开展业务,拥有12 300多名员工,GE已建立了50余个经营实体。随着中国加入WTO以后市场的逐步开放,GE的金融业务也正积极寻求在中国发展的机会。2005年GE在中国的销售收入达50亿美元,2007年销售收入为44亿美元。

GE的6个产业部:商务金融服务、消费者金融、工业、基础设施、医疗、NBC环球。隶属于GE Money旗下,GE消费者金融服务向世界各地的消费者、零售商和汽车经销商提供信用服务和金融产品,如私人信用卡、个人贷款、银行卡、汽车贷款和租赁、抵押贷款、团体旅行和购物卡、帐务合并、家庭财产贷款和信用保险。

2009年,GE将旗下的6个业务集团合并为4个,分别为:Technology Infrastructure(包含医疗、飞机、交通运输、企业安防),Energy Infrastructure(能源、水处理、油气),GE Capital(商业金融、GE消费者金融、企业融资),NBC Universal。

6. 日本横河电机株式会社(YOKOGAWA)

YOKOGAWA

日本横河电机株式会社(YOKOGAWA)作为一个全球著名的测量、工业自动化控制和信息系统的领导者,自1915年创建以来,一直致力于为用户提供尖端的专业技术,支援顾客进行提高经营效率的改革,总部设在日本东京。在世界29个地区拥有60多家子公司。经营领域涉及测量、控制、信息三大领域。1975年率先研制出世界上第一套具有划时代意义的集散型控制系统(DCS系统),对石油、化工等大型工厂的生产过程进行测量、运行监视和控制。

YOKOGAWA在测量领域,针对分析、品质管理、传感器、操作端提出解决方案;在控制领域包括生产控制、安全管理以及数据收集和逻辑控制;最优化领域则包括生产管理、先进控制、资产管理、操作支援这几部分。

横河电机株式会社于2002年成立独资的地区性总部——横河中国,注册资本40亿日元,经营计划在2005年实现销售额250亿日元,员工1 000人,2010年实现销售额1 200亿日元,市场占有率30%。

横河电机是同行业中最早进入中国的外资企业,1979年开设了北京驻在员事务所,1985年与中国建立了第一个合资公司——横河西仪有限公司。2002年10月在位于苏州的苏州新加坡工业园区内设立了完全独资的“横河电机(苏州)有限公司”,工厂总面积13.5万平方米,目前投入生产使用的第一工厂面积为2.5万平方米,生产流量计、记录仪等,其所设立的流量标定系统最大可标定2.6米口径的流量计,是世界上最大规模的标定系统。2006年1月1日,“横河电机中国商贸有限公司”成立,该公司作为具有销售、市场开发、工程技术服务的横河集团的中坚企业,与已经活跃在中国国内市场上的集团中另外8家公司协力,大力开拓中国市场。2008年2月1日,为了扩大在中国工业自动化领域的业务,取得更大的市场占有率,横河电机集团对旗下中国三家相关公司的业务进行整合,成立新的法人企业“横河电机(中国)有限公司”,作为在中国的统括公司,通过强化销售、技术支持、工程、售后服务等方面职能,来适应中国工业自动化市场的多元化需求。

集团在上海设立了热线应答中心,将逐步建立一个完善的设有系统专家,服务网路遍布全中国,24小时365天全年无休的迅速响应系统,随时满足顾客的各种需求。横河电机(中国)有限公司集中了中国各分公司的技术资源,强化工程队伍,确立了在石油、天然气、化工、能源、钢铁等行业能够提供优质的、有综合竞争力的工程技术业务体制。

横河电机为了向用户展示其重视系统产品的可靠性、安全性、前瞻性这一姿态,提出了Vigilant Plant的企业理念,在测量领域,针对分析、品质管理、传感器、操作端提出解决方案;在控制领域,包括生产控制,安全管理、以及数据收集和逻辑控制;最优化领域则包括生产管理、先进控制、资产管理、操作支援这几部分。

在信息处理领域,日本横河电机株式会社的尖端技术也得到了充分的发挥,目前医疗用图像信息系统已经在全国的许多医院得到应用,为支援高度的医疗和医疗现场信息化作出了贡献。

7. 西屋电气公司(Westinghouse Electric Corporation) Westinghouse

西屋电气公司(Westinghouse Electric Corporation),世界著名的电工设备制造企业。1886年1月8日,由乔治·威斯汀豪斯在美国宾夕法尼亚州创立。总部设在宾夕法尼亚州匹兹堡市。1889年时曾改名西屋电工制造公司(Westinghouse Electric Manufacturing Company),1945年10月改用现名。

西屋电气公司在世界26个国家和地区设有250家工厂,现有职工125 000人,持股人135 000人,年销售额107亿美元(1986)。其主要业务领域涉及发电设备、输变电设备、用电设备和电控制设备、电子产品等门类共4 000多种产品。其中,以发电设备、输变电设备尤具特色,从公司成立以来,一直享有世界声誉。1886年,公司在美国建立了第一座交流发电厂,1890年建立了第一条交流输电线路,1895年在尼亚加拉瀑布安装了第一台水轮发电机(5 000千瓦),1900年制造出美国第一台汽轮发电机。1955年试制成超临界、二次再热汽轮发电机,1957年建成了美国第一座商用核电站。大古力水电站的巨型水电机组也是西屋电气公司制造。公司还最早制成500 kV六氟化硫断路器,20世纪70年代制成1 100 kVA变压器,此外还在世界上率先生产低损耗非晶态合金配电变压器。

西屋电气公司设有56个研究单位,有研究人员6 792人,其中西屋研究发展中心有职工1 750人(专业人员650名,其中博士325名)。公司还设立了“西屋公司青少年天才发明奖”,以鼓励高中学生的发明创造。

1945年,西屋电气公司曾与中国资源委员会签订协议接受中国70多名科技人员前去学习、培训,其中有褚应璜、丁舜年等,他们中很多人成为中国电工发展的骨干力量。20世纪80年代,中国从西屋电气公司引进30万千瓦和60万千瓦的汽轮机组,分别安装在石横电厂和平圩电厂。

2006年东芝用41.6亿美元获得了西屋电气公司77%的股权,美国的Shaw Group公司将投资10.8亿美元获得西屋电气20%股权,而日本造船企业石川岛播磨重工业公司则以1.62亿美元获得了3%的股权。随后不久,中美两国于2006年12月在北京签署了核电技术转让谅解备忘录,中国引进西屋电气的核电技术,建设四台核电机组。2007年7月,中国国家核电技术有限公司与东芝率领的西屋电气联合体在北京人民大会堂签署80亿美元的合同。

8. 霍尼韦尔国际公司 Honeywell

霍尼韦尔国际公司(以下简称“霍尼韦尔”)成立于1999年,由原世界两大著名公司美国联信公司及霍尼韦尔公司合并而成。原美国联信公司的核心业务为航空航天、汽车和工程材料。原霍尼韦尔公司的核心业务为住宅及楼宇控制技术和工业控制以及自动化产品。

霍尼韦尔国际公司的历史可以追溯到1885年,那时一个名为Albert Butz的发明家取得了熔炉标准仪和报警器的专利。他于1886年4月23日成立了Butz电表仪公司,几个星期之后,他又发明了一个既简单又灵活的装置,命名为“Damper flapper”。1893年,过去的联合热控制公司更名为电子热控制公司(EHR)。1904年,一名年轻的工程师Mark Honeywel正在努力完善热发电机性能。两年之后,他创立了霍尼韦尔热技术公司,专门研制热水加热的发电机。1912年,HER公司扩展了业务范围,更名为Minneapolis热控制公司(MHR)。四年之后,MHR公司申请了第一家电子摩托车的专利,由Underwriters实验室批准。1927年,MHR公司和霍尼韦尔热技术公司合并,形成了Minneapolis霍尼韦尔控制公司,成为最大的高质量原子钟的最大制造商,随后收购了这个领域中的其他一些公司。公司的名称在1963年正式更改为霍尼韦尔国际公司,不过与40年前的霍尼韦尔公司已经有了很大的不同。六年后,美国宇航员Neil Armstrong和Edwin “Buzz” Aldrin登上了月球,所使用的就是霍尼韦尔国际公司的产品。1986年,由于收购了Sperry航空航天公司,霍尼韦尔国际公司在航空航天工业的地位显著地提高了,迅速成为了世界上最具影响力的航空电子设备的综合制造商。

早在1935年,Honeywell在上海设立了第一个经销商,开展中国业务,至今已成为拥有5个注册公司的独资企业,雇员1 000多名。1996年,Honeywell的中国楼宇自控部、天津工业自控部及天津楼宇自控制造工厂取得ISO 9000国际品质管理认证,在中国地区(含香港、台湾、澳门和蒙古)总销售额超过一亿六千万美元;1997年在中国又设立了11个新办事处。

霍尼韦尔自动化控制系统集团旗下约有55 000名员工,包括6个不同的业务部门,为全球各地的消费者、企业和各行各业销售、制造和提供相关产品和服务。这6个业务部门包括:环境自控产品、建筑智能系统、过程控制、生命安全、安防集团和传感器与控制部。其产品、服务和技术在全球超过1.5亿个家庭和一千万座楼宇，以及成千上万的制造业和工业厂房中应用。世界最大的25个提炼厂中有24个安装了霍尼韦尔系统并由其提供全面的服务。

1.7 本章小结

工业自动化技术是当代发展最迅速、应用最广泛、效益最显著、最引人注目的关键技术之一；是推动新技术革命和新产业革命的关键技术之一；是信息电子技术的综合集成技术之一；也是一种技术密集型、智力密集型，走新型工业化道路的关键技术。

本章首先介绍了工业自动化技术的相关概念，探讨了工业自动化与工业信息化的关系，以及工业自动化的发展历程。

其次，重点介绍了工业自动化系统的基本组成和工业自动化系统的结构分级；例举了计算机数据采集系统、工业配料生产自动化系统、食品及发酵工业自动化系统三类典型的工业自动化系统。

最后，概述了工业自动化技术发展潮流和热点，以及自动化领域的跨国公司发展简况。

未来20年，中国制造业需要高速发展，中国将成为世界工厂，这将给工业自动化带来前所未有的机遇和挑战。

第2章　自动化生产与立体仓库

2.1　自动化生产线

20世纪20年代，随着汽车、滚动轴承、小型电动机和缝纫机等工业发展，机械制造中开始出现自动化生产线，最早出现的是组合机床自动线。在此之前，首先是在汽车工业中出现了流水生产线和半自动生产线，随后发展成为自动化生产线。第二次世界大战后，在工业发达国家的机械制造业中，自动化生产线的数目急剧增加。

由工件传送系统和控制系统，将一组自动机床和辅助设备按照工艺顺序连接起来，自动地完成产品全部或部分制造过程。由于采用自动化生产线生产的产品设计和工艺先进、稳定、可靠，并在较长时间内保持基本不变，因此在大批、大量生产中采用自动化生产线对于提高生产率、稳定和提高产品质量、降低生产成本、缩短生产周期等，有显著效果。

机械制造业中有铸造、锻造、冲压、热处理、焊接、切削加工和机械装配等自动化生产线，也有包括不同性质的工序，如毛坯制造、加工、装配、检验和包装等的综合自动化生产线。切削加工自动化在机械制造业中发展最快、应用最广。主要有：用于加工箱体、壳体、杂类等零件的组合机床；用于加工轴类、盘环类等零件的，由通用、专门化或专用自动机床组成的自动化生产线；旋转体加工、用于加工工序简单小型零件的转子自动化生产线等。

自动化生产线中设备的连接方式有刚性连接和柔性连接两种。在刚性连接自动线中，工序之间没有储料装置，工件的加工和传送过程有严格的节奏性。当某一台设备发生故障而停歇时，会引起全线停工。因此，对刚性连接自动线中各种设备的工作可靠性要求高。在柔性连接自动化生产线中，各工序（或工段）之间设有储料装置，各工序节拍不必严格一致，某一台设备短暂停歇时，可以由储料装置在一定时间内起调剂平衡的作用，因而不会影响其他设备正常工作。综合自动化生产线、装配自动化生产线和较长的组合机床自动化生产线常采用柔性连接。

自动化生产线的工件传送系统一般包括机床上下料装置、传送装置和储料装置。在旋转体加工自动化生产线中，传送装置包括重力输送式或强制输送式的料槽或料道，提升、转位和分配装置等。有时采用机械手完成传送装置的某些功能。在组合机床自动化生产线中当工件有合适的输送基面时，采用直接输送方式，其传送装置有各种步进式输送装置、转位装置和翻转装置等，对于外形不规则、无合适的输送基面的工件，通常装在随行夹具上定位和输送，这种情况下要增设随行夹具的返回装置。

20世纪90年代末，全世界的制造者和分销商继续承受着各种压力，其中包括：产品定单更小、更频繁，产品需求不断变化且更加用户化和服务价值升高等。经营者们必须使工厂的运行适应定单的混合、更短的定单周转时间和更高的生产能力。必须采取一定的策略来适应不断提高要求的库存管理、运行的柔性以及各种过程集成的程度。在供应链中集中对一些过程进行转移、结合或消除，使得工厂以及仓库的物流和信息流更加有效。在这些变化的要求下,自动化生产线与物流系统从各个方面显示出新的发展趋势,如图2.1所示。

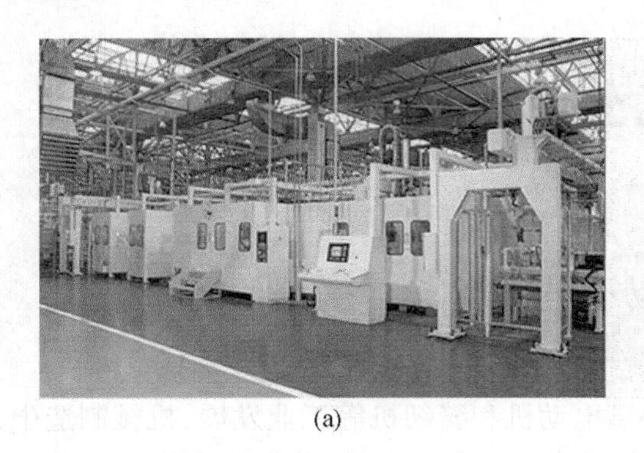
(a)

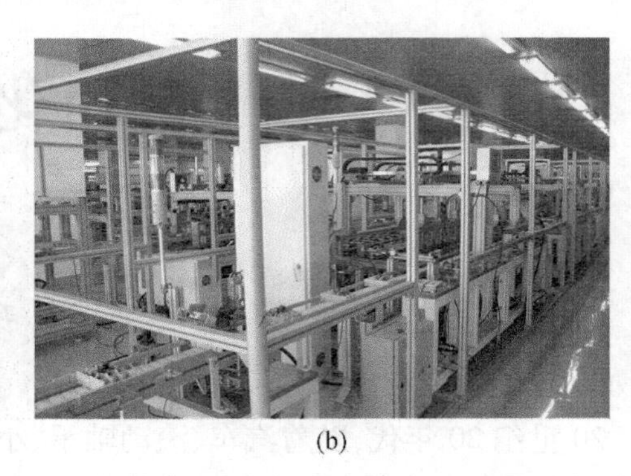
(b)

图2.1　自动化生产线与物流系统

2.2　物流系统与自动化立体仓库

2.2.1　物流系统及组成

物流系统是指由两个或两个以上的物流功能单元构成,以完成物流服务为目的的有机集合体。作为物流系统的"输入"就是采购、运输、储存、流通加工、装卸、搬运、包装、销售、物流信息处理等环节的劳务、设备、材料、资源等,由外部环境向系统提供的过程。所谓物流系统是指在一定的时间和空间里,由所需输送的物料和包括有关设备、输送工具、仓储设备、人员以及通信联系等若干相互制约的动态要素构成的具有特定功能的有机整体。

物流系统的一般组成包括:

(1)运输子系统

运输的作用是将商品使用价值进行空间移动,物流系统依靠运输作业克服商品生产地和需要地点的空间距离,创造了商品的空间效益。国际货物运输是国际物流系统的核心。

(2)仓储子系统

商品储存、保管使商品在其流通过程中处于一种或长或短的相对停滞状态,这种停滞是完全必要的。因为商品流通是一个由分散到集中,再由集中到分散的源源不断的流通过程。国际贸易和跨国经营中的商品从生产厂或供应部门被集中运送到装运港口,有时需临时存放一段时间,再装运出口,是一个集和散的过程。它主要是在各国的保税区和保税仓库进行的,主要涉及各国保税制度和保税仓库建设等。保税制度是对特定的进口货物,在进境后,尚未确定内销或复出的最终去向前,暂缓缴纳进口税,并由海关监管的一种制度。这是各国政府为了促进对外加工贸易和转口贸易而采取的一项关税措施。保税仓库是经海关批准专门用于存放保税货物的仓库。

(3)商品检验子系统

由于国际贸易和跨国经营具有投资大、风险高、周期长等特点,使得商品检验成为国际物流系统中重要的子系统。通过商品检验,确定交货品质、数量和包装条件是否符合合同规定。

(4)商品包装子系统

杜邦定律(美国杜邦化学公司提出)认为:63%的消费者是根据商品的包装装潢进行购买的,国际市场和消费者是通过商品来认识企业的,而商品的商标和包装就是企业的面孔,它反映了一个国家的综合科技文化水平。

(5)国际物流信息子系统

该子系统主要功能是采集、处理和传递国际物流和商流的信息情报。没有功能完善的信息系统,国际贸易和跨国经营将寸步难行。

国际物流信息的主要内容包括进出口单证的作业过程、支付方式信息、客户资料信息、市场行情信息和供求信息等。国际物流信息系统的特点是信息量大、交换频繁,传递量大、时间性强,环节多、点多、线长,所以要建立技术先进的国际物流信息系统。

国际物流系统网络是指由多个收发货的“节点”和它们之间的“连线”所构成的物流抽象网络以及与之相伴随的信息流网络的有机整体。收发货节点是指进、出口国内外的各层仓库,如制造厂仓库、中间商仓库、口岸仓库、国内外中转点仓库以及流通加工配送中心和保税区仓库。国际贸易商品就是通过这些仓库的收入和发出,并在中间存放保管,实现国际物流系统的时间效益,克服生产时间和消费时间上的分离,促进国际贸易系统的顺利运行。

随着社会经济的持续发展和科学技术的突飞猛进,现代物流业已成为国民经济的支柱产业,在社会经济发展中起着越来越重要的作用。经过20世纪80年代至今的现代物流理论的飞速发展,物流关于“第三方利润源泉”的观点也被企业所广泛接受,物流系统的组织方式和管理技术为企业寻求成本优势和差别化优势提供了新的视角,企业的重点也均投向了企业的供应链物流的管理和一系列物流基础设施的建设上面。先进的物流设施及技术和高效的供应链要求同时也促进自动化物流的快速发展。

2.2.2 自动化立体仓库的应用

自动化立体仓库产生和发展于第二次世界大战之后。1959年美国开发了世界上最早的自动化立体仓库,并在1963年使用计算机进行自动化立体仓库的控制管理。此后,自动化立体仓库在世界各国迅速发展,使用范围几乎涉及所有行业,并形成了专门的学科。1974年我国建立第一座自动化立体仓库,但我国在这一领域发展速度比较缓慢。经过十几年的发展,到20世纪80年代我国共建成立体仓库50余座,但自动化程度相对较低。20世纪90年代至今,我国的物流行业发展突飞猛进,物流行业的自动化和信息化较之过去都有了长足的进步。目前已有九州通集团、海尔集团、蒙牛集团等大型自动化物流系统建成,这些系统的自动化设备水平和设计理念达到了国际上先进或主流的水平,同时填补了我国仓库自动化设备研发及自动化立体仓库规划设计领域的某些空白,体现了我国在自动化仓储领域的领先水平。

自动化立体仓库又称立体库,高层货架仓库,自动仓储系统(Automatedstor and Retrievalsystem)。所谓自动化仓库是指由电子计算机进行管理和控制,不需要人工搬运作业而实现货物收发作业的仓库。立体仓库是指采用高层货架,以货架或托盘存取货物,用巷道堆垛机及其他机械进行作业的仓库,将两种仓库的作业技术结合称为自动化立体仓库。它具有占地面积小、存储量大、周转快的优点,是集信息、存储、管理于一体的高技术密集型机电一体化产品。

自动化立体仓库(AS/RS)作为物流系统的一个核心和枢纽,具有很高的空间利用率和很强的出入库能力,可构建更有效率的物流系统,是许多货运枢纽、配送中心不可缺少的重要组成部分,也是物流系统实现物流合理化的关键所在。如图2.2所示。

图2.2 自动化立体仓库

自动化立体仓库能够自动完成物料的储存和输出,集信息自动化技术、自动导引小车技术、机器人技术和自动仓储技术于一体的集成化系统。是现代物流系统中迅速发展的一个重要组成部分,它具有节约用地、减轻劳动强度、消除差错、提高仓储自动化水平及管理水平、提高管理和操作人员素质、降低储运损耗、有效地减少流动资金的积压、提高物流效率等诸多优点。与厂级计算机管理信息系统联网以及与生产线紧密相连的自动化立体仓库更是当今计算机集成制造系统(CIMS)及柔性制造系统(FMS)必不可少的关键环节。

对于企业来说,自动化立体仓库的优越性可以从以下几个方面得到体现:

(1)提高空间利用率

立体仓库采用高层货架存储货物,充分利用了空间资源,从而节约了土地资源,提高了仓库的空间利用率。一般来说,采用立体仓库形式来存储货物,其空间利用率是普通仓库的2至5倍。多层存放货物的高架仓库系统,高度可以达到30 m以上,根据需要可以设置不同的高架类型:高层(大于12 m)、中层(5~12 m)、低层(5 m以下)。这与平库相比可以节约将近70%的占地面积。

(2)提高生产管理水平

自动化立体仓库中有各种计算机管理控制系统,能够对立体仓库内各种信息进行处理和存储,从而实现对货物的有效管理,因此能有效地控制物流系统运行过程中错误的发生,加之立体仓库采用先进的自动化物料搬运设备,便于立体仓库清点、盘库、库内搬移等作业,可以有效地缓解生产各环节之间的流通问题和供求矛盾,减少立体仓库的库存,加快货物周转量,节约资金。

(3)自动存取,减轻劳动强度,提高生产效率

自动化立体仓库使用的是先进的机械和搬运设备,这些自动化设备运行速度快、作业效率高,极大地提高了立体仓库的出入库能力,同时降低了操作人员的劳动强度,改善了仓

库内的工作环境。

(4)现代化企业的标志

由于自动化立体仓库的自动化程度高,仓库内工作环境好,是企业向外界展示其生产规模、科技管理水平的最佳窗口。自动化立体仓库正处在不断发展和完善的阶段,大致经历了四代发展,现在已经进入智能储运技术阶段。随着信息技术的高速发展,以全自动化、智能化、集成化、信息化为主要特点的第五代立体仓库正在逐步推广使用。

2.2.3 自动化立体仓库分类及构成

自动化立体仓库是一个复杂的综合自动化系统,作为一种特定的仓库形式,一般有以下几种分类方式:

(1)按建筑形式可分为整体式和分离式两种

整体式指货架除了存储货物以外,还作为建筑物的支撑结构,构成建筑物的一部分,即库房货架一体化结构,一般整体式高度在12 m以上。这种仓库结构质量轻,整体性好,抗震好;分离式中存货物的货架在建筑物内部独立存在。分离式高度在12 m以下,但也有15 m至20 m的。适用于利用原有建筑物作库房,或在厂房和仓库内单建一个高货架的场合。

(2)按照货物存取形式分为单元货架式、移动货架式和拣选货架式

单元货架式是常见的仓库形式。货物先放在托盘或集装箱内,再装入单元货架仓库货架的货格中。移动货架式由电动货架组成,货架可以在轨道上行走,由控制装置控制货架合拢和分离。作业时货架分开,在巷道中可进行作业;不作业时可将货架合拢,只留一条作业巷道,从而提高空间的利用率。拣选货架式仓库的分拣机构是其核心部分,分为巷道内分拣和巷道外分拣两种方式。“人到货前拣选”是拣选人员乘拣选式堆垛机到货格前,从货格中拣选所需数量的货物出库。“货到人处拣选”是将存有所需货物的托盘或货箱由堆垛机至拣选区,拣选人员按提货单的要求拣出所需货物,再将剩余的货物送回原址。

(3)按照货架构造形式分类可分为单元货格式、贯通式、水平循环式和垂直循环式

单元货格式仓库中巷道占去了三分之一左右的面积。为了提高仓库利用率,可以取消位于各排货架之间的巷道,将个体货架合并在一起,使每一层、同一列的货物互相贯通,形成能一次存放多货物单元的通道,而在另一端由出库起重机取货,成为贯通式仓库。

根据货物单元在通道内的移动方式,贯通式仓库又可分为重力式货架仓库和穿梭小车式货架仓库。重力式货架仓库每个存货通道只能存放同一种货物,所以它适用于货物品种不太多而数量又相对较大的仓库。梭式小车可以由起重机从一个存货通道搬运到另一通道。

水平循环式仓库的货架本身可以在水平面内沿环形路线来回运行。每组货架由若干独立的货柜组成,用一台链式传送机将这些货柜串连起来。每个货柜下方有支撑滚轮,上部有导向滚轮。传送机运转时,货柜便相应运动。需要提取某种货物时,只需在操作台上给予出库指令。当装有所需货物的货柜转到出货口时,货架停止运转。这种货架对于小件物品的拣选作业十分合适。它简便实用,充分利用空间,在作业频率要求不太高的场合是很实用的。

垂直旋转货架式仓库与水平循环货架式仓库相似,只是把水平面内的旋转改为垂直面内的旋转。这种货架特别适用于存放长卷状货物,如地毯、地板革、胶片卷、电缆卷等。

(4)按所起的作用可以分为生产性仓库和流通性仓库

生产性仓库是工厂内部为了协调工序和工序、车间和车间、外购件和自制件物流的不平衡而建立的仓库;流通性仓库是一种服务性仓库,是为了协调生产厂和用户间的供需平衡而建立的仓库。这种仓库进出货物比较频繁,吞吐量较大。

自动化立体仓库是由高层货架、托盘或货箱、巷道堆垛机、出入库输送系统、通信系统、堆垛机控制系统、计算机监控系统、计算机管理系统以及其他辅助设备组成的复杂自动化系统。

2.2.4 自动化立体仓库的相关设备

1. 货架

货架用于存放货物。货架越高,所占用的面积越少。同时,对货架的要求也越高。货架的形式有很多种:从货架的制造工艺分为焊接式货架和组合式货架两种。从货架的结构形式来分,又可分为单元式货架、贯通式货架、旋转式货架和悬臂式货架。如图 2.3 所示。

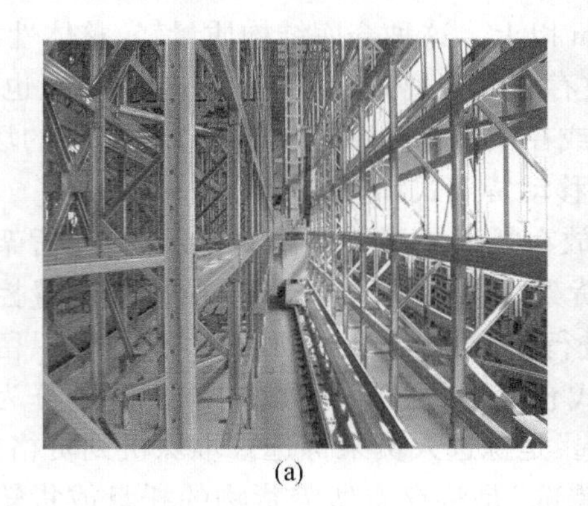

(a)

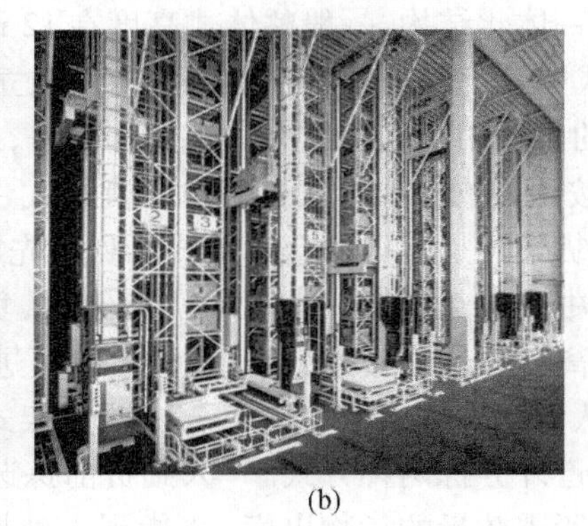

(b)

图 2.3 货架

2. 托盘或货箱

自动化立体仓库采用货箱或托盘作为载体来存放货物。各种外形不规则的货物和零散的货物,采用货箱存放;大型的规则的货物用托盘存放。使用托盘或货箱方便货物的管理和存储,还可以保护物品免受损伤。托盘多为钢制、木制或塑料制成。如图 2.4 所示。

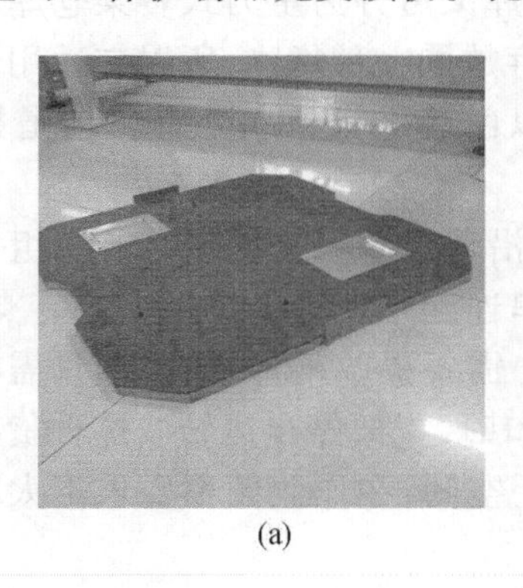

(a)

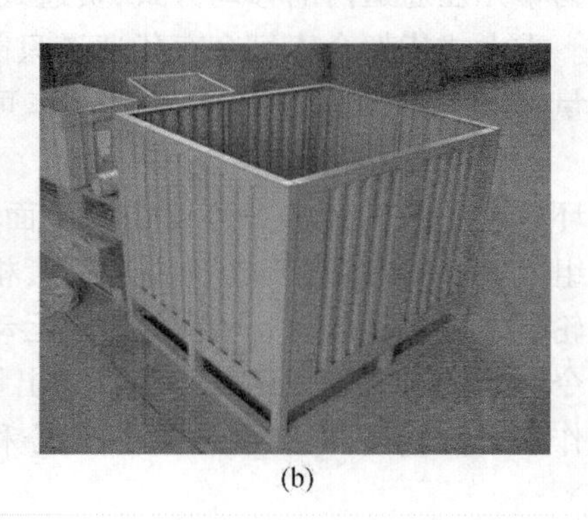

(b)

图 2.4 托盘与货箱

3. 巷道堆垛机

堆垛机在立体仓库货架区的巷道内往复运行，存取货物，又称巷道堆垛机，如图2.5所示。堆垛机是整个自动化立体仓库的核心设备，通过手动操作、半自动操作或全自动操作实现把货物从一处搬运到另一处。巷道堆垛机是随着立体仓库的应用而发展起来的专用起重机，通常一个巷道配备一台堆垛机，有时两个巷道或多个巷道共同使用一台堆垛机。巷道堆垛机是目前国内外立体仓库中应用最多的一种设备。

图2.5　巷道堆垛机

巷道式堆垛机有多种不同的分类形式：

(1)按结构形式分为单立柱型和双立柱型

单立柱型堆垛机的机械结构由一根立柱和上、下横梁组成，自重较轻，但刚性较差；双立柱型堆垛机的机械结构由两根立柱和上、下横梁组成，刚性好，但该结构堆垛机的自重比单立柱型堆垛机重。

(2)按支撑方式分类可分为地面支撑型、悬挂型和货架支撑型

地面支撑型堆垛机由其下部运行机构支撑和驱动，堆垛机整体运行于铺设在地面的轨道上，堆垛机上部设有水平导向轮；悬挂型堆垛机的货架下部设导轨，堆垛机悬挂于轨道下翼缘上运行，运行机构设在堆垛机的上部，堆垛机下部设有导向轮；货架支撑型堆垛机支撑在货格顶部两侧轨道上运行，货架下部设导轨，堆垛机下部设导向轮，运行机构设在堆垛机的上部。

(3)按作业方式可分为单元型和拣选型

单元型堆垛机以整个货箱为单元，进行入出库作业，堆垛机载货台需备有叉取货物的装置；拣选型堆垛机上设拣选平台，由司机或工作人员拣货出库，载货台上可不带货叉机构。

4. 出入库输送系统

出入库输送系统是货架与货物出入库口的连接输送系统。出入库输送设备有辊式输送机、链式输送机、出入库站台小车(RGV)、自动引导小车(AGV)等，如图2.6~2.9所示。

自动化立体仓库的出入库系统的规划设计以及采用哪些输送机械，需根据仓库的整体布局、仓库的功能以及货物的类型等情况决定。出入库系统的输送速度以及分岔、合流点的数量等，都要以满足仓库的出入库效率(作业效率)为原则来确定。

图 2.6　皮带线

图 2.7　倍速链

图 2.8　辊筒线

图 2.9　自动导引小车

5. 通信系统

自动化立体仓库是一个复杂的自动化系统，它是由众多子系统组成的。在自动化仓库中，为了完成规定的任务，各系统之间、各设备之间要进行大量的信息交换。

自动化仓库中的主机与监控系统、监控系统与控制系统之间的通信以及仓管理机通过厂级计算机网络与其他信息系统的通信。信息传递的媒介有电缆、触线、远红外光、光纤和电磁波等。

6. 堆垛机控制系统

控制系统是自动化仓库运行成功的关键。没有好的控制，系统运行的成本就会很高，而效率很低。为了实现自动运转，自动化仓库内所用的各种存取设备和输送设备本身必须配备各种控制装置。这些控制装置种类较多，从普通开关和继电器，到微处理器、单片机和可编程序控制器，根据各自的设定功能，它们都能完成一定的控制任务，如巷道式堆垛机的控制器（PLC）要求就包括了位置控制、速度控制、货叉控制以及方向控制等。所有这些控制都必须通过各种控制装置去实现。

7. 计算机监控系统

监控系统是自动化仓库的信息枢纽，它在整个系统中起着举足轻重的作用，它负责协调系统中各个部分的运行。自动化仓库系统使用了很多运行设备，各设备的运行任务、运行路径、运行方向都需要由监控系统来统一高度，按照指挥系统的命令进行货物搬运活动。通过监控系统的监视画面可以直观地看到各设备的运行情况。

8. 计算机管理系统

计算机管理系统是自动化仓库的核心，相当于人的大脑，它指挥着仓库中各设备的运行。它主要完成整个仓库的账目管理和作业管理,并且负担与上级系统的通信和企业信息管理系统的部分任务。一般的自动化仓库管理系统多采用微型计算机为主的系统,对比较大的仓库管理系统也可采用小型计算机。随着计算机的高速发展,微型计算机的功能越来越强,运算速度越来越高,微型机在这一领域中将日益发挥重要的作用。

2.2.5 自动化立体仓库基本作业流程

1. 入库作业流程

在货物到达后,经过输送机的自动分拣,然后码盘,以托盘为单位输出,叉车再将托盘搬运至入库输送机上,入库输送机将托盘运至入库处理器处进行入库处理作业(如:贴条码、条码扫描、外形尺寸校核、校核入库清单等),处理结束后托盘经传送带运至立体仓库巷道口,准备入库,准备入库的托盘会得到一个由系统分配的货位,分配的规则可根据立体仓库的实际情况不同而不同。

托盘沿着入库输送机进行行走,在到达相应的入库缓冲区最前端时,如果入库台空闲,则托盘可直接进入入库台等待堆垛机来进行入库作业;否则,托盘将在入库缓冲区中继续等待。托盘进入入库台后,如果此时堆垛机空闲,则堆垛机会根据指令数据从入库台上取得托盘并把它放到相应货位处;如果此时又有出库任务,则堆垛机不返回起始点直接取出要出库的托盘运到出库台,出库的托盘由出库台进入出库缓冲区,等待运走;如果堆垛机正在进行作业,则托盘停留在入库台等待入库。当入库缓冲区的容量已满时,托盘在输送机上等待入库,具体入库流程如图2.10所示。

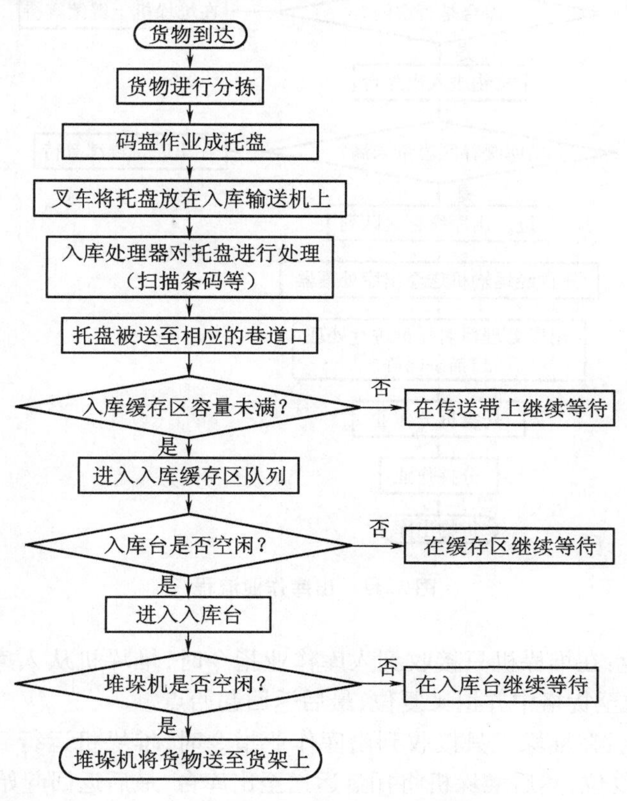

图2.10 入库作业流程

2. 出库作业流程

当订单到达时，仓库操作员根据订单信息手动或自动地分解出库单，在分解时，计算机控制系统会按照一定的出库原则产生出一系列出库货位的信息，并将这些货位信息发送至相应的堆垛机处；若此时堆垛机空闲并且出库台也空闲，则堆垛机根据货位信息行走至该货位处将该货位处托盘取出运送至出库台处；否则继续等待，如果出库缓冲区容量未满，托盘将进入出库缓冲区队列；否则继续等待，取出的托盘经输送机运送至出库处理器，完成出库处理作业（如：条码扫描、校核出库清单等）后，再经输送机运至托盘分离器，由机械手或人工进行拆盘作业，最后货物经过输送机的自动分拣机构后出库。自动化立体仓库中，巷道堆垛机的作业流有三种模式：单入库作业、单出库作业和复合作业。具体出库流程如图2.11所示。

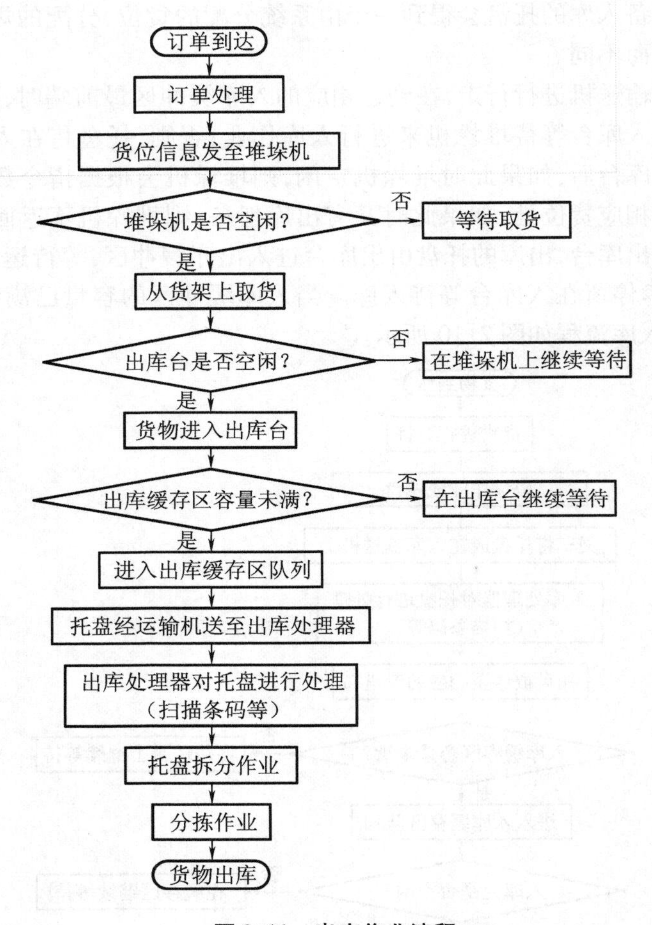

图2.11　出库作业流程

（1）单入库作业：在堆垛机只接收到入库作业指令时，堆垛机从入库台取货，运行至相应货位，再将托盘送至货格中并退叉复位，最后返回起始点。

（2）单出库作业：在堆垛机只接收到出库作业指令时，堆垛机运行到相应的出库货位，伸出货叉－取货－复位，然后堆垛机将托盘运送至出库台，最后返回起始点。

（3）复合作业：在堆垛机同时接收到入库和出库的指令时，堆垛机先将托盘运送至入库货位，然后不返回起始点，而是直接运行至待出库货位位置，然后将托盘取出运送至出库台出库。

3. 盘库作业流程

在实际的自动化立体仓库运营过程中，要对仓库内的货物定期盘库，以及时纠正出现的错误。盘库主要有两种方式：

(1)按托盘形式盘库：操作人员在工作站上生成盘库指令，发送到相应的堆垛机 PLC 中，托盘经输送机运送到入口处，操作人员核对完货物后，堆垛机将托盘送回到原位。

(2)按货物盘库：操作人员在工作站上针对某种货物下达盘库指令，系统自动对立体仓库内的此种货物进行统计，操作员按照统计结果核对货物。

盘点方式又可分为循环盘点以及总盘点两大种类。前者目标主要针对某些货物或者某几种货物进行不定期随机盘点。后者目标主要针对所有的货物进行定期方式盘点。最后利用报表查询实现所有仓储业务的各种信息查询功能。系统通过该功能，能够迅速根据约束条件筛选，查询并对业务信息进行分析和处理，也能综合了解企业的仓储业务运营状况。报表种类分为仓储业务相关的日报表、汇总报表等，通过报表信息，查看到货物当日出入库情况以及某一时间段发生的情况。

4. 库内搬移作业流程

系统库内搬移作业流程如图 2.12 所示。在实际的立体仓库运营过程中，货架中有的区域托盘货位有时会很少，可以通过库内搬移指令将这些托盘进行搬移。

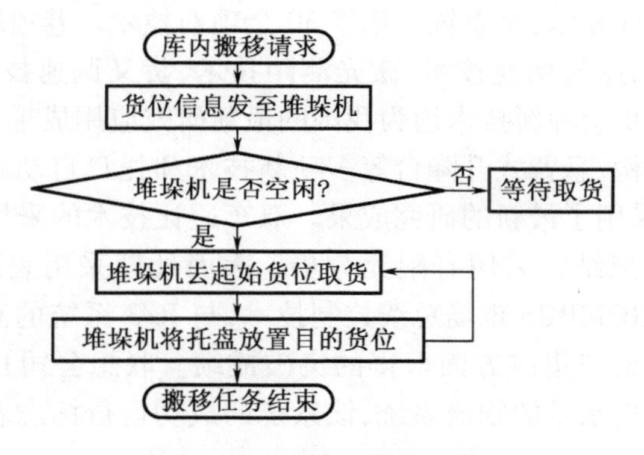

图 2.12 库内搬移作业流程

该作业方式通常是先由工作人员从控制系统中取出搬移作业任务单，然后再按照任务单的信息分类，通过堆垛机进行搬移作业，其操作方式可以手动或者自动搬移等，按顺序依次完成每一项搬移作业任务单，当所有任务完成后，这时堆垛机将托盘移到托盘比较集中的区域，从而对货位进行有效的管理。

2.3 自动化立体仓库在我国的发展

1963 年美国率先在高架仓库中采用计算机控制技术，建立了第一座计算机控制的立体仓库。此后，自动化立体仓库在美国和欧洲得到迅速发展，并形成了专门的学科。20 世纪 60 年代中期，日本开始兴建立体仓库，并且发展速度越来越快，成为当今世界上拥有自动化立体仓库最多的国家之一。我国对立体仓库及其物料搬运设备的研制开始并不晚，1963 年研制成功第一台桥式堆垛起重机（机械部北京起重运输机械研究所负责），1973 年开始研制我国第一座由计算机控制的自动化立体仓库（高 15 m，机械部起重所负责），该库 1980 年投入运行。到 2003 年为止，我国自动化立体仓库数量已超过 200 座。

立体仓库由于具有很高的空间利用率，很强的入出库能力，采用计算机进行控制管理而利于企业实施现代化管理等特点，已成为企业物流和生产管理不可缺少的仓储技术，越来越受到企业的重视。随着科学技术、信息技术、自动化生产技术及商品化经济的迅速发展，生产中所需原材料、半成品、成品及流通环节中的各种物料的搬运、储存、配送及相应的信息已经不是一个孤立的事物。事实上，从制造资源计划（MRPⅡ）到企业资源计划（ERP）的发展过程中，物流的各个环节已完成其集成化过程。自动化仓储、物流及信息流已成为组织生产、连接生产、销售、管理各网络中的关键节点，并且作为降低物流费用的重要手段在国民经济中起着越来越重要的作用。我国第一座全自动化立体仓库"北京汽车制造厂自动化立体库"，是北京起重运输机械研究所研制生产的。

20 世纪 80 年代，自动化立体库在我国得到应用后，在 20 世纪 90 年代得到迅速发展和广泛应用。20 多年来，北京起重所设计制造了各种形式的自动化立体仓库 100 余套，产品广泛应用于机械、冶金、化工、医药、军工、食品、运输和电子等行业，领导和推进了我国物流技术的发展和应用。2000 年，北京起重所又完成了我国迄今国产规模最大、技术水平最高的大型全自动化立体仓库"联想电脑公司集成化物流系统"。联想公司物流系统集成了当前国际上最新的立体仓库技术，全系统采用了 30 余项新技术。巷道堆垛机是立体仓库系统的关键设备之一，其中的运行调速技术、激光测距技术、货叉调速技术、起升机构的认址技术，变截面立柱技术等 10 余种新技术均为我国的最新研究应用成果或国际先进技术。输送机设备采用了组合式结构、悬臂式升降台等多项新技术和托盘自动收集技术。分配车在运行调整、认址等方面均采用了最新的研究成果。双车避让技术的采用使分配车达到了比设计要求更高的能力。货架结构采用有限元分析。表面处理采用表面喷塑新工艺，美观耐用。控制系统采用了 PROFIBUS 现场总线控制技术，与 R/3 系统的高度集成体现了该立体仓库系统在与大型信息系统集成方面取得的突破成绩。联想公司自动化物流系统是我国自行研制的具有国际先进水平的物流系统，该系统的成功运行标志着我国物流自动化技术水平又上一个新台阶。

一个比较完善的自动化立体仓库系统主要包括：

（1）货物的存放、周转，高层货架及托盘、货箱；

（2）入、出库作业，堆垛起重机；

（3）入、出库分配系统，辊式、链式输送机、分配车、升降机等；

（4）自控系统，包括由计算机控制的入、出库设备、分配系统以及各种检测、保险机构的全部电控装置；

（5）计算机管理系统，仓库的账目管理、数据分析、合理管理货位、设备运行及库存情况的状态显示等，管理系统与控制系统联网；

（6）入、出库频率不高的立体库几个巷道可共用一台堆垛机，此时应配备堆垛机转轨设备（如转轨车）。

2.3.1 主要设备的技术现状

我国自动化立体仓库各主要设备的技术现状大致如下：

(1)高层货架及托盘、货箱

高层货架是自动化立体仓库的主体结构部分，一般是钢结构采用焊接或组装而成。每排货架分若干列、层单元货格，每货格中一般存放1~3个托盘(货箱)。目前国内制造的高层货架一般在20 m以下，以10~15 m居多。货架所用型钢，焊接式货架多采用热轧型钢。组装式货架多采用薄型冷轧型钢。焊接式结构牢固、耐用，但笨重。组装式外形美观，拆装性能好，运输方便。因冷轧薄壁钢截面力学性能好，因此质量轻省钢材，降低成本，发展潜力很大。如接插部件设计十分合理亦很牢固，是高层货架的发展方向。货架结构型式设计一般是当托盘(货箱)对尺寸较大时采用牛腿式结构，每货格存放一个托盘(货箱)。托盘尺寸较小时采用横梁式结构。每货格可存放1~3个托盘(货箱)单元。目前横梁式货架结构的使用用户多为牛腿式，并有进一步增加的趋势。托盘(货箱)目前使用较多的是钢结构或钢木结构，但随着轻型塑料工业和注塑技术的发展，塑料托盘(货箱)以其美观、耐腐蚀、质量轻等优点，在较小尺寸及质量的托盘(货箱)中将占重要地位。

(2)堆垛起重机

堆垛机是自动化立体仓库中存、取货物作业的主要执行设备。它在货架的巷道中可承载货物水平运行、升降、左右伸叉，完成入库、出库、倒库等各种作业功能。为使堆垛机认址准确。水平、垂直、伸叉运动均设置正常运行速度和慢速两种以上速度(或用变频无级调速)，以减少停车时冲击，并能准确到位，达到水平运行±10 mm、垂直升降±10 mm，左右伸叉±5 mm的停准精度要求。堆垛机设置货位和载货台虚实检测装置，防止由于控制(或管理)失误，在货位已被占用的情况下重复入库造成事故。堆垛机设置原位及停准指示，如因惯性或其他原因未停准，堆垛机将按照PC程序控制自动“纠偏”。此外，堆垛机还设置运行、起止的终端限速、限位开关，并在最终端设机械车挡，防止堆垛机各机构运行超过极限位置。为确保带司机室的堆垛机司机和货物的安全，载货台设断绳保护装置或限速防坠装置。堆垛机电器系统还设有常规的电器互锁、失压保护、零位保护、过载保护等功能，目前堆垛机各机构运行速度为：水平运行80 m/min；升降10~16 m/min；货叉8~15 m/min。

(3)入出库分配系统

在自动控制的立体仓库中，入、出库分配系统按照计算机指令将入库货物分配至某一巷道口，再由该巷道堆垛机按照指令送到指定的排、列、层货位。出库时按照相反方向输出。在货物的入口处可设置称重装置。超高、超宽尺寸检测装置使进入库区的货物不会出现超载、超重或超尺寸引发事故。

目前输送货物大多根据货物、托盘或货箱的结构、质量确定用辊式或链式输送机。输送货物的交叉路口处往往使用升降机解决高差问题。另外，应设一个输送通道，使质量、尺寸不合格的货物(托盘)输送到指定点整理后再进入库区。也可用于拣选入、出库时(散件入、出库)，将单元货物送入该处，拣选后返回。当入、出库频率要求不高时，可考虑几个巷道共用一台堆垛机。此时应配备转轨车或其他转轨设备，以便使堆垛机转入另一巷道。

(4)自控系统

库区全部可运行设备，如堆垛机、输送机、升降机、分配车、转轨车等，以及这些设备的运行保障系统，均应由计算机统一程序控制。控制系统有对机、电及其他故障的报警及诊断显示功能。并对某些报警可自行处理。各设备运行实现自动衔接,动作可靠。一般选用高质量的可编程控制器。为确保各机构运行平稳可靠、认址准确,亦应选用高质量的变频器、光电元件及其他优质控制元件。

(5)计算机管理系统

计算机管理系统应能对全部货位和全部库存货物完成以下主要管理功能:

①按照要求实现货物的先进先出、某巷道优先、均匀分布等管理功能,进行入、出库货位管理;

②按照货位和货物品种盘库、查询;

③打印各种统计报表;

④库存情况分析;

⑤修改数据文件各项内容。

管理机可选用微机,能与下级监控、控制机实现联机通信。通信方式可采用电缆或封闭型安全滑线,最好采用红外线信号传输系统。安装简便,传输可靠,寿命长。根据需要可在库区显要位置和机房内设置设备运行和作业目标的数字、文字或图形模拟显示装置以便监控全部作业过程。

综上所述我国立体仓库行业已形成一定规模和开发能力。目前,立体仓库市场的主流是:单机自动控制、变频调速运行机构(这类机构水平运行和货叉伸缩不能同时动作,使用同一个变频器)、封闭滑触线供电、载重量600 kg以下,高度10~15 m的堆垛机,配以冷轧薄壁型钢组合式货架,入、出库输送机或手推车。可配备一个管理机,负责库房账目管理的立体仓库,但与发达国家相比还有很大差距。

目前,美、日等发达国家立库高度已达几十米,建库数均达数千座。堆垛机运行速度超过100 m/min,具有形式繁多的入、出库物流分配系统和安全保障系统。立库设备的形式根据用途多种多样。重力式货架已在发达国家成功使用,而国内基本上还是空白。

2.3.2 市场发展情况

据不完全统计,截止到2006年底,全国自动化立体库的保有量已超过500座。2006年建设的自动化立体库在80座以上,主要集中在机械制造、汽车、烟草、食品加工、服装生产、医药生产及流通等行业,与2005年相比,整个市场有了很大发展。主要表现在:

(1)烟草行业建设的自动化立体库数量有所下降,新建立体库约10座。目前,烟草制造行业还有上一轮全面技改项目中部分尚未完成的项目。烟草销售企业多采用简易平库或叉车立体库,基本不采用自动化立体库。如希望烟草行业出现大的市场需求,则要等待烟草制造、经销企业的进一步升级改造和设备更新换代。

(2)医药行业。医药生产企业对自动化立体库的需求依然稳定,2006年建设的自动化立体库为1 020座,像三九制药、扬子江制药等企业随着生产规模的扩大都建设了自动化立体库。在GSP认证的推动下,医药经销企业对自动化立体库的需求依然很大,2006年新建自动化立体仓库超过10座。

(3)机械行业中的一些标准件、紧固件生产企业、阀门、水泵制造企业纷纷建设自动化立体库。

(4)汽车生产企业虽然在车身及配套件存储方面均采用了自动化立体库,但基本采用国外产品,每年汽车行业新建自动化立体库在10~20座。

(5)伊利、蒙牛等大型乳品企业建设自动化立体库的热情高涨,2006年该行业建设的自动化立体库超过15座,而且普遍规模较大,2007年规划建设的项目还很多,其中包含一定数量的冷冻库。

(6)虽然家电制造业对自动化立体库的需求依然不旺,但家电销售企业如苏宁等企业纷纷建设自动化物流配送中心,扩大了自动化立体库的市场。

(7)2006年服装行业巨头雅戈尔公司率先建设了服饰自动化物流中心,其中包含1座自动化立体库。随着使用效果的凸显和企业间的传播,其他企业必然效仿,该行业孕育着巨大的市场。

(8)军队自动化立体仓库建设速度加快,近两年全军列入建设计划的自动化立体库有几十座,各供应厂商格外重视该市场领域,今后的竞争将日趋激烈。

2.3.3 技术和产品发展情况

面向冷饮生产企业、工作温度在-20 ℃以下的自动化立体库在国内有一定需求,目前国内供应商还不能提供完全符合要求的解决方案和相关产品,只是简单置换为适用于低温条件的元器件,或者采取一些局部加热保温措施,勉强满足用户使用要求,但效果不理想,急需供应商攻关研究,从总体设计和设备研制上全面着手,提供适合行业需要的整体解决方案。

行业企业总体数量变化不大,除有个别企业经营不善淡出市场外,也有几家国外厂家加入国内市场竞争,同时出现了国外企业并购国内企业的现象,2007年市场需求看好。

2006年自动化立体仓库市场总体发展是稳健快速,虽然总体利润下降,但各厂家生产订单饱满销售结果好于预期。预计2007年形势会更好,全年自动化立体库建设规模将接近100座。今后,随着中国企业规模的扩大和数量的增加,以及重视与合理应用土地这一稀缺资源的意识不断增强,具有节约土地资源优势、提高企业管理水平的自动化立体库必将得到更广泛的使用。应用领域的进一步扩大,将对相应设备和技术提出新的、更高的要求,中国企业必须进行全面技术创新和产品升级,才能抓住时代赋予的机遇。

目前,我国已基本确立市场经济。技术的发展无疑受市场的促进或制约,但由于市场还不十分完善和规范,它又往往不只取决于是否需求。尤其对于立体库这样的较大项目(少则几十万,多则几百万或更多),资金往往成为关键,但随着各行各业的发展,我国的立体仓库事业也必将获得长足进步。今后几年,管理机与堆垛机及入、出库分配系统联网实现全自控的立体仓库将日益增多,成为立体仓库市场的主流。随着市场的扩大,新型式、更高档次管理、控制系统的立体仓库将不断出现,设计、制造适用于各种货物的专用堆垛机和物流输送系统将成为立体仓库生产厂家的重要任务之一。更加轻型、组装性能更好、稳定性更好的货架生产工艺和货架型材轧制工艺也将得到开发和完善。总之,我国自动化仓库技术将随着国内市场变化而不断更新发展。同时,立体仓库设计制造单位的专业经验亦将引导促进我国立体仓库事业的进步。

2.3.4 先进技术的引进

从立体仓库设计、制造和使用的现状来看。发达国家走在我们的前面。引进、消化、吸收国外先进产品与技术,最终国产化成为自己的产品,这无疑是一条捷径。先决条件是要引进先进的、并适合国内市场的项目,决非盲目引进。目前针对立体库主要设备进行全套技术引进的在国内很少,某种意义上讲,谁先走一步,谁将有可能领先一步,占领市场。引进应掌握以下几点：

(1)要引进先进的实用产品的全面技术，即不仅引进产品，还应引进设计和工艺技术。新颖的设计与先进的工艺手段同样重要，而工艺技术的提高往往更为耗资费力。

(2)消化吸收要快。尽快掌握成为自己的技术。

(3)尽快国产化。不能长期靠进口配件维持，但要掌握一个原则，即国产替代配套件的质量不应低于进口配件，否则又部分地失去了引进的意义。

(4)引进技术不仅要看到当前市场需求，还要看到未来市场的发展。消化吸收后，产品应是当前市场的先进产品。确立一个较高起点，在此基础上培养出自己的开发能力。市场变化后，仍处于领先地位。如能达到以上几点，引进就是成功的。

2.4 自动化立体仓库总体规划与设计

2.4.1 立体仓库的主要参数、规划原则与设计步骤

1.立体仓库的主要参数

衡量自动化立体仓库性能最为重要的两个参数是立体仓库的库容量和出入库频率。库容量是指立体仓库在去除必要的通道和间隙后所能容纳货物的最大数量。在立体仓库的规划设计阶段，首先要确定立体仓库的库容量。库容量可用“货物单元”“m”或“t”来表示。出入库频率表示立体仓库出入库货物的频繁程度，它的大小直接决定了立体仓库内各种搬运设备的参数和数量，出入库频率可用“托盘/h”或“t/h”来表示。

除此之外，还有一些因素和参数决定了立体仓库的性能，如立体仓库的高度、储存货物的特性、辅助工具的尺寸、仓库的自动化程度、出入库平均时间等。

立体仓库经营绩效的主要评价指标是仓库利用率和库存周转率。仓库利用率是库存货物实际数量与仓库实际可存最大数量之比。由于这是一个随机变动的量，一般取它的年平均值作为考核指标。库存周转率是仓库年出库总量与年平均库存量之比。对于以生产经营为目的的仓库，库存周转率越大说明周转次数越多，即资金周转越快，经济效益越高。一些经营业绩较好的仓库，库存周转率可以达到每年24次以上(即平均每半月周转一次的速度)。

其他的重要参数如下：

(1)仓库单位面积的库容量

总库容量与仓库可利用的面积之比。在土地短缺、征用费用高的地方，这是一个很重要的经济指标。

(2)人员平均生产率

仓库全年的出入库总量与仓库总人数之比。该参数能够反映出仓库的自动化程度。

(3)缺货率

反映存货控制决策是否适宜，是否需要调整订购点与订购量的基准。

(4)设备的利用率

设备的全年实际工作时间与设备工作总能力之比。可以用来评价立体仓库设施装备配置的合理性。

(5)货物质量指标

包括配货差错率(漏装、混箱次数/总车次,此项指标用于衡量收发货的准确性,以保证仓库工作质量)、货物损耗率(报废金额/销售金额,通过损耗率与货物损耗限度相比较,反映仓库管理成效)、账货不符率(盘库账货不符品项数/操作品项总数,通过此指标,衡量仓库账面货物的真实程度,反映保管工作的管理水平)。

2. 立体仓库的规划原则

经过长期以来自动化立体仓库的项目建设和研究,专家学者总结出了一些立体仓库在规划设计过程中的经验以及准则,在这些经验以及准则之下规划设计出的方案能够在满足系统目标的前提下节省更多的物流成本,为企业创造更大的经济效益,以下为总结归纳的几点原则:

(1)全局规划原则

在对立体仓库系统进行规划设计之初,首先要从全局出发,对立体仓库系统的平面布局、装卸工艺、设备选型、生产管理策略以及长远的发展进行统一考虑。对立体仓库系统中的货物流、信息流以及资金流进行综合分析,确定系统设计的大致框架结构。

(2)立体仓库各部分距离最优原则

在规划设计立体仓库系统时需要考虑系统内部各个作业单元之间的距离最优问题,尽量减少立体仓库中各个作业环节中的作业人员、机械设备以及货物之间的距离,从而缩短货物的出入库作业时间,提高作业效率。

(3)充分利用空间原则

立体仓库的规划设计是在有限的空间内对系统内各个功能区进行布局,这就需要规划设计者应在最大程度上利用土地面积,不浪费任何可以合理使用的空间。

(4)设备协调原则

立体仓库系统中包含有许多设备,这就要求在设备选型中要尽量考虑设备与设备之间的相互协调性以及匹配程度,并尽量保持统一的标准。因为设备的标准化,可以提高立体仓库系统内部各环节对货物处理的衔接能力,同时企业在与上下游供应商的业务往来过程中,会有更好的通用性。

(5)作业能力匹配原则

作业流程中各个环节对于货物的处理能力应保持基本匹配,不能一味追求系统的局部最优化,从而导致系统的整体作业能力降低和极大的资源浪费。

(6)长期发展原则

在规划设计中一定要考虑到长远的发展,在系统的设计能力上需要留有一定余量,以便于满足企业在今后一段时间内的发展要求,避免扩容时造成很大的浪费。

3. 立体仓库的设计步骤

作为物流系统中的一个核心和枢纽,自动化立体仓库直接影响到企业的计划和行动。一般立体仓库的设计分为几个主要的阶段,每个阶段都有其预定的目标。

(1)企业情况调查分析

在这一阶段,需要对企业进行调研,明确企业所要达到的目标,确定企业类型,明确立体仓库与上下游衔接的工艺过程,分析企业储存货物的特点,研究企业历史数据并统计计算出系统的作业能力,然后根据现实中存在的各种约束条件进行可行性分析。

(2)确定托盘单元的相关参数

根据企业存储的货物特点以及与上下游其他供应商的通用性问题,选择合适的尺寸及材质,并根据货物包装规格合理制定托盘单元的堆码方式及堆码高度。

(3)确定货格单元尺寸

托盘单元的相关参数确定后,选择托盘的存储方式,依照货格设计手册,根据托盘相应参数计算货格的尺寸参数。

①确定货格数量及货架布局

根据企业的目标和系统的作业能力,计算系统中需要的货格数量,并根据该数量确定货架的总体尺寸,在满足约束条件的前提下确定货架形式和布局,并尽量降低货架的建设成本。

②堆垛机及搬运设备选型

在货架区的尺寸参数确定后,应依据该区域的布置选择堆垛机及其他搬运设备(如叉车、AGV 等)的类型及相关参数,堆垛机的选型应满足出入库频率,而搬运设备的工作效率也应该同堆垛机匹配。

③作业区与立体仓库区的衔接方式

在确定了立体仓库系统的主要作业设备以后,可根据系统布局及土建设计情况,确定作业区与立体仓库区的衔接方式,主要是输送机的布局方式及选型,输送机的运行效率也对系统作业效率有很大影响。

④系统建模及仿真分析

规划设计方案确定后,利用专业的建模仿真软件构建系统模型并进行仿真运行,统计数据并进行分析。

⑤系统优化

通过仿真数据统计及分析,找出系统存在的瓶颈并进行优化,使系统的设计方案达到最优。

2.4.2 仓库形式和作业方式的确定

在调查分析企业仓储货物品种的基础上,确定仓库形式。一般有单元货格式和贯通式两种,单元货格式应用最为广泛。在确定仓库形式时,还需要考虑其他因素,如货物是否有特殊要求(冷藏、防潮、恒温等)。根据出库工艺要求,即货物的出库形式是以整单元出库还是零星货物出库为主,决定要不要采用拣选作业。

仓库的作业形式是指搬运设备的操作方法,按搬运设备的搬运情况可以分为单作业方式(即单入库或单出库)和复合作业方式。为了提高出入库的搬运效率,应尽量采用复合作业方式,按搬运机械的货叉数量可分为单叉和双叉。双叉方式是立体仓库系统中堆垛机的载物台上设两副货叉,这两副货叉可独立进行存取作业。双叉作业方式可一次搬运两个货物单元,因此提高了作业效率,但双叉机构复杂,对控制系统的要求也相应的增加;按货叉长短可分为长叉和短叉,长叉的长度是短叉的两倍,可同时叉取两个货物单元,但相应的货格深度也要加深为两个,堆垛机的货台也相应增宽一倍。立体仓库系统使用的搬运设备多种多样,在进行规划设计时要根据货物出入库频率、货物单元的质量、立体仓库的规模等参数选择最合适的设备。

2.4.3 仓库设备的选型

1. 托盘单元的参数和货格尺寸设计

在自动化立体仓库中是以装载单元为基础来存储货物的。一般仓库的装载单元是以托盘的形式进行作业的。在立体仓库设计中,托盘单元的参数直接关系到立体仓库的面积和空间利用率,也关系到立体仓库能否顺利地存取货物,所以应尽量采用标准推荐的尺寸,以便与其他搬运设备相匹配。标准推荐的托盘单元的长、宽尺寸为:1 200 mm×800 mm,1 200 mm×1 000 mm,1 100 mm×1 100 mm 三种规格。目前通用性较高的为 1 200 mm×1 000 mm 规格的木质托盘。根据确定的托盘尺寸和货物的尺寸特征,可设计货物的码盘方式,图 2.13 为推荐的货物码放方式。

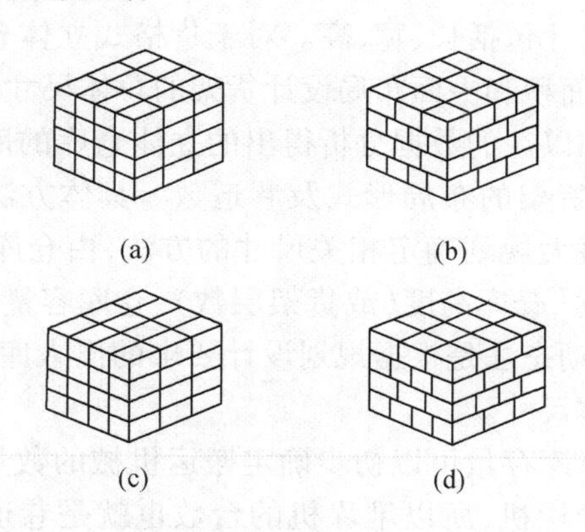

图 2.13　货物码放方式

(a)重叠式;(b)纵横交错式;(c)旋转交错式;(d)正反交错式

根据所确定的托盘尺寸可进行货格单元的设计,一般可分为横梁式货架和牛腿式货架两种类型。自动化立体仓库对货架的强度、稳定性和精度要求是相当高的,包括货架的垂直度、牛腿和横梁的位置精度和水平度,因此设计时必须要对货架进行力学分析计算,确定货架类型后,可根据设计规则确定货格单元的尺寸,货格单元的尺寸取决于托盘放入货格后四周留出的空隙大小;对于自动化立体仓库,这些预留尺寸的确定需要考虑到堆垛机运行、安装精度、搬运机械的停止精度和仓库的地坪施工等。以下对横梁式货架的货格单元设计进行说明。

图 2.14 中,F_{loor} 为货架的最低货位高度;P_{width} 为托盘宽度;P_{length} 为托盘长度;P_{height} 为托盘高度;C_{height} 为货位高度;C_{deepth} 为货位深度;C_{width} 为货位宽度;a,b,c,d,e 为空间间隙参数。

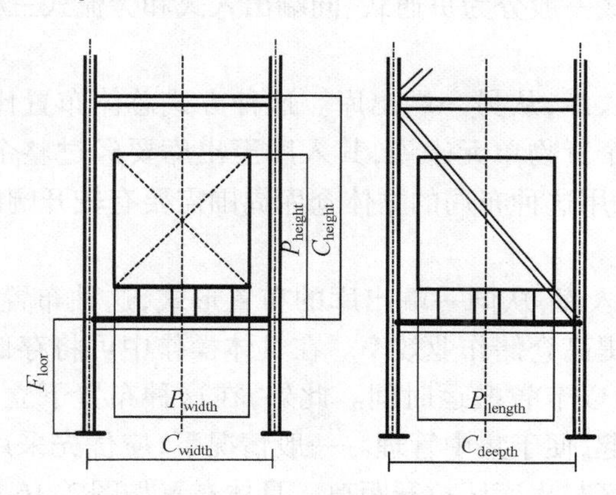

图 2.14　横梁式单托盘货架结构

$C_{width} = P_{width} + 2a + M$

$C_{deepth} = P_{length} + (200 \sim 300\ mm)$

$C_{height} = P_{height} + b$

以上公式中：$a = 75 \sim 100\ mm$；$b = (0.85 \sim 0.9) \times P_{width}$；$c = 2a$；$d$、$e = 100 \sim 200\ mm$；$M$ 为货架立柱的宽度。

2. 货架总体尺寸

立体仓库货架的总体尺寸包括长、宽、高。对于货格式立体仓库，货格单元的尺寸确定后，可根据立体仓库的作业面积和平面布局设计货架的总体尺寸。

首先可根据设计要求和以往的数据分析得出的立体仓库的库容量，从而确定立体仓库的货格单元数量，而后决定货架的布局形式及巷道数。具体方法有静态法和动态法两种。所谓静态法就是根据仓库最大规划确定相关尺寸的方法，由仓库长度（或货架列数），仓库宽度（或巷道数及巷道宽度）、仓库高度（或货架层数）、仓库容量（或货位数）四个约束条件中的三个来确定货架尺寸；动态法是根据规划设计要求的出入库频率和所选定的堆垛机的速度参数来确定货架的总体尺寸。

用最大出入库频率除以库存量可以初步确定搬运机械的数量。在单元货格式仓库内，一般是一个巷道安装一台堆垛机，所以堆垛机的台数也就是巷道数，但如果出入库频率不高，而库存量又很高，则按上述方法确定的堆垛机台数和货架巷道数比较少，使得每个巷道的货位数太大，造成货架的高度和长度偏大，使建设成本上升。一般认为，一个巷道的货位数以不超过 1 500 ~2 000 个为宜。

在确定了巷道数以后，立体仓库的大体宽度就可以确定了。一般来说，巷道宽度应为堆垛机的宽度加 150 ~400 mm 以保证堆垛机能安全地在巷道内高速行驶。立体仓库的高度是标志立体仓库技术水平的一个重要参数。高度的确定需要考虑以下几个方面：一是技术上实现的难度；二是库存量目标要求及立体仓库的占地面积；三是仓库的经济效益。一般情况下，立体仓库的高度不宜过高，在 10 ~20 m 为宜，当货架高度超过 20 m 以后，成本会急剧增加且带来一系列的技术难题。

3. 货物单元出入高层货架的形式

货架的总体尺寸确定后，便需要确定货物单元出入高层货架的形式。货物单元在自动化立体仓库中的流动形式一般分为贯通式、同端出入式和旁流式三种。

（1）贯通式

货物从巷道的一端入库，从另一端出库。这种方式总体布置比较简单，便于管理操作和维护保养。对于每一个货物单元来说，其入库至出库要经过整个巷道，增加了搬运的距离，降低了作业效率。采用这种布局的立体仓库周围需要有较开阔的场地，如图 2.15 所示。

（2）同端出入式

货物从巷道的一端入库，从同一端出库的布置形式，这种布置可以缩短货物的出入库周期，使货物就近存放，提高仓储作业效率。在具体操作中可将存储量大，周转频率高的货物放置在出入库端位置，以节省搬运时间。此外，在这种布置下立体仓库的入库作业区和出库作业区可以合在一起，便于集中管理。一般情况下，应优先采用同端出入式布置，除非整个工艺流程要求入库区与出库区拉开距离。具体布置如图 2.16 所示。

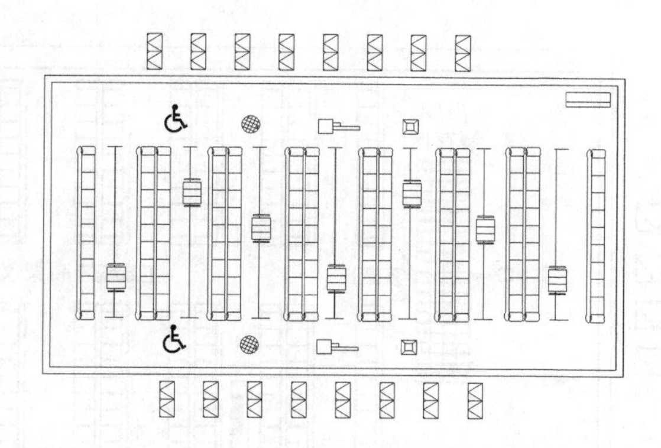

图 2.15　贯通式布局

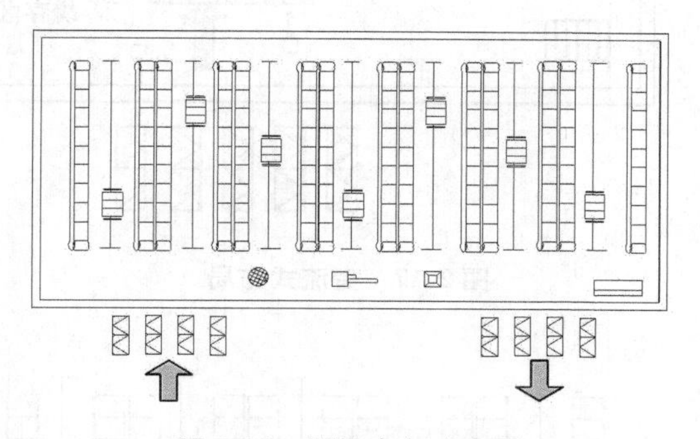

图 2.16　同端出入式布局

(3)旁流式

货物从仓库的一端(或侧面)入库,从侧面(或一端)出库的布置形式。在这种布置下货架中间设有通道,可以组织两条线路分别进行货物的搬运,提高搬运效率,方便不同方式的出入库作业,适合于立体仓库周边场地比较狭小的地方。但是缺点是减少了货架的货格,即减少了立体仓库的库存量。如图 2.17 所示。

2.4.4　货架区与作业区的衔接方式

货架区是自动化立体仓库的核心,在货架区内,货物搬运任务由堆垛机完成,在货架区外围,货物的出入库搬运却需要与其他设备衔接配合完成。无轨的高架叉车、堆垛机(巷道式、桥式、拣选式等)可以与其他搬运机械配套衔接,也可以直接从库外面到高层货架存取,往往直接存取应用较多,这样不用中间倒运,灵活方便,一机多用,特别适于拣选作业,但对于很高的货架和大而重的货物搬运则很少应用。对于采用巷道式堆垛机的仓库,巷道式堆垛机只能在高架区的巷道内运行,所以仓库里还需要各种搬运设备。目前,货架区与外围作业区的衔接有如下四种方式:

(1)叉车出、入库台方式

在高层货架的端部有出入库台。入库时,用叉车将货物单元从外围作业区运至入库台,再由堆垛机送入指定货位;出库时,由堆垛机从指定货位取出货物单元放到出库台上,再由叉车取出送至出库作业区,如图 2.18 所示。

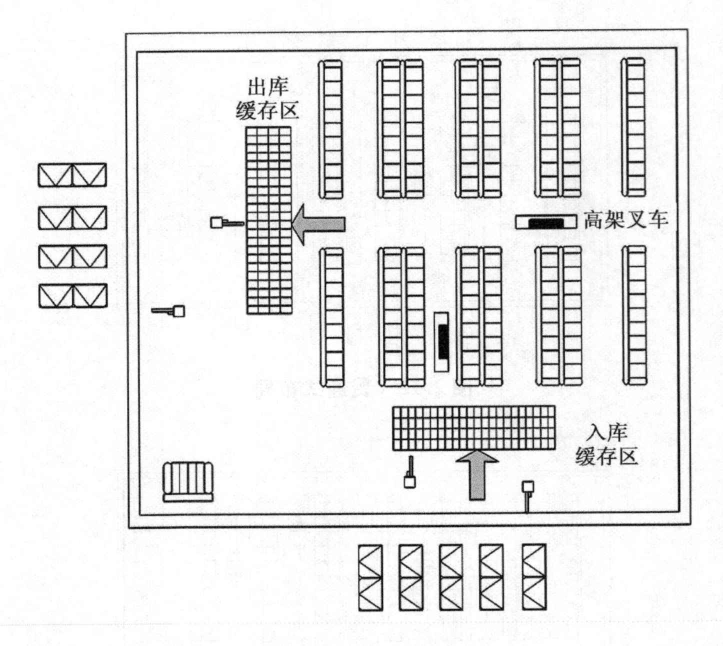

图 2.17　旁流式布局

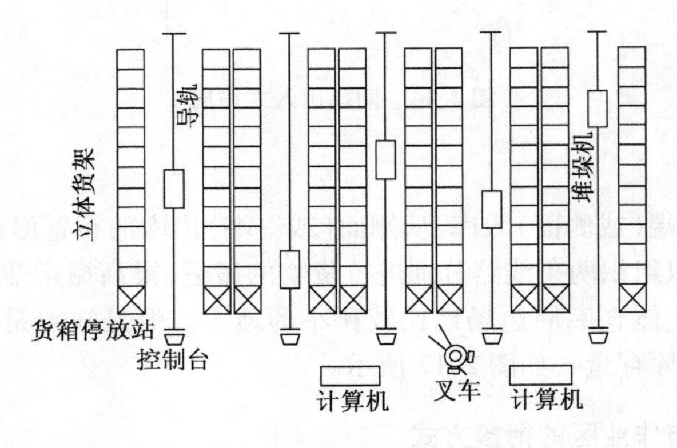

图 2.18　车出入库方式

(2) 自动引导车出入库方式

这种方式与叉车出入库方式相比，只是将叉车换成了自动导引车。自动导引车上装有伸缩货叉，便于取放货物。操作人员在控制室内进行小车的控制，设定之后启动小车即可自动完成存取货过程，货送至出库台或者巷道口，如图 2.19 所示。

(3) 自动导引车输送方式

如图 2.20 所示，自动导引车从货物堆垛机处叉取货物单元，然后自动运行到预定的巷道前，将货物转载给输送机，输送机送至巷道口。接下来由堆垛机完成入库、出库作业流程是以上作业流程的逆运行。

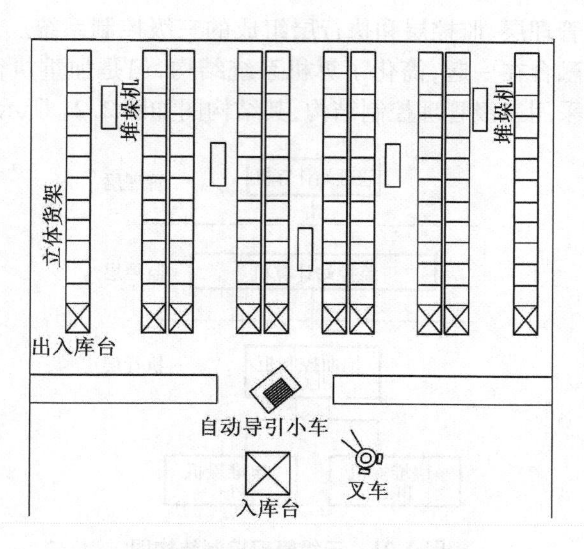

图2.19 自动导引小车出入库方式

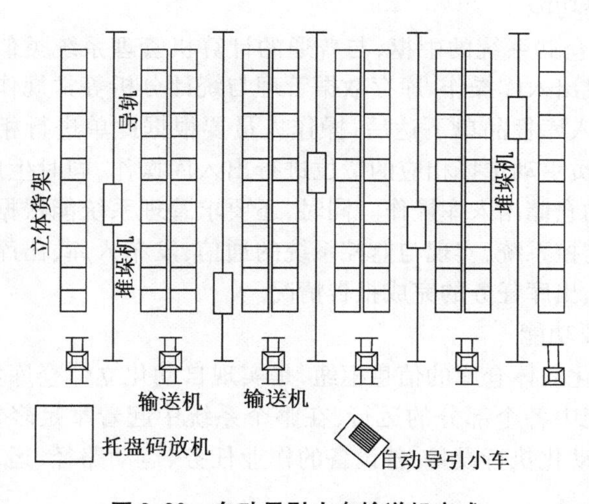

图2.20 自动导引小车输送机方式

(4)叉车(或升降机)连续输送机方式

对于出、入库频率高或要求每天按品种、数量和固定时间有计划发货的仓库,就需要采用输送机的积放功能来实现货物的连续输送。因为堆垛机是间歇工作的,为实现连续性输送,就需要配置若干台堆垛机与连续输送系统配合,这种衔接方案的关键之处在于解决好各台堆垛机与输送机的协调问题,而解决这一问题的办法是需要连续输送机具有积放的功能。所谓积放就是在输送机上积累一定数量的货物,并能按照下一流程环节的需要一件件地放行货物,如此即可保持货物连续不断地运送,以达到连续输送的目的。

2.4.5 自动化立体仓库计算机系统结构

自动化立体仓库系统的结构在不同企业和行业之间具有不同的特点。目前,国内外仓库的管理及控制系统大致可以分为两大类:三级管理控制结构和二级控制管理结构。三级管理控制结构是指由管理层、监控层和执行层组成的三级控制系统。二级控制管理结构将监控层与执行层功能融合在一起，简化了算机系统结构，但是加重执行层 PLC 的负担。本书的计算机系统结构采用三级管理控制结构，其结构图如图 2.21 所示。

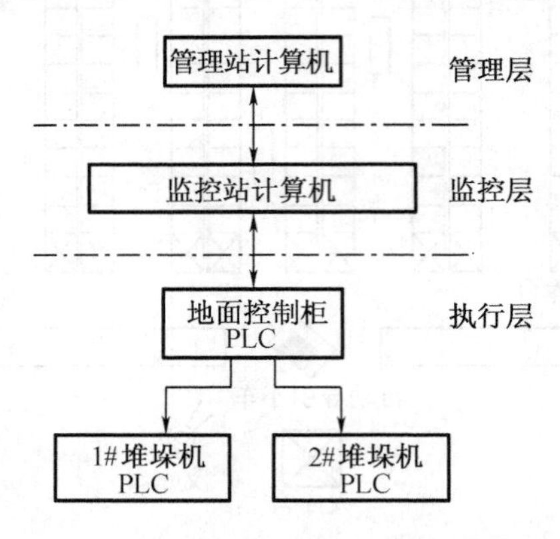

图 2.21　三级管理控制结构图

(1)管理层的主要功能

管理层是自动化仓储系统的中枢，与普通的计算机管理系统类似，负责接收调度系统发布的调度任务，完成出入库操作、库存数据管理与统计分析等常规作业，而且具有仓储管理的操作流程。在出入库货品单下达后，操作人员要根据此单进行相应的出入库操作，管理层自动或由操作人员手动选择相应的货位进行出入库操作，同时生成相应的报表统计结果，来完成一个完整的仓储出入库操作。同时，还要求管理系统能根据入库、出库的生产任务，发出命令来触发监控系统，实现与监控系统的通信，发布入库、出库操作任务单，并接收监控系统返回的入库、出库任务的完成报告情况。

(2)监控层的主要功能

监控系统是自动化立体仓库的信息枢纽，是实现自动化立体仓库实时控制的重要组成部分，它负责协调系统中各个部分的运行，在整个系统中起着举足轻重的作用。自动化立体仓库使用了很多自动化执行设备，各设备的作业任务、运动路径、运动方向都需要由监控系统来统一调度。

(3)执行层的主要功能

执行层的主要功能是接受并执行监控层计算机下发的出入库指令，控制设备执行相应的出入库任务，自动完成取送货任务。

2.4.6　自动化立体仓库管理系统的功能

不同的客户对自动化立体仓库管理系统的功能需求有所不同。通常，一般的立体仓库管理系统功能模块如图 2.22 所示。

(1)代码管理模块

代码管理模块实现车间班组代码、物料类别代码、材质代码、制造单位代码等的管理。

(2)基础信息模块

基础信息模块包括物料目录、仓库设置、货位设置、员工信息等。

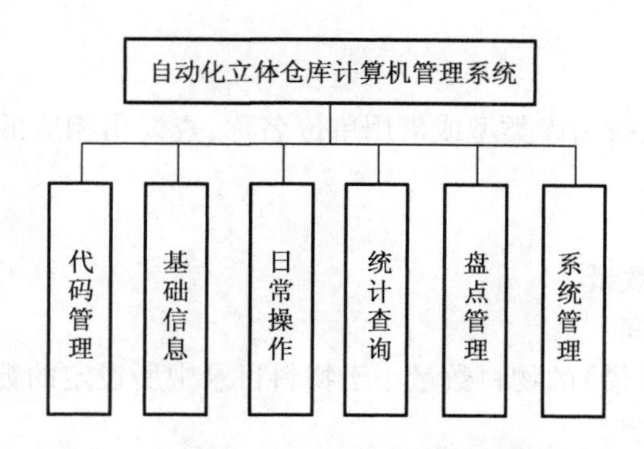

图 2.22 自动化立体仓库管理系统模块示意图

①物料目录,是库存物料清单,包括物料的名称、零件图号、规格、材质、质量、长、宽、高、生产厂家等信息。

②仓库设置,是设置仓库的一些基本信息,并用这些基本信息生成货位,仓库设置的基本信息有仓库货位编码、货位尺寸(长、宽、高)、货格承重、货架单列承重等。

③员工信息,是指录入与出入库物料有联系的职工信息,如编号、车间、工段、班组、姓名、性别等。

(3)日常操作模块

①物料入库

物料入库是最基本的日常操作之一,入库分为以下几种类型:

新增入库,对应于新购置物料的入库。

移库入库,对应于从别处移转来的物料,也适用于第一次使用本软件而进行的原始物料信息录入。

借用入库,对应于外借物料的回库。

定检回库,对应于定检物料的回库处理。

返修入库,对应于返修物料的入库。

刃磨入库,对应于刀具的刃磨回库。

②物料出库

物料出库是最基本的日常操作之一,出库与入库基本相对应,分为借用出库、定检出库、刃磨出库、停用出库、报废出库。

③物料报失

物料报失是处理丢失的物料,记录物料信息,平衡库存数量。

④物料报废

物料报废是处理废弃的物料,记录物料信息,平衡库存数量。

⑤库存结转

库存结转是计算一定时间段内的新增、报失等库存信息。

⑥监控列表

监控列表是操作物料出入库时,系统自动生成的出入库队列表,可以手工优化出入库顺序,也可以系统自动优化出入库顺序。

(4)统计查询模块

①未归还物料查询

设定出库日期区间,按出库类型或借用单位名称,查询出相应的出库未归还物料记录,可打印未归还物料清单。

②库存数量查询

查询在库物料现有数量。

③超低库存物料查询

查询库存(在库与外借)的物料数量小于物料目录中所设定的数量,防止因物料数量太少而对生产造成不利影响。

④出库单查询

查询并打印以往出库单的记录。

⑤入库单查询

查询并打印以往入库单的记录。

⑥报损单查询

查询并打印以往报损单的记录。

⑦报失单查询

查询并打印以往报失单的记录。

⑧货位状态查询

查询货位的使用情况,包括有无托盘,是否可用以及货位上有哪些物料。

⑨到期定检物料查询

到期定检物料是指到定检日期的物料,定检时间间隔在录入物料清单时输入,在新物料入库或移库入库时,要输入物料下次的定检日期。

⑩物料汇总查询

物料汇总查询是指查询一定时间段内的新增、移入等物料的汇总数量,并进行汇总输出,结果输出到 EXCEL 格式的文件中。

(5)盘点管理模块

①物料盘点单生成

设定要盘点的物料类别,查询出符合条件的记录集,并生成盘点单。

②物料盘点调整

物料盘点调整是物料实际库存进行对比调整的过程,盘点调整的最小单位是货位。

③历史盘点调整单

只对以往的盘点调整情况做一个历史记录,以便供库存管理人员参考。

(6)系统管理模块

①系统设置

系统设置即系统初始化,是将系统的数据清除,回到软件安装的初始状态。

②权限设置

每个用户有角色分配与直接权限分配两种方式,可以建立一个角色,给角色分配相应的权限,再将角色赋予某个用户,这样用户就拥有这个角色的全部权限,其原理与数据库角色与权限设置类似。

③操作日志

操作日志是对每次进行的出库入库等操作进行自动记录，操作员根据具体情况选择是否记录操作日志。

④修改密码

每个操作员都有自己的账户和密码，当前在线的操作员可以更改自己的账户密码。

⑤数据备份

系统管理员可以选择手工备份或自动备份数据库信息。

2.5　自动化物流中心与立体仓库应用案例

2.5.1　德马泰克－华为自动化物流中心

1. 背景

通信设备有其规范和特性，具体表现在：交货期短，市场需求波动大，生产的计划性较差。华为的经营宗旨是千方百计地满足客户需求，在此前提下，追求各项成本的降低。由于生产所需的部分高技术原材料要从国外进口，采购周期长达60天，而华为的成品交货期只有14天左右，期间有46天的时间差，所以为了保证按时履行订单，必须保有一定的原材料库存。原材料主要采用平面码放存储、人工拣选和搬运方式，不仅占地面积非常大，而且物流效率低，差错率和货物损失难以避免，不能跟上公司业务日益扩大的发展脚步，无法及时满足客户需求。

2. 项目调研

借助与德国工业技术研究院（FHG）在平面厂区工艺规划方面有良好的合作，经过严格的招标、评选选中全球顶尖的物流系统集成商德马泰克（DEMATIC）负责整个项目的实施。同时迅速成立自动物流中心项目组，由设备、生产、物流等相关部门的七八个人共同组成，开始了生产物流系统的建设。

3. 项目分析

华为的物流系统主要分为厂内物流和成品运输两个部分。厂内物流按生产工序划分为半成品加工前端物流（原材料物流）和整机装配物流，分别由中央收发监控部和生产部门负责。成品运输主要由国际物流部门负责，此外区域销售中心（全球划分为6大区域）肩负二次物流功能，主要负责成品分拨。

4. 项目目标

满足500亿元的物流业务量，作为华为的中央库房（一级库），存储全球采购的原材料，包括PCB板、元器件、部分电缆、部分结构件等。自动物流中心由自动化立体仓库为核心的仓储系统、自动分拣与输送系统、条码与RF系统等组成，在仓储管理系统（WMS）的指挥协调下，完成原材料的入库、存储、分拣、出库。

自动化物流中心的设计参数和物流设备见表2.1至表2.3。

表 2.1 自动化物流中心的设计参数

占地面积	1.7 万 m^2
巷道	20 个
托盘立体库货位	2 万个
料箱立体库货位	4 万个
货位利用率	90% ~95%
建设周期	14 个月（2000.10 ~2001.11）
项目投资	1 亿元人民币
达到标准	欧洲机械搬运协会标准，即 FEM 标准

表 2.2　自动化物流中心的设计参数

系统设计值	托盘系统	料箱系统
存储单元尺寸（长×宽×高）	1.2 m×0.8 m×1.2 m 1.2 m×0.8 m×1.7 m	600 mm×400 mm×270 mm
存储单元最大质量	250 kg	25 kg
存储层数	5	20
可用性	97%	97%
存储物料种类	1 500	6 000

表 2.3　物流设备

设备	数量	产地
自动巷道堆垛机	20 台	德国
WMS（仓储管理系统）	1 套	英国
RF（无线射频）设备	1 套	美国和加拿大
运输带	多条	澳大利亚和德国
KBK 物料搬运设备	多台	德国和澳大利亚
托盘运料车	多台	德国
托盘升降输送机	多台	德国
高架货架	多组	中国

5. 物流系统功能

物流中心实现了仓储和分拣无人化作业，保证了物料的先进先出和准确的存储期限控制，库存数据正确率为 100%。同时 WMS 与 Oracle ERP 系统进行集成，实现实时数据交换，保证物流信息的实时可视化（如图 2.23 所示）。

自动物流信息系统采用双机备份方式，重要数据定期备份，保障系统能够在意外情况下恢复。控制系统应用程序存储于 EPROM 卡，不会因停电而丢失。

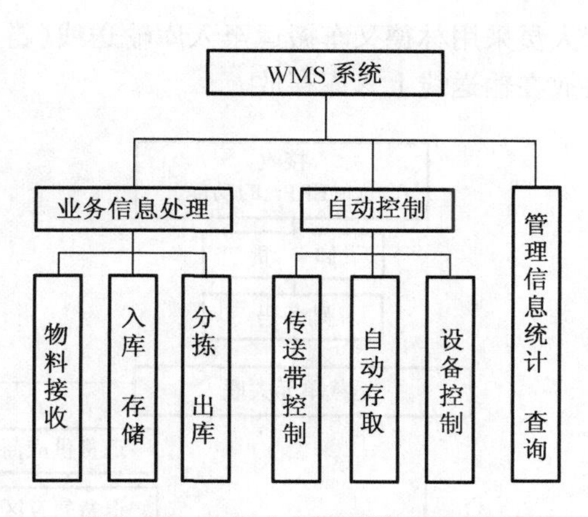

图2.23 物流中心系统的主要功能

采用仓库管理系统(WMS),实现系统信息的集成管理与控制,WMS与Oracle ERP进行了集成,可以实现实时的数据交换。如图2.24所示。

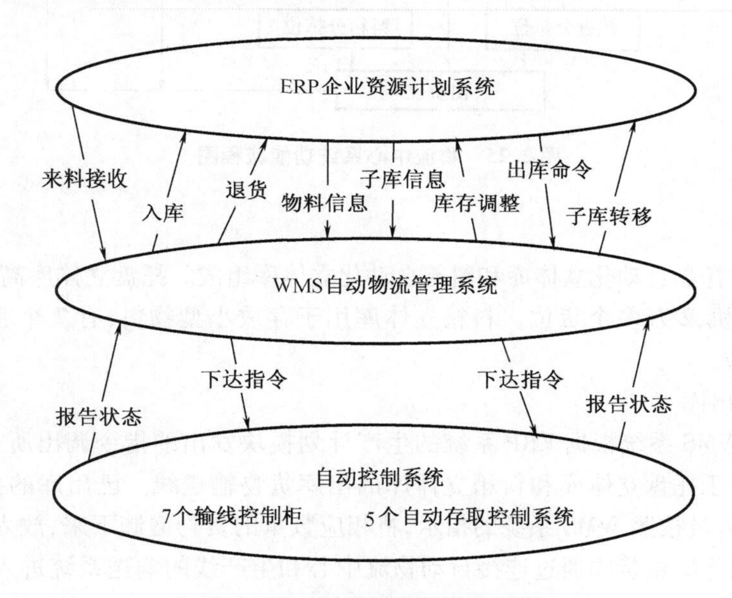

图2.24 仓库管理系统(WMS)

6.优化系统流程

(1)收货与入库

供应商将预发货通知单(ASN)通过EDI方式送给华为的ERP系统,华为按照生产计划安排供应商送货。供应商到达物流中心,按照车辆排队系统的指示等待卸货(如图2.25所示)。

在收货区,操作人员将整箱货物码放在托盘上或者放置在料箱里,并将预先打印好的条码标签贴在托盘或者料箱上,再扫描条码标签,使托盘/料箱与货物(SKU)建立关联关系。此后,SKU进入WMS系统的控制范围内,可以通过托盘/料箱条码实现对货物的管理。

货物在进入托盘或者料箱立体库前必须经过检验,未检验的货物放置在暂存区。已检验合格的托盘货物由入库人员采用林德叉车搬运至入库输送线(链式输送机),进入托盘立体库存放。料箱货物直接放在输送线上入库存放。

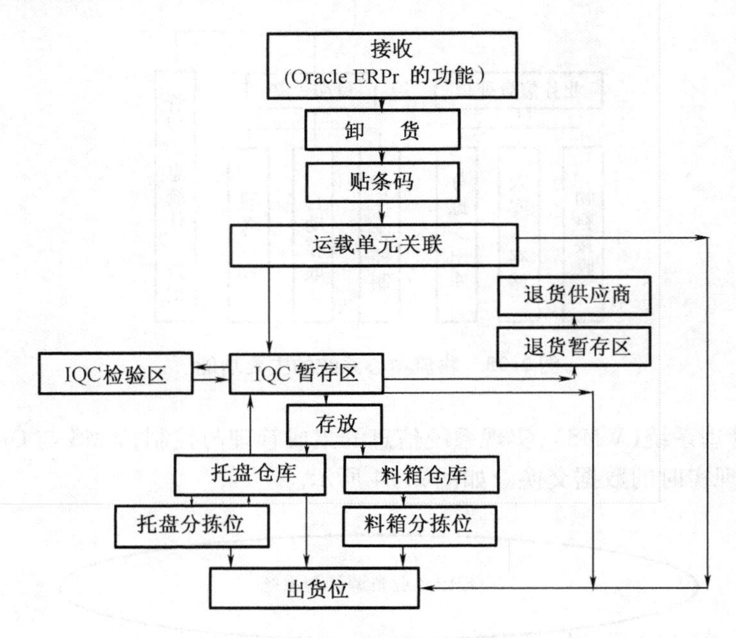

图 2.25　物流中心系统功能流程图

(2)存储

存储系统由托盘自动化立体库和料箱自动化立体库组成。托盘立体库高 8 m,有 13 个巷道,13 台堆垛机,2 万多个货位。料箱立体库用于存放小型物料,有 7 个巷道,7 台堆垛机,4 万多个货位。

(3)分拣与出库

在分拣区,WMS 系统根据 ERP 系统的生产计划模块发出的指令调出所需物料。两台穿梭车分别对应于托盘立体库和料箱立体库的出库货物输送线。已出库的托盘货物被送至分拣区,操作人员按照 WMS 系统的指示,将相应数量的货物搬卸下来,放入出库输送机,完成分拣。已出库纸箱货物通过连接自动物流中心和生产线的输送系统进入生产车间,而剩余的托盘货物再重新送回立体库存放。

料箱货物不需要分拣,直接通过连接自动物流中心和生产线的输送系统进入生产车间,在入库区设有紧急出库口,一些急需使用的货物可以不再入库直接经过分拣进入生产线。除了在自动物流中心存储大批量原材料外,华为在生产线旁还设有小型的线旁库(二级库),其中包括 10 台自动货柜,存放可以满足一至两天生产所需的物料。线旁物料管理也采用了条码和 RF 系统(华为自己开发的在线拣料系统 SPS 系统),实现了实时的批次拣料、理货、成品存放以及员工的工作量管理等功能,并降低了发错货的概率。

2.5.2　仪征涤纶长丝自动化立体仓库

仪征化纤工业联合公司是我国最大的化纤生产基地,也是世界第五大化纤企业,具有年产 50 万吨聚酯的生产能力。仿毛差别化长丝项目是仪化三期工程的主要组成部分之一,涤纶长丝自动化立体仓库就在其主车间内。

涤纶长丝自动化立体仓库是主车间后方加工的一部分，它担负着长丝成品的入库存储，出库发送以及空托盘的自动处理，立体仓库的作业非常频繁。

1. 仓库系统概况

(1)系统概况

库址：江苏省仪征化纤股份公司涤纶五厂主车间内。

系统负责和实施单位：北京机械工业自动化研究所。

库房空间：162.5 m×30 m×18 m($L \times W \times H$)。

储存货物品种：涤纶长丝 FDY、ATY、DTY、POY。

作业形式：整盘出、入库，可直接出库。

生产能力：出入库 70 盘。

货物来源：后纺的自动分级包装线。

货物去向：购货用户。

货物批号：90 个/日。

(2)货物

货物规格：1 720 mm×1 400 mm×1 160 mm($L \times W \times H$)，500 kg(max)。

货物包装形式：纸箱包装。

托盘：1 720 mm×1 400 mm×1 160 mm($L \times W \times H$)，货物码放于托盘上。

托盘颜色：蓝色。

(3)高层货架

货架区占地：100.1 m×24 m×15.4 m($L \times W \times H$)。

货位数：10 排×50 列×10 层，共 5 000 个货位。

货位尺寸：2 000 mm×1 447 mm×1 360 mm($L \times W \times H$)。

货架形式：冷轧型钢，牛腿式。

货架颜色：苹果绿色。

(4)巷道式堆垛机系统

形式：单立柱、双货叉，无驾驶室。

数量：5 台。

额定载质量：500 kg。

行走速度：4~80 m/rain(无级调速)。

升降速度：2 m/min、12 m/min(双速)。

货叉伸缩速度：8 m/min。

行走及升降停位误差：≤±10 mm。

认址方式：红外相对认址，奇偶校验。

控制方式：全自动、半自动、手动。

信息传输方式：远红外通信。

设备颜色：桔红色。

(5)输送机系统

形式：辊式、链式及升降台。

载质量：500 kg、100 kg。

总长度:410 m。

输送速度:12 m/min。

升降台行程:40 mm、240 mm 和 450 mm。

控制方式:自动、手动。

信息传输方式:光纤通信。

设备颜色:深灰色。

(6)信息识别系统

条形码阅读器数量:8 台,其中入库 5 台,出库 3 台。

采用码制:CODE－39 码。

代码意义:托盘号。

扫描速率:100 次/s。

通信接口:RS－232C。

信息传输方式:光纤通信。

(7)监控系统

主机:AST486 计算机。

操作系统:UNIX。

主要功能:通信管理、图表显示、设备调度、空盘处理、远程控制。

(8)管理系统

主机:AST486 计算机。

操作系统:UNIX。

中西文终端:国光,925A,1 台。

打印机:EPSONIQ－1600K,2 台。

网络:ETHERNET,遵守 TCP/IP 协议。

主要功能:入库处理、出库处理、库存管理、通信管理、文档管理、货位管理、在线查询及打印。

(9)电视监视系统

现场摄像机:2 台(设在码垛机和出库端)。

监视器:彩色,3 台。

信号传输方式:光纤通信。

控制功能:俯仰、水平旋转、调焦、变焦。

控制方式:自动扫描、手动扫描

2. 系统工作流程

根据仪征化纤股份公司对生产、使用及与其他系统连接的要求,进货、出货的位置分别安排在立体仓库货架的两端,平面输送系统采用贯通式布置,易于操作人员对货物的管理,物流也比较清晰。

这座立体仓库通过各种搬运设备完成成品的自动入库和存储于立体仓库中成品的自动出库,并对存储系统中的空托盘进行自动处理,为厂级管理提供必要的信息。入库和出库的运输系统采用带缓冲区的输送机,提高了输送效率,使输送系统具有较强的货物缓冲能力,以便在巷道式堆垛机作业紧张时提高运输系统的效率。

(1)入库作业流程

自动分级包装线的码垛机将装成纸箱的长丝成品按每层5箱或6箱,共三层码放在空托盘上,然后送到立体仓库的输送机,开始进行入库作业。货物经过入库条形码阅读器时,托盘号被扫描下来,并传送给主管理计算机HCl,HCl将托盘号与其从包装线收到的托盘信息进行比较,如果有该托盘的信息,并且没有盲码标记,则HCl根据均匀分布、出库口就近以及高号数巷道优先等原则进行入库地址的分配,然后把分配好的地址信息及作业命令下发给监控计算机MC。

监控机MC把托盘号和其入库的巷道号发送给入库分岔条形码系统,由控制系统根据作业命令把入库托盘送入指定的巷道输送机上。条形码系统把已分岔的托盘信息发送给MC。MC据入库分岔条形码系统返回的信息,在入库分岔队列中消去已分岔的托盘号,并与相应的堆垛机控制器通信,按顺序下发入库作业命令,堆垛机进行相应的入库作业。

堆垛机完成入库作业后,向MC返回作业完成等信息,并等待接收下一个作业命令。MC把作业完成等信息返回给HCl进行入库登账管理。系统中设有较完善的系统安全运行的保护措施。如果堆垛机发生故障,MC自动发出“故障分停”的堆垛机命令,并进行相应的故障排除处理。当发生难于立即恢复的故障时,MC则把该信息自动通知HCl,HCl做“封巷道管理”不再向发生故障的巷道分配入库货物。

入库条形码阅读器出现盲码(无法读出条形码信息)时,HCl将不对盲码货物(托盘)分配入库地址。该盘货通过人工小车处理和检查后,从盲码处理段输送机再进行入库。入库分岔条形码出现盲码时,也通过人工小车再入库,HCl对其托盘号进行比较,若已分配其货位地址,则此次就无需再分配货位地址了,也不必再向下级系统发送入库数据了。在入库输送机的相应段设有高度限制装置,以限制由于人工处理后出现的超高货物。

(2)出库作业流程

首先,出库操作员根据买主的购货要求将出库单(品种、数量或质量等)信息输入出库终端,并自动传送给主管理计算机HCl。HCl根据收到的出库单信息,进行库存查询,并按先入先出、各巷道均匀出库和巷道内就近出库等原则选择出库的托盘、货位地址及相应的出货台,形成批出库命令,然后下发给监控机MC。

监控机MC收到出库命令后,根据当前入出库作业的情况,对出库命令及其他作业命令(如:入库、空盘操作等)进行作业的优化调度,安排各巷道的作业次序,把安排好的作业命令(列、层、左右排等)逐条发送给相关的堆垛机控制器。

堆垛机按监控机MC的出库命令运行到指定的货位,将货物取出并送到巷道口的出库台上。堆垛机控制器根据不同的运行距离和高度选择合理的运行速度,并具有安全保护和故障处理能力。堆垛机完成一个出库作业后,控制器向MC返回作业完成信息,等待进行下一个作业。此时,出库输送机控制器对堆垛机刚完成出库的货物进行输送控制。

监控机MC收到堆垛机的作业完成信息后,把该货物的托盘号及出货台号下发给出库条形码系统,并向主管理机HCl返回该货物出库完成信息。主管理机HCl对从监控机MC收到的完成信息进行销账处理,实现“动态账本”功能。同时,出库条形码系统读取从其面前经过的托盘号,每读到一个托盘号都与其从MC收到的托盘号进行比较,并分配到相应的出库条形码阅读器。这些阅读器通过出库输送机控制系统执行相应的分岔动作,分别送到三个出库口。

载货的托盘到达出货升降台后停止运行,等待人工调整其高度,搬运工卸货后按动一个按钮启动空托盘输送机把空托盘自动送走。如果堆垛机在作业过程中发生了故障,则堆垛机紧急停车，并向监控机 MC 返回故障及其类别等信息。MC 根据堆垛控制器返回的故障信息，自动分停相应巷道的堆垛机，自动或人工进行故障排除处理。

(3)空托盘处理及输送流程

监控机 MC 根据空盘输送机控制器和出库输送机控制器返回的现场信息，按照一定的算法计算出输送机向码垛机所能提供的空托盘数。如果少于允许的最少空盘数，则再判断此时立体仓库是否正在进行出库作业，如果正在出库则作业状态不变（因出库后自然可为码垛机提供空托盘）；如果此时没有出库作业，则监控机 MC 向主管理机 HCl 申请空托盘出库，HCl 决定一批空托盘出库作业，并下发出库命令。以下流程与满盘出库流程相同，但在系统控制下空托盘被送至空盘输送机上。

如果输送线上的空盘数多于允许的最大空盘数，则监控机 MC 向输送机控制器发送空盘回库命令，以保证不致因输送线上空托盘过多而导致堵塞出库货物。当空盘回库过多时，MC 再发送“禁止空盘回库”命令，以恢复系统的高效状态。

3. 控制系统特点

控制系统是一个分层分布式计算机系统（Hierarchical Distribute Computer System）。它由管理层、监控层、控制层和设备层构成，其具有如下特点：

(1)可靠性高

在系统中，主管理机的双机备份，系统启动时的自检功能，各种故障检测及处理功能，软件方面的抗干扰措施，软硬件的冗余设计，以及远红外光和光纤通信等是提高系统可靠性，使系统稳定运行的有效措施。

(2)易操作维护

本系统的人机界面清楚、简单，计算机采用通用的 486 电脑，控制系统按模块化设计，系统操作和维护中简明的提示方式和操作程序，故障的声光提示和直观显示，对现场工况的显示，以及按照人机工程学原则设计的各种操作面板，使系统操作方便，维护简单。

(3)自动化程度高

在这个自动化仓库系统中，除出货口处的人工输入出库单和人工搬运外，无需人工干预。这是目前国内综合自动化程度最高的立体仓库之一，达到国际先进水平。

(4)作业快速准确

货位分配的准确查找和合理分配，堆垛机认址的奇偶校验，条形码复核分岔，设置多个入口和多个出口，各巷道均匀入出库和就近出库等分配原则，合理高效的作业调度，运行特性的优化控制，空托盘的自动补给，这些措施都提高了作业的准确性和效率。

(5)具有良好的开放性

整个系统的软硬件环境开放透明，便于将来的修改与扩充，并具有与其他系统连接的通用接口。

(6)模态组合灵活

多级控制方式，多种灵活的作业方式，使系统可以根据不同需要进行组合，例如用半自动方式存取货物，采用遥控方式，适合多种不同的需求。

(7)技术、设备成熟、先进

系统中使用了远红外通信设备、智能控制系统、网络集成技术和低照度自控摄像系统，这些技术和设备在自动化仓库中应用效果很好，也为系统的可靠、高效、灵活的运行提供了有效的保证。

4. 物流路线

在前纺和后纺车间生产出的长丝产品，在自动分级包装线（AC&PL）上分等级、装箱、码垛之后，AC&PL 的主计算机将码好垛的托盘信息通过 ETHERNEI 网传送给自动化仓库的主机 HCI，并把这个托盘自动送到入库输送机上，开始了仓库的入库。总的物流方向是从立体仓库南端（入库端）到北端（出库端），路径简捷，物流通畅。出库后的货物由人工装到买主的货车上，办好提货手续后运往各地。

5. 运行情况

这个系统自 1995 年初使用运行以来，运行一直比较稳定，可靠性方面已经达到了较高水平，使这座立体仓库在仪征化纤的生产中发挥出了重要的作用。涤纶长丝自动化立体仓库是目前由国内独立制造，综合自动化程度最高，技术最全的立体仓库。大规模的自动化立体仓库是一项十分复杂的系统工程，其中涉及工艺、系统设计、土建、结构、机械、无线电、光学、检测、信息识别、电力、电气、自动化、计算机、通信及视频图像处理等多种专业学科，采用了系统集成、红外线通信、实时多任务多用户系统操作、图像处理、系统调度、防错纠偏、集群控制和网络通信等一系列先进技术，这座立体仓库的建成使用在国内外产生了较大的影响，取得了良好的社会和经济效益。作为仪征化纤工业联合公司三期工程的重要组成部分，在生产中起着日益重要的作用。

2.5.3 蒙牛乳业自动化立体仓库

内蒙古蒙牛乳业泰安有限公司乳制品自动化立体仓库，是蒙牛乳业公司委托太原刚玉物流工程有限公司设计制造的第三座自动化立体仓库。该库后端与泰安公司乳制品生产线相衔接，与出库区相连接，库内主要存放成品纯鲜奶和成品瓶酸奶。库区面积 8 323 m^2，货架最大高度 21 m，托盘尺寸 1 200 mm × 1 000 mm，库内货位总数 19 632 个。其中，常温区货位数 14 964 个；低温区货位 46 687 个。入库能力 150 盘/小时，出库能力 300 盘/小时。出入库采用联机自动。

1. 工艺流程及库区布置

根据用户存储温度的不同要求，该库划分为常温和低温两个区域。常温区保存鲜奶成品，低温区配置制冷设备，恒温 4 ℃，存储瓶酸奶。按照“生产 - 存储 - 配送”的工艺及奶制品的工艺要求，经方案模拟仿真优化，最终确定库区划分为入库区、储存区、托盘（外调）回流区、出库区、维修区和计算机管理控制室 6 个区域。

入库区由 66 台链式输送机、3 台双工位高速梭车组成。负责将生产线码垛区完成的整盘货物转入各入库口。双工位穿梭车则负责生产线端输送机输出的货物向各巷道入库口的分配、转动及空托盘回送。

储存区包括高层货架和 17 台巷道堆垛机。高层货架采用双托盘货位，完成货物的存储功能。巷道堆垛机则按照指令完成从入库输送机到目标的取货、搬运、存货及从目标货位到出货输送机的取货、搬运、出货任务。

托盘（外调）回流区分别设在常温储存区和低温储存区内部，由 12 台出库口输送机、14 台入库口输送机、巷道堆垛机和货架组成。分别完成空托盘回收、存储、回送、外调货物入库、剩余产品，退库产品入库、回送等工作。

出库区设置在出库口外端，分为货物暂存区和装车区，由 34 台出库输送机、叉车和运输车辆组成。叉车司机通过电子看板、RF 终端扫描来叉车完成装车作业，反馈发送信息。

维修区设在穿梭车轨道外一侧,在某台空梭车更换配件或处理故障时,其他穿梭车仍旧可以正常工作。

计算机控制室设在二楼,用于出入库登记、出入库高度、管理和联机控制。

2.设备选型及配置

(1)货架

①主要使用要求和条件

托盘单元载重能力:850/400 kg(常温区/低温区);

存储单元体积:1 000(运行方向)mm × 1 200(沿货叉方向)mm × 1 470(货高含托盘)mm;库区尺寸 9 884 m^2,库区建筑为撕开屋顶,最高点 23 m。

②确定组合货架

根据使用要求和条件,结合刚玉公司设计经验,经力学计算和有限元分析优化,确定采用具有异形截面,自重轻、刚性好、材料利用率高、表面处理容易、安装、运输方便的双货位横梁式组合货架。其中,货架总高度分别有:21 000 mm、19 350 mm、17 700 mm、16 050 mm、14 400 mm 和 12 750 mm。货架规模:常温区有 14 964 个;低温区有 4 668 个。

③货架主材

主柱:常温区选用刚玉公司自选轧制的 126 型异型材,低温区采用 120 型异型材。

横梁:常温区选用刚玉公司自轧制 55BB 型异型材。

天、地轨:地轨采用 30 kg/m 钢轨;天轨采用 16#工字钢。

④采用的标准、规范

JB/T5323—1991 立体仓库焊接式钢结构货架技术条件;

JB/T9018—1999 有轨巷道式高层货架仓库设计规范;

CECS23:90 钢货架结构设计规范;

Q/140100GYCC001—1999 货架用异型钢材。

⑤基础及土建要求

仓库地面平整度:允许偏差 ±10 mm;在最大载荷下,货架区域基础地坪的沉降变形应小于 1/1000。

⑥消防空间

货架北部有 400 mm 空间,200 mm 安装背拉杆,200 mm 安装消防管道。

(2)有轨巷道堆垛机

①主要技术参数

堆垛机高度:21 000 mm、19 350 mm、17 700 mm、16 050 mm、14 400 mm 和 12 750 mm;

堆垛机额定载重量:850/400 kg;

载货台宽度:1 200 mm;

结构形式:双立柱;

运行速度:5 ~ 100 m/min(变频调速);

起升速度:4 ~ 40 m/min(变频调速);

货叉速度:3 ~ 30 m/min(变频调速);

停准精度:超升、运行≤ ±10 mm,货叉≤ ±5 mm;

控制方式:联机自动、单机自动、手动;

通信方式:远红外通信;

供电方式:安全滑触线供电;

供电容量:20 kW、三相四线制 380 V、50 Hz。

②设备配置

有要巷道堆垛超重机主要由多发结构、超升机构、货叉取货机构、载货台、断绳案例保护装置、限速装置、过载与松绳保护装置以及电器控制装置等组成。

驱动装置:采用德国德马格公司产品,性能优良、体积小、噪音低、维护保养方便。

变频调整:驱动单元采用变频调速,可满足堆垛机出入库平衡操作和高速运行,具有启动性能好、调速范围宽、速度变化平衡、运行稳定等优点,并有完善的过压、过流保护功能。

堆垛机控制系统:先用分解式控制、控制单元采用模块式结构,当某个模块发生故障时,在几分钟内便可更换备用模块,使系统重新投入工作。

保护装置:堆垛机超升松绳和过载、娄绳安全保护装置;载货台上、下极限位装置;运行及超升强制换速形状和紧急限位器;货叉伸缩机械限位挡块;位虚实探测、货物高度及歪斜控制;电器联锁装置;各运行端部极限设缓冲器;堆垛机设作业报警电铃和警示灯。

③控制方式

手动控制:垛堆机的手动控制是由操作人员通过操作板的按钮和万能转换开关,直接操作堆垛机的机械运作,包括水平运行、载货台升降、货叉伸缩三种动作。

单机自动:单机自动控制是操作人员在出入库端通过堆垛机电控柜上的操作板,输入入(出)库指令,堆垛机将自动完成入(出)库作业,并返回入(出)库端待令。

在线全自动控制:操作人员在计算机中心控制室,通过操作终端输入入(出)库任务或入(出)库指令,计算机与堆垛机通过远红外通信连接将入(出)库指令下达到堆垛机,再由堆垛机自动完成入(出)库作业。

(3)输送机

①主要技术参数

额定载荷:850/400 kg(含托盘);

输送货物规格:1 200 mm×1 000 mm×1 470 mm(含托盘);

输送速度:12.4 m/min。

②设备配置

整个输送系统由2套 PLC 控制系统控制,与上位监控机相连,接收监控机发出的作业命令,返回命令的执行情况和子系统的状态等。

(4)双工位穿梭车

双工位包括两个工位,其中一工位完成成品货物的接送功能,另一工位负责执行运输货物的拆卸分配。主要技术参数有:

安定载荷:1 300 kg;

接送货物规格:1 200 mm×1 000 mm×1 470 mm(含托盘);

拆最大空托盘数:8 个;

空托盘最大高度:1 400 mm;

运行速度:5~160 m/min(变频调速);

输送速度:12.4 m/min。

(5)计算机管理与控制系统

依据蒙牛乳业泰安立体仓库招标的具体需求,考虑企业长远目标及业务发展需求,针对立体仓库的业务实际和管理模式，为本项目定制了一套适合用户需求的仓储物流管理系统。

主要包括仓储物流信息管理系统和仓储物流控制与监控系统两部分。仓储物流信息管理系统实现上层战略信息流、中层管理信息流的管理；自动化立体仓库控制与监控系统实现下层信息流与物流作业的管理。

①仓储物流信息管理系统

(a)入库管理。实现入库信息采集、入库信息维护、脱机入库、条形码管理、入库交接班管理、入库作业管理、入库单查询等。

(b)出库管理。实现出库单据管理、出库货位分配、脱机出库、发货确认、出库交接班管理、出库作业管理。

(c)库存管理。对货物、库区、货位等进行管理，实现仓库调拨、仓库盘点、存货调价、库存变动、托盘管理、在库物品管理、库存物流断档分析、积压分析、质保期预警、库存报表、可出库报表等功能。

(d)系统管理。实现对系统基础资料的管理，主要包括系统初始设置，系统安全管理，基础资料管理、物料管理模块、业务资料等模块。

(e)配送管理。实现车辆管理、派车、装车、运费结算等功能。

(f)质量控制。实现出入库物品、库存物品的质量控制管理。包括抽检管理、复检管理、质量查询、质量控制等。

(g)批次管理。实现入库批次数字化、库存批次查询、出库发货批次追踪。

(h)配送装车辅助。通过电子看板、RF 终端提示来指导叉车进行物流作业。

(j)RF 信息管理系统。通过 RF 实现入库信息采集、出库发货数据采集、盘点数据采集等。

②仓储物流控制监控系统

自动化立体仓库控制与监控系统是实现仓储作业自动化、智能化的核心系统，它负责管理高度仓储物流信息系统的作业队列，并把作业队列解析为自动化仓储设备的指令队列，根据设备的运行状况指挥协调设备的运行。同时，本系统以动态仿真人机交互界面监控自动化仓储设备的运行状况。

系统包括作业管理、作业高度、作业跟踪、自动联机入库、设备监控、设备组态、设备管理等几个功能模块。

2.6 本章小结

自动化立体仓库作为物流过程中的关键单元，在生产过程中应用越来越广泛。它是一项机电一体化的工程项目，众多物流环节中当属生产物流占有重要的位置，生产物流与工厂的生产效率及管理水平的提高紧密相关。而自动化立体仓库是生产物流的重要组成部分，它是生产过程中的物流中心，通过计算机的智能控制和管理，也成为生产过程的调度中心。

本章首先介绍了自动化生产线的应用，作为物流系统的存储关键环节，详细地介绍了自动化立体仓库的分类、构成、相关设备及基本作业流程。

其次，概述了自动化立体仓库在我国的发展，涉及主要设备的技术现状、市场发展情况、技术和产品发展情况，以及先进技术的引进情况。

重点介绍了自动化立体仓库的总体规划与设计，包括立体仓库的主要参数、规划原则与设计步骤，仓库形式和作业方式的确定，仓库设备的选型，货架区与作业区的衔接方式，自动化立体仓库计算机系统结构，自动化立体仓库管理系统功能等。

最后，例举了自动化物流中心与立体仓库的三个应用案例。

人们常将物流环节的自动化仓库看作是非直接性生产的附属设施，而把生产过程中的自动仓库看成是直接的生产装备，其功能已成为生产调动中心，使自动化生产过程中的传统人为管理上升到了科学智能化管理阶段。

第3章　低压电器、传感器与自动化仪表

3.1　常用低压电器

在工业自动化的电气控制设备中，低压电器是电气控制中的基本组成元件，控制系统的优劣与低压电器的性能有直接的关系。本章将介绍一些常用低压电器和自动化设备的结构、工作原理和使用方法。

低压电器是指额定电压等级在交流 1 200 V、直流 1 500 V 以下，在电路中起通断、保护、控制或调节作用的电器产品。在我国工业控制电路中最常用的三相交流电压等级为 380 V，只有在特定行业环境下才用其他电压等级，如煤矿井下的电钻用 127 V、运输机用 660 V、采煤机用 1 140 V 等。单相交流电压等级最常见的为 220 V，机床、热工仪表和矿井照明等采用 127 V 电压等级，其他电压等级如 6 V、12 V、24 V、36 V 和 42 V 等一般用于安全场所的照明、信号灯以及作为控制电压。

直流常用电压等级有 110 V、220 V 和 440 V，主要用于动力；6 V、12 V、24 V 和 36 V 主要用于控制；在电子线路中还有 5 V、9 V 和 15 V 等电压等级。

3.1.1　常用低压电器的分类

低压电器种类繁多，功能各样，构造各异，用途广泛，工作原理各不相同，常用低压电器的分类方法也很多。

1. 按用途分类

(1) 控制电器：用于各种控制电路和控制系统的电器，如接触器、继电器等。

(2) 主令电器：用于自动控制系统中发送控制指令的电器，如按钮、行程开关等。

(3) 保护电器：用于保护电路及用电设备的电器，如熔断器、热继电器等。

(4) 配电电器：用于电能的输送和分配的电器。要求系统发生故障时准确动作、可靠工作，在规定条件下具有相应的动稳定性与热稳定性，使电器不会被损坏，如低压断路器、隔离器等。

(5) 执行电器：用于完成某种动作或传动功能的电器，如电磁铁、电磁离合器等。

2. 按工作原理分类

(1) 电磁式电器：依据电磁感应原理来工作的电器，如交直流接触器、各种电磁式继电器等。

(2) 非电量控制器：电器的工作是靠外力或某种非电物理量的变化而动作的电器，如刀开关、行程开关、按钮、速度继电器、压力继电器、温度继电器等。

3. 按触点类型分类

(1) 有触点电器：利用触点的接通和分断来切换电路，如接触器、刀开关和按钮等。

(2) 无触点电器：无可分离的触点。主要利用电子元件的开关效应，即导通和截止来实现电路的通、断控制，如接近开关、霍尔开关、电子式时间继电器和固态继电器等。

4. 按低压电器型号分类

为了便于了解文字符号和各种低压电器的特点，采用我国《国产低压电器产品型号编制办法》(JB 2930—81. 10)的分类方法，将低压电器分为13个大类。每个大类用一位汉语拼音字母作为该产品型号的首字母，第二位汉语拼音字母表示该类电器的各种形式。

(1)刀开关H，例如HS为双投式刀开关(刀型转换开关)，HZ为组合开关。

(2)熔断器R，例如RC为瓷插式熔断器，RM为密封式熔断器。

(3)断路器D，例如DW为万能式断路器，DZ为塑壳式断路器。

(4)控制器K，例如KT为凸轮控制器，KG为鼓型控制器。

(5)接触器C，例如CJ为交流接触器，CZ为直流接触器。

(6)启动器Q，例如QJ为自耦变压器降压启动器，QX为星三角启动器。

(7)控制继电器J，例如JR为热继电器，JS为时间继电器。

(8)主令电器L，例如LA为按钮，LX为行程开关。

(9)电阻器Z，例如ZG为管型电阻器，ZT为铸铁电阻器。

(10)变阻器B，例如BP为频敏变阻器，BT为启动调速变阻器。

(11)调整器T，例如TD为单相调压器，TS为三相调压器。

(12)电磁铁M，例如MY为液压电磁铁，MZ为制动电磁铁。

(13)其他A，例如AD为信号灯，AL为电铃。

3.1.2 开关与主令电器

1. 开关

(1)刀开关

刀开关是一种手动电器，常用的刀开关有HD型单投刀开关、HS型双投刀开关、HR型熔断器式刀开关、HZ型组合开关、HK型闸刀开关和HY型倒顺开关等。如图3.1所示。

图3.1 刀开关

HD型单投刀开关、HS型双投刀开关和HR型熔断器式刀开关主要用于在成套配电装置中作为隔离开关，装有灭弧装置的刀开关也可以控制一定范围内的负荷线路。作为隔离开关的刀开关的容量比较大，其额定电流为100～1 500 A，主要用于供配电线路的电源隔离作用。隔离开关没有灭弧装置，不能操作带负荷的线路，而只能操作空载线路或电流很小的线路，如小型空载变压器、电压互感器等。操作时应注意，停电时应将线路的负荷电流用断路器、负荷开关等开关电器切断后再将隔离开关断开，送电时操作顺序相反。隔离开关断开时有明显的断开点，有利于检修人员的停电检修工作。隔离刀开关由于控制负荷能力很小，也没有保护线路的功能，所以通常不能单独使用，一般要和能切断负荷电流和故障电流的电器(如熔断器、断路器和负荷开关等电器)一起使用。

HZ 型组合开关、HK 型闸刀开关,一般用于电气设备及照明线路的电源开关。

HY 型倒顺开关、HH 型铁壳开关装有灭弧装置,一般可用于电气设备的启动、停止控制。

(2)组合开关

组合开关(又称转换开关):在电气控制线路中,一种常用在机床的控制电路中,作为电源的引入开关或是自我控制小容量电动机的直接启动、反转、调速和停止的控制开关等。如图 3.2 所示。

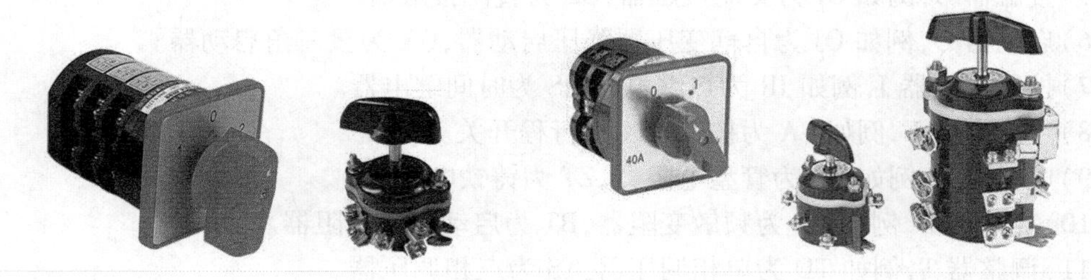

图 3.2　组合开关

组合开关有单极、双极、三极、四极几种,额定持续电流有 10 A、25 A、60 A、100 A 等多种。

它由动触片、静触片、转轴、手柄、凸轮、绝缘杆等部件组成。当转动手柄时,每层的动触片随转轴一起转动,使动触片分别和静触片保持接通和分断。为了使组合开关在分断电流时迅速熄弧,在开关的转轴上装有弹簧,能使开关快速闭合和分断。

(3)感应开关

感应开关通常是指人体红外智能感应开关,是一种当有人从红外感应探测区域经过而自动启动的开关,如图 3.3 所示。人体红外感应开关的主要器件为人体热释电红外传感器。人体都有恒定的体温,一般在 37 ℃,所以会发出特定波长 10 UM 左右的红外线,被动式红外探头就是探测人体发射的 10 UM 左右的红外线而进行工作的。人体发射的 10 UM 左右的红外线通过菲泥尔滤光片增强后聚集到红外感应源上。红外感应源通常采用热释电元件,这种元件在接收到人体红外辐射温度发生变化时就会失去电荷平衡,向外释放电荷,后续电路经检测处理后就能触发开关动作。人不离开感应范围,开关将持续接通;人离开后或在感应区域内长时间无动作,开关将自动延时关闭负载。

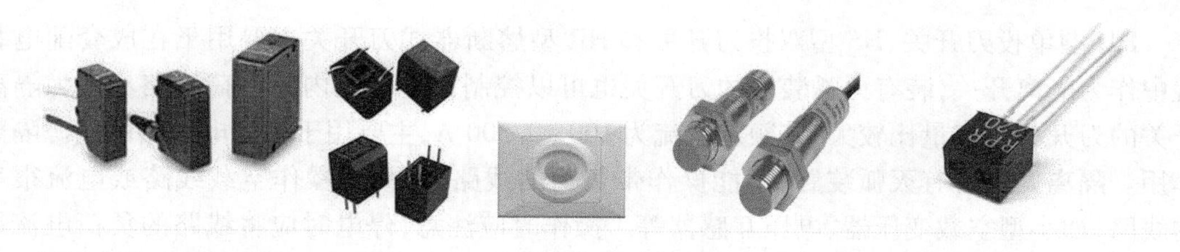

图 3.3　感应开关

2. 主令电器

(1)控制按钮

控制按钮是指利用按钮推动传动机构,使动触点与静触点接通或断开并实现电路接断的开关。如图3.4所示。按钮开关是一种结构简单,应用十分广泛的主令电器。在电气自动控制电路中,用于手动发出控制信号以控制接触器、继电器、电磁启动器等,可作远距离电气控制使用。按钮可根据实际工作需要组成多种结构形式,如LA18系列按钮采用积木式结构,触头数量按需要拼装,最多可至六对常开触点和六对常闭触点。工作中为便于识别不同作用的按钮,避免误操作,国标GB 5226—85对其颜色规定如下:

停止和急停按钮:红色。按红色按钮时,必须使设备断电、停车。

启动按钮:绿色。

点动按钮:黑色。

启动与停止交替按钮:必须是黑色、白色或灰色,不得使用红色和绿色。

复位按钮:必须是蓝色;当其兼有停止作用时,必须是红色。

图3.4 按钮开关

(2)万能转换开关

是转换开关的一种,转换开关LW5-16 YH3/3字母LW是万能转换开关的"万能"的反拼音;5——设计序号;16——开关触头能承受的额定电流;Y——电压;H——转换的"换"的拼音首字母;3——三相;3——三节。

万能转换开关主要用于低压断路操作机构的分合闸控制,各种控制线路的转换,电气测量仪器的转换,也可用于小容量异步电动机的启动、调速和换向控制,还可用于配电装置线路的转换及遥控等。万能转换开关如图3.5所示。

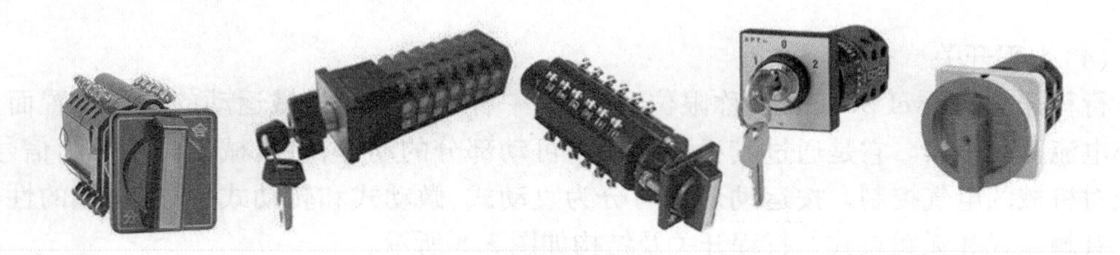

图3.5 万能转换开关

(3)主令控制器

主令控制器是用来按顺序频繁切换多个控制电路的主令电器,主要用于电气传动装置中,按一定顺序分合触头,达到发布命令或其他控制线路连锁、转换的目的。适用于频繁对电路进行接通和切断,常配合磁力启动器对绕线式异步电动机的启动、制动、调速及换向实行远距离控制，主要用于轧钢及其他生产机械的电力拖动控制系统，也可在起重机电力拖动系统中对电动机的启动、制动和调速等进行远距离控制。

主令控制器的结构如图 3.6 所示，主要由转轴、凸轮块、动静触头、定位机构及手柄等组成。其触点为双断点的桥式结构，通常为银质材料，操作轻便，允许每小时接电次数较多。

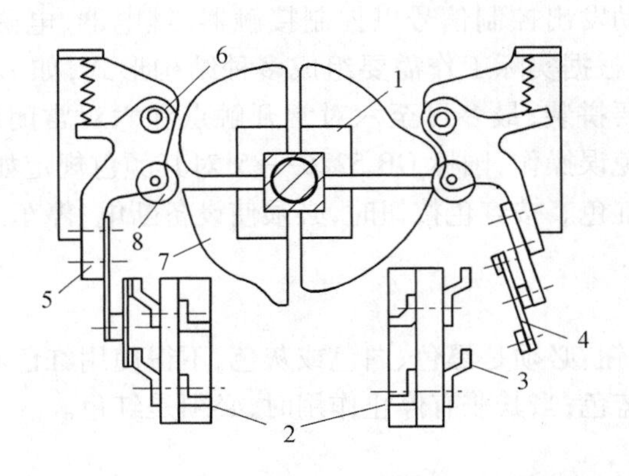

图 3.6　主令控制器结构示意图

1,7—凸轮块；2—接线柱；3—静触头；4—动触头；5—支杆；6—转轴；8—小轮

按其结构型式（凸轮能否调节）可分为两类：一类是凸轮可调式主令控制器；一类是凸轮固定式主令控制器。前者的凸轮片上开有小孔和槽，使之能根据规定的触头关合图进行调整；后者的凸轮只能根据规定的触头关合图进行适当的排列与组合。几种主令控制器示意图如图 3.7 所示。

图 3.7　主令控制器

(4)行程开关

行程开关（Travel Switch）又称限位开关，是一种根据生产机械运动的行程位置而动作的小电流开关电器。它是通过其机械结构中可动部分的动作，将机械信号变换为信号，以实现对机械的电气控制。按运动形式可分为直动式、微动式和转动式等；按触点的性质可分为有触点式和无触点式。行程开关及结构如图 3.8 所示。

有触点行程开关简称行程开关，其工作原理和按钮相同，区别在于它不是靠手的按压，而是利用生产机械运动的部件碰压而使触点动作来发出控制指令的主令电器。它用于控制生产机械的运动方向、速度、行程大小或位置等，其结构形式多种多样。

无触点行程开关又称接近开关，它可以代替有触头行程开关来完成行程控制和限位保护，还可用于高频计数、测速、液位控制、零件尺寸检测以及加工程序的自动衔接等非接触式开关。由于它具有非接触式触发、动作速度快、可在不同的检测距离内动作、发出的信号

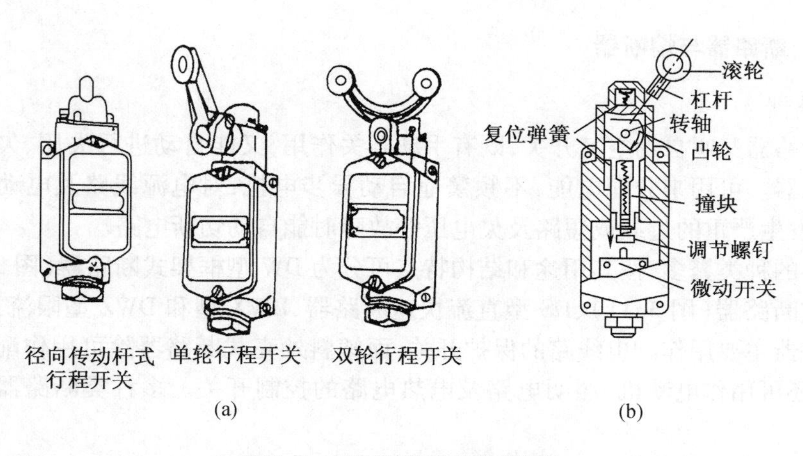

图 3.8　行程开关及结构示意

稳定无脉动、工作稳定可靠、寿命长、重复定位精度高以及能适应恶劣的工作环境等特点，所以在机床、纺织、印刷、塑料等工业生产中应用广泛。

无触点行程开关分为有源型和无源型两种，多数无触点行程开关为有源型，主要包括检测元件、放大电路和输出驱动电路 3 部分，一般采用 5 ~ 24 V 的直流电流或 220 V 的交流电源等。

从结构看，行程开关由 3 个部分组成：操作头，触头系统和外壳。操作头是开关的感测部分，它接受机械结构发出的动作信号，并将此信号传递到触头系统。触头系统是开关的执行部分，它将操作头传来的机械信号，通过本身的转换动作变换为电信号，输出到有关控制回路，使之能按需要作出必要的反应。几种行程开关外形如图 3.9 所示。

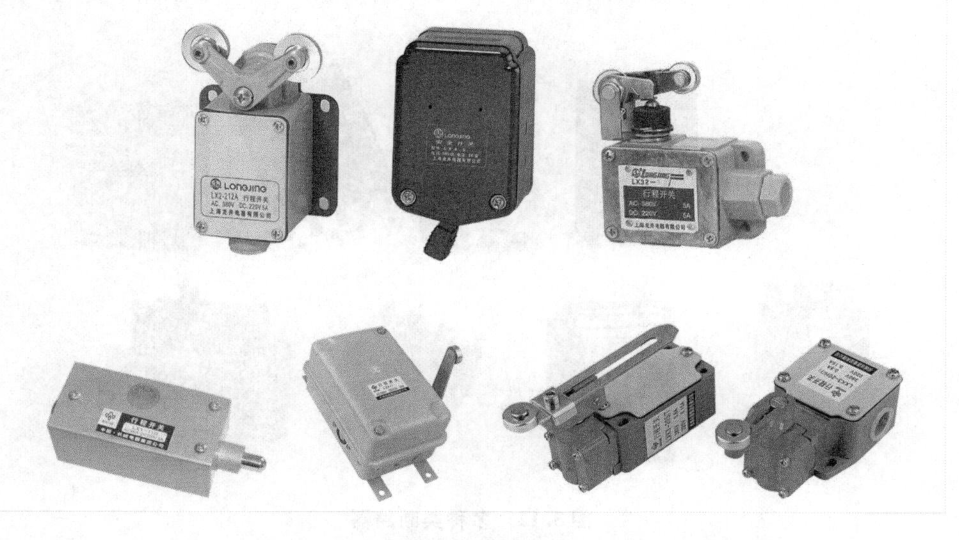

图 3.9　行程开关

3.1.3 断路器与熔断器

1. 断路器

低压断路器又叫自动空气开关,既有手动开关作用,又能自动进行失压、欠压过载和短路保护的电器。可用来分配电能,不频繁地启动异步电机,对电源线路及电动机等实行保护,当它们发生严重的过载或短路及欠电压等故障时能自动切断电路。

断路器的种类繁多,按其用途和结构特点可分为DW型框架式断路器(图3.10)、DZ型塑料外壳式断路器(图3.11)、DS型直流快速断路器、DWX型和DWZ型限流式断路器等。框架式断路器主要用作配电线路的保护开关,而塑料外壳式断路器除可用作配电线路的保护开关外,还可用作电动机、照明电路及电热电路的控制开关。多种类断路器外形图如图3.12所示。

图3.10 DW型框架式断路器

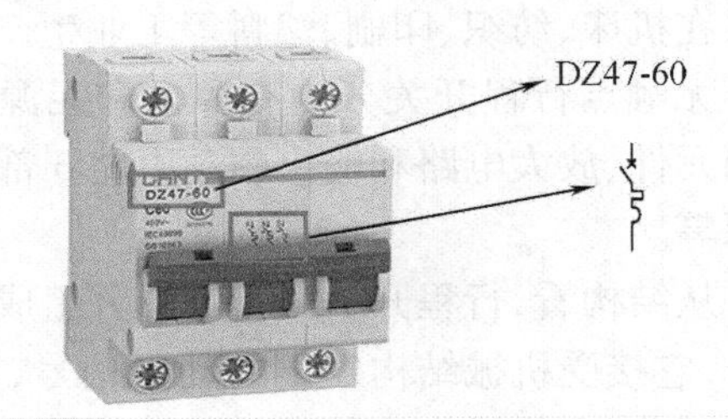

图3.11 DZ47系列断路器

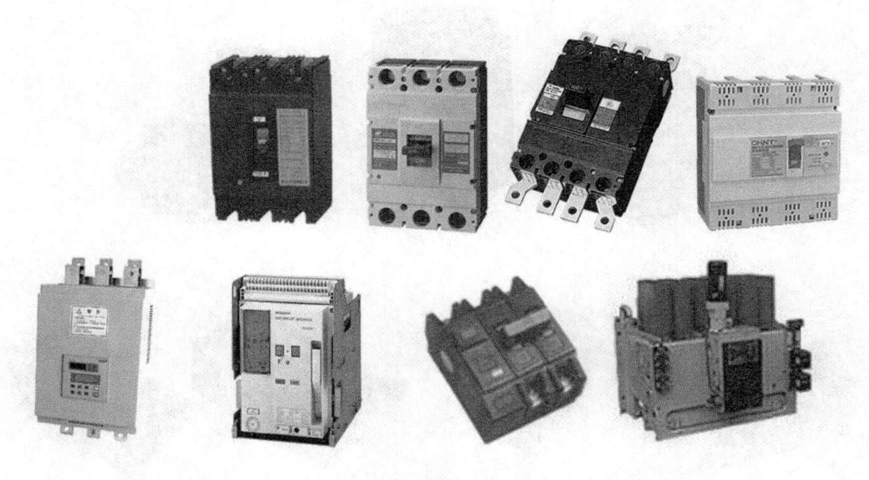

图3.12 多种类断路器

这里以塑壳断路器为例简单介绍断路器的结构、工作原理、使用与选用方法。

断路器主要由3个基本部分组成,即触头、灭弧系统和各种脱扣器,包括过电流脱扣器、失压(欠电压)脱扣器、热脱扣器、分励脱扣器和自由脱扣器。

断路器工作原理示意图及图形符号如图3.13所示。断路器开关是靠操作机构手动或电动合闸的,触头闭合后,自由脱扣机构将触头锁在合闸位置上。当电路发生故障时,通过各自的脱扣器使自由脱扣机构动作,自动跳闸以实现保护作用。分励脱扣器则作为远距离控制分断电路用。

过电流脱扣器用于线路的短路和过电流保护,当线路的电流大于整定的电流值时,过电流脱扣器所产生的电磁力使挂钩脱扣,动触点在弹簧的拉力下迅速断开,实现断路器的跳闸功能。

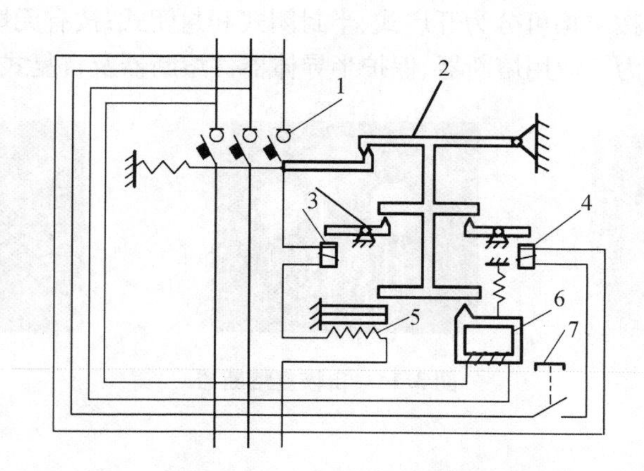

图 3.13 断路器工作原理示意图及图形符号

1—主触头;2—自由脱扣器;3—过电流脱扣器;4—分励脱扣器;
5—热脱扣器;6—失压脱扣器;7—按钮

热脱扣器用于线路的过负荷保护,工作原理和热继电器相同。

失压(欠电压)脱扣器用于失压保护,失压脱扣器的线圈直接接在电源上,处于吸合状态,断路器可以正常合闸;当停电或电压很低时,失压脱扣器的吸力小于弹簧的反力,弹簧使动铁芯向上使挂钩脱扣,实现断路器的跳闸功能。

分励脱扣器用于远方跳闸,当在远方按下按钮时,分励脱扣器得电产生电磁力,从而使其脱扣跳闸。

不同断路器的保护是不同的,使用时应根据需要选用。低压断路器的选择应从以下几方面考虑:

(1)断路器类型的选择,应根据使用场合和保护要求来选择。如一般选用塑壳式;短路电流较大时选用限流型;额定电流较大或有选择性保护要求时选用框架式;控制和保护含有半导体器件的直流电路时应选用直流快速断路器等。

(2)断路器额定电压、额定电流应大于或等于线路、设备的正常工作电压、工作电流。

(3)断路器极限通断能力大于或等于电路最大短路电流。

(4)欠电压脱扣器额定电压等于线路额定电压。

(5)过电流脱扣器的额定电流大于或等于线路的最大负载电流。

2. 熔断器

熔断器主要由熔体和熔座两部分组成。熔体由低熔点的金属材料(铅、锡、锌、银、铜及合金)制成丝状或片状,俗称保险丝。工作中,熔体串接于被保护电路,既是感测元件,又是执行元件;当电路发生短路或严重过载故障时,通过熔体的电流势必超过一定的额定值,使熔体发热,当达到熔点温度时,熔体某处自行熔断,从而分断故障电路,起到保护作用。

熔座(或熔管)是由陶瓷、硬质纤维制成的管状外壳。熔座的作用主要是为了便于熔体的安装并作为熔体的外壳,在熔体熔断时兼有灭弧的作用。由铅锡合金和锌等低熔点金属制成的熔体,因不易灭弧,多用于小电流电路;由铜、银等高熔点金属制成的熔体,易于灭弧,多用于大电流电路。

熔断器串接于被保护电路中,电流通过熔体时产生的热量与电流平方和电流通过的时间成正比,电流越大则熔体熔断时间越短,这种特性称为熔断器的反时限保护特性或安秒特性。

熔断器种类很多,按结构可分为开启式、半封闭式和封闭式;按有无填料可分为有填料式、无填料式;按用途可分为工业用熔断器、保护半导体器件熔断器及自复式熔断器(图3.14)等。

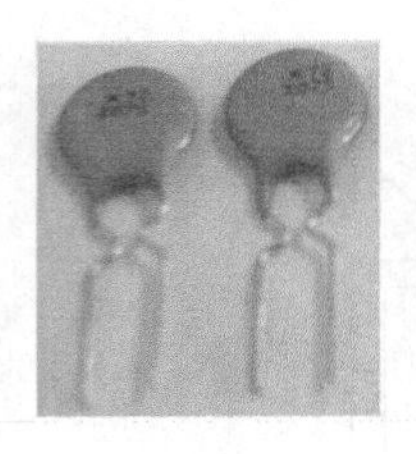
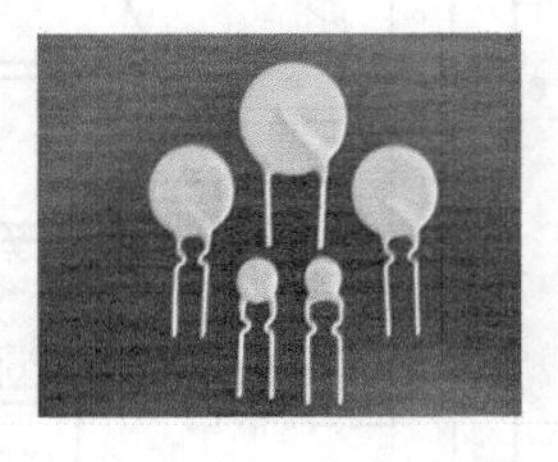
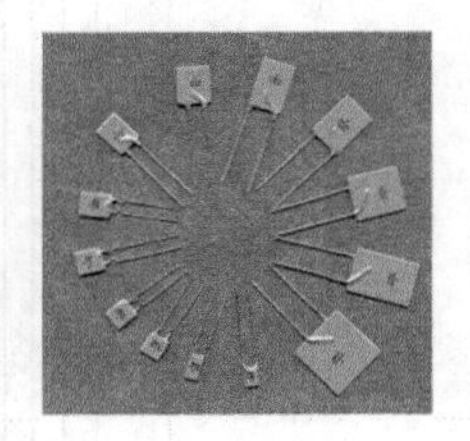

图3.14 自恢复熔断器

常用的熔断器有:

(1)插入式熔断器

插入式熔断器如图3.15所示。常用的产品有RC1A系列,主要用于低压分支电路的短路保护,因其分断能力较小,多用于照明电路和小型动力电路中。

图3.15 插入式熔断器

(2)螺旋式熔断器

螺旋式熔断器如图3.16所示。熔芯内装有熔丝,并填充石英砂,用于熄灭电弧,分断能力强。熔体上的上端盖有一熔断指示器,一旦熔体熔断,指示器马上弹出,可透过瓷帽上的玻璃孔观察到。常用产品有RL6、RL7和RLS2等系列,其中RL6和RL7多用于机床配电电路中;RLS2为快速熔断器,主要用于保护半导体元件。

(3)RM10型密封管式熔断器

RM10型密封管式熔断器为无填料管式熔断器,如图3.17所示。主要用于供配电系统作为线路的短路保护及过载保护,它采用变截面片状熔体和密封纤维管。由于熔体较窄处的电阻大,在短路电流通过时产生的热量最大,先熔断,因而可产生多个熔断点使电弧分散,以利于灭弧。短路时其电弧燃烧密封纤维管产生高压气体,以便将电弧迅速熄灭。

图 3.16　螺旋式熔断器

图 3.17　无填料密封式熔断器

(4)RT 型有填料密封管式熔断器

RT 型有填料密封管式熔断器。熔断器中装有石英砂,用来冷却和熄灭电弧,熔体为网状,短路时可使电弧分散,由石英砂将电弧冷却熄灭,可将电弧在短路电流达到最大值之前迅速熄灭,以限制短路电流。此为限流式熔断器,常用于大容量电力网或配电设备中。常用产品有 RT12、RT14、RT15 和 RS3 等系列,RS2 系列为快速熔断器,主要用于保护半导体元件。图 3.18 中的 RT0 系列有填料封闭管式熔断器,适用于交流 50 Hz,额定电压交流 380 V,额定电流至 1 000 A的配电线路中,作过载和短路保护。额定分断能力至 50 kA。图 3.19 和图 3.20 分别为 RT16 系列和 RT18 系列有填料密封式熔断器,均为低压熔断器。

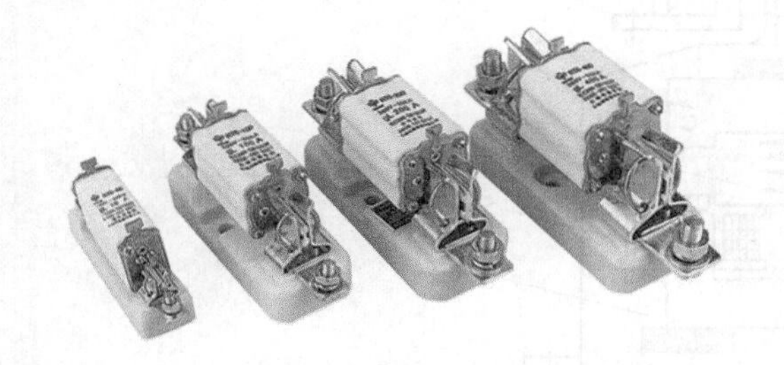

图 3.18　RT0 系列有填料密封管式熔断器

图 3.19　RT16(NT)系列有填料密封管式熔断器

图 3.20　RT18(HG30)系列有填料密封管式熔断器

熔断器的主要技术参数包括额定电压、熔体额定电流、熔断器额定电流和极限分断能力等。

(1)额定电压:指保证熔断器能长期正常工作的电压。

(2)熔体额定电流:指熔体长期通过而不会熔断的电流。

(3)熔断器额定电流:指保证熔断器能长期正常工作的电流。

(4)极限分断能力:指熔断器在额定电压下所能开断的最大短路电流。在电路中出现的最大电流一般是指短路电流值,所以极限分断能力也反映了熔断器分断短路电流的能力。

3.1.4 接触器与继电器

1. 接触器

接触器(Contactor)是用来频繁接通和切断电动机或其他负载主电路的一种自动切换电器。接触器由于生产方便、成本低廉、用途广泛,故在各类低压电器中,生产量最大、使用面最广。

接触器是利用电磁吸力的作用来使触头闭合或断开大电流电路的,是一种非常典型的电磁式电器。接触器的主要组成部分为电磁系统和触头系统。电磁系统是感测部分,触头系统是执行部分。图3.21中,当线圈得电后,衔铁被吸合,带动三对主触点闭合,接通电路,辅助触点也闭合或断开;当线圈失电后,衔铁被释放,三对主触点复位,电路断开,辅助触点也断开或闭合。

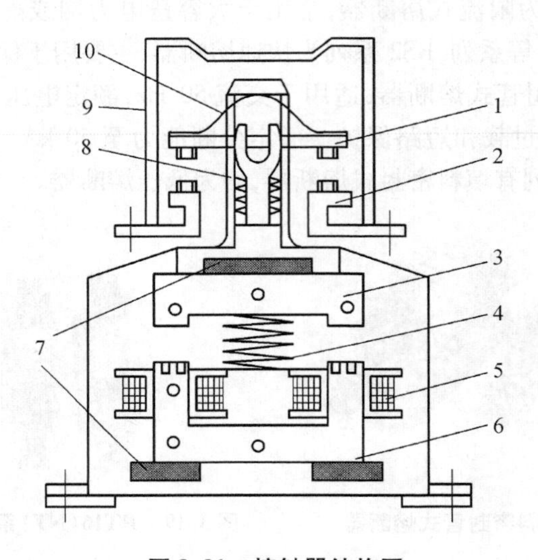

图3.21 接触器结构图

1—动触桥;2—静触点;3—衔铁;4—缓冲弹簧;5—电磁弹簧;6—铁芯;
7—垫毡;8—触头弹簧;9—灭弧罩;10—触头压力弹簧

触头工作时,需经常接通和分断额定电流或更大的电流,所以常有电弧产生,为此,一般情况下都装有灭弧装置,并与触头共称触头 - 灭弧系统,只有额定电流甚小者才不设灭弧装置。

接触器按其主触头通过的电流种类,分为直流接触器和交流接触器。按主触头的极数又可分为单极、双极、三极、四极和五极等几种。直流接触器一般为单极或双极;交流接触器大多为三极,四极多用于双回路控制,五极用于多速电动机控制或者自动式自耦减压启动器中。

交流接触器(Alternating Current Contactor)一般有3对主触头,两个动合(常开)辅助触头,两个动断常闭辅助触头。中等容量及以下为直动式,大容量为转动式。直流接触器(Direct Current Contactor)是一种通用性很强的电器产品,除用于频繁控制电动机外,还用于各种直流电磁系统中。直流接触器与交流接触器的工作原理相同,结构也基本相同,不同之处是,铁芯线圈通以直流电,不会产生涡流和磁滞损耗,所以不发热。为方便加工,铁芯由整块软钢制成。为使线圈散热良好,通常将线圈绕制成长而薄的圆筒型,与铁芯直接接触,易于散热。接触器如图3.22所示。

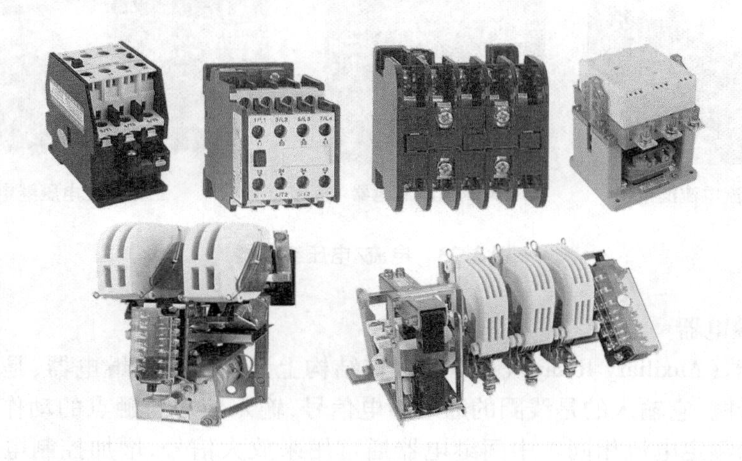

图3.22　接触器

2.继电器

继电器的结构和工作原理与接触器相似,也是由电磁机构和触点系统组成的,但继电器没有主触点,其触点不能用来接通和分断负载电路,而均接于控制电路,且电流一般小于5 A,故不必设灭弧装置。

继电器主要用于进行电路的逻辑控制,它根据输入量(如电压或电流),利用电磁原理,通过电磁机构使衔铁产生吸合动作,从而带动触点动作,实现触点状态的改变,使电路完成接通或分断控制。

一般来说,继电器由承受机构、中间机构和执行机构三部分组成。承受机构反映断电器输入量,并传递给中间机构,将它与预定的量(即整定值)进行比较,当达到整定值时(过量或欠量),中间机构就使执行机构产生输出量,用于控制电路的开、断。继电器通常触点容量较小,接在控制电路中,主要用于反应控制信号,是电气控制系统中的信号检测元件;而接触器触点容量较大,直接用于开、断主电路,是电气控制系统中的执行元件。

继电器还可以有以下各分类方法:按输入量的物理性质分为电压继电器、电流继电器、功率继电器、时间继电器、温度继电器、速度继电器等;按动作原理分为电磁式继电器、感应式继电器、电动式继电器、热继电器、电子式继电器等;按动作时间分为快速继电器、延时继电器、一般继电器;按执行环节作用原理分为有触点继电器、无触点继电器。电磁式继电器的结构及原理与接触器类似,是由铁芯、衔铁、线圈、释放弹簧和触点等部分组成,客观上接触器与中间继电器无截然的分界线。某些容量特别小的接触器与一些中间继电器相比,无论从原理和外观都难以看出有什么明显的不同。

继电器应用广泛,种类繁多,下面仅介绍几种常用的继电器。

(1)电流/电压继电器

电流继电器(Current Relay)与电压继电器(Voltage Relay)在结构上的区别主要是线圈不同。电流继电器的线圈与负载串联以反映负载电流,故它的线圈匝数少而导线粗,这样通过电流时的压降很少,不会影响负载电路的电流,而导线粗电流大仍可获得需要的磁势。电压继电器的线圈与负载并联以反映负载电压,其线圈匝数多而导线细。如图3.23所示。

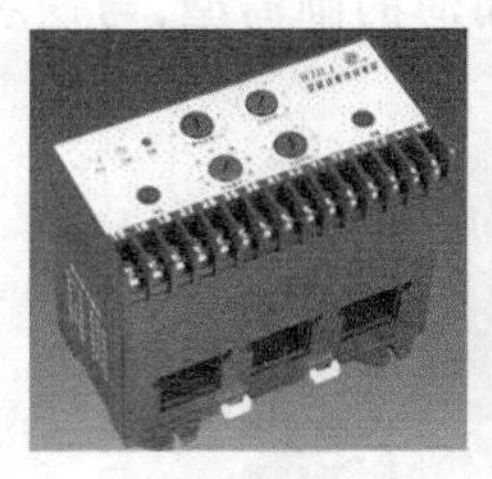

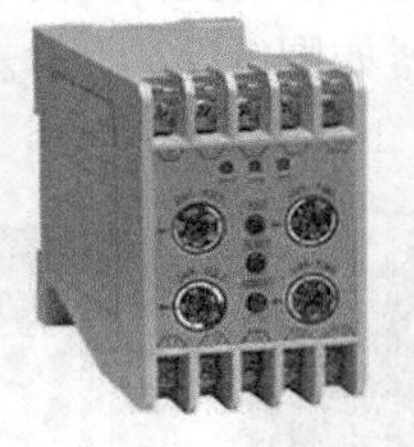

过流电流继电器　　欠流电流继电器　　三相欠过电压继电器

图 3.23　电流/电压继电器

(2)中间继电器

中间继电器(Auxiliary Relay)(图 3.24)在结构上是一个电压继电器,是用来转换控制信号的中间元件。它输入的是线圈的通电断电信号,输入信号为触点的动作。其触点数量较多,各触点的额定电流相同。中间继电器通常用来放大信号,增加控制电路中控制信号的数量,以及作为信号传递、连锁、转换以及隔离用。

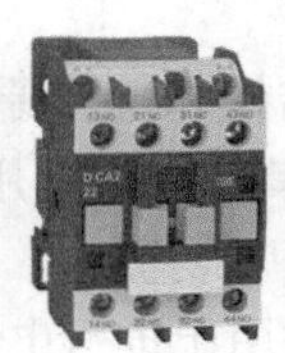

图 3.24　中间继电器

(3)时间继电器

时间继电器(图 3.25)是一种按时间原则进行控制的继电器。它利用电磁原理,配合机械动作机构能实现在得到信号输入(线圈通电或断电)后的预定时间内的信号的延时输出(触点的闭合或断开)。时间继电器种类很多,常用的有电磁式、空气阻尼式、电动式和晶体管式等。

图 3.25　时间继电器

(4)速度继电器

速度继电器(图 3.26)根据电磁感应原理制成,主要作用是在三相交流异步电动机反接制动控制电路中作转速过零的判断元件。

(5)热继电器

图 3.26　速度继电器

在电力拖动控制系统中,热继电器(图 3.27)是对电动机在长时间连续运行过程中过载及断相起保护作用的电器。电动机工作运行时,电动机绕组电流流过与之串接的热元件。

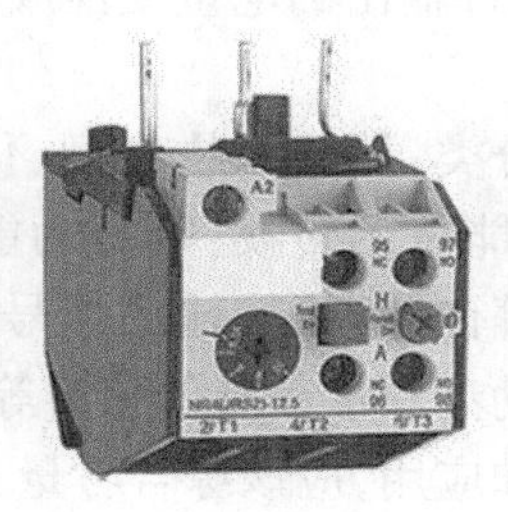

图 3.27　热继电器

3.2　传感器与编码器

当今世界开始进入信息时代。在利用信息的过程中,首先要解决的就是要获取准确可靠的信息,而传感器是获取自然和生产领域中信息的主要途径与手段。尤其在工业自动化生产过程中,要用各种传感器来监视和检测生产过程中的各个参数,使设备工作在正常状态或最佳状态,并使产品达到最好的质量。

3.2.1　检测系统与传感器的特性指标

一个完整的检测系统或检测装置通常是由传感器、测量电路和显示记录装置等几部分组成,分别完成信息获取、转换、显示和处理等功能。当然其中还包括电源和传输通道等不可缺少的部分。图 3.28 给出了检测系统的组成框图。

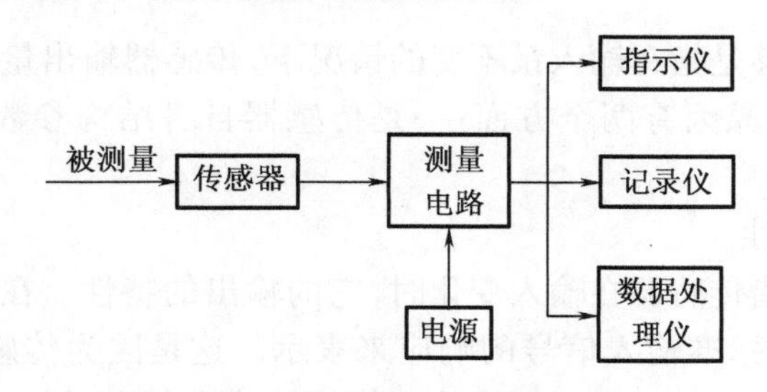

图 3.28　检测系统的组成框图

测量电路的作用是将传感器的输出信号转换成易于测量的电压或电流信号。通常传感器输出信号是微弱的,就需要由测量电路加以放大,以满足显示记录装置的要求。根据需要测量电路还能进行阻抗匹配、微分、积分、线性化补偿等信号处理工作。

显示记录装置是检测人员和检测系统联系的主要环节,主要作用是使人们了解被测量的大小或变化的过程。

传感器是一种以一定的精确度把被测量转换为与之有确定对应关系的、便于应用的某种物理量的测量装置,是检测系统与被测对象直接发生联系的部件,是检测系统最重要的环节。因为检测系统的其他环节无法添加新的检测信息,并且不易消除传感器所引入的误差,所以检测系统获取信息的质量往往是由传感器的性能确定的。

传感器一般由敏感元件(将非电量变成某一中间量)、转换元件(将中间量转换成电量)、测量电路(将转换元件输出的电量变换成可直接利用的电信号)三部分组成,有的传感器还需加上辅助电源。

传感器按工作机理分类:可分为物理型、化学型、生物型;按构成原理:分为结构型、物性型和复合型三大类;按能量的转换:可分为能量控制型和能量转换型;按输入量分类:常用的有机、光、电和化学等传感器;按输出信号的性质:可分为模拟式传感器和数字式传感器;按作用形式:分为主动型和被动型传感器等。

对于传感器的选择和应用,应该综合考量其主要特性指标:

(1)传感器静态特性

传感器的静态特性是指对静态的输入信号,传感器的输出量与输入量之间所具有的相互关系。因为这时输入量和输出量都和时间无关,所以它们之间的关系,即传感器的静态特性可用一个不含时间变量的代数方程,或以输入量作横坐标,把与其对应的输出量作纵坐标而画出的特性曲线来描述。表征传感器静态特性的主要参数有:线性度、灵敏度、迟滞、重复性、漂移等。

线性度:指传感器输出量与输入量之间的实际关系曲线偏离拟合直线的程度。定义为在全量程范围内实际特性曲线与拟合直线之间的最大偏差值与满量程输出值之比。

灵敏度:灵敏度是传感器静态特性的一个重要指标。其定义为输出量的增量与引起该增量的相应输入量增量之比。用 S 表示灵敏度。

迟滞:传感器在输入量由小到大(正行程)及输入量由大到小(反行程)变化期间其输入输出特性曲线不重合的现象成为迟滞。对于同一大小的输入信号,传感器的正反行程输出信号大小不相等,这个差值称为迟滞差值。

重复性:重复性是指传感器在输入量按同一方向作全量程连续多次变化时,所得特性曲线不一致的程度。

漂移:传感器的漂移是指在输入量不变的情况下,传感器输出量随着时间变化,此现象称为漂移。产生漂移的原因有两个方面:一是传感器自身结构参数;二是周围环境(如温度、湿度等)。

(2)传感器动态特性

所谓动态特性,是指传感器在输入变化时,它的输出的特性。在实际工作中,传感器的动态特性常用它对某些标准输入信号的响应来表示。这是因为传感器对标准输入信号的响应容易用实验方法求得,并且它对标准输入信号的响应与它对任意输入信号的响应之间存在一定的关系,往往知道了前者就能推定后者。最常用的标准输入信号有阶跃信号和正弦信号两种，所以传感器的动态特性也常用阶跃响应和频率响应来表示。

(3)传感器的线性度

通常情况下，传感器的实际静态特性输出是条曲线而非直线。在实际工作中，为使仪表具有均匀刻度的读数，常用一条拟合直线近似地代表实际的特性曲线，线性度(非线性误差)就是这个近似程度的一个性能指标。

拟合直线的选取有多种方法。如将零输入和满量程输出点相连的理论直线作为拟合直线；或将与特性曲线上各点偏差的平方和为最小的理论直线作为拟合直线，此拟合直线称为最小二乘法拟合直线。

(4)传感器的灵敏度

灵敏度是指传感器在稳态工作情况下输出量变化 Δy 对输入量变化 Δx 的比值。它是输出输入特性曲线的斜率。如果传感器的输出和输入之间显线性关系，则灵敏度 S 是一个常数。否则，它将随输入量的变化而变化。

灵敏度的量纲是输出、输入量的量纲之比。例如，某位移传感器，在位移变化 1 mm 时，输出电压变化为 200 mV，则其灵敏度应表示为 200 mV/mm。当传感器的输出、输入量的量纲相同时，灵敏度可理解为放大倍数。提高灵敏度，可得到较高的测量精度。但灵敏度愈高，测量范围愈窄，稳定性也往往愈差。

(5)传感器的分辨率

分辨率是指传感器可能感受到的被测量的最小变化的能力。也就是说，如果输入量从某一非零值缓慢地变化。当输入变化值未超过某一数值时，传感器的输出不会发生变化，即传感器对此输入量的变化是分辨不出来的。只有当输入量的变化超过分辨率时，其输出才会发生变化。

通常传感器在满量程范围内各点的分辨率并不相同，因此常用满量程中能使输出量产生阶跃变化的输入量中的最大变化值作为衡量分辨率的指标。上述指标若用满量程的百分比表示，则称为分辨率。分辨率与传感器的稳定性有负相相关性。

(6)传感器的精度

精度是传感器的一个重要的性能指标，它是关系到整个测量系统测量精度的重要环节。传感器的精度越高，其价格越昂贵，因此传感器的精度只要满足整个测量系统的精度要求就可以，不必选得过高。这样就可以在满足同一测量目的的诸多传感器中选择比较便宜和简单的传感器。

如果测量目的是定性分析的，选用重复精度高的传感器即可，不宜选用绝对量值精度高的；如果是为了定量分析，必须获得精确的测量值，就需选用精度等级能满足要求的传感器。

对某些特殊使用场合，无法选到合适的传感器，则需自行设计制造传感器。自制传感器的性能应满足使用要求。

(7)传感器的稳定性

传感器使用一段时间后，其性能保持不变的能力称为稳定性。影响传感器长期稳定性的因素除传感器本身结构外，主要是传感器的使用环境。因此，要使传感器具有良好的稳定性，传感器必须要有较强的环境适应能力。

在选择传感器之前，应对其使用环境进行调查，并根据具体的使用环境选择合适的传感器，或采取适当的措施，减小环境的影响。传感器的稳定性有定量指标，在超过使用期后，在使用前应重新进行标定，以确定传感器的性能是否发生变化。在某些要求传感器能长期使用而又不能轻易更换或标定的场合，所选用的传感器稳定性要求更严格，要能够经受住长时间的考验。

3.2.2 压力传感器与磁电式传感器

1. 压力传感器

压力传感器分为表压、绝压、差压等种类。常见0.1、0.2、0.5、1.0等精度等级。可测量的压力范围很宽，小到几十毫米水柱，大的可达上百兆帕。不同种类压力传感器的工作温度范围也不同，常分成0 ~ 70 ℃、-25 ~ 85 ℃、-40 ~ 125 ℃、-55 ~ 150 ℃几个等级，某些特种压力传感器的工作温度可达400 ~ 500 ℃。

压力传感器基于不同的材料及结构设计有着不同的防水性能及防爆等级，接液腔体由于材料、形状的差异可测量的流体介质种类也不同，常分为干燥气体、一般液体、酸碱腐蚀溶液、可燃性气液体、黏稠及特殊介质。压力传感器作为一次仪表需与二次仪表或计算机配合使用，压力传感器常见的供电方式为：DC 5 V、12 V、24 V、±12 V 等；输出方式有：0 ~ 5 V、1 ~ 5 V、0.5 ~ 4.5 V、0 ~ 10 mA、0 ~ 20 mA、4 ~ 20 mA 等。

压力传感器在安装使用前应详细阅读产品样本及使用说明书，安装时压力接口不能泄露，确保量程及接线正确。压力传感器的外壳一般需接地，信号电缆线不得与动力电缆混合铺设，压力传感器周围应避免有强电磁干扰，在使用中应按行业规定进行周期检定。

(1)应变片压力传感器

电阻应变片是一种将被测件上的应变变化转换成为一种电信号的敏感器件。它是压阻式应变传感器的主要组成部分之一。电阻应变片应用最多的是金属电阻应变片和半导体应变片两种。如图3.29所示。

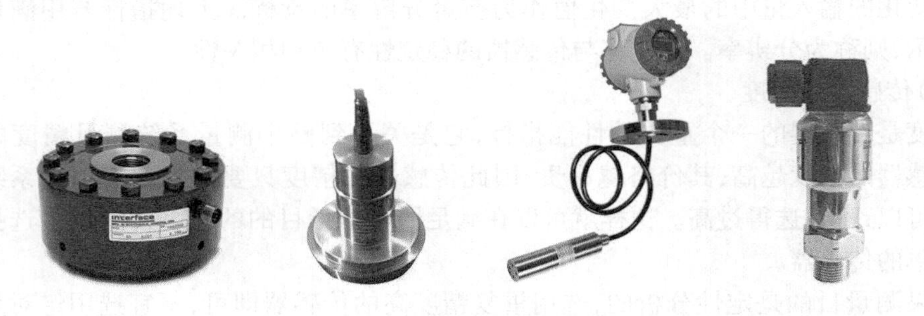

图3.29 应变片压力传感器

金属电阻应变片又有丝状应变片和金属箔状应变片两种。通常是将应变片通过特殊的黏合剂紧密地粘合在产生力学应变基体上，当基体受力发生应力变化时，电阻应变片也一起产生形变，使应变片的阻值发生改变，从而使加在电阻上的电压发生变化。这种应变片在受力时产生的阻值变化通常较小，一般这种应变片都组成应变电桥，并通过后续的仪表放大器进行放大，再传输给处理电路(通常是 A/D 转换和 CPU)显示或执行机构。

根据不同的用途，电阻应变片的阻值可以由设计者设计，但电阻的取值范围应注意：阻值太小，所需的驱动电流太大，同时应变片的发热致使本身的温度过高，不同的环境中使用，使应变片的阻值变化太大，输出零点漂移明显，调零电路过于复杂。而电阻太大，阻抗太高，抗外界的电磁干扰能力较差。一般均为几十欧至几十千欧左右。

（2）陶瓷压力传感器

抗腐蚀的陶瓷压力传感器（图3.30）没有液体的传递，压力直接作用在陶瓷膜片的前表面，使膜片产生微小的形变，厚膜电阻印刷在陶瓷膜片的背面，连接成一个惠斯通电桥（闭桥），由于压敏电阻的压阻效应，使电桥产生一个与压力成正比的高度线性与激励电压成正比的电压信号，标准的信号根据压力量程的不同标定为2.0／3.0／3.3 mV/V等，可以和应变式传感器相兼容。通过激光标定，传感器具有很高的温度稳定性和时间稳定性，传感器自带温度补偿0～70 ℃，并可以和绝大多数介质直接接触。

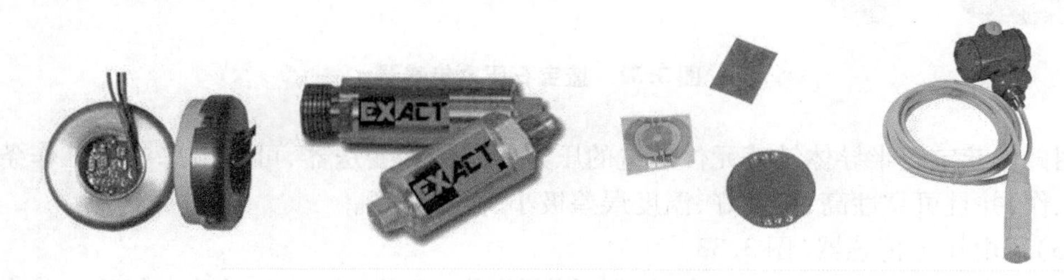

图3.30　陶瓷压力传感器

陶瓷是一种公认的高弹性、抗腐蚀、抗磨损、抗冲击和振动的材料。陶瓷的热稳定特性及它的厚膜电阻可以使它的工作温度范围高达－40～135 ℃，而且具有测量的高精度、高稳定性。电气绝缘程度>2 kV，输出信号强，长期稳定性好。高特性、低价格的陶瓷传感器将是压力传感器的发展方向，在欧美国家有全面替代其他类型传感器的趋势，在中国也有越来越多的用户使用陶瓷传感器替代扩散硅压力传感器。

（3）扩散硅压力传感器（图3.31）

图3.31　扩散硅压力传感器

被测介质的压力直接作用于传感器的膜片上（不锈钢或陶瓷），使膜片产生与介质压力成正比的微位移，使传感器的电阻值发生变化，利用电子线路检测这一变化，并转换输出一个对应于这一压力的标准测量信号。

（4）蓝宝石压力传感器（图3.32）

利用应变电阻式工作原理，采用硅－蓝宝石作为半导体敏感元件，具有无与伦比的计量特性。蓝宝石系由单晶体绝缘体元素组成，不会发生滞后、疲劳和蠕变现象；蓝宝石比硅要坚固，硬度更高，不怕形变；蓝宝石有着非常好的弹性和绝缘特性，因此利用硅－蓝宝石制造的半导体敏感元件，对温度变化不敏感，即使在高温条件下，也有着很好的工作特性；

蓝宝石的抗辐射特性极强；另外，硅－蓝宝石半导体敏感元件，无 p－n 漂移，因此从根本上简化了制造工艺，提高了重复性，确保了高成品率。

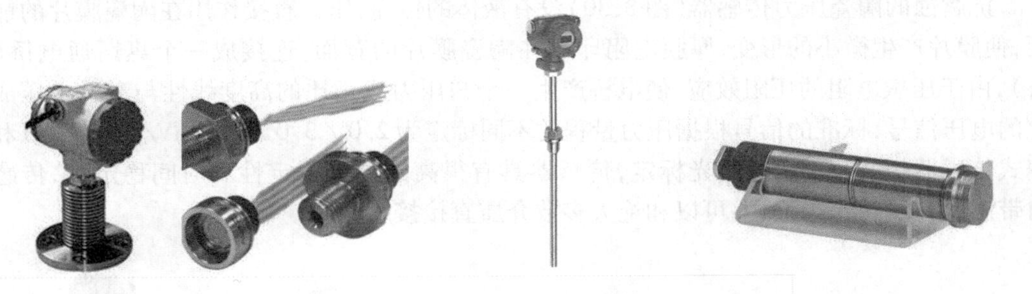

图 3.32　蓝宝石压力传感器

用硅－蓝宝石半导体敏感元件制造的压力传感器和变送器，可在最恶劣的工作条件下正常工作，并且可靠性高、精度好、温度误差极小、性价比高。

(5)压电压力传感器(图 3.33)

压电传感器中主要使用的压电材料包括有石英、酒石酸钾钠和磷酸二氢胺。其中石英(二氧化硅)是一种天然晶体，压电效应就是在这种晶体中发现的，在一定的温度范围之内，压电性质一直存在，但温度超过这个范围之后，压电性质完全消失(这个高温就是所谓的"居里点")。由于随着应力的变化电场变化微小(也就说压电系数比较低)，所以石英逐渐被其他的压电晶体所替代。而酒石酸钾钠具有很大的压电灵敏度和压电系数，但是它只能在室温和湿度比较低的环境下才能够应用。磷酸二氢胺属于人造晶体，能够承受高温和相当高的湿度，所以已经得到了广泛的应用。

图 3.33　压电压力传感器

压电效应也应用在多晶体上，比如现在的压电陶瓷，包括钛酸钡压电陶瓷、PZT、铌酸盐系压电陶瓷、铌镁酸铅压电陶瓷等，压电效应是压电传感器的主要工作原理，压电传感器不能用于静态测量，因为经过外力作用后的电荷，只有在回路具有无限大的输入阻抗时才得到保存。实际的情况不是这样的，所以这决定了压电传感器只能够测量动态的应力。

压电传感器主要应用在加速度、压力和力等的测量中。压电式加速度传感器是一种常用的加速度计。它具有结构简单、体积小、质量轻、使用寿命长等优异的特点。压电式加速度传感器在飞机、汽车、船舶、桥梁和建筑的振动和冲击测量中已经得到了广泛的应用，特别是航空和宇航领域中更有它的特殊地位。压电式传感器也可以用来测量发动机内部燃烧压力的测量与真空度的测量。也可以用于军事工业，例如用它来测量枪炮子弹在膛中击发的一瞬间的膛压的变化和炮口的冲击波压力。它既可以用来测量大的压力，也可以用来测量微小的压力。

2. 磁电式传感器

磁电式传感器是通过磁电作用将被测量(振动、位移、转速等)转换成电信号的一种传感器,主要有磁电感应式传感器(检测导体和磁场间相对运动)和霍尔式传感器(检测半导体在磁场中的电磁效应输出电动势)两类。利用电磁感应原理将输入运动速度变换成感应电势输出,是一种有源传感器。它不需要辅助电源,就能把被测对象的机械能(振动、位移、转速等)转换成易于测量的电信号。并且,它具有双向转换特性,利用其逆转换效应可构成力(矩)发生器和电磁激振器等。有时磁电式传感器也称作电动式或感应式传感器,它只适合进行动态测量。由于它有较大的输出功率,故配用电路较简单;零位及性能稳定,工作频带一般为 10 ~ 1 000 Hz。

霍尔传感器(图 3.34)是基于霍尔效应的一种传感器。1879 年美国物理学家霍尔首先在金属材料中发现了电磁效应(霍尔效应),但由于金属材料的霍尔效应太弱而没有得到应用。随着半导体技术的发展,开始用半导体材料制成霍尔元件,由于它的霍尔效应显著而得到应用和发展。霍尔传感器广泛用于电磁测量、压力、加速度、振动等方面的测量。

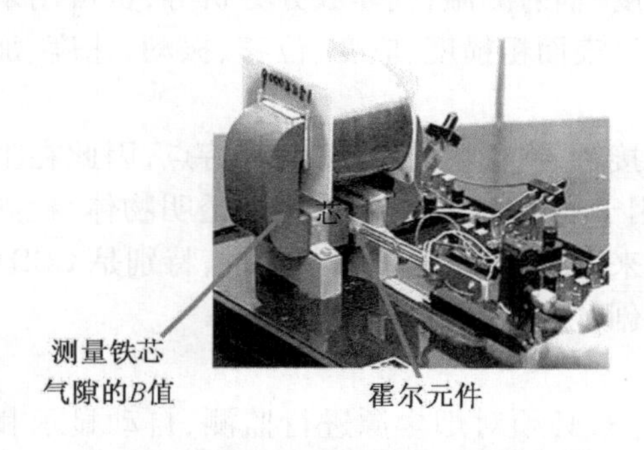

图 3.34　霍尔传感器用于测量磁场强度

图 3.35 是霍尔转速传感器在汽车防抱死装置(ABS)中的应用。若汽车在刹车时车轮被抱死,将产生危险。用霍尔转速传感器来检测车轮的转动状态有助于控制刹车力的大小。如图 3.36 是常用的几种霍尔传感器。

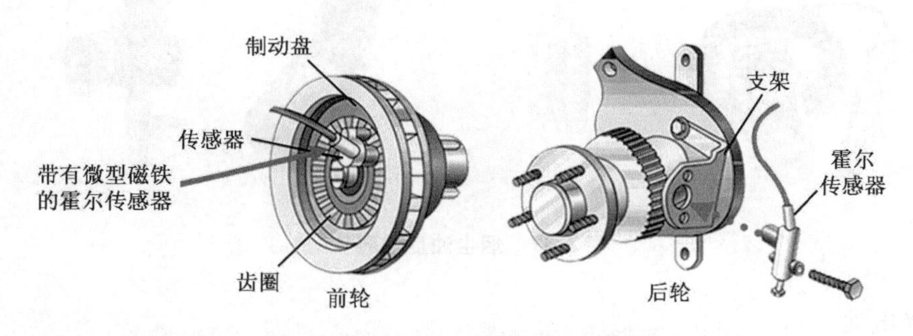

图 3.35　霍尔转速传感器在汽车防抱死装置(ABS)中的应用

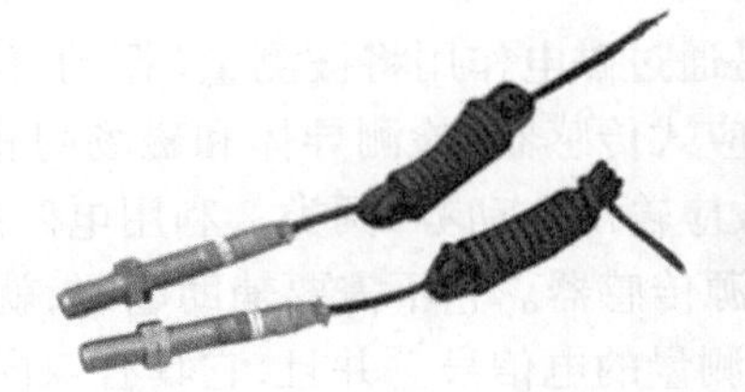

图 3.36　霍尔传感器

3.2.3　光电传感器与超声波传感器

1. 光电传感器

光电式传感器是以光电器件作为转换元件的传感器。它可用于检测直接引起光量变化的非电量,如光强、光照度、辐射测温、气体成分分析等;也可用来检测能转换成光量变化的其他非电量,如零件直径、表面粗糙度、应变、位移、振动、速度、加速度,以及物体的形状、工作状态的识别等。

光电式传感器具有非接触、响应快、性能可靠等特点,因此在工业自动化装置和机器人中获得广泛应用。例如:用于检测物体的有无,检测透明物体,检测色标,检测颜色,检测发光物体,检测位移等;近年来,新的光电器件不断涌现,特别是 CCD 图像传感器的诞生,为光电传感器的进一步应用开创了新的一页。

(1)烟尘浊度监测仪

为了消除工业烟尘污染,必须对烟尘源进行监测、自动显示和超标报警。烟道里的烟尘浊度是用通过光在烟道里传输过程中的变化大小来检测的。如果烟道浊度增加,光源发出的光被烟尘颗粒的吸收和折射增加,到达光检测器的光减少,因而光检测器输出信号的强弱便可反映烟道浊度的变化。烟尘浊度监测仪如图 3.37 所示。

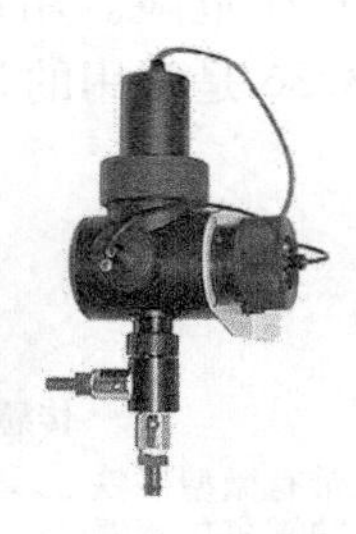

图 3.37　烟尘浊度监测仪

(2)光电池

光电池(图 3.38)作为光电探测使用时,其基本原理与光敏二极管相同,但它们的基本结构和制造工艺不完全相同。由于光电池工作时不需要外加电压,光电转换效率高,光谱范围宽,频率特性好,噪声低等,它已广泛地用于光电读出、光电耦合、光栅测距、激光准直、电影还音、紫外光监视器和燃气轮机的熄火保护装置等。

光电传感器具有:

图3.38　光电池

①检测距离长。对射型光电传感器的检测距离可达10 m,这是磁性、起声波等检测手段无法很好检测的距离。

②对检测物体的限制少。由于以检测物体引起的遮光和反射为检测原理,所以不像接近传感器等要将检测物体限定为金属,它可对玻璃、塑料、木材、液体等几乎所有物体进行检测。

③响应时间短。光本身为高速传播,并且传感器的电路都由电子零件构成,所以不包含机械性工作时间,响应时间非常短。

④分辨率高。能通过高级设计技术使投光光束集中在小光点,或通过构成特殊的受光光学系统来实现高分辨率,也可进行微小物体的检测和高精度的位置检测。

⑤可实现非接触检测。可以无须机械性地接触检测物体实现检测,因此不会对检测物体和传感器造成损伤。因此,传感器能长期使用。

⑥可实现颜色判别。通过检测物体形成的光的反射率和吸收率,根据被投光的光线波长和检测物体的颜色组合而有所差异。利用这种性质,可对检测物体的颜色进行检测。

⑦便于调整。在投射可视光的类型中,投光光束是眼睛可见的,便于对检测物体的位置进行调整。

2. 超声波传感器

超声波传感器(图3.39)是利用超声波的特性研制而成的传感器。超声波是一种振动频率高于声波的机械波,由换能晶片在电压的激励下发生振动产生的,它具有频率高、波长短、绕射现象小,特别是方向性好、能够成为射线而定向传播等特点。超声波对液体、固体的穿透本领很大,尤其是在阳光不透明的固体中,它可穿透几十米的深度。超声波碰到杂质或分界面会产生显著反射形成反射波,碰到活动物体能产生多普勒效应。

以超声波作为检测手段,必须产生超声波和接收超声波。完成这种功能的装置就是超声波传感器,习惯上称为超声换能器,或者超声探头。超声波探头主要由压电晶片组成,既可以发射超声波,也可以接收超声波。小功率超声探头多作探测用。

在工业方面,超声波的典型应用是对金属的无损探伤和超声波测厚两种。过去,许多技术因为无法探测到物体组织内部而受到阻碍,超声波传感技术的出现改变了这种状况。当然更多的超声波传感器是固定地安装在不同的装置上,“悄无声息”地探测人们所需要的信号。在未来的应用中,超声波将与信息技术、新材料技术结合起来,将出现更多的智能化、高灵敏度的超声波传感器。

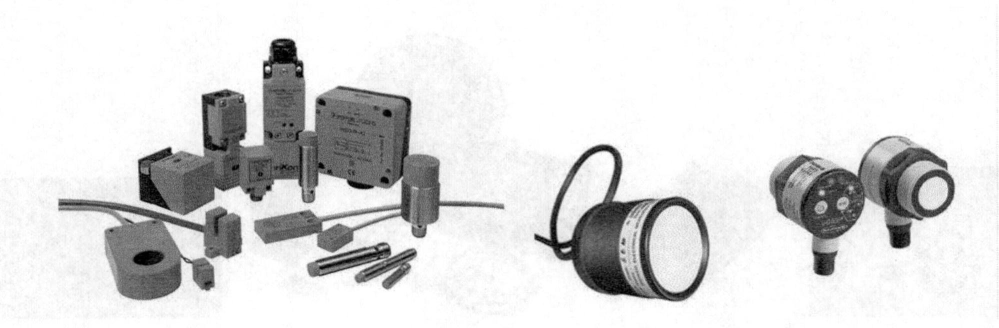

图 3.39　超声波传感器

3.2.4　温度传感器与湿度传感器

1. 温度传感器

在工业生产过程中,温度是需要测量和控制的重要参数之一。温度传感器是将温度变化转换为电量变化的装置。它的种类很多,常用的有三种,其中将温度的变化转换为电势输出的温度传感器为热电偶,将温度的变化转换为电阻输出的温度传感器有热电阻和热敏电阻。此外,还有微波测温温度传感器、噪声测温温度传感器、温度图测温温度传感器、热流计、射流测温计、核磁共振测温计、穆斯保尔效应测温计、约瑟夫逊效应测温计、低温超导转换测温计、光纤温度传感器等。这些温度传感器有的已获得应用,有的尚在研制中。

(1)热电偶传感器(图 3.40)

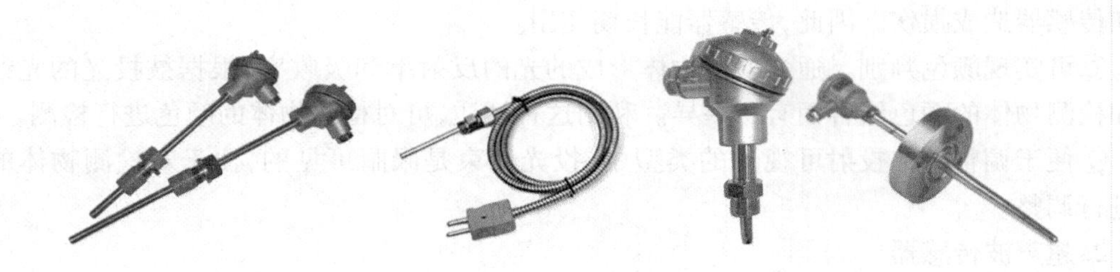

图 3.40　热电偶传感器

热电偶是温度测量中最用的传感器。其主要好处是宽温度范围和适应各种大气环境,而且结实、便宜,无需供电。热电偶由在一端连接的两条不同金属线(金属 A 和金属 B)构成。当热电偶一端受热时,热电偶电路中就有电势差。可用测量电势差来计算温度。

不过,由于电压和温度是非线性关系,因此需要为参考温度做第二次测量,并利用测试设备软件和/或硬件在仪器内部处理电压 - 温度变换,以最终获得热偶温度。热偶是最简单和最通用的温度传感器,但热偶并不适合高精度的应用。

(2)热敏电阻传感器(图 3.41)

热敏电阻是一种半导体材料,大多为负温度系数,即阻值随温度增加而降低。温度变化会造成大的阻值改变,因此它是最灵敏的温度传感器。但热敏电阻的线性度极差,并且与生产工艺有很大关系。制造商给不出标准化的热敏电阻曲线。热敏电阻体积非常小,对温度变化的响应也快。但热敏电阻需要使用电流源,小尺寸也使它对自热误差极为敏感。

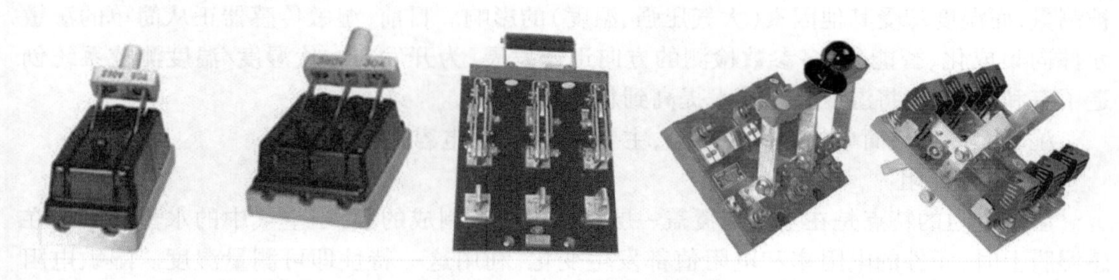

图 3.41 热敏电阻传感器

热敏电阻在两条线上测量的是绝对温度,有较好的精度,但它比热偶贵,可测温度范围也小于热偶。一种常用热敏电阻在 25 ℃时的阻值为 5 kΩ,每 1 ℃的温度改变造成 200 Ω 的电阻变化。注意,10 Ω 的引线电阻仅造成可忽略的 0.05 ℃误差。它非常适合需要进行快速和灵敏温度测量的电流控制应用。尺寸小对于有空间要求的应用是有利的,但必须注意防止自热误差。

(3)热电阻传感器

热电阻传感器(图 3.42)是利用导体的电阻随温度变化的特性,对温度和温度有关的参数进行检测的装置。热电阻测温是基于金属导体的电阻值随温度的增加而增加这一特性来进行温度测量的。大多数热电阻在温度升高 1 ℃时电阻值将增加 0.4% ~0.6%。热电阻大都由纯金属材料制成,目前应用最多的是铂和铜,此外,现在已开始采用镍、锰和铑等材料制造热电阻。

图 3.42 热电阻传感器

热电阻传感器主要是利用电阻值随温度变化而变化这一特性来测量温度及与温度有关的参数。在温度检测精度要求比较高的场合,这种传感器比较适用。目前较为广泛的热电阻材料为铂、铜、镍等,它们具有电阻温度系数大、线性好、性能稳定、使用温度范围宽、加工容易等特点。用于测量 -200 ~ +500 ℃范围内的温度。并且随着科技的发展,热电阻传感器的测温范围也随着扩展,低温方面已成功地应用于 1 ~3 K 的温度测量中,高温方面也出现了多种用于 1 000 ~1 300 ℃的热电阻传感器。

2. 湿度传感器

在工业生产过程中经常需要对环境湿度进行测量及控制,但在常规的环境参数中,湿度是最难准确测量的一个参数。用干湿球湿度计或毛发湿度计来测量湿度的方法,早已无法满足现代科技发展的需要。这是因为测量湿度要比测量温度复杂得多,温度是个独立的被测量，而湿度却受其他因素（大气压强、温度）的影响。目前，湿敏传感器正从简单的湿敏元件向集成化、智能化、多参数检测的方向迅速发展，为开发新一代湿度/温度测控系统创造了有利条件，也将湿度测量技术提高到新的水平。

湿敏元件是最简单的湿度传感器，主要有电阻式、电容式两大类。

（1）湿敏电阻

湿敏电阻的特点是在基片上覆盖一层用感湿材料制成的膜，当空气中的水蒸气吸附在感湿膜上时，元件的电阻率和电阻值都发生变化，利用这一特性即可测量湿度。湿敏电阻的种类很多，例如金属氧化特性湿敏电阻、硅湿敏电阻、陶瓷湿敏电阻等。湿敏电阻的优点是灵敏度高，主要缺点是线性度和产品的互换性差。

（2）湿敏电容

湿敏电容一般是用高分子薄膜电容制成的，常用的高分子材料有聚苯乙烯、聚酰亚胺、酷酸醋酸纤维等。当环境湿度发生改变时，湿敏电容的介电常数发生变化，使其电容量也发生变化，其电容变化量与相对湿度成正比。湿敏电容的主要优点是灵敏度高、产品互换性好、响应速度快、湿度的滞后量小、便于制造、容易实现小型化和集成化，其精度一般比湿敏电阻要低一些。国外生产湿敏电容的主要厂家有 Humirel 公司、Philips 公司、Siemens 公司等。以 Humirel 公司生产的 SH1100 型湿敏电容为例，其测量范围是（1% ~99%）RH，在 55% RH 时的电容量为 180 pF（典型值）。当相对湿度从 0 变化到 100% 时，电容量的变化范围是 163 ~202 pF。温度系数为 0.04 pF/℃，湿度滞后量为 ±1.5%，响应时间为 5 s。

除电阻式、电容式湿敏元件之外，还有电解质离子型湿敏元件、重量型湿敏元件（利用感湿膜重量的变化来改变振荡频率）、光强型湿敏元件、声表面波湿敏元件等。湿敏元件的线性度及抗污染性差，在检测环境湿度时，湿敏元件要长期暴露在待测环境中，很容易被污染而影响其测量精度及长期稳定性。如图 3.43 所示。

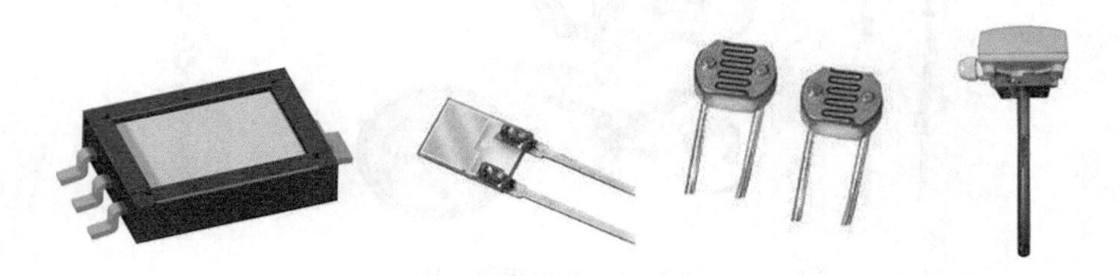

图 3.43　湿敏元件

集成湿度传感器主要有三大类：

（1）线性电压输出式集成湿度传感器

其主要特点是采用恒压供电，内置放大电路，能输出与相对湿度呈比例关系的伏特级电压信号，响应速度快，重复性好，抗污染能力强。

（2）线性频率输出集成湿度传感器

它采用模块式结构，属于频率输出式集成湿度传感器，在 55% RH 时的输出频率为 8 750 Hz（型值），当湿度从 10% 变化到 95% 时，输出频率就从 9 560 Hz 减小到 8 030 Hz。这种传感器具有线性度好、抗干扰能力强、便于配数字电路或单片机、价格低等优点。

（3）频率/温度输出式集成湿度传感器（图 3.44）

典型产品为 HTF3223 型。它除具有 HF3223 的功能以外，还增加了温度信号输出端，利用负温度系数(NTC)热敏电阻作为温度传感器。当环境温度变化时,其电阻值也相应改变并且从 NTC 端引出,配上二次仪表即可测量出温度值。

图 3.44 集成湿度传感器

随着科技的发展,出现了单片智能化温度/湿度传感器。2002 年瑞士 Sensiron 公司在世界上率先研制成功 SHT11、SHT15 型智能化温度/湿度传感器,其外形尺寸仅为 7.6 mm × 5 mm × 2.5 mm,体积与火柴头相近。出厂前,每只传感器都在温度室中做过精密标准,标准系数被编成相应的程序存入校准存储器中,在测量过程中可对相对湿度进行自动校准。它们不仅能准确测量相对温度,还能测量湿度和露点。测量相对湿度的范围是 0 ~ 100%,分辨力达 0.03% RH,最高精度为 ±2% RH。测量温度的范围是 −40 ~ +123.8 ℃,分辨力为 0.01 ℃。测量露点的精度 < ±1 ℃。在测量湿度、温度时 A/D 转换器的位数分别可达 12 位、14 位。利用降低分辨力的方法可以提高测量速率,减小芯片的功耗。SHT11/15 的产品互换性好,响应速度快,抗干扰能力强,不需要外部元件,适配各种单片机,可广泛用于医疗设备及温度/湿度调节系统中。

3.2.5 机械位移传感器与编码器

位移是和物体的位置在运动过程中的移动有关的量,位移的测量方式所涉及的范围是相当广泛的。小位移通常用应变式、电感式、差动变压器式、电涡流式、霍尔传感器来检测,大的位移常用感应同步器、光栅、容栅、磁栅等传感技术来测量。其中,光栅传感器因具有易实现数字化、精度高(目前分辨率最高的可达到纳米级)、抗干扰能力强、没有人为读数误差、安装方便、使用可靠等优点,在机床加工、检测仪表等行业中得到日益广泛的应用。

机械位移传感器是用来测量位移、距离、位置、尺寸、角度、角位移等几何学量的一种传感器。根据传感器的信号输出形式,可以分为模拟式和数字式两大类,如图 3.45 所示。

机械传感器根据被测物体的运动形式可细分为线性位移传感器和角位移传感器。

1. 电位器式位移传感器

图 3.46 是电位器的结构图。它由电阻体、电刷、转轴、滑动臂、焊片等组成,电阻体的两端和焊片 A,C 相连,因此 AC 端的电阻值就是电阻体的总阻值;转轴是和滑动臂相连的,在滑动臂的一端装有电刷,它靠滑动臂的弹性压在电阻体上并与之紧密接触,滑动臂的另一端与焊片 B 相连。

图 3.47 是电位器电路图。电位器转轴上的电刷将电阻体电阻 R_0 分为 R_{12} 和 R_{23} 两部分,输出电压为 U_{12}。改变电刷的接触位置,电阻 R_{12} 亦随之改变,输出电压 U_{12} 也随之变化。

常见用于传感器的电位器有:线绕式电位器、合成膜电位器、金属膜电位器、导电塑料电位器、导电玻璃釉电位器、光电电位器。

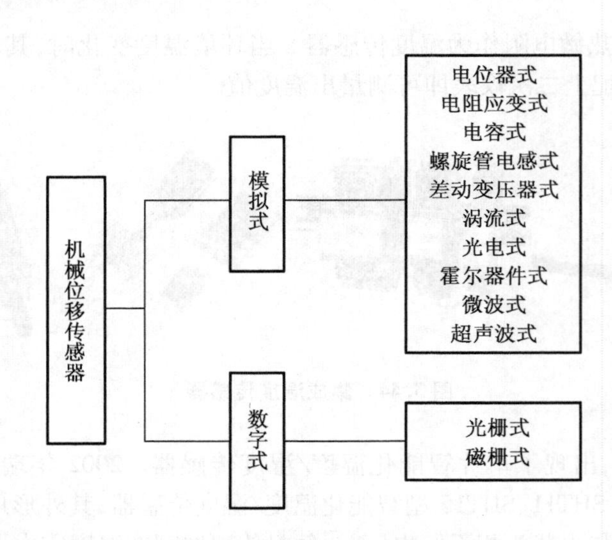

图 3.45　机械位移传感器的分类

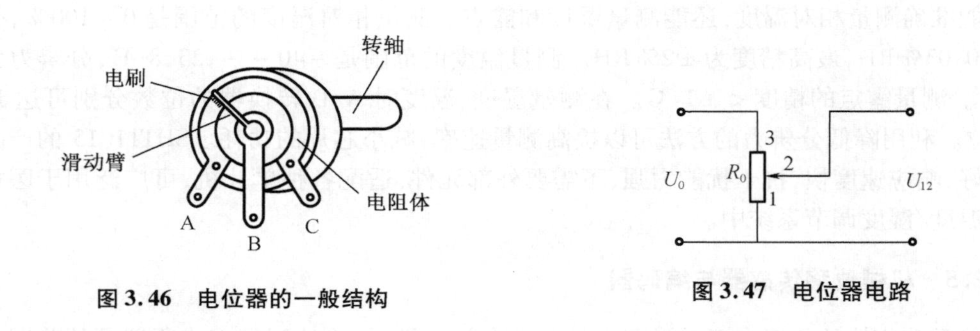

图 3.46　电位器的一般结构　　图 3.47　电位器电路

2. 编码器

编码器(Encoder)(图 3.48)是将信号(如比特流)或数据进行编制、转换为可用以通信、传输和存储的信号形式的设备。编码器把角位移或直线位移转换成电信号,前者称为码盘,后者称为码尺。按照读出方式编码器可以分为接触式和非接触式两种;按照工作原理编码器可分为增量式和绝对式两类。增量式编码器是将位移转换成周期性的电信号,再把这个电信号转变成计数脉冲,用脉冲的个数表示位移的大小。绝对式编码器的每一个位置对应一个确定的数字码,因此它的示值只与测量的起始和终止位置有关,而与测量的中间过程无关。

(1)编码器可按以下方式来分类。

按码盘的刻孔方式不同分类:

(a)增量型。就是每转过单位的角度就发出一个脉冲信号(也有发正余弦信号,然后对其进行细分,斩波输出频率更高的脉冲),通常为 A 相、B 相、Z 相输出,A 相、B 相为相互延迟 1/4 周期的脉冲输出,根据延迟关系可以区别正反转,而且通过取 A 相、B 相的上升和下降沿可以进行 2 或 4 倍频;Z 相为单圈脉冲,即每圈发出一个脉冲。

(b)绝对值型。就是对应一圈,每个基准的角度发出一个唯一与该角度对应二进制的数值,通过外部记圈器件可以进行多个位置的记录和测量。

图 3.48　编码器

按信号的输出类型分为:电压输出、集电极开路输出、推拉互补输出和长线驱动输出。

以编码器机械安装形式分类:

(a)有轴型。有轴型又可分为夹紧法兰型、同步法兰型和伺服安装型等。

(b)轴套型。轴套型又可分为半空型、全空型和大口径型等。

以编码器工作原理可分为:光电式、磁电式和触点电刷式。

(2)光电编码器

光电编码器,是一种通过光电转换将输出轴上的机械几何位移量转换成脉冲或数字量的传感器。这是目前应用最多的传感器,光电编码器是由光栅盘和光电检测装置组成。光栅盘是在一定直径的圆板上等分地开通若干个长方形孔。由于光电码盘与电动机同轴,电动机旋转时,光栅盘与电动机同速旋转,经发光二极管等电子元件组成的检测装置检测输出若干脉冲信号,其结构如图 3.49 所示;通过计算每秒光电编码器输出脉冲的个数就能反映当前电动机的转速。此外,为判断旋转方向,码盘还可提供相位相差 90° 的两路脉冲信号。

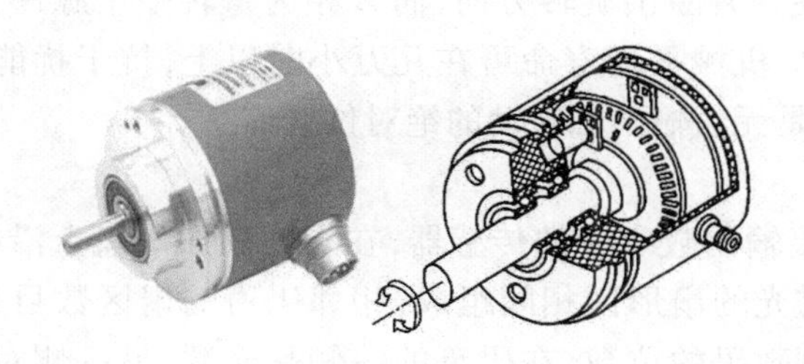

图 3.49　光电编码器结构图

根据检测原理,编码器可分为光学式、磁式、感应式和电容式。根据其刻度方法及信号输出形式,也可分为增量式、绝对式以及混合式三种。

①增量式编码器

增量式旋转编码器通过内部两个光敏接受管转化其角度码盘的时序和相位关系,得到其角度码盘角度位移量增加(正方向)或减少(负方向)。在接合数字电路特别是单片机后,增量式旋转编码器在角度测量和角速度测量较绝对式旋转编码器更具有廉价和简易的优势。

如图 3.50 所示,A,B 两点对应两个光敏接受管,A,B 两点间距为 S_2,角度码盘的光栅间距分别为 S_0 和 S_1。当角度码盘以某个速度匀速转动时,那么可知输出波形图中的 $S_0:S_1$

$: S_2$ 比值与实际图的 $S_0: S_1: S_2$ 比值相同,同理角度码盘以其他的速度匀速转动时,输出波形图中的 $S_0: S_1: S_2$ 比值与实际图的 $S_0: S_1: S_2$ 比值仍相同。如果角度码盘做变速运动,把它看成为多个运动周期(在下面定义)的组合,那么每个运动周期中输出波形图中的 $S_0: S_1: S_2$ 比值与实际图的 $S_0: S_1: S_2$ 比值仍相同,通过输出波形图可知每个运动周期的时序如图 3.51 所示。

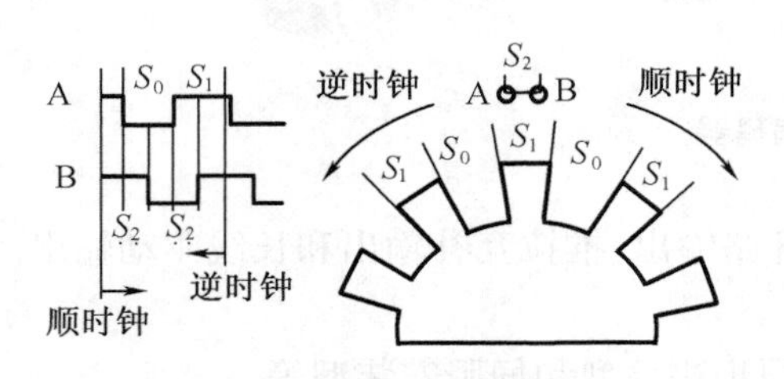

图 3.50 增量式旋转编码器的内部工作原理图

顺时针运动	逆时针运动
AB 11 01 00 10	AB 11 10 00 01

图 3.51 时序图

我们把当前的 A,B 输出值保存起来,与下一个 A,B 输出值做比较,就可以轻易地得出角度码盘的运动方向,如果光栅格 S_0 等于 S_1 时,也就是 S_0 和 S_1 弧度夹角相同,且 S_2 等于 S_0 的 1/2,那么可得到此次角度码盘运动位移角度为 S_0 弧度夹角的 1/2,除以所消耗的时间,就得到此次角度码盘运动位移角速度了。

S_0 等于 S_1 时,且 S_2 等于 S_0 的 1/2 时,1/4 个运动周期就可以得到运动方向位和位移角度,如果 S_0 不等于 S_1,S_2 不等于 S_0 的 1/2,那么要 1 个运动周期才可以得到运动方向位和位移角度了。我们常用的鼠标也是这个原理。

增量式编码器是直接利用光电转换原理输出三组方波脉冲 A,B 和 Z 相;A,B 两组脉冲相位差 90°,从而可方便地判断出旋转方向,而 Z 相为每转一个脉冲,用于基准点定位。它的优点是原理构造简单,机械平均寿命可在几万小时以上,抗干扰能力强,可靠性高,适合于长距离传输,其缺点是无法输出轴转动的绝对位置信息。

②绝对式编码器

绝对编码器是直接输出数字量的传感器,在它的圆形码盘上沿径向有若干同心码道,每条道上由透光和不透光的扇形区相间组成,相邻码道的扇区数目是双倍关系,码盘上的码道数就是它的二进制数码的位数,在码盘的一侧是光源,另一侧对应每一码道有一光敏元件;当码盘处于不同位置时,各光敏元件根据受光照与否转换出相应的电平信号,形成二进制数。这种编码器的特点是不要计数器,在转轴的任意位置都可读出一个固定的与位置相对应的数字码。显然,码道越多分辨率就越高,对于一个具有 N 位二进制分辨率的编码器,其码盘必须有 N 条码道。目前国内已有 16 位的绝对编码器产品。

绝对式编码器是利用自然二进制或循环二进制方式进行光电转换的。绝对式编码器与增量式编码器不同之处在于圆盘上透光、不透光的线条图形,绝对编码器可有若干编码,根据读出码盘上的编码,检测绝对位置。编码的设计可采用二进制码、循环码、二进制补码等。它的特点是:

(a)可以直接读出角度坐标的绝对值;

(b)没有累积误差;

(c)电源切除后位置信息不会丢失。但是分辨率是由二进制的位数来决定的,也就是说精度取决于位数,目前有10位、14位等多种。

③混合式绝对值编码器

混合式绝对值编码器输出两组信息:一组信息用于检测磁极位置,带有绝对信息功能;另一组则完全同增量式编码器的输出信息。

光电编码器是一种角度(角速度)检测装置,它将输入给轴的角度量,利用光电转换原理转换成相应的电脉冲或数字量,具有体积小、精度高、工作可靠、接口数字化等优点。它广泛应用于数控机床、回转台、伺服传动、机器人、雷达、军事目标测定等需要检测角度的装置和设备中。

(3)EPC-755A光电编码器的应用

EPC-755A光电编码器具备良好的使用性能,在角度测量、位移测量时抗干扰能力很强,并具有稳定可靠的输出脉冲信号,且该脉冲信号经计数后可得到被测量的数字信号。因此,我们在研制汽车驾驶模拟器时,对方向盘旋转角度的测量选用EPC-755A光电编码器作为传感器,其输出电路选用集电极开路型,输出分辨率选用360个脉冲/圈,考虑到汽车方向盘转动是双向的,既可顺时针旋转,也可逆时针旋转,需要对编码器的输出信号鉴相后才能计数。图3.52给出了光电编码器实际使用的鉴相与双向计数电路,鉴相电路用1个D触发器和2个与非门组成,计数电路用3片74LS193组成。

当光电编码器顺时针旋转时,通道A输出波形超前通道B输出波形90°,D触发器输出Q(波形W1)为高电平,Q(波形W2)为低电平,上面与非门打开,计数脉冲通过(波形W3),送至双向计数器74LS193的加脉冲输入端CU,进行加法计数;此时,下面与非门关闭,其输出为高电平(波形W4)。当光电编码器逆时针旋转时,通道A输出波形比通道B输出波形延迟90°,D触发器输出Q(波形W1)为低电平,Q(波形W2)为高电平,上面与非门关闭,其输出为高电平(波形W3);此时,下面与非门打开,计数脉冲通过(波形W4),送至双向计数器74LS193的减脉冲输入端CD,进行减法计数。

汽车方向盘顺时针和逆时针旋转时,其最大旋转角度均为两圈半,选用分辨率为360个脉冲/圈的编码器,其最大输出脉冲数为900个;实际使用的计数电路用3片74LS193组成,在系统上电初始化时,先对其进行复位(CLR信号),再将其初值设为800H,即2048(LD信号);如此,当方向盘顺时针旋转时,计数电路的输出范围为2048~2948,当方向盘逆时针旋转时,计数电路的输出范围为2048~1148;计数电路的数据输出D0~D11送至数据处理电路。

实际使用时,方向盘频繁地进行顺时针和逆时针转动,由于存在量化误差,工作较长一段时间后,方向盘回中时计数电路输出可能不是2048,而是有几个字的偏差;为解决这一问题,我们增加了一个方向盘回中检测电路,系统工作后,数据处理电路在模拟器处于非操作状态时,系统检测回中检测电路,若方向盘处于回中状态,而计数电路的数据输出不是2048,可对计数电路进行复位,并重新设置初值。

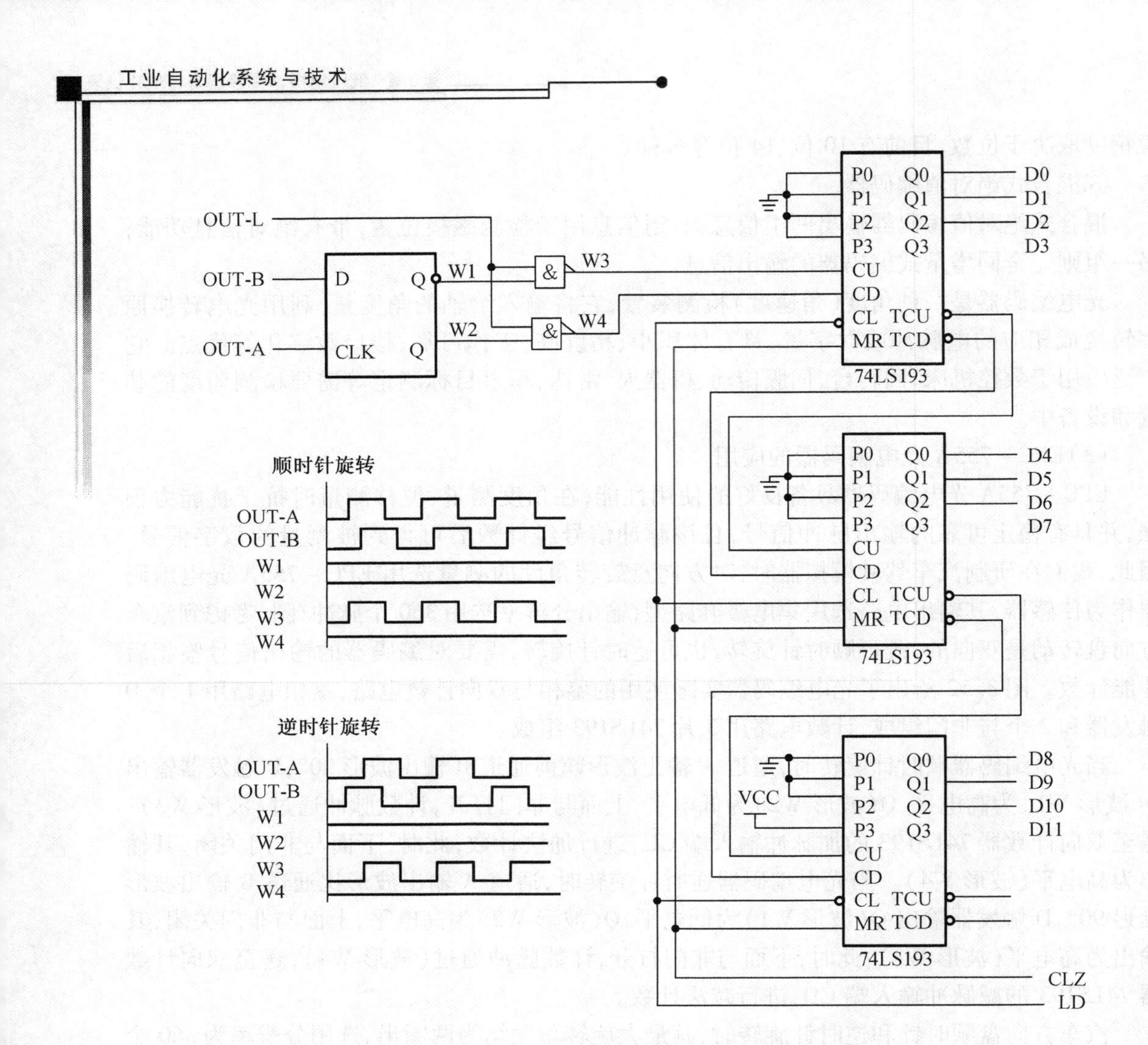

图 3.52 光电编码器鉴相计数电路

3.3 自动化仪表

“仪表”两个字,人们很容易想到电流表、电压表、示波器等实验室中常用的测试仪器。自动化仪表不是这些通用仪表,而是讨论生产自动化中,特别是连续生产过程自动化中必需的一类专门的仪器仪表。其中包括对工艺参数进行测量的检测仪表,根据测量值对给定值的偏差按一定的调节规律发出调节命令的调节仪表,以及根据调节仪表的命令对进出生产装置的物料或能量进行控制的执行器等。这些仪表代替人们对生产过程进行测量、控制、监督和保护,是实现生产过程自动化必不可少的技术工具。

3.3.1 自动化仪表的发展

自20世纪30年代以来,自动化技术获得了惊人的成就,已在工业生产和国民经济各行业起着关键的作用。自动化水平已成为衡量各行各业现代化水平的一个重要标志。过程控制通常是指石油、化工、电力、冶金、轻工、建材、核能等工业生产中连续的或按一定周期程序进行的生产过程自动控制,它是自动化技术的重要组成部分。在现代工业生产过程中,过程控制技术正在为实现各种最优的技术经济指标、提高经济效益和劳动生产率、改善劳动条件、保护生态环境等方面起着越来越大的作用,而自动化仪表是生产过程自动控制的灵魂。

自动化仪表的发展,大致经历了以下几个阶段:

(1)仪表化与局部自动化(20 世纪 50 ~ 60 年代)阶段

20 世纪 50 年代前后,自动化仪表在过程控制中开始得到发展。一些工厂企业实现了仪表化和局部自动化。这是自动化仪表在过程控制发展中的第一个阶段。这个阶段的主要特点是:采用的过程检测控制仪表为基地式仪表和部分单元组合式仪表,而且多数是气动仪表;过程控制系统的结构绝大多数是单输入单输出系统;被控参数主要是温度、压力、流量和液位四种工艺参数;控制的目的主要是保持这些工艺参数的稳定、确保生产安全;过程控制系统分析、综合的理论基础是以频率法和根轨迹法为主体的经典控制理论。

(2)综合自动化(20 世纪 60 ~ 70 年代中期)阶段

在 20 世纪 60 年代,随着工业生产的不断发展,对自动化仪表提出了新的要求;电子技术的迅速发展,也为自动化技术工具的不断完善提供了条件,自动化仪表控制开始进入第二阶段。在这一阶段中,工业生产过程出现了一个车间乃至一个工厂的综合自动化,其主要特点是:大量采用单元组合仪表(包括气动和电动)和组装式仪表。与此同时,计算机开始应用于过程控制领域,实现了直接数字控制(Direct Digital Control,DDC)和设定值控制(Statistical Process Control,SPC)。在自动化仪表过程控制系统的结构方案方面,相继出现了各种复杂的控制系统,如串级控制、前馈反馈复合控制、Smith 预估控制以及比值、均匀、选择性控制等,一方面提高了控制质量,另一方面也满足了一些特殊的控制要求。自动化仪表控制系统的分析与综合的理论基础,由经典控制理论发展到现代控制理论。控制系统由单变量系统转向多变量系统,以解决生产过程中遇到的更为复杂的问题。

(3)全盘自动化(20 世纪 70 年代中期至今)阶段

20 世纪 70 年代中期以来,随着现代工业生产的迅猛发展,微型计算机的开发与应用,使自动化仪表的发展达到了一个新的水平,实现了全车间、全工厂、甚至全企业无人或很少人参与操作管理、过程控制最优化与现代化的集中调度管理相结合的方式,即全盘自动化的方式,过程控制发展到现代过程控制的新阶段,这是自动化仪表发展的第三阶段。这一阶段的主要特点是:在新型的自动化技术工具方面,开始采用以微处理器为核心的智能单元组合仪表(包括可编程序控制器等);成分在线检测与数据处理的应用也日益广泛;模拟调节仪表的品种不断增加,可靠性不断提高,电动仪表也实现了本质安全防爆,适应了各种复杂过程控制的要求。在过程控制系统的结构方面,由单变量控制系统发展到多变量系统,由生产过程的定值控制发展到最优控制、自适应控制,由自动化仪表控制系统发展到计算机分布式控制系统等。在控制理论的运用方面,现代控制理论移用到过程控制领域,如状态反馈、最优控制、解耦控制等在过程控制中的应用,加速了过程建模、测试以及控制方法设计、分析等控制技术和理论的发展。

当前,自动化仪表控制已进入了计算机时代,进入了所谓计算机集成过程控制系统(Computer Integrated Process System,CIPS)的时代。CIPS 利用计算机技术,对整个企业的运作过程进行综合管理和控制,包括市场营销、生产计划调度、原材料选择、产品分配、成本管理,以及工艺过程的控制、优化和管理等全过程。

3.3.2 自动化仪表的分类与标准

自动化仪表分类方法很多,根据不同原则可以进行相应的分类。例如按仪表所使用的能源分类,可以分为气动仪表、电动仪表和液动仪表(很少见);按仪表组合形式,可以分为基地式仪表、单元组合仪表和综合控制装置;按仪表安装形式,可以分为现场仪表、盘装仪表和架装仪表;随着微处理机的蓬勃发展,根据仪表是否引入微处理机(器)又可分为智能仪表与非智能仪表。根据仪表信号的形式可分为模似仪表和数字仪表、显示仪表。根据记录和指示、模拟与数字等功能,又可分为记录仪表和指示仪表、模拟仪表和数显仪表,其中记录仪表又可分为单点记录和多点记录(指示亦可以有单点和多点),其中又有在纸记录或无纸记录,若是有纸记录又分笔录和打印记录。

调节仪表可以分为基地式调节仪表和单元组合式调节仪表。由于微处理机引入,又有可编程调节器与固定程序调节器之分。执行器由执行机构和调节阀两部分组成。执行机构按能源划分有气动执行器、电动执行器和液动执行器,按结构形式可以分为薄膜式、活塞式(气缸式)和长行程执行机构。调节阀根据其结构特点和流量特性不同进行分类,按结构特点分通常有直通单座、直通双座、三通、角形、隔膜、蝶形、球阀、偏心旋转、套筒(笼式)、阀体分离等,按流量特性分为直线、对数(等面分比)、抛物线、快开等。

这类分类方法相对比较合理,仪表覆盖面也比较广,但任何一种分类方法均不能将所有仪表分门别类地划分得井井有序,它们中间互有渗透,彼此沟通。例如变送器具有多种功能,温度变送器可以划归温度检测仪表,差压变送器可以划归流量检测仪表,压力变送器可以划归压检测仪表,若用兀压法测液位可以划归物位检测仪表,很难确切划归哪一类,中外单元组合仪表中的计算和辅助单元也很难归并。

对于没有实践经历的自动控制初学者,往往以为控制工程师的工作是先画出控制方案图,然后自己动手,设计制作一定的测控装置去实现要求的控制算法。不难想象,如果大家都按自己的思路为各种系统制作专用的测控装置,其规格品种必将是五花八门,互不兼容。这对于用户来说,其维护和备品、备件将是难以解决的问题。为减少仪表品种,便于互换和维护,人们把自动化仪表的外部功能和联络信号进行规范化,即规定若干通用的标准化功能模块,其内部原理和电路可以不同,但外部功能必须相同,此外它们之间的互联信号标准必须统一。这些规范促进了自动化仪表向通用化发展,大大方便了用户。这样,对控制工程师来说,主要的工作不是自己去制作仪表,而只要熟悉和精通各种现成的自动化仪表的工作原理和性能特点,以便根据不同的测控要求和应用环境,从大量系列化生产的通用型自动化仪表中,合理地选择和正确地使用它们,组成经济、可靠、性能优良的自动控制系统。

标准是国家计量部门依靠行政手段,根据生产建设的实际需要而规定的不同等级的准确度及精确度的要求。标准的制定和类型按使用范围划分有国际标准、区域标准、国家标准、专业标准、企业标准;按内容划分有基础标准(一般包括名词术语、符号、代号、机械制图、公差与配合等)、产品标准、辅助产品标准(工具、模具、量具、夹具等)、原材料标准、方法标准(包括工艺要求、过程、要素、工艺说明等);按成熟程度划分有法定标准、推荐标准、试行标准、标准草案。

标准的制定,国际标准由国际标准化组织(ISO)理事会审查,ISO 理事会接纳国际标准并由中央秘书处颁布;国家标准在中国由国务院标准化行政主管部门制定,行业标准由国务院有关行政主管部门制定,企业生产的产品没有国家标准和行业标准的,应当制定企业标准,作为组织生产的依据,并报有关部门备案。法律对标准的制定另有规定,依照法律的规定执行。制定标准应当有利于合理利用国家资源,推广科学技术成果,提高经济效益,保障安全和人民身体健康,保护消费者的利益,保护环境,有利于产品的通用互换及标准的协调配套等。

1. 按中标法分类

A. 综合　B. 农业、林业　C. 医药、卫生、劳动保护　D. 矿业　E. 石油　F. 能源、核技术　G. 化工　H. 冶金　J. 机械　K. 电工　L. 电子元器件与信息技术　M. 通信、广播　N. 仪器、仪表　P. 工程建设　Q. 建材　R. 公路、水路运输　S. 铁路　T. 车辆　U. 船舶　V. 航空、航天　W. 纺织　X. 食品　Y. 轻工、文化与生活用品　Z. 环境保护

2. 按行业分类

(1)国家标准

GB 国家标准　JJF 国家计量技术规范　JJG 国家计量检定规程　GHZB 国家环境质量标准　GWPB 国家污染物排放标准　GWKB 国家污染物控制标准　GBn 国家内部标准　GBJ 工程建设国家标准　GJB 国家军用标准

(2)行业标准

ZY 中医药行业标准

YZ 邮政行业标准

YY 医药行业标准

YS 有色冶金行业标准

YD 通信行业标准

YC 烟草行业标准

YB 黑色冶金行业标准

XB 稀土行业标准

WS 卫生行业标准

WB 物资行业标准

WM 外贸行业标准

WH 文化行业标准

TD 土地行业标准

TB 铁道行业标准

SY 石油行业标准

SN 商品检验行业标准

SL 水利行业标准

SJ 电子行业标准

SH 石油化工行业标准

SC 水产行业标准

SB 商业行业标准

QX 气象行业标准

QJ 航天行业标准

QC 汽车行业标准

QB 轻工业行业标准
NY 农业行业标准
MZ 民政行业标准
MT 煤炭行业标准
MH 民用航空行业标准
GH 供销合作行业标准
LY 林业行业标准
LD 劳动行业标准
LB 旅游行业标准
JY 教育行业标准
JR 金融行业标准
JT 交通行业标准
JGJ 建筑行业工程建设规程
JG 建筑行业标准
JC 建材行业标准
JB 机械行业标准
HS 海关行业标准
HJ 环保行业标准
HY 海洋行业标准
HGJ 化工行业工程建设规程
HG 化工行业标准
HB 航空行业标准
GY 广播电影电视行业标准
GA 公安行业标准
FZ 纺织行业标准
EJ 核工业行业标准
DZ 地质行业标准
DL 电力行业标准
DB 地震行业标准
DA 档案行业标准
CY 新闻出版行业标准
CJJ 城建行业工程建设规程
CJ 城建行业标准
CECS 工程建设推荐性标准
CH 测绘行业标准
CB 船舶行业标准
BB 包装行业标准

3. 仪器仪表的基础标准

仪器仪表基础标准 GB/T13983—92 仪器仪表基本术语：
GB/T15464—95 仪器仪表包装通用技术条件

JB/T5218—91 仪器仪表协调用颜色
JB/T5471—91 仪器仪表用旋钮型号命名方法
JB/T6182—92 仪器仪表可靠性设计评审
JB/T6183—92 仪器仪表可靠性要求与考核方法的编写规定
JB/T6214—92 仪器仪表可靠性验证试验及测定试验(指数分布)导则
JB/T6843—93 仪器仪表可靠性设计程序和要求
JB/T8203—95 仪器仪表用旋钮尺寸
JB/Z352—89 企业管理表格和事务处理程序规范
ZBN01001—88 仪器仪表物料箱尺寸系列
ZBN04002—86 仪器仪表现场工作可靠性、有效性、维修性数据收集指南
ZBN04003—87 仪器仪表旋钮技术条件
ZBN04004—88 仪器仪表规范中可靠性条款编写导则
ZBY002—81 仪器仪表运输、运输储存基本环境条件及试验方法
ZBY279—84 仪表柜和仪表箱主要结构尺寸系列
ZBY321—85 仪器仪表可靠性评定程序

3.3.3 仪表的误差与精度

1. 真值、测量值与误差

真值:一个变量本身所具有的真实值,它是一个理想概念,一般是测量无法得到的。

约定真值:一个接近真值的值,它与真值之差可忽略不计。实际测量中以在没有系统误差的情况下,足够多次的测量值之平均值作为约定真值。

相对真值:指当高一级标准器的误差仅为低一级的1/3以下时,可认为高一级的标准器或仪表示值为低一级的相对真值。

测量误差:测量值与真实值之间存在的差别。在计算误差时,一般用约定真值或相对真值来代替。

绝对误差:指误差偏离真实值的多少。绝对误差的实质,是仪表读数与被测参数真实值之差。仪表的绝对误差只能是读数与约定真值或相对真值之差。

相对误差:仪表的绝对误差与真值的百分比。

相对百分误差=(测量值-真值)/(标尺上限值-标尺下限值)×100%

引用误差:绝对误差与仪表量程的百分比,例如:2% F.S.

引用误差=(绝对误差的最大值/仪表量程)×100%

基本误差:在标准条件下,基准值(量程)范围内的引用误差。又称引用误差或相对误差,是一种简化的相对误差。仪表的基本误差定义为:

基本误差=(最大绝对误差/仪表量程)×100%

=MAX(仪表指示值-被测量真值)/(测量上限-测量下限)×100%

重复性误差:Repeatability error,在相同的工作条件下,对同一个输入值在短时间内多次连续测量输出所获得的极限值之间的代数差。

线性误差:实测曲线与理想直线之间的偏差。

线性度:校准曲线接近规定直线的吻合程度,是测试系统的输出与输入系统能否像理想系统那样保持正常值比例关系(线性关系)的一种度量。

在规定条件下，传感器校准曲线与拟合直线间的最大偏差（$\Delta Y\text{max}$）与满量程输出（Y）的百分比，称为线性度（线性度又称为“非线性误差”），该值越小，表明线性特性越好。表示公式如下：

$$\delta = \Delta Y\text{max}/Y \times 100\%$$

以上说到了“拟合直线”的概念，拟合直线是一条通过一定方法绘制出来的直线，求拟合直线的方法有：端基法、最小二乘法，等等。

线性范围：传感器在线性工作时的可测量范围。

2. 仪表精度等级

仪表的精度是用基本误差来表示的，精度是反映仪表误差大小的术语。在工业测量中，为了便于表示仪表的质量，通常用精度等级来表示仪表的准确程度。精度等级就是最大引用误差去掉正、负号及百分号。由传感器的基本误差极限和影响量（如温度变化、湿度变化、电源波动、频率改变等）引起的改变量极限确定。

$$\delta = (\Delta_{max})/(A_{max}) \times 100\%$$

其中，δ 为精度等级；Δ_{max} 为最大测量误差；A_{max} 为仪表量程。

精度等级是衡量仪表质量优劣的重要指标之一。我国工业仪表等级分为 0.1，0.2，0.5，1.0，1.5，2.5，5.0 七个等级，并标志在仪表刻度标尺或铭牌上。工业仪表等级级数越小，精度（准确度）就越高。如果某台测温仪表的基本误差为 ±1.0%，则认为该仪表的精确度等级符合 1.0 级。如果某台测温仪表的基本误差为 ±1.3%，则认为该仪表的精确度等级符合 1.5 级。

科学实验用的仪表精度等级在 0.05 级以上；工业检测用仪表多在 0.1 ~4.0 级，其中校验用的标准表多为 0.1 或 0.2 级，现场用多为 0.5 ~4.0 级。一级标准仪表的准确度是：0.005，0.02，0.05；二级标准仪表的准确度是：0.1，0.2，0.35，0.5；一般工业用仪表的准确度是：1.0，1.5，2.5，4.0。

3.3.4 液位测量仪表

液位测量作为工业生产中最重要的工作参数，其与温度、压力，流量堪称工业四大工作参数。科技发展到今天，产生了无数种的液位测量方法，从古老的标尺，发展到现代的超声波，雷达测量仪。液位的测量技术也经历了质的飞跃。下面就介绍比较常见的工业液位测量仪表。

1. 磁性浮子（翻板）液位计（图 3.53）

众所周知，液体具有流动性，地球对这个地球上的液体具有吸引力（重力）和压强，磁性浮子液位计根据浮力原理和磁性耦合作用研制而成。当被测容器中的液位升降时，液位计本体管中的磁性浮子也随之升降，浮子内的永久磁钢通过磁耦合传递到磁翻柱指示器，驱动红、白翻柱翻转 180°，当液位上升时翻柱由白色转变为红色，当液位下降时，翻柱由红色转变为白色，指示器的红白交界处为容器内部液位的实际高度，从而实现液位清晰的指示。

磁性液位计一般安装于桶槽外侧延伸管上，也可用于各种塔、罐、槽、球型容器和锅炉等设备的介质液位检测。桶槽内部的液位能由翻板指示器清楚得知。当液位计直接配带显示仪时，可省去该系统信号检测的中间变送，从而提高其传输精度。

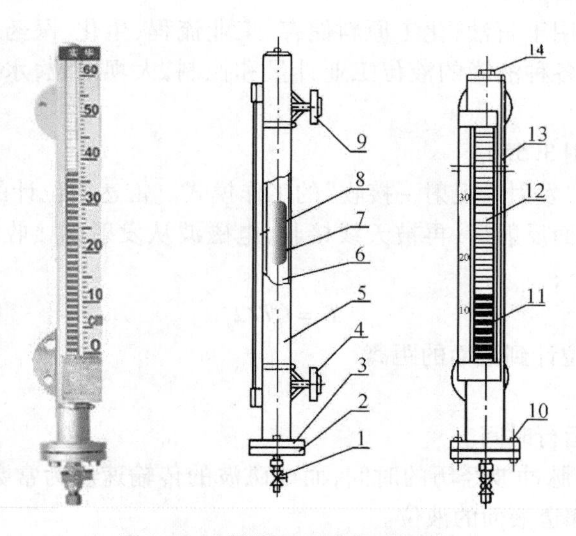

图 3.53 磁性浮子(翻板)液位计

1—排污阀;2—筒体下法兰盖;3—筒体下法兰;4—连接下法兰;5—筒体;6—浮子室;7—浮子;8—标尺器;9—连接上法兰;10—螺栓 11—标尺;12—指示器;13—导管;14—封头螺钉

2. 磁致伸缩液位计(图 3.54)

磁致伸缩液位传感器的结构部分由不锈钢管(测杆)、磁致伸缩线(波导丝)、可移动浮子(内有永久磁铁)等部分组成。传感器工作时,传感器的电路部分将在波导丝上激励出脉冲电流,该电流沿波导丝传播时,会在波导丝的周围产生脉冲电流磁场。在传感器测杆外配有一浮子,浮子沿测杆随液位的变化而上下移动。在浮子内部有一组永久磁环。当脉冲电流磁场与浮子产生的磁环磁场相遇时,浮子周围的磁场发生改变,从而使得由磁致伸缩材料做成的波导丝在浮子所在的位置产生一个扭转波脉冲,这个脉冲以固定的速度沿波导丝传回,并由检出机构检出。通过测量发射脉冲电流与扭转波的时间差,可以精确地确定浮子所在的位置,即是液面的位置。

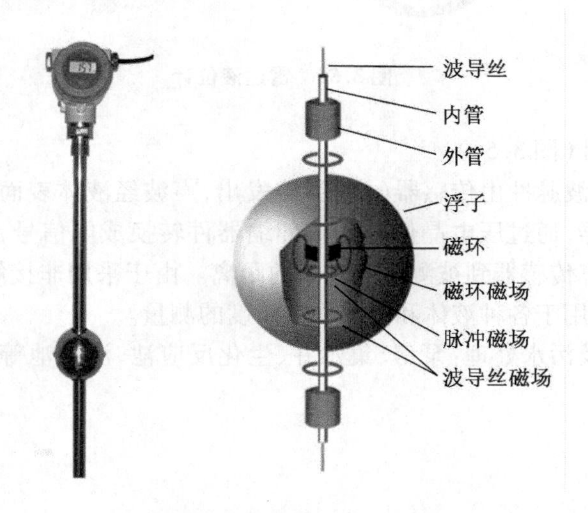

图 3.54 磁致伸缩液位计

磁致伸缩液位计用于石油、化工原料储存、工业流程、生化、医药、食品饮料、罐区管理和加油站地下库存等各种液罐的液位工业计量和控制，大坝水位，水库水位监测与污水处理，等等。

3. 雷达液位计（图 3.55）

雷达液位计采用“发射－反射－接收”的工作模式。雷达液位计的天线发射出电磁波，这些波经被测对象表面反射后，再被天线接收，电磁波从发射到接收的时间与到液面的距离成正比，关系式如下：

$$D = CT/2$$

式中　D——雷达液位计到液面的距离；

C——光速；

T——电磁波运行时间。

雷达液位计记录脉冲波经历的时间，而电磁波的传输速度为常数，则可算出液面到雷达天线的距离，从而知道液面的液位。

在实际运用中，雷达液位计有两种方式，即调频连续波式和脉冲波式。采用调频连续波技术的液位计功耗大，须采用四线制，电子电路复杂。而采用雷达脉冲波技术的液位计，功耗低，可用二线制的 24V DC 供电，容易实现本质安全，精确度高，适用范围更广。

雷达液位计应用于水液储罐、酸碱储罐、浆料储罐、固体颗粒、小型储油罐，各类导电、非导电介质、腐蚀性介质，如煤仓、灰仓、油罐、酸罐等。

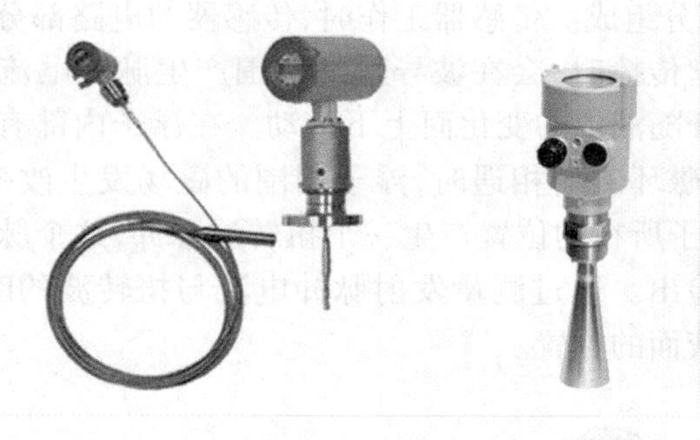

图 3.55　雷达液位计

4. 超声波液位计（图 3.56）

在测量中，超声波脉冲由传感器（换能器）发出，声波经液体表面反射后被同一传感器接收或超声波接收器，通过压电晶体或磁致伸缩器件转换成电信号，并由声波的发射和接收之间的时间来计算传感器到被测液体表面的距离。由于采用非接触的测量，被测介质几乎不受限制，可广泛用于各种液体和固体物料高度的测量。

主要应用于水及污水处理：泵房、集水井、生化反应池、沉淀池等；电力、矿山：灰浆池、煤浆池、水处理等。

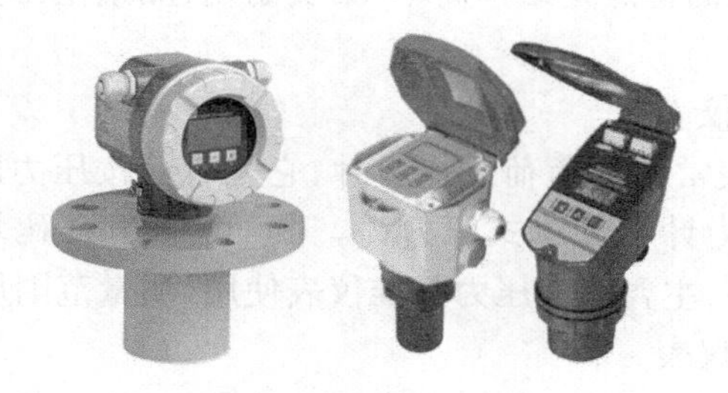

图3.56 超声波液位计

3.3.5 压力测量仪表

压力测量仪表是用来测量气体或液体压力的工业自动化仪表,又称压力表或压力计。以弹性元件为敏感元件,测量并指示高于环境压力的仪表。它几乎遍及所有的工业流程和科研领域。在热力管网、油气传输、供水供气系统、车辆维修保养厂店等领域随处可见。尤其在工业过程控制与技术测量过程中,由于机械式压力表的弹性敏感元件具有很高的机械强度以及生产方便等特性,使得机械式压力表得到越来越广泛的应用。

压力表的基本工作原理,是通过表内的敏感元件(波登管、膜盒、波纹管)的弹性形变,再由表内机芯的转换机构将压力形变传导至指针,引起指针转动来显示压力。压力表种类很多,它不仅有一般(普通)指针指示型,还有数字型;不仅有常规型,还有特种型;不仅有接点型,还有远传型;不仅有耐振型,还有抗震型;不仅有隔膜型,还有耐腐型等。

压力表的规格型号齐全,结构型式完善。从公称直径看,有 Φ40 mm、Φ50 mm、Φ60 mm、Φ75 mm、Φ100 mm、Φ150 mm、Φ200 mm、Φ250 mm 等。从安装结构型式看,有直接安装式、嵌装式和凸装式,其中嵌装式又分为径向嵌装式和轴向嵌装式,凸装式也有径向凸装式和轴向凸装式之分。直接安装式,又分为径向直接安装式和轴向直接安装式。其中径向直接安装式是基本的安装型式,一般在未指明安装结构型式时,均指径向直接安装式。轴向直接安装式考虑其自身支撑的稳定性,一般只在公称直径小于150 mm 的压力表上才选用。

压力测量仪表按工作原理分为液柱式、弹性式、负荷式和电测式等类型。

(1)液柱式压力测量仪表

液压式压力测量仪表常称为液柱式压力计,它是以一定高度的液柱所产生的压力,与被测压力相平衡的原理测量压力的。大多是一根直的或弯成U形的玻璃管,其中充以工作液体。常用的工作液体为蒸馏水、水银和酒精。因玻璃管强度不高,并受读数限制,因此所测压力一般不超过0.3 MPa。

液柱式压力计灵敏度高,因此主要用作实验室中的低压基准仪表,以校验工作用压力测量仪表。由于工作液体的重度在环境温度、重力加速度改变时会发生变化,对测量的结果常需要进行温度和重力加速度等方面的修正。

(2)弹性式压力测量仪表

弹性式压力测量仪表是利用各种不同形状的弹性元件,在压力下产生变形的原理制成的压力测量仪表。弹性式压力测量仪表按采用的弹性元件不同,可分为弹簧管压力表、膜片压力表、膜盒压力表和波纹管压力表等;按功能不同分为指示式压力表、电接点压力表和远传压力表等。这类仪表的特点是结构简单,结实耐用,测量范围宽,是压力测量仪表中应用最多的一种。

(3)负荷式压力测量仪表

负荷式压力测量仪表常称为负荷式压力计,它是直接按压力的定义制作的,常见的有活塞式压力计、浮球式压力计和钟罩式压力计。由于活塞和砝码均可精确加工和测量,因此这类压力计的误差很小,主要作为压力基准仪表使用,测量范围从数十帕至2 500兆帕。

(4)电测式压力测量仪表

电测式压力测量仪表是利用金属或半导体的物理特性,直接将压力转换为电压、电流信号或频率信号输出,或是通过电阻应变片等将弹性体的形变转换为电压、电流信号输出。代表性产品有压电式、压阻式、振频式、电容式和应变式等压力传感器所构成的电测式压力测量仪表。精确度可达0.02级,测量范围从数十帕至700兆帕不等。

图3.57　压力测量仪表

3.3.6　流量测量仪表

流量测量仪表(Flow Measurement Tester)(图3.58)是用来测量管道或明沟中的液体、气体或蒸汽等流体流量的工业自动化仪表,又称流量计。

流量是指单位时间内流经管道有效截面的流体数量,流体数量用体积表示者称为体积流量,单位为立方米/时、升/时等;流体数量用质量表示者称为质量流量,单位为吨/时、千克/时等。

早在1738年,瑞士人丹尼尔·伯努利以伯努利方程为基础,利用差压法测量水流量;后来意大利人文丘里研究用文丘里管测量流量,并于1791年发表了研究结果;1886年,美国人赫谢尔用文丘里管制成测量水流量的实用装置。

20世纪初期到中期,原有的测量原理逐渐成熟,人们开始探索新的测量原理。自1910年起,美国开始研制测量明沟中水流量的槽式流量计。1922年,帕歇尔将原文丘里水槽改革为帕歇尔水槽。1911—1912年,美籍匈牙利人卡门提出卡门涡街的新理论;20世纪30年代,又出现了探讨用声波测量液体和气体的流速的方法,但到第二次世界大战为止未获很大进展,直到1955年才有应用声循环法的马克森流量计,用于测量航空燃料的流量。1945年,科林用交变磁场成功地测量了血液流动的情况。

20世纪60年代以后,测量仪表开始向精密化、小型化等方向发展。例如,为了提高差压仪表的精确度,出现了力平衡差压变送器和电容式差压变送器;为使电磁流量计的传感器小型化和改善信噪比,出现了用非均匀磁场和低频励磁方式的电磁流量计。此外,具有宽测量范围和无活动检测部件的实用卡门涡街流量计也在70年代问世。

随着集成电路技术的迅速发展,具有锁相环路技术的超声(波)流量计也得到了普遍应用。微型计算机的广泛应用,进一步提高了流量测量的能力,如激光多普勒流速计应用微型计算机后,可处理较为复杂的信号。

流量可利用各种物理现象来间接测量,所以流量测量仪表种类繁多。按测量方法分,流量计有差压式、变面积式、容积式、速度式和电磁式等,此外还有超声波流量计、涡轮流量计、靶式流量计等其他类型的流量计。

图3.58 流量测量仪表

3.3.7 温度测量仪表

温度测量仪表(图3.59)是测量物体冷热程度的工业自动化仪表。最早的温度测量仪表,是意大利人伽利略于1592年创造的。它是一个带细长颈的大玻璃泡,倒置在一个盛有葡萄酒的容器中,从其中抽出一部分空气,酒面就上升到细颈内。当外界温度改变时,细颈内的酒面因玻璃泡内的空气热胀冷缩而随之升降,因而酒面的高低就可以表示温度的高低,实际上这是一个没有刻度的指示器。1821年,德国的塞贝克发现热电效应;同年,英国的戴维发现金属电阻随温度变化的规律,这以后就出现了热电偶温度计和热电阻温度计。1876年,德国的西门子制造出第一支铂电阻温度计。从20世纪60年代开始,由于红外技术和电子技术的发展,出现了利用各种新型光敏或热敏检测元件的辐射温度计(包括红外辐射温度计),从而扩大了它的应用领域。

按测量方式,温度测量仪表可分为接触式和非接触式两大类。测量时,其检测部分直接与被测介质相接触的为接触式温度测量仪表;通常来说接触式测温仪表比较简单、可靠,测量精度较高;一般的温度测量仪表都有检测和显示两个部分。在简单的温度测量仪表中,这两部分是连成一体的,如水银温度计;在较复杂的仪表中则分成两个独立的部分,中间用导线连接,如热电偶或热电阻是检测部分,而与之相配的指示和记录仪表是显示部分。非接触温度测量仪表在测量时,温度测量仪表的检测部分不必与被测介质直接接触,因此可测运动物体的温度。例如常用的光学高温计、辐射温度计和比色温度计,都是利用物体发射的热辐射能随温度变化的原理制成的辐射式温度计。

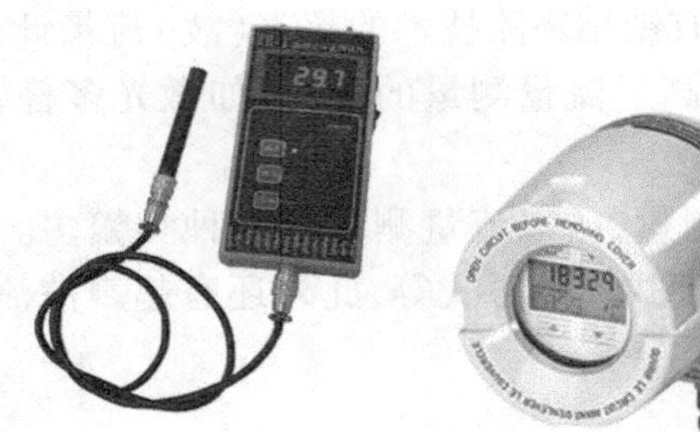

图 3.59　温度测量仪表

接触式测温法的特点是测温元件直接与被测对象相接触,两者之间进行充分的热交换,最后达到热平衡,这时感温元件的某一物理参数的量值就代表了被测对象的温度值。这种测温方法优点是直观可靠,缺点是感温元件影响被测温度场的分布,接触不良等都会带来测量误差,另外温度太高和腐蚀性介质对感温元件的性能和寿命会产生不利影响。

非接触测温法的特点是感温元件不与被测对象相接触,而是通过辐射进行热交换,故可避免接触测温法的缺点,具有较高的测温上限。此外,非接触测温法热惯性小,可达千分之一秒,便于测量运动物体的温度和快速变化的温度。由于受物体的发射率、被测对象到仪表之间的距离以及烟尘、水汽等其他介质的影响,这种测温方法一般测温误差较大。

由于电子器件的发展,便携式数字温度计已逐渐得到应用。它配有各种样式的热电偶和热电阻探头,使用比较方便灵活。便携式红外辐射温度计的发展也很迅速,装有微处理器的便携式红外辐射温度计具有存储计算功能,能显示一个被测表面的多处温度,或一个点温度的多次测量的平均温度、最高温度和最低温度等。

此外,现代还研制出多种其他类型的温度测量仪表,如用晶体管测温元件和光导纤维测温元件构成的仪表;采用热象扫描方式的热象仪,可直接显示和拍摄被测物体温度场的热象图,可用于检查大型炉体、发动机等的表面温度分布,对于节能非常有益;另外还有利用激光,测量物体温度分布的温度测量仪器等。

3.4　本章小结

低压电器、传感器与自动化仪表在自动化系统中起着一定的执行或测量作用,是自动化系统组成中必不可少的基本元器件,遍布自动化系统的每个单元、细节。

本章首先介绍了常用低压电器,具体涉及开关与主令电器、断路器与熔断器、接触器与继电器以及常用低压电器的分类。

其次,介绍了应用于工业现场的常见传感器,包括:压力传感器与磁电式传感器,光电传感器与超声波传感器,温度传感器与湿度传感器,机械位移传感器与编码器,以及检测系统与传感器的特性指标。

再次,概述了自动化仪表的分类与标准,仪表的误差与精度等概念与应用情况。

最后,介绍了液位、压力、流量和温度四大类自动化仪表。

第4章 电机与伺服控制

4.1 伺服电机与伺服系统

伺服：一词源于希腊语“奴隶”的意思。人们想把“伺服机构”当个得心应手的驯服工具，服从控制信号的要求而动作。在信号来到之前，转子静止不动；信号来到之后，转子立即转动；当信号消失，转子能即时自行停转。伺服电动机又称执行电动机，在自动控制系统和计算装置中，用作执行元件来驱动控制对象。其功能是把所收到的电信号转换成电动机轴上的角位移或角速度输出，若改变输入信号电压的大小和极性（或相位），则伺服电动机的转角、转速和转向都将非常灵敏和准确地跟着变化。

伺服电动机具有大扭力、控制简单、装配灵活、体积小、质量轻、动作响应灵敏、进载能力大、调速范围宽、低速波动小等优点，已广泛应用在各种自动控制领域，如机器人、医疗仪器、数控机床、印刷、纺织、纺染、食品包装、雷达跟踪、电动自行车等方面。其主要特点是，当信号电压为零时无自转现象，转速随着转矩的增加而匀速下降。

伺服控制系统（Servo Control System）是所有机电一体化设备的核心，它的基本设计要求是输出量能迅速而准确地响应输入指令的变化，如机械手控制系统的目标是使机械手能够按照指定的轨迹进行运动。像这种输出量以一定准确度随时跟踪输入量（指定目标）变化的控制系统称为伺服控制系统，因此伺服系统也称为随动系统或自动跟踪系统。它是以机械量如位移、速度、加速度、力、力矩等作为被控量的一种自动控制系统。

常用的伺服电动机按其使用的电源性质可分为交流伺服电动机和直流伺服电动机两大类。从20世纪70年代后期到80年代初期，随着微处理器技术、大功率高性能半导体功率器件技术和电机永磁材料制造工艺的发展及其性能价格比的日益提高，交流伺服技术——交流伺服电机和交流伺服控制系统——逐渐成为主导产品。交流伺服驱动技术已经成为工业领域实现自动化的基础技术之一，并将逐渐取代直流伺服系统。

4.1.1 伺服系统的组成与分类

1. 伺服系统的组成

由于伺服系统服务对象很多，如计算机光盘驱动控制、雷达跟踪系统、进给跟踪系统等，因而对伺服系统的要求也有所差别。工程上对伺服系统的技术要求很具体，可以归纳为以下几个方面：

①对系统稳态性能的要求；

②对伺服系统动态性能的要求；

③对系统工作环境条件的要求；

④对系统制造成本、运行的经济性、标准化程度、能源条件等方面的要求。

虽然伺服系统因服务对象的运动部件、检测部件以及机械结构等的不同而对伺服系统的要求也有差异，但所有伺服系统的共同点是带动控制对象按照指定规律做机械运动。从自动控制理论的角度来分析，伺服控制系统一般包括控制器、被控对象、执行环节、检测环节、比较环节五部分。伺服系统组成原理框图如图4.1所示。

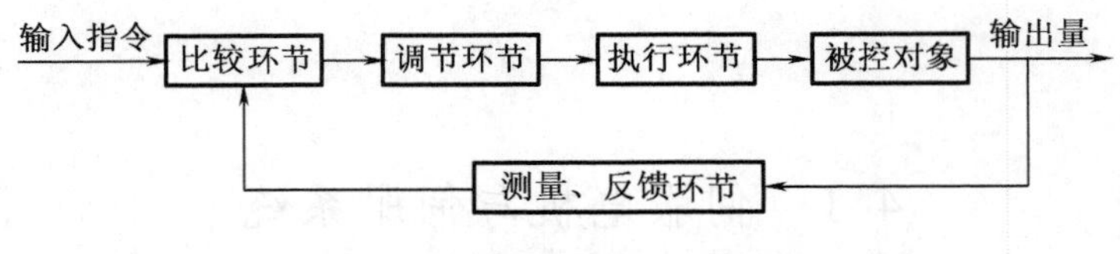

图4.1 伺服系统组成原理图

(1)比较环节

比较环节是将输入的指令信号与系统的反馈信号进行比较，以获得输出与输入间的偏差信号的环节，通常由专门的电路或计算机来实现。

(2)控制器

控制器通常是计算机或PID控制电路，其主要任务是对比较元件输出的偏差信号进行变换处理，以控制执行元件按要求动作。

(3)执行环节

执行环节的作用是按控制信号的要求，将输入的各种形式的能量转换成机械能，驱动被控对象工作。

(4)被控对象

被控对象是指被控制的机构或装置，是直接完成系统目的的主体。被控对象一般包括传动系统、执行装置和负载。

(5)检测环节

检测环节是指能够对输出进行测量并转换成比较环节所需要的量纲的装置，一般包括传感器和转换电路。

在实际的伺服控制系统中，上述每个环节在硬件特征上并不成立，可能几个环节在一个硬件中，如测速直流电机既是执行元件又是检测元件。

2. 伺服系统的分类

按不同的控制原理，伺服系统可分为开环、闭环和半闭环等伺服系统。

(1)开环伺服系统(Open Loop)

若控制系统没有检测反馈装置则称为开环伺服系统。它主要由驱动电路、执行元件和被控对象三大部分组成。常用的执行元件是步进电机，通常以步进电机作为执行元件的开环系统是步进式伺服系统，在这种系统中，如果是大功率驱动时，用步进电机作为执行元件。驱动电路的主要任务是将指令脉冲转化为驱动执行元件所需的信号。开环伺服系统结构简单，但精度不是很高。

目前，大多数经济型数控机床采用这种没有检测反馈的开环控制结构。近年来，老式机床在数控化改造时，工作台的进给系统更是广泛采用开环控制，这种控制的结构如图4.2所示。

数控装置发出脉冲指令，经过脉冲分配和功率放大后，驱动步进电机和传动件的累积误差。因此开环伺服系统的精度低，一般可达到0.01 mm左右，且速度也有一定的限制。

虽然开环控制在精度方面有不足，但其结构简单、成本低、调整和维修都比较方便。另外，由于被控量不以任何形式反馈到输入端，所以其工作稳定、可靠，因此在一些精度、速度要求不很高的场合，如线切割机、办公自动化设备中还是获得了广泛应用。

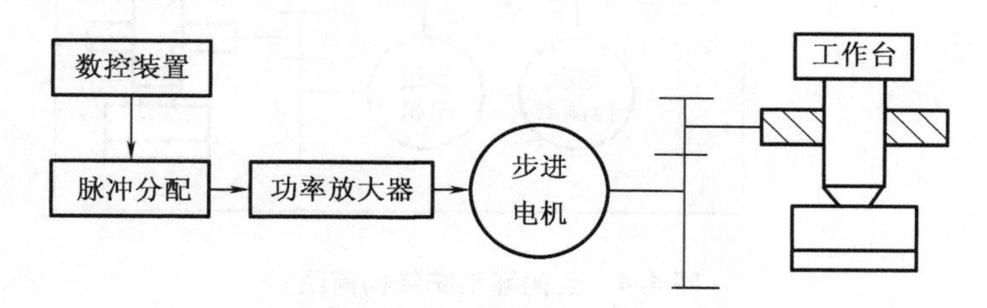

图 4.2 开环伺服系统结构简图

(2)半闭环伺服系统(Semi-closed Loop)

通常把安装在电机轴端的检测元件组成的伺服系统称为半闭环系统，由于电机轴端和被控对象之间传动误差的存在，半闭环伺服系统的精度要比闭环伺服系统的精度低一些。如图 4.3 所示是一个半闭环伺服系统的结构简图。

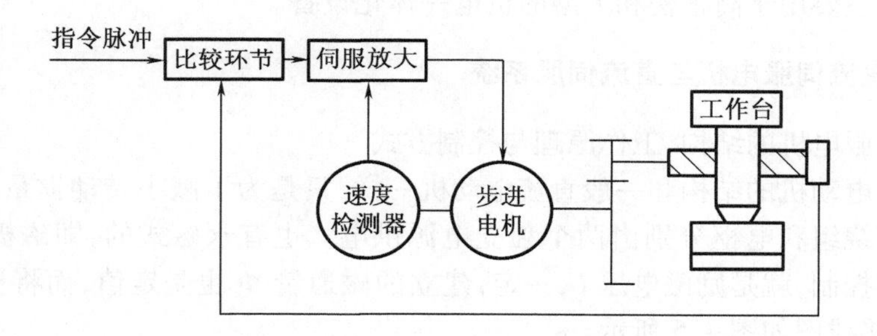

图 4.3 半闭环伺服系统简图

工作台的位置通过电机上的传感器或是安装在丝杆轴端的编码器间接获得，它与全闭环伺服系统的区别在于其检测元件位于系统传动链的中间，故称为半闭环伺服系统。显然，由于有部分传动链在系统闭环之外，故其定位精度比全闭环的稍差。但由于测量角位移比测量线位移容易，并可在传动链的任何转动部位进行角位移的测量和反馈，故结构比较简单，调整、维护也比较方便。由于将惯性质量很大的工作台排除在闭环之外，这种系统调试较容易、稳定性好，具有较高的性价比，被广泛应用于各种机电一体化设备。

(3)全闭环伺服系统(Full-closed Loop)

全闭环伺服系统主要由执行元件、检测元件、比较环节、驱动电路和被控对象五部分组成。在闭环系统中，检测元件将被控对象移动部件的实际位置检测出来并转换成电信号反馈给比较环节。常见的检测元件有旋转变压器、感应同步器、光栅、磁栅和编码器等。

图 4.4 是一个全闭环伺服系统，安装在工作台上的位置检测器可以是直线感应同步器或长光栅，它可将工作台的直线位移转换成电信号，并在比较环节与指令脉冲相比较，所得到的偏差值经过放大，由伺服电机驱动工作台向偏差减小的方向移动。若数控装置中的脉冲指令不断地产生，工作台就随之移动，直到偏差等于零为止。

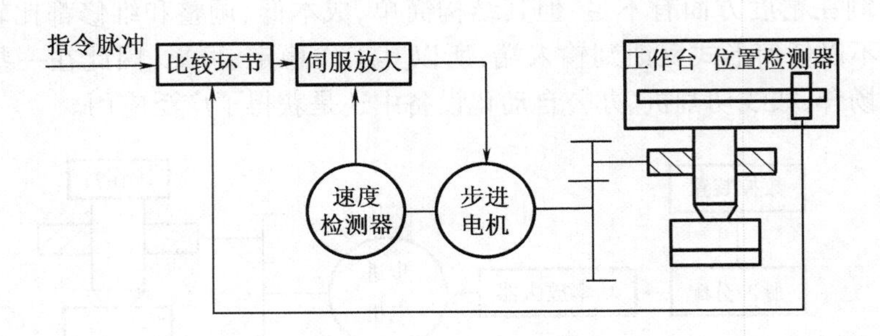

图 4.4　全闭环系统结构简图

全闭环伺服系统将位置检测器件直接安装在工作台上,从而可获得工作台实际位置的精确信息,定位精度可以达到亚微米量级,从理论上讲,其精度主要取决于检测反馈部件的误差,而与放大器、传动装置没有直接的联系,是实现高精度位置控制的一种理想的控制方案。但实现起来难度很大,机械传动链的惯量、间隙、摩擦、刚性等非线性因素都会给伺服系统造成影响,从而使系统的控制和调试变得异常复杂,制造成本亦会急速攀升。因此,全闭环伺服系统主要用于高精密和大型的机电一体化设备。

4.1.2　直流伺服电机与直流伺服系统

1. 直流伺服电机的结构、工作原理与控制方式

直流伺服电动机的结构和一般直流电动机一样,只是为了减小转动惯量而做得细长一些。它的励磁绕组和电枢分别由两个独立电源供电。也有永磁式的,即磁极是永久磁铁。通常采用电枢控制,就是励磁电压 U_r一定,建立的磁通量 Φ 也是定值,而将控制电压 U_c加在电枢上,其接线图如图 4.5 所示。

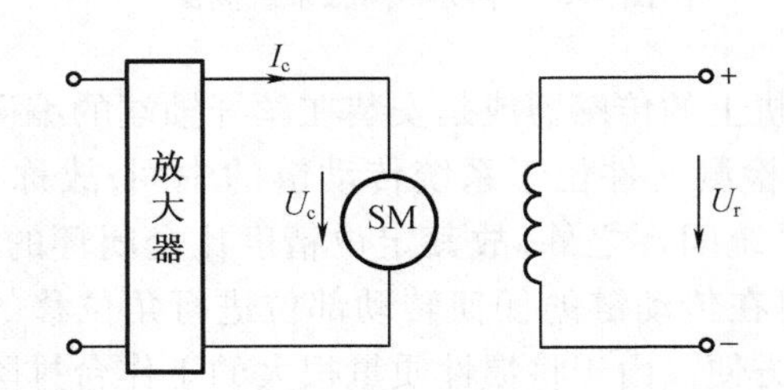

图 4.5　直流伺服电动机接线图

直流伺服电机的结构主要包括三大部分:

(1)定子。定子磁极磁场由定子的磁极产生。根据产生磁场的方式,直流伺服电动机可分为永磁式和他激式。永磁式磁极由永磁材料制成,他激式磁极由冲压硅钢片叠压而成,外绕线圈通以直流电流便产生恒定磁场。

(2)转子。转子又称为电枢,由硅钢片叠压而成,表面嵌有线圈,通以直流电时,在定子磁场作用下产生带动负载旋转的电磁转矩。

(3)电刷与换向片。为使所产生的电磁转矩保持恒定方向,转子能沿固定方向均匀的连续旋转,电刷与外加直流电源相接,换向片与电枢导体相接。

直流伺服电动机的工作原理与普通直流电动机的相同,只要在其励磁绕组通入电流且产生磁通。当电枢绕组中通过电流时,电枢电流就与磁通相互作用产生电磁转矩,使电动机转动;这两个绕组其中一个断电时,电动机立即停转,无自转现象。直流伺服电机具有良好的启动、制动和调速特性,可很方便地在宽范围内实现平滑无极调速,故多采用在对伺服电机的调速性能要求较高的生产设备中。

由直流电机的基本原理分析得到:

$$n=(u-I_aR_a)/k_e \tag{4-1}$$

式中 n——电枢的转速,单位 r/min;

u——电枢电压,单位 V;

I_a——电机电枢电流,单位 A;

R_a——电枢电阻,单位 Ω;

k_e——电势系数($k_e=C_e\Phi$)。

调节直流伺服电机的转速具体有三种方法:

(1)改变电枢电压 u 调速范围较大,直流伺服电机常用此方法调速;

(2)变磁通量 Φ(即改变 k_e 的值) 改变激磁回路的电阻 R_f 以改变激磁电流 I_f,可以达到改变磁通量的目的;调磁调速因其调速范围较小常常作为调速的辅助方法,而主要的调速方法是调压调速。若采用调压与调磁两种方法互相配合,可以获得很宽的调速范围,又可充分利用电机的容量。

(3)在电枢回路中串联调节电阻 R_t,此时有

$$n=[u-I_a(R_a+R_t)]/k_e \tag{4-2}$$

从式中可知,在电枢回路中串联电阻的办法,转速只能调低,而且电阻上的铜耗较大,这种办法并不经济,仅用于较少的场合。

2. 直流伺服系统

直流伺服的工作原理是建立在电磁力定律基础上的。与电磁转矩相关的是互相独立的两个变量主磁通与电枢电流,它们分别控制励磁电流与电枢电流,可方便地进行转矩与转速控制。另一方面从控制角度看,直流伺服的控制是一个单输入单输出的单变量控制系统,经典控制理论完全适用于这种系统,因此直流伺服系统控制简单,调速性能优异,在数控机床的进给驱动中曾占据着主导地位。

然而,从实际运行考虑,直流伺服电动机引入了机械换向装置。其成本高,故障多,维护困难,经常因碳刷产生的火花而影响生产,并对其他设备产生电磁干扰。同时机械换向器的换向能力,限制了电动机的容量和速度。电动机的电枢在转子上,使得电动机效率低,散热差。为了改善换向能力,减小电枢的漏感,转子变得短粗,影响了系统的动态性能。

在数控机床等直流伺服系统中,速度调节主要通过改变电枢电压的大小来实现。经常采用晶闸管相控整流调速或大功率晶体管脉宽调制调速两种方法,后者简称 PWM,常见于中小功率系统,它采用脉冲宽度调制技术,其工作原理是:通过改变“接通脉冲”的宽度,使直流电机电枢上的电压的“占空比”改变,从而改变电枢电压的平均值,控制电机的转速。

4.1.3 交流伺服电机与交流伺服系统

1. 交流伺服电机的结构、工作原理与控制方式

交流伺服电动机的定子绕组和单相异步电动机相似,如图 4.6 所示。其定子上装有两

个位置空间互差90°的绕组，一个是励磁绕组f，它始终接在交流电压$\dot{U}_f$上；另一个是控制绕组c，连接控制信号电压$\dot{U}_c$。运行时励磁绕组始终加上一定的交流励磁电压，控制绕组上则加大小或相位随信号变化的控制电压。图4.7为交流伺服电动机的两项绕组分布图，其中f_1-f_2为励磁绕组，c_1-c_2为控制绕组。

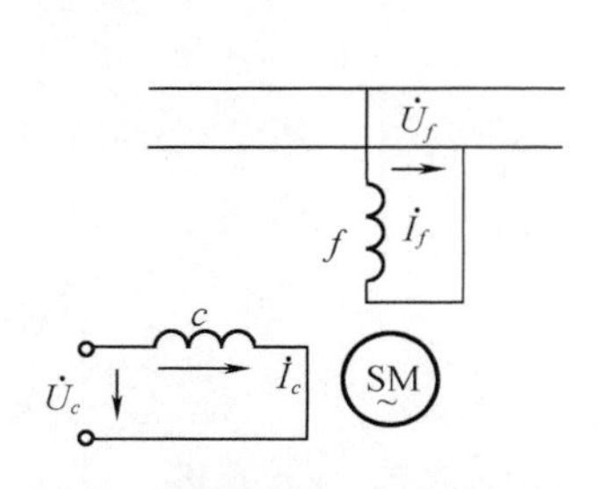

图4.6　交流伺服电动机原理图

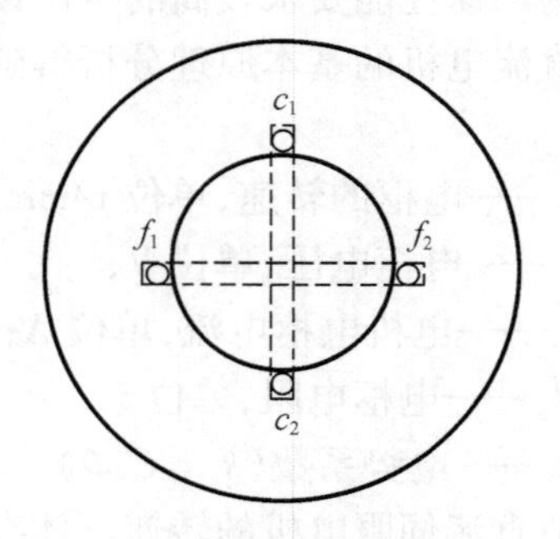

图4.7　两相绕组分布图

常见的交流伺服电动机转子结构形式有鼠笼型转子(图4.8)和空心杯型转子(图4.9)两种：鼠笼型转子的结构与一般笼型异步电动机的转子相同，采用高电阻率的导电材料做成的高电阻率导条的鼠笼转子。为了减小转子的转动惯量，转子做得细，增加启动转矩对输入信号的快速反应和克服自转现象；另一种是采用铝合金制成的空心杯型转子，空心杯型转子交流伺服电动机的定子分为外定子和内定子两部分。为了减小磁路的磁阻，要在空心杯型转子内放置固定的内定子。外定子的结构与笼型交流伺服电动机的定子相同，铁芯槽内放有两相绕组。空心杯型转子由导电的非磁性材料(如铝)做成薄壁筒形，放在内、外定子之间。杯子底部固定于转轴上，杯臂薄而轻，厚度一般在0.2~0.8 mm，因而转动惯量小，动作快且灵敏。

图4.8　鼠笼型转子交流伺服电机

图4.9　非磁性杯型转子

交流伺服电动机在没有控制电压时，定子内只有励磁绕组产生的脉动磁场，转子静止不动。当有控制电压时，定子内便产生一个旋转磁场，转子沿旋转磁场的方向旋转，在负载恒定的情况下，电动机的转速随控制电压的大小而变化，当控制电压的相位相反时，伺服电动机将反转。

交流伺服电动机有以下三种转速控制方式:

(1)幅值控制

控制电流与励磁电流的相位差保持90°不变,通过改变控制电压的大小调节电机转速。

(2)相位控制

控制电压与励磁电压的大小,保持额定值不变,通过改变控制电压的相位调节电机转速。

(3)幅值-相位控制

同时改变控制电压幅值和相位来调节电机转速。交流伺服电动机转轴的转向随控制电压相位的反相而改变。

2.交流伺服系统

交流伺服系统按其采用的驱动电动机的类型来分,主要有两大类:永磁同步(SM型)电动机交流伺服系统和感应式异步(IM型)电动机交流伺服系统。其中,永磁同步电动机交流伺服系统在技术上已趋于完全成熟,具备了十分优良的低速性能,并可实现弱磁高速控制,拓宽了系统的调速范围,适应了高性能伺服驱动的要求。并且随着永磁材料性能的大幅度提高和价格的降低,其在工业生产自动化领域中的应用将越来越广泛,目前已成为交流伺服系统的主流。感应式异步电动机交流伺服系统由于感应式异步电动机结构坚固,制造容易,价格低廉,因而具有很好的发展前景,代表了将来伺服技术的方向。但由于该系统采用矢量变换控制,相对永磁同步电动机伺服系统来说控制比较复杂,而且电机低速运行时还存在着效率低,发热严重等有待克服的技术问题,目前并未得到普遍应用。

4.1.4　交流伺服系统的性能指标

作为高性能的交流伺服系统,主要控制目标就是迅速跟踪指令值的任意变化。因应用场合的不同,其性能指标会有所侧重和差异,但都包含反映系统跟踪性能的技术指标。一般说来,交流伺服系统性能的好坏,可用下述指标衡量。

(1)定位精度与速度控制范围

定位精度是评价位置伺服系统位置控制准确度的性能指标,系统最终定位点与指令目标值间的静态误差定义为系统定位精度。

对于一个位置伺服系统,最低限度是应当能对其指令输入的最小设定单位-1个脉冲作出相应的响应。要达到这一目标,除了使用分辨率足够高的位置检测装置外,系统的速度还应当具有足够宽的控制范围。

图4.10为速度伺服的控制特性图。图中K_p、V_{max}分别为位置调节器增益和电机的最高限幅速度。在速度控制特性中,当速度输入指令落入$\pm\Delta\varepsilon$范围内时,伺服电动机将处于不转动或不稳定状态;而指令达到ε_{max}($=V_{max}/K_p$)时,电动机转速将达到调节器允许的最高速度V_{max}而进入饱和。因此,$\varepsilon_{max}/\Delta\varepsilon$定义为速度控制的调速比或速度控制范围。

系统在静止状态接收到相当于1个脉冲的输入指令时,为使位置伺服机构能够移动,输出指令必须大于$\Delta\varepsilon$。这意味着系统要求速度伺服的速度控制范围(调速比)应当达:

$$D\geqslant\frac{\varepsilon_{max}}{\Delta\varepsilon}=\frac{V_{max}}{K_p\Delta\varepsilon}\tag{4-3}$$

只有满足这个条件,系统定位精度才能达到一个脉冲当量。由此,系统的最终定位精度取决于系统的位置检测器件的分辨率与系统的调速比。

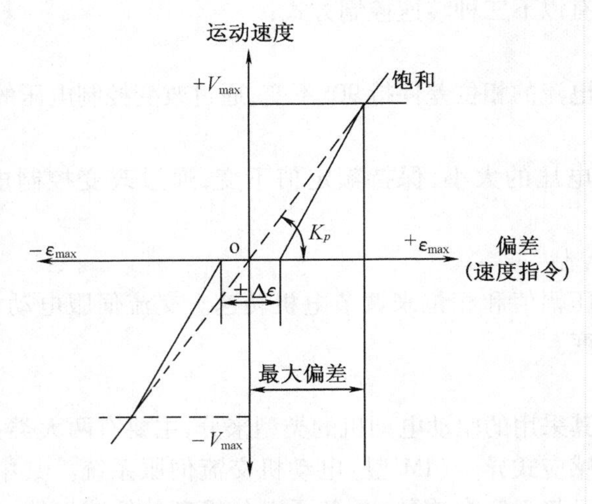

图 4.10　速度控制特性图

(2)动态响应性能指标

①最大瞬时电流

最大瞬时电流即堵转电流,它代表了伺服电动机所允许承受的最大冲击负荷和系统的最大加/减速力矩(正比于最大速度上升斜率)。

②最大快移速度

最大快移速度即为系统速度伺服所能提供的最高转速,也是位置调节器输出的最大速度限幅值。它是决定系统定位精度和定位快速性的一个重要因素,速度过大时,位置容易超调,定位精度差。此外,系统的抗干扰能力,低速时能否输出大的转矩,是否具有比较小的转动惯量也是伺服系统中常用的性能指标。

4.1.5　交流伺服系统的电机位置检测

电机转速和转子位置检测是交流伺服系统的重要组成部分,主要分为位置传感器和无位置传感器两类。

1. 位置传感器

常用的位置传感器主要采用霍尔元件、光电编码器、旋转变压器等进行位置检测。霍尔元件通过在磁场作用下产生霍尔电势而获取位置信号,广泛用于永磁无刷直流电动机(BLDCM)交流伺服系统中。该方法通过三个霍尔元件,产生三组互差120°电角度、宽180°电角度的方波原始位置信号来获取转子位置信号,最终所获得分辨率为60°电角度的位置信息,位置精度检测较差。

光电编码器应用较广,按脉冲与对应位置(角度)的关系,通常分为增量式光电编码器,绝对式光电编码器以及将上述两者结合为一体的混合式光电编码器三类。

(1)增量式光电编码器

增量式光电编码器实际上是由脉冲发生器及其相应电路组成的测角传感器。脉冲发生器与被测轴硬性相接,转轴每旋转一周,脉冲发生器输出一固定的脉冲数,其输出脉冲的频率与转速成正比。在可逆传动系统中测量转速时,为获得转动方向,可选用具有两相正交输出信号的脉冲式传感器。国产 LEC 形增量式光电脉冲发生器,有 X,Y,Z 三相输出信号。X 和 Y 两相信号每转输出脉冲数相同,但两者相位相差 90°,通过检测哪一相超前得到转向,控制信号控制可逆计数器对脉冲进行向上或向下的计数。Z 相信号又称为零位信号,每转仅输出一个窄脉冲,在要求定位的场合使用这一信号。

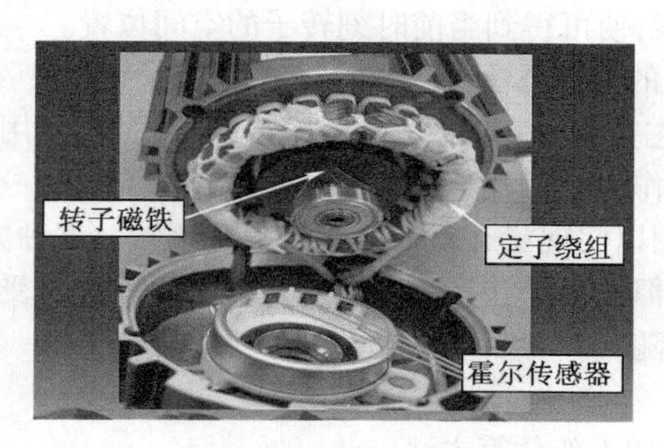

图 4.11　霍尔传感器用于电机转子位置检测

(2)绝对式光电编码器

绝对式光电编码器按照某种码制确定码盘图形,通过电刷、光电或电磁方法读取图像对应的数码来直接获取角度值。通常码制为二进制和循环码制。根据码道数 N,按 2^N 对圆周分度,编码器的角度分辨率为 $R=360°/2^N$。码道数越大,分辨率越小,测量越精确。目前绝对式光电编码器已经做到 18 位。使用绝对式编码盘测角的缺点是结构复杂、价格昂贵、并行信号传输的引线多和使用维护不便等。

(3)混合式光电编码器

混合式光电编码器就是在增量式光电编码器的基础上,加装了一个用于检测永磁同步电机磁极位置的编码器而组成的一种光电编码器。光电编码器具有数字量输出、高精度、兼顾高分辨率和大量程的工作范围、抗干扰能力强及转动惯量小等特点,目前已经被广泛应用到电机转子位置检测。系统通过高频数字化处理,解调出磁极位置和速度信号,参与系统控制,从而获得正弦波电流驱动,这样的交流伺服系统具有十分优良的低速性能,可实现弱磁高速控制,拓宽了系统调速范围,适应高性能伺服驱动的要求。

旋转变压器有铁芯和线圈,结构坚固,不带半导体电子元器件,非常适合在较高温度以及恶劣天气环境下工作。但也存在不足之处:原理比较复杂,不容易掌握,难以得到高的绝对角度精度。

2. 无位置传感器检测

运用无位置传感器进行位置检测的方法主要有基于永磁同步电机电磁关系的转速和位置估算方法,通过计算电感值估算转速和位置,基于各种观测器的估算方法,人工智能理论基础上的估算方法。

(1)基于永磁同步电机电磁关系的转速和位置估算方法

利用永磁同步机的电压方程和磁链方程,推导得到转子位置角和转速的表达式,通过直接计算获得位置信息;也可通过计算定子磁链的空间矢量位置,估计转速和转子位置。在一定的电流控制方法下,定子磁链空间矢量和转子空间位置呈现一定的关系,通过测量定子电流和电压来计算定子磁链的空间矢量位置,可得到转子空间位置。但在低速时,由于感应电动势的值减小,这种方法较难准确地估算出电机的转速和位置。为此,国外有的学者提出了高频注入的办法,通过检测其相应的电流来获取转子的位置和转速。

(2)通过计算电感值估算转速和位置

这种方法是由 Loernz 提出的,适用于有凸极效应的永磁同步机。对应于转子的不同位置,定子的等效电感值不同。把对应于转子不同位置的定子电感值制成一个表格,通过实时计算定子电感值和查表,便可得到当前时刻转子的空间位置。

(3)基于各种观测器的估算方法

观测器的实质是状态重构,其原理是重新构造一个系统,利用原系统中可直接测量的变量,如输出量和输入量作为它的输入信号,并使其输出信号在一定的条件下等价于原系统的状态。通常称这个用以实现状态重构的系统为观测器。这种方法具有稳定性好、鲁棒性强、适用面广的特点。但是由于它算法比较复杂,计算量较大,受到计算机或微处理器计算速度的限制。近年来,随着 DSP 等微处理器的发展,推动了这一方法在无速度传感器矢量控制系统中的应用。

(4)人工智能理论基础上的估算方法

目前,专家系统、模糊控制、自适应控制、人工神经元网络纷纷应用于电机控制方案。这方面的文章屡有发表,但是产业化的道路仍很漫长。

4.1.6 伺服系统的控制方式

最常用的两种控制方式如下:

(1)按误差控制的系统

如图 4.12 所示,按误差控制的系统是由前向通道 $G(s)$ 和负反馈通道 $F(s)$ 构成,也称闭环控制系统。系统闭环传递函数为

$$\Phi(s)=\frac{G(s)}{1+G(s)F(s)} \tag{4-4}$$

将系统输出速度 V_c(或角速度 Ω_c)转变成电压信号 U_f 反馈到系统输入端,用输入信号 U_r 与 U_f 的差来控制系统,按误差控制的系统历史最长,应用也最广。

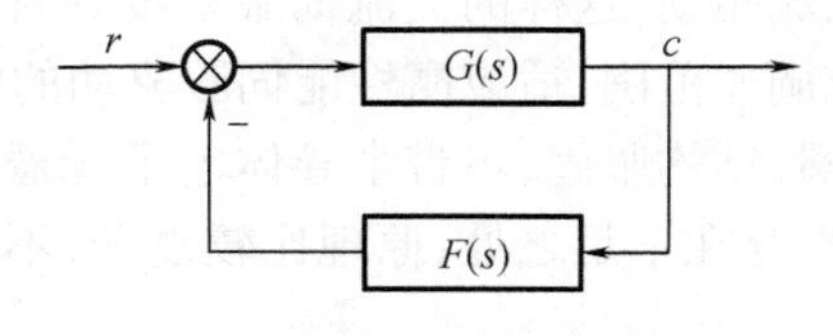

图 4.12 闭环系统

(2)按误差和扰动复合控制的系统

采用负反馈和前馈相结合的控制方式,也称开环-闭环控制系统,如图 4.13 所示。

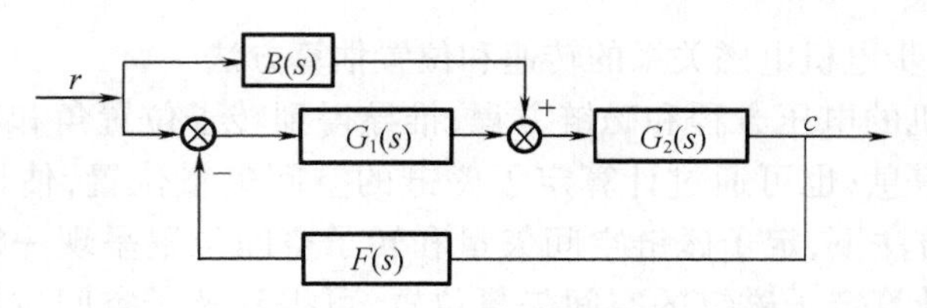

图 4.13 开环-闭环控制系统

其系统的传递函数为

$$\Phi(s)=\frac{[B(s)+G_1(s)]G_2(s)}{1+G_1(s)G_2(s)F(s)} \tag{4-5}$$

式(4-5)中,$B(s)$代表前馈通道的传递函数。

无论是速度伺服系统,还是位置伺服系统,都可以采用复合控制形式,它的最大优点是引入前馈 $B(s)$后,能有效地提高系统的精度和快速响应,而不影响系统闭环的稳定性。

4.2 永磁同步电动机的伺服控制

常用的交流伺服电机主要包括永磁同步电机、感应式异步电机和步进电机三种。永磁同步电动机与感应电动机相比,不需要励磁电流,可以显著提高功率因数,而且减少了定子电流和定子电阻损耗,在稳定运行时没有转子电阻损耗。永磁同步电动机转子所采用的永磁材料主要有铁氧体、钕铁硼、稀土钴等。初期生产的永磁同步电动机转子以铁氧体材料居多,考虑到永磁材料性能、价格以及电动机应用等诸多方面的要求,目前则以采用稀土永磁材料较为普遍。

同步电机的主要运行方式有三种,即作为发电机、电动机和补偿机运行。作为发电机运行是同步电机最主要的运行方式,作为电动机运行是同步电机的另一种重要的运行方式。同步电机还可以接于电网作为同步补偿机。这时电机不带任何机械负载,靠调节转子中的励磁电流向电网发出所需的感性或者容性无功功率,以达到改善电网功率因数或者调节电网电压的目的。只要电网频率不变,则稳定运行时的同步电机的转速恒为常值而与负载无关。现代水电、火电及核电中的发电机几乎都是用的同步发电机,在工矿企业和电力系统中,同步电动机和补偿机用的也不少。

4.2.1 永磁同步电动机的数学模型

永磁同步电机定子上有 A,B,C 三相对称绕组,转子上装有永久磁钢。定子和转子间通过气隙磁场耦合,由于电机定子与转子间有相对运动,电磁关系十分复杂。为简化分析,做如下假设:

(1)忽略铁芯饱和;

(2)忽略电机绕组漏感;

(3)转子上没有阻尼绕组;

(4)永磁材料的电导率为零;

(5)不计涡流和磁滞损耗,认为磁路是线性的;

(6)定子相绕组的感应电动势波为正弦型的;定子绕组的电流在气隙中只产生正弦分布的磁势,忽略磁场的高次谐波。

在 $A-B-C$ 坐标系中,同步电机转子在电、磁结构上不对称,电机方程是一组与转子瞬间位置有关的非线性时变方程,同步电机的动态特性分析十分困难。在 $\alpha-\beta-0$ 坐标系中,尽管经过线性变换使电机方程得到一定简化,但电机磁链、电压方程仍然是一组非线性方程,故在分析与控制时,一般也不用该坐标系下电机数学模型。

$d-q-0$ 坐标系下矢量控制技术很好地解决了这个问题,它利用坐标变换,将电机的变系数微分方程变换成常系数方程,消除时变系数,从而简化运算和分析。坐标系是随定子磁场同步旋转的坐标系,将 d 轴固定在转子励磁磁通 $\boldsymbol{\psi}_f$ 的方向上,q 轴为逆时针旋转方向超前 d 轴 90°电角度,如图 4.14 所示。

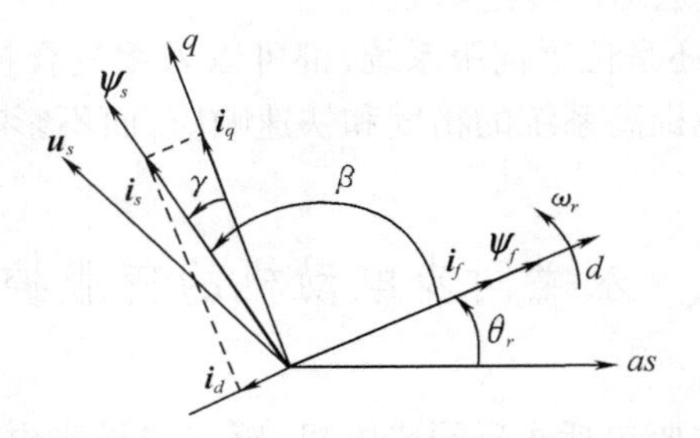

图 4.14　永磁同步电机 $d-q$ 坐标系图

取逆时针方向为转速的正方向。$\boldsymbol{\psi}_f$ 为每极下永磁励磁磁链空间矢量,方向与磁极磁场轴线一致,dq 轴随同转子以电角速度(电角频率)ω_r 一起旋转,它的空间坐标以 d 轴与参考坐标轴 as 间的电角度 θ_r 来确定,β 为定子三相基波合成旋转磁场轴线与永磁体基波励磁磁场轴线间的空间电角度,称为转矩角。

三相永磁同步电机在内轴转子坐标系的定子电压方程为

$$u_d = R_s i_d + \frac{\mathrm{d}\psi_d}{\mathrm{d}t} - \omega_r \boldsymbol{\psi}_q \tag{4-6}$$

$$u_q = R_s i_q + \frac{\mathrm{d}\psi_q}{\mathrm{d}t} - \omega_r \boldsymbol{\psi}_d \tag{4-7}$$

定子磁链方程为

$$\boldsymbol{\psi}_d = L_d i_d + \psi_f \tag{4-8}$$

$$\boldsymbol{\psi}_q = L_q i_q \tag{4-9}$$

电磁转矩的方程为

$$T_e = \frac{3}{2} p(\boldsymbol{\psi}_d i_q - \boldsymbol{\psi}_q i_d) = \frac{3}{2} p[\boldsymbol{\psi}_f i_q + (L_d - L_q) i_d i_q] \tag{4-10}$$

式(4-10)中括号中第一项是由定子电流与永磁体励磁磁场相互作用产生的电磁转矩,称为主电磁转矩;第二项是由转子凸极效应引起的,称为磁阻转矩。对于转子为表面式的永磁同步电机,由于 $L_d = L_q$,式(4-10)可写为

$$T_e = \frac{3}{2} p \boldsymbol{\psi}_d i_q \tag{4-11}$$

机械运动方程为

$$J\frac{\mathrm{d}\omega_m}{\mathrm{d}t} = T_e - T_L - B\omega_m \tag{4-12}$$

式(4-6)至式(4-12)中　u_d, u_q——定子电压 dq 轴分量;

i_d, i_q——定子电流 dq 轴分量;

ψ_d, ψ_q——定子磁链 dq 轴分量;

L_d, L_q——定子绕组 dq 轴电感;

R_s——定子电阻;

ψ_f——转子永磁体产生的磁链；

T_e——电机电磁转矩；

T_L——负载转矩；

J——转动惯量；

B——摩擦系数；

ω_m——转子机械角速度；

p——电机转子极对数；

$\omega_r = p\omega_m$——转子电角速度。

由式(4－6)～式(4－12)可得永磁同步电机的状态方程为

$$\begin{bmatrix} \frac{\mathrm{d}i_d}{\mathrm{d}t} \\ \frac{\mathrm{d}i_q}{\mathrm{d}t} \\ \frac{\mathrm{d}\omega_m}{\mathrm{d}t} \end{bmatrix} = \begin{bmatrix} -\frac{R_s}{L_d} & p\omega_m & 0 \\ -p\omega_m & -\frac{R_s}{L_q} & -\frac{p\boldsymbol{\psi}_f}{L_q} \\ 0 & \frac{p\boldsymbol{\psi}_f}{J} & -\frac{B}{J} \end{bmatrix} \begin{bmatrix} i_d \\ i_q \\ \omega_m \end{bmatrix} + \begin{bmatrix} \frac{u_d}{L_d} \\ \frac{u_q}{L_q} \\ -\frac{T_L}{J} \end{bmatrix} \tag{4-13}$$

4.2.2 永磁同步电动机的矢量控制

1971年，德国学者 Blaschke 和 Hasse 提出了交流电动机的矢量控制（Transvector Control）理论，它是电动机控制理论的第一次质的飞跃，解决了交流电机的调速问题，使得交流电机的控制跟直流电机控制一样的方便可行，并且可以获得与直流调速系统相媲美的动态功能。其基本思想是在普通的三相交流电动机上设法模拟直流电动机转矩控制的规律，在磁场定向坐标上，将电流矢量分解成为产生磁通的励磁电流分量和产生转矩的转矩电流分量，并使得两个分量互相垂直，彼此独立，然后分别进行调节。交流电机的矢量控制使转矩和磁通的控制实现解耦。所谓“解耦”指的是控制转矩时不影响磁通的大小，控制磁通时不影响转矩，这样交流电动机的转矩控制从原理和特性上就和直流电动机相似了。因此，矢量控制的关键仍是对电流矢量的幅值和空间位置（频率和相位）的控制。

在交流电动机中，励磁磁场与电枢磁势间的空间角度不是固定的，它随负载变化而变化，这将会引起磁场间十分复杂的作用关系，因此不能简单地像直流电动机那样通过调节电枢电流来控制电磁转矩。矢量变换控制就是通过外部条件对定子磁动势相对励磁磁动势的空间角度（也就是定子电流空间矢量 $\boldsymbol{i}_s$ 的相位）和定子电流幅值的控制，从而将永磁同步电动机模拟为他励直流电动机。

当采用固定于转子的 dq 旋转坐标系来分析系统时，如图4.15所示，图中 $\boldsymbol{i}_s$ 为定子电流空间矢量，β 为转矩角，其大小决定于 $\boldsymbol{i}_s$ 在 dq 轴上的两个分量 i_d 和 i_q。如果已知了 i_d 和 i_q，那么不仅确定了 β 角，同时也确定了定子电流空间矢量 $\boldsymbol{i}_s$ 的幅值。也就是说，矢量控制就是通过对两个电流分量的控制来实现的。

由永磁同步电动机的运动方程式(4－13)可见，电机动态特性的调节和控制完全取决于动态中能否简便而精确地控制电机的电磁转矩输出。在忽略转子阻尼绕组影响的条件下，由式(4－11)可以看出，永磁同步电机的电磁转矩基本上取决于交轴电流和直轴电流，对力矩的控制最终可归结为对交轴电流和直轴电流的控制。在输出力矩为某一值时，对交轴电流和直轴电流的不同组合的选择，将影响电机和逆变器的输出能力以及系统的效率、功率因数等。如何根据给定力矩确定交轴电流和直轴电流，使其满足力矩方程构成永磁同步电机电流的控制策略问题。

根据矢量控制原理，在不同的应用场合可选择不同的磁链矢量作为定向坐标轴，目前存在四种磁场定向控制方式：转子磁链定向控制、定子磁链定向控制、气隙磁链定向控制和阻尼磁链定向控制。对于 PMSM 主要采用转子磁链定向方式，该方式对交流伺服系统等小容量驱动场合特别适合。按照控制目标可以分为：$i_d=0$ 控制、$\cos\varphi=1$ 控制、总磁链恒定控制、最大转矩/电流控制、最大输出功率控制、转矩线性控制、直接转矩控制等，它们各有各的特点。$i_d=0$ 控制最为简单，$\cos\varphi=1$ 控制可以降低与之匹配的变频器容量，恒磁链控制可以增大电动机的最大输出转矩等。

4.2.3　$i_d=0$ 转子磁链定向控制

永磁同步电动机采用 $i_d=0$ 的转子磁链定向控制后，电动机的转矩方程变为

$$T_e=\frac{3}{2}p_n\varphi_f i_q \tag{4-14}$$

此时，转矩和电流 i_q 呈线性关系，只要对 i_q 进行控制就达到了控制转矩的目的。并且，在表面式永磁同步电机中，保持 $i_d=0$ 可以保证用最小的电流幅值得到最大的输出转矩。只要能准确地检测出转子位置（d 轴），使三相定子电流的合成电流矢量位于 q 轴上，那么只要控制定子电流的幅值，就能很好地控制电磁转矩，这和直流电动机的控制原理类似。$i_d=0$ 时 PMSM 矢量控制系统原理图如图 4.15 所示。

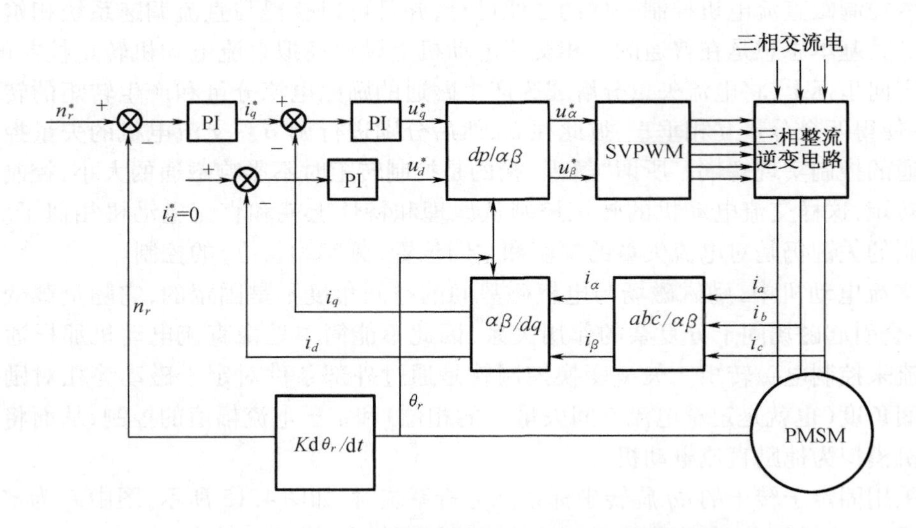

图 4.15　$i_d=0$ 时永磁同步电动机矢量控制系统原理图

通常 $i_d=0$ 实施的方案有两种，即采用电流滞环控制转速和电流的双闭环控制。

（1）电流滞环控制

通常是生成一个正弦波电流信号作电流给定信号，将它与实际检测得到的电动机电流信号进行比较，再经过滞环比较器去导通或关断逆变器的相应开关器件，使实际电流追踪给定电流的变化。图 4.16 为电流滞环控制电路原理图。

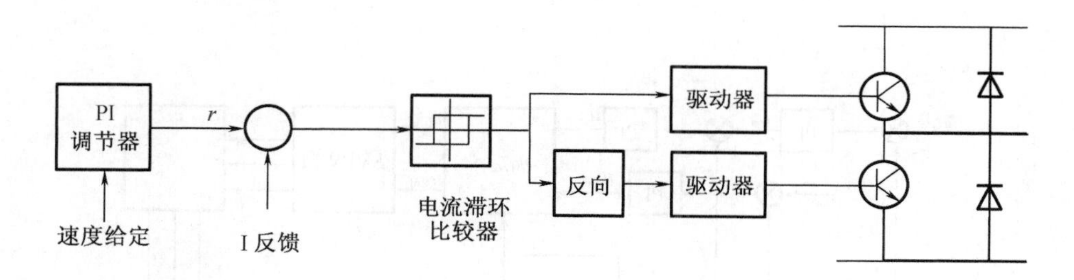

图 4.16　滞环控制电路原理图

具体地说,如果电动机电流比给定电流大,并且大过滞环宽度的一半,则使上桥臂开关截止,使下桥臂导通,从而使电动机电流减小;反之,如果电动机电流比给定电流小,并且小过滞环宽度的一半,则使电动机电流增大。滞环的宽度决定了在某一开关动作之前,实际电流离开给定电流的偏差值。上、下桥臂要有一个互锁延迟电路,以便形成足够的死区时间。

显然,滞环宽度越窄,则开关频率越高。但对于给定的滞环宽度,开关频率并不是一个常数,而是受电动机定子漏感和反电动势制约的。当频率降低、电动机转速降低,因而电动机反电动势降低时,由于电流上升率增大,因此开关频率提高;反之,则开关频率降低。

以上是针对三相逆变器中的一相而讨论的,对于三相逆变器的滞环控制,上述结论也是适用的。只是,由于三相电流的平衡关系,某一相的电流变化率要受到其他两相的影响。在一个开关周期内,由于其他两相开关状态的不定性,电流的变化率也就不是唯一的。一般来说,其电流变化率比一相时平坦,因而开关频率可以略为低一些。

由以上分析可知,在电流滞环控制中,它的开关频率是变化的。如果开关频率的变化范围是在 8 kHz 以下,将产生让人讨厌的噪声。此外,滞环控制不能使输出电流达到很低,因为当给定电流太低时,滞环调节作用将消失。

(2)速度和电流的双闭环控制

$i_d=0$ 转子磁链定向矢量控制的永磁同步电机伺服系统原理如图 4.17 所示。从框图中可以看到,控制方案包含了速度环和电流环的双闭环系统。其中速度控制作为外环,电流闭环作为内环,采用直流电流控制方式。该方案结构简洁明了,主要包括定子电流检测、转子位置与速度检测、速度环调节器、电流环调节器、clarke 变换、park 变换与逆变换、电压空间矢量 PWM 控制等几个环节。

具体的实现过程如下:通过位置传感器准确检测电机转子空间位置(d 轴),计算得到转子速度和电角度;速度调节器输出定子电流 q 轴分量的参考值 i_{qref},同时给定 $i_d=0$;由电流传感器测得定子相电流,分解得定子电流的 dq 轴分量 i_d 和 i_q;由两个电流调节器分别预测需要施加的空间电压矢量的 dq 轴分量 u_{dref} 和 u_{qref};将预测得到的空间电压矢量经坐标变换后,形成 SVPWM 控制信号,驱动逆变器对电机施加电压,从而实现 $i_d=0$ 的控制。

采用这种方法逆变器的开关频率是恒定的,通过适当调节 PWM 的占空比便可实现真正意义上的解耦控制,且系统输出电流谐波分量小,无稳态误差,稳定性好。

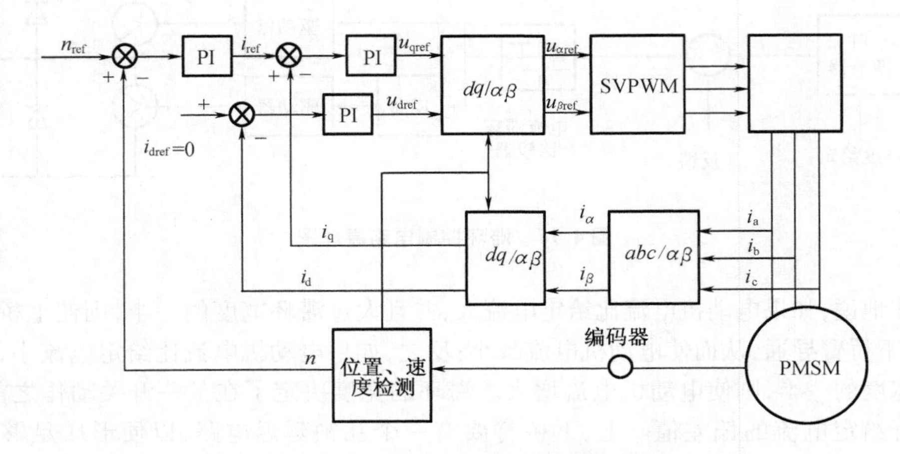

图 4.17　$i_d=0$ 永磁同步电机伺服系统原理

4.3　交流电机的变频调速

纵观电力拖动的发展过程，交、直流两大调速系统一直并存于各个工业领域，虽然由于各个时期科学技术的发展使得它们所处的地位有所不同，但它们始终是随着工业技术的发展，特别是随着电力电子元器件的发展而在相互竞争。在过去很长一段时期，由于直流电动机的优良调速性能，在可逆、可调速与高精度、宽调速范围的电力拖动技术领域中，几乎都是采用直流调速系统。然而由于直流电动机有机械式换向器这一致命的弱点，致使直流电动机制造成本高、价格昂贵、维护麻烦、使用环境受到限制，其自身结构也约束了单台电机的转速及功率上限，从而给直流传动的应用带来了一系列的限制。相对于直流电动机来说，交流电动机特别是鼠笼式异步电动机具有结构简单，制造成本低，坚固耐用，运行可靠，维护方便，惯性小，动态响应好，以及易于向高压、高速和大功率方向发展等优点。因此，近几十年以来，不少国家都在致力于交流调速系统的研究，用没有换向器的交流电动机实现调速来取代直流电动机，突破它的限制。

4.3.1　交流调速常用的调速方案及其性能比较

由电机学知，交流异步电动机的转速公式如下：

$$n=60f_1(1-s)/p_n \tag{4-15}$$

式中　p_n——电动机定子绕阻的磁极对数；

f_1——电动机定子电压供电频率；

s——电动机的转差率。

从式(4-15)中可以看出，调节交流异步电动机的转速有三大类方案。

(1)改变电动机的磁极对数

由异步电动机的转速公式可知，在供电电源频率 f_1 不变的条件下，通过改接定子绕组的连接方式来改变异步电动机定子绕组的磁极对数 p_n,即可改变异步电动机的同步转速 n_0,从而达到调速的目的。这种控制方式比较简单,只要求电动机定子绕组有多个抽头,然后通过触点的通断来改变电动机的磁极对数。采用这种控制方式,电动机转速的变化是有级的,不是连续的,一般最多只有三挡,适用于自动化程度不高且只须有级调速的场合。

(2)变频调速

从式(4-15)中可以看出,当异步电动机的磁极对数 p_n 一定,转差率 s 一定时,改变定子绕组的供电频率 f_1 可以达到调速目的,电动机转速 n 基本上与电源的频率 f_1 成正比,因此平滑地调节供电电源的频率,就能平滑、无级地调节异步电动机的转速。变频调速范围大,低速特性较硬,基频 $f=50$ Hz 以下属于恒转矩调速方式,在基频以上,属于恒功率调速方式,与直流电动机的降压和弱磁调速十分相似,且采用变频启动更能显著改善交流电动机的启动性能,大幅度降低电机的启动电流,增加启动转矩,所以变频调速是交流电动机的理想调速方案。

(3)变转差率调速

改变转差率调速的方法很多,常用的方案有:异步电动机定子调压调速,电磁转差离合器调速和绕线式异步电动机转子回路串电阻调速,串级调速等。

定子调压调速系统就是在恒定交流电源与交流电动机之间接入晶闸管作为交流电压控制器,这种调压调速系统仅适用于一些属短时与重复短时作深调速运行的负载。为了能得到好的调速精度与能稳定运行,一般采用带转速负反馈的控制方式。所使用的电动机可以是绕线式异电动机或是有高转差率的鼠笼式异步电动机。

电磁转差离合器调速系统,是由鼠笼式异步电动机、电磁转差离合器以及控制装置组合而成。鼠笼式电动机作为原动机以恒速带动电磁离合器的电枢转动,通过对电磁离合器励磁电流的控制实现对其磁极的速度调节。这种系统一般也采用转速闭环控制。

绕线式异步电动机转子回路串电阻调速就是通过改变转子回路所串电阻来进行调速,这种调速方法简单,但调速是有级的,串入较大附加电阻后,电动机的机械特性很软,低速运行损耗大,稳定性差。绕线式异步电动机串级调速系统就是在电动机的转子回路中引入与转子电势同频率的反向电势 E_f,只要改变这个附加的,同电动机转子电压同频率的反向电势 E_f,就可以对绕线式异步电动机进行平滑调速。E_f 越大,电动机转速越低。

上述这些调速的共同特点是调速过程中没有改变电动机的同步转速 n_0,所以低速时,转差率 s 较大。

在交流异步电动机中,从定子传入转子的电磁功率 P_m 可以分成两部分:一部分 $P_2=(1-s)P_m$ 是拖动负载的有效功率;另一部分是转差功率 $P_s=sP_m$,与转差率 s 成正比,它的去向是调速系统效率高低的标志。就转差功率的去向而言,交流异步电动机调速系统可以分为三种:

①转差功率消耗型

这种调速系统全部转差功率都被消耗掉,用增加转差功率的消耗来换取转速的降低,转差率 s 增大,转差功率 $P_s=sP_m$ 增大,以发热形式消耗在转子电路里,使得系统效率也随之降低。定子调压调速、电磁转差离合器调速及绕线式异步电动机转子串电阻调速这三种方法属于这一类,这类调速系统存在着调速范围愈宽,转差功率 P_s 愈大,系统效率愈低的问题,故不值得提倡。

②转差功率回馈型

这种调速系统的大部分转差功率通过变流装置回馈给电网或者加以利用,转速越低回馈的功率越多,但是增设的装置也要多消耗一部分功率。绕线式异步电动机转子串级调速即属于这一类,它将转差功率通过整流和逆变作用,经变压器回馈到交流电网,但没有以发热形式消耗能量,即使在低速时,串级调速系统的效率也是很高的。

③转差功率不变型

这种调速系统中,转差功率仍旧消耗在转子里,但不论转速高低,转差功率基本不变。如变极对数调速、变频调速即属于这一类,由于在调速过程中改变同步转速 n_0,转差率 s 是一定的,故系统效率不会因调速而降低。在改变 n_0 的两种调速方案中,又因变极对数调速为有极调速,且极数很有限,调速范围窄,所以目前在交流调速方案中,变频调速是最理想、最有前途的交流调速方案。

4.3.2 变频器的基本结构和分类

变频器是利用交流电动机的同步转速随电机定子电压频率变化而变化的特性而实现电动机调速运行的装置。变频器最早的形式是用旋转变频发电机组作为可变频率电源,供给交流电动机,主要是异步电动机进行调速。随着电力电子半导体器件的发展,静止式变频电源成为变频器的主要形式。

1. 变频器的基本结构

为交流电机变频调速提供变频电源的一般都是变频器。按主回路电路结构,变频器有交-交变频器和交-直-交变频器两种结构形式。

(1)交-交变频器

交-交变频器无中间直流环节,直接将工频交流电变换成频率、电压均可控制的交流电,又称直接式变频器。整个系统由两组整流器组成,一组为正组整流器,一组为反组整流器,控制系统按照负载电流的极性,交替控制两组反向并联的整流器,使之轮流处于整流和逆变状态,从而获得变频变流电压,交-交变频器的电压由整流器的控制角来决定。

交-交变频器由于其控制方式决定了最高输出频率只能达到电源频率的1/3至1/2,不能高速运行,但由于没有中间直流环节,不需换流,提高了变频效率,并能实现四象限运行。交-交变频器主要用于大容量、低转速、高性能的同步电动机传动。

(2)交-直-交变频器

交-直-交变频器,先把工频交流电通过整流器变成直流电,然后再把直流电变换成频率、电压均可控制的交流电,它又称为间接式变频器。

交-直-交变频器其基本构成如图4.18所示,由主电路(包括整流器、中间直流环节、逆变器)和控制电路组成,各部分作用如下:

①整流器。电网侧的变流器即是整流器,它的作用是把三相(或单相)交流电整流成直流电。

②逆变器。负载侧的变流器即是为逆变器。最常见的结构形式是利用六个半导体主开关器件组成的三相桥式逆变电路。有规律地控制逆变器中主开关器件的通与断,可以得到任意频率的三相交流电输出。

③中间直流环节。由于逆变器的负载属于感性负载,在中间直流环节和电动机之间总会有无功功率的交换。这种无功能量要靠中间直流环节的储能元件(电容器或电抗器)来

缓冲,所以中间直流环节又称为中间直流储能环节。

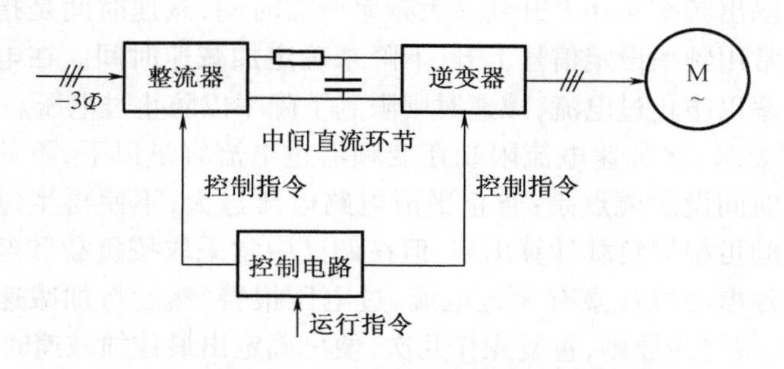

图 4.18　交 − 直 − 交变频器的基本构成

④控制电路。控制电路由运算电路、检测电路、控制信号的输入、输出电路和驱动电路等构成。其主要任务是完成对逆变器的开关控制、对整流器的电压控制以及完成各种保护功能等。控制方法可以采用模拟控制或数字控制。高性能的变频器目前已经采用微型计算机进行全数字控制,采用尽可能简单的硬件电路,主要靠软件来完成各种功能。

2. 变频器的分类

按缓冲无功功率的中间直流环节的储能元件是电容还是电感,变频器可分为电压型变频器和电流型变频器两大类。

(1)电压型变频器

对于交 − 直 − 交变频器,当中间直流环节主要采用大电容作为储能元件时,主回路直流电压波形比较平直,在理想情况下是一种内阻抗为零的恒压源,输出交流电压是矩形波或阶梯波,称为电压型变频器,如图 4.19 所示。

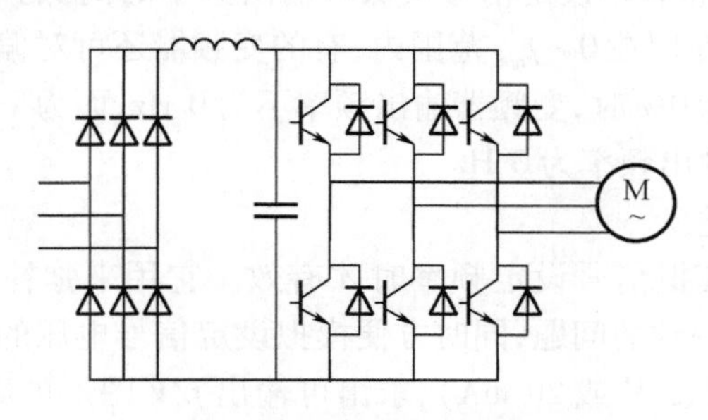

图 4.19　电压型变频器

(2)电流型变频器

当交 − 直 − 交变频器的中间直流环节采用大电感作为储能元件时,直流回路中电流波形比较平直,对负载来说基本上是一个恒流源,输出交流电流是矩形波或阶梯波,称为电流型变频器。

4.3.3　变频器基本参数的调试

变频器功能参数很多,一般都有数十甚至上百个参数供用户选择。实际应用中,没必要对每一参数都进行设置和调试,多数只要采用出厂设定值即可。

1. 加减速时间

加速时间就是输出频率从0上升到最大频率所需时间,减速时间是指从最大频率下降到0所需时间。通常用频率设定信号上升、下降来确定加减速时间。在电动机加速时须限制频率设定的上升率以防止过电流,减速时则限制下降率以防止过电压。

加速时间设定要求:将加速电流限制在变频器过电流容量以下,不使过流失速而引起变频器跳闸。减速时间设定要点是:防止平滑电路电压过大,不使再生过压失速而使变频器跳闸。加减速时间可根据负载计算出来,但在调试中常采取按负载和经验先设定较长加减速时间,通过起、停电动机观察有无过电流、过电压报警,然后将加减速设定时间逐渐缩短,以运转中不发生报警为原则,重复操作几次,便可确定出最佳加减速时间。

2. 转矩提升

又叫转矩补偿,是为补偿因电动机定子绕组电阻所引起的低速时转矩降低,而把低频率范围 f/V 增大的方法。设定为自动时,可使加速时的电压自动提升以补偿启动转矩,使电动机加速顺利进行。如采用手动补偿时,根据负载特性,尤其是负载的启动特性,通过试验可选出较佳曲线。对于变转矩负载,如选择不当会出现低速时的输出电压过高而浪费电能的现象,甚至还会出现电动机带负载启动时电流大而转速上不去的现象。

3. 电子热过载保护

本功能为保护电动机过热而设置,它是变频器内CPU根据运转电流值和频率计算出电动机的温升,从而进行过热保护。本功能只适用于“一拖一”场合,而在“一拖多”时,则应在各台电动机上加装热继电器。

4. 偏置频率

有的又叫偏差频率或频率偏差设定,其用途是当频率由外部模拟信号(电压或电流)进行设定时,可用此功能调整频率设定信号最低时输出频率的高低。有的变频器当频率设定信号为0%时,偏差值可作用在 $0\sim f_{max}$ 范围内,有的变频器还可对偏置极性进行设定。如在调试中当频率设定信号为0%时,变频器输出频率不为0 Hz,而为 x,则此时将偏置频率设定为负的 x 即可使变频器输出频率为0 Hz。

5. 频率设定信号增益

此功能仅在用外部模拟信号设定频率时才有效。它用来弥补外部设定信号电压与变频器内电压(+10 V)不一致的问题;同时方便模拟设定信号电压的选择,设定时,当模拟输入信号为最大时(如10 V、5 V或20 mA),求出可输出 f/V 图形的频率百分数,并以此为参数进行设定即可;如外部设定信号为0 ~5 V时,若变频器输出频率为0 ~50 Hz,则将增益信号设定为200%即可。

6. 转矩限制

可分为驱动转矩限制和制动转矩限制两种。它是根据变频器输出电压和电流值,经CPU进行转矩计算,其可对加减速和恒速运行时的冲击负载恢复特性有显著改善。转矩限制功能可实现自动加速和减速控制。假设加减速时间小于负载惯量时间时,也能保证电动机按照转矩设定值自动加速和减速。

驱动转矩功能提供了强大的启动转矩,在稳态运转时,转矩功能将控制电动机转差,而将电动机转矩限制在最大设定值内,当负载转矩突然增大时,甚至在加速时间设定过短时,也不会引起变频器跳闸。在加速时间设定过短时,电动机转矩也不会超过最大设定值。驱动转矩大对启动有利,以设置为80% ~100%较妥。

制动转矩设定数值越小，其制动力越大，适合急加减速的场合，如制动转矩设定数值设置过大会出现过压报警现象。如制动转矩设定为0%，可使加到主电容器的再生总量接近于0，从而使电动机在减速时，不使用制动电阻也能减速至停转而不会跳闸。但在有的负载上，如制动转矩设定为0%时，减速时会出现短暂空转现象，造成变频器反复启动，电流大幅度波动，严重时会使变频器跳闸，应引起注意。

7. 加减速模式选择

又叫加减速曲线选择。一般变频器有线性、非线性和S三种曲线，通常大多选择线性曲线；非线性曲线适用于变转矩负载，如风机等；S曲线适用于恒转矩负载，其加减速变化较为缓慢。设定时可根据负载转矩特性，选择相应曲线，但也有例外，笔者在调试一台锅炉引风机的变频器时，先将加减速曲线选择非线性曲线，一启动运转变频器就跳闸，调整改变许多参数无效果，后改为S曲线后就正常了。究其原因：启动前引风机由于烟道烟气流动而自行转动，且反转而成为负向负载，这样选取了S曲线，使刚启动时的频率上升速度较慢，从而避免了变频器跳闸的发生，当然这是针对没有启动直流制动功能的变频器所采用的方法。

8. 转矩矢量控制

矢量控制是基于理论上认为：异步电动机与直流电动机具有相同的转矩产生机理。矢量控制方式就是将定子电流分解成规定的磁场电流和转矩电流分别进行控制，同时将两者合成后的定子电流输出给电动机。因此，从原理上可得到与直流电动机相同的控制性能。采用转矩矢量控制功能，电动机在各种运行条件下都能输出最大转矩，尤其是电动机在低速运行区域。

现在的变频器几乎都采用无反馈矢量控制，由于变频器能根据负载电流大小和相位进行转差补偿，使电动机具有很硬的力学特性，对于多数场合已能满足要求，不需在变频器的外部设置速度反馈电路，这一功能的设定，可根据实际情况在有效和无效中选择一项即可。

与之有关的功能是转差补偿控制，其作用是为补偿由负载波动而引起的速度偏差，可加上对应于负载电流的转差频率，这一功能主要用于定位控制。

9. 节能控制

风机、水泵都属于减转矩负载，即随着转速的下降，负载转矩与转速的平方成比例减小，而具有节能控制功能的变频器设计有专用V/f模式，这种模式可改善电动机和变频器的效率，其可根据负载电流自动降低变频器输出电压，从而达到节能目的，可根据具体情况设置为有效或无效。

要说明的是，这个参数是很先进的，但有一些用户在设备改造中，根本无法启用这个参数，即启用后变频器跳闸频繁，停用后一切正常。究其原因有：①原用电动机参数与变频器要求配用的电动机参数相差太大。②对设定参数功能了解不够，如节能控制功能只能用于V/f控制方式中，不能用于矢量控制方式中。③启用了矢量控制方式，但没有进行电动机参数的手动设定和自动读取工作，或读取方法不当。

4.4　步进电机

步进电机是一种将电脉冲信号转换成相应的角位移（或线位移）的机电元件，是机电一体化产品中关键部件之一,通常被用作定位控制和定速控制。具有结构简单、坚固耐用、工作可靠的优点,因此广泛应用于工业控制领域,如数控机床、包装机械、计算机外围设备、复印机、传真机等。

普通电动机是连续运转的,而步进电机是在外加电脉冲信号的作用下一步一步地运转的,正因为它的运动形成是步进式的,故称为步进电机。由于步进电机的角位移量和输入脉冲的个数严格成正比,在时间上与输入脉冲同步,因此只要控制输入脉冲的数量、频率及电机绕组通电顺序,便可获得所需的转角、转速及转动方向。无脉冲输入时,在绕组电源的激励下,气隙磁场使转子保持原有定位状态。

步进电机作为伺服电机应用于控制系统时,往往可以使系统简化、工作可靠,而且获得较高的控制精度,因而成为经济型数控系统一种主要的伺服驱动元件。但是,由于脉冲的不连续性又使步进电机运行存在许多不足之处,如低频振荡、噪声大、分辨率不高及驱动系统可靠性差等,一定程度制约了其应用范围。

4.4.1 步进电机结构及工作原理

1. 步进电机的结构

目前,我国使用的步进电机多为反应式步进电机。在反应式步进电机中,有轴向分相和径向分相两种。

图 4.20 是一典型的单定子、径向分相、反应式伺服步进电机的结构原理图。它与普通电机一样,分为定子和转子两部分,其中定子又分为定子铁芯和定子绕组。定子铁芯由电工钢片叠压而成,其形状如图 4.20 中所示。定子绕组是绕置在定子铁芯 6 个均匀分布的齿上的线圈,在直径方向上相对的两个齿上的线圈串联在一起,构成一相控制绕组。步进电机可构成三相控制绕组,故也称三相步进电机。若任一相绕组通电,便形成一组定子磁极,其方向即图4.20中所示的 NS 极。在定子的每个磁极上,即定子铁芯上的每个齿上又开了 5 个小齿,齿槽等宽,齿间夹角为 9°,转子上没有绕组,只有均匀分布的 40 个小齿,齿槽也是等宽的,齿间夹角也是 9°,与磁极上的小齿一致。

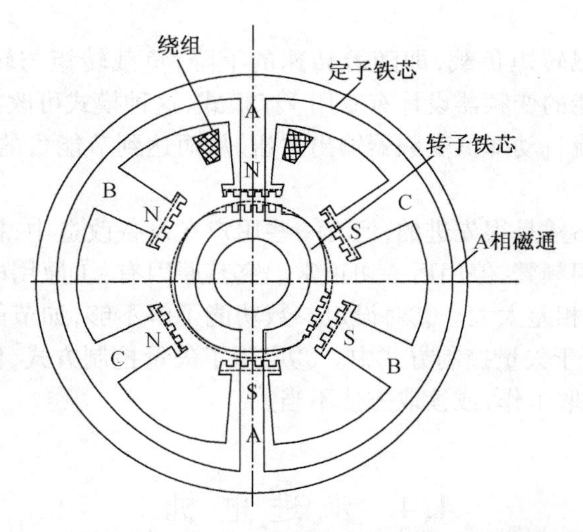

图 4.20　单定子径向分相反应式伺服步进电机结构原理图

三相定子磁极上的小齿在空间位置上依次错开 1/3 齿距，如图 4.21 所示。当 A 相磁极上的小齿与转子上的小齿对齐时，B 相磁极上的齿刚好超前（或滞后）转子齿 1/3 齿距角，C 相磁极齿超前（或滞后）转子齿 2/3 齿距角。

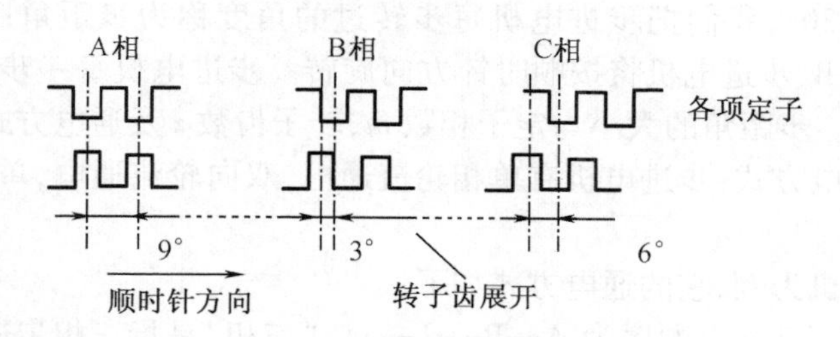

图 4.21　步进电机的齿距

除上面介绍的反应式步进电机之外，常见的步进电机还有永磁式步进电机和永磁反应式步进电机，它们的结构虽不相同，但工作原理相同。

2. 反应式步进电机的工作原理

图 4.22 是步进电机工作原理图，该图是反应式步进电机的简易模型。

在电机定子上有 A，B，C 三对磁极，磁极上绕有线圈，分别称之为 A 相、B 相和 C 相，而转子则是带齿的铁芯，这种步进电机称为三相机步进电机。步进电机的工作原理，相似于电磁铁的作用原理。当某相绕组通电时，定子产生磁场，并与转子形成磁路，如果这时定子齿和转子齿没有对齐，则由于磁力线力图走磁阻最小的路线，而带动转子转动，使定子齿和转子齿对齐，从而实现转动一个角度。

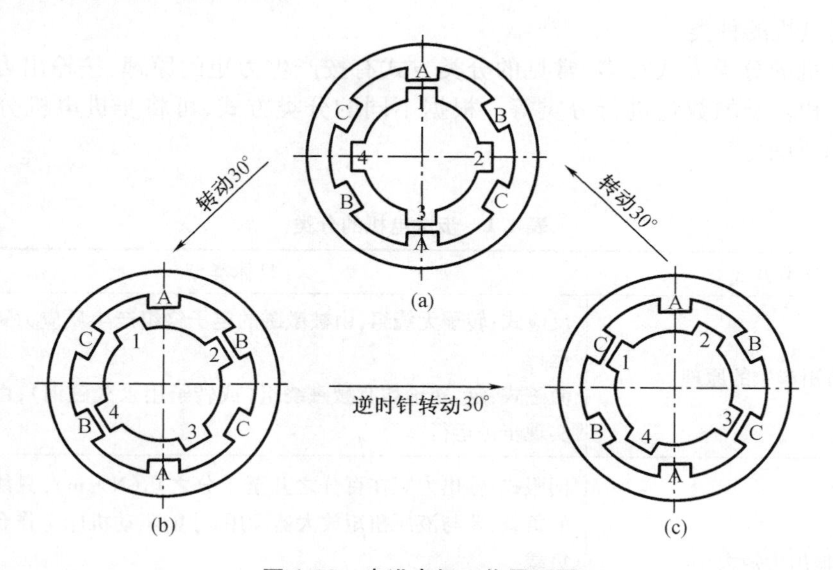

图 4.22　步进电机工作原理图

在图 4.22 中，若首先让 A 相通电，则转子 1，3 两齿被磁极 A 吸住，转子就停留在图 4.22(a)的位置上。

然后，A 相断电，B 相通电，则磁极 A 的磁场消失，磁极 B 的磁场产生，磁极 B 的磁场把离它最近的 2，4 齿吸了过去，转子逆时针转过 30°，停在图 4.22(b)的位置上。

接着,B 相断电,C 相通电,C 相磁场吸引 1,3 齿,转子又逆时针转了 30°,停止在图 4.22(c)的位置上。

这样按 A—B—C—A—B—C 的次序通电,步进电机就一步一步地按逆时针方向转动,每步转的角度均为 30°,我们把步进电机每步转过的角度称为步距角;如果通电相序改为 A—C—B—A—C—B,步进电机将按顺时针方向旋转。步进电机每一步所转过的角度称为步距角,用 θ_b 表示。步距角的大小与定子相数 m,转子齿数 z 及通电方式有关。

步进电机的通电方式:步进电机有单相轮流通电,双向轮流通电,单双相轮流通电几种通电方式。

以三相步进电机为例,它的通电方式如下:

①三相单三拍　其通电顺序为 A—B—C—A。“三相”是指三相步进电机,“单”是指每次只有一相绕组通电,“三拍”是指三种通电状态为一个循环。

这种方式每次只有一相通电,容易使转子在平衡位置上发生振荡,稳定性不好。而且在转换时,由于一相断电时,另一相刚开始通电,易失步(指不能严格地对应一个脉冲转一步),因而不常采用这种通电方式。

②双相双三拍　其通电顺序为 AB—BC—CA—CB。这种通电方式由于两相同时通电,转子受到的感应力矩大,静态误差小,定位精度高,而且转换时始终有一相通电,可以工作稳定,不易失步。

③三相六拍　其通电顺序为 A—AB—B—BC—C—CA—A。这是单、双相轮流通电的方式,它具有双一拍的特点,且由于通电状态数增加一倍,而使步距角减少一倍。

4.4.2　步进电机的种类及主要技术指标与特性

1. 步进电机的种类

步进电机的分类方式很多,常见的分类方式有按产生力矩的原理、按输出力矩的大小以及按定子和转子的数量进行分类等。根据不同的分类方式,可将步进电机分为多种类型,如表 4.1 所示。

表 4.1　步进电机的分类

分类方式	具体类型
按力矩产生的原理	反应式:转子无绕组,由被激磁的定子绕组产生反应力矩实现步进运行 激磁式:定、转子均有激磁绕组(或转子用永久磁钢),由电磁力矩实现步进运行
按输出力矩大小	伺服式:输出力矩在百分之几至十分之几(N·m),只能驱动较小的负载,要与液压扭矩放大器配用,才能驱动机床工作台等较大的负载 功率式:输出力矩为 5~50 N·m,可以直接驱动机床工作台等较大的负载
按定子数	单定子式;双定子式;三定子式;多定子式
按各相绕组分布	径向分布式:电机各相按圆周依次排列 轴向分布式:电机各相按轴向依次排列

2. 步进电机的主要技术指标与特性

(1)精度

通常指的是最大步距误差和最大累积误差,步距误差是空载运行一步的实际转角的稳定值与理论值之差的最大值。累积误差是指,从任意位置开始,经过任意步后,在此之间角位移误差的最大值。从使用的角度看,对多数的情况来说,用累积误差来衡量精度比较方便。

由于步进电机转过一圈后,转子的运动有重复性,误差不累积,所以精度的定义,可以认为是在一圈范围内任一步之间转子角位移误差的最大值。

(2)最大静转矩 M_{jmax}

所谓静态是指步进电机的通电状态不变,转子保持不动的定位状态;静转矩即指步进电机处于定位状态下的电磁转矩,它是绕组内电流和失调角的函数。

失调角的概念:在定位状态下,如果在转子轴上加上一负载转矩使转子转过一个角度 θ 并能稳定下来,这时转子上受到的电磁转矩与负载转矩相等,该电磁转矩即静转矩,角度 θ 称为失调角。

对应于某失调角时,静转矩最大,称为最大静转矩 M_{jmax}。一般来说 M_{jmax} 大的电机,负载转矩也大。

(3)启动频率 f_q

空载时,转子从静止状态不失步地启动的最大控制频率,称为启动频率或突跳频率,用 f_q 表示。f_q 的大小与驱动电路和负载大小有关,负载包含负载转矩和负载转动惯量两方面的含义。随着负载惯量的增加,启动频率会下降。若除了惯性负载外,还有转矩负载,则启动频率将进一步下降。

(4)连续运行频率 f_c 和矩频特性

运行频率连续上升时,电动机不失步运行的最高频率称为连续运行频率 f_c,它的值也与负载有关。很显然,在同样负载下,运行频率 f_c 远大于启动频率 f_q。在连续运行状态下,步进电机的电磁力矩将随频率的升高而急剧下降,这两者之间的关系称为矩频特性。图4.23是某步进电机的矩频特性。

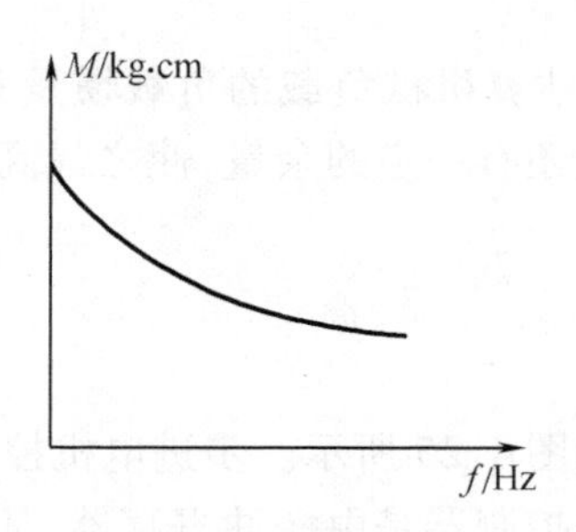

图4.23　矩频特性

(5)加减速特性

步进电机的加减速特性是描述步进电机由静止到工作频率和由工作频率到静止的加减速过程中,定子绕组通电状态的变化频率与时间的关系。当要求步进电机启动到大于突跳频率的工作频率时,变化速度必须逐渐上升;同样,从最高工作频率或高于突跳频率的工作频率停止时,变化速度必须逐渐下降。逐渐上升和下降的加速时间、减速时间不能过小,否则会出现失步或超步。我们用加速时间常数 T_a 和减速时间常数 T_d 来描述步进电机的升速和降速特性,如图 4.24 所示。

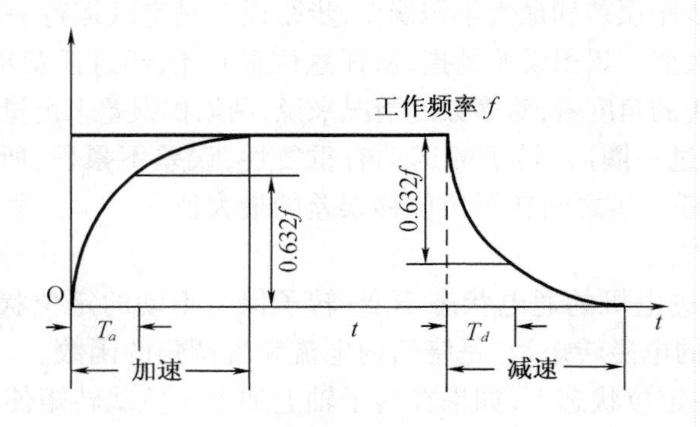

图 4.24 加减速特性曲线

4.4.3 步进电机的选用

步进电机是一种能将数字输入脉冲转换成旋转或直线增量运动的电磁执行元件。每输入一个脉冲电机转轴步进一个步距角增量。电机总的回转角与输入脉冲数成正比例,相应的转速取决于输入脉冲频率。

选择步进电机时,首先要保证步进电机的输出功率大于负载所需的功率。而在选用功率步进电机时,首先要计算机械系统的负载转矩,电机的矩频特性能满足机械负载并有一定的余量,保证其运行可靠。在实际工作过程中,各种频率下的负载力矩必须在矩频特性曲线的范围内。一般地说,最大静转矩 M_{jmax} 大的电机,负载力矩大。

选择步进电机时,应使步距角和机械系统匹配,这样可以得到机床所需的脉冲当量。在机械传动过程中为了使得有更小的脉冲当量,一是可以改变丝杆的导程,二是可以通过步进电机的细分驱动来完成。细分只能改变其分辨率,不改变其精度,精度是由电机的固有特性所决定的。

选择功率步进电机时,应当估算机械负载的负载惯量和机床要求的启动频率,使之与步进电机的惯性频率特性相匹配还有一定的余量,使之最高速连续工作频率能满足机床快速移动的需要。

4.4.4 步进电机的驱动

典型的步进电机控制系统如图 4.25 所示。步进电机控制系统主要是由步进控制器、功率放大器及步进电机组成。步进控制器是由缓冲寄存器、环形分配器、控制逻辑及正/反转控制门等组成。它的作用就是能把输入的脉冲转换成环型脉冲,以便控制步进电机,并能进行正/反向控制。功率放大器的作用是把控制器输出的环型脉冲加以放大,以驱动步进电机转动。

步进电动机不能直接接到工频交流或直流电源上工作,而必须使用专用的步进电动机驱动器,如图 4.26 所示,它由脉冲发生控制单元、功率驱动单元、保护单元等组成。图 4.26 中点划线所包围的两个单元可以用微机控制来实现。驱动单元与步进电动机直接耦合,也可理解成步进电动机微机控制器的功率接口。

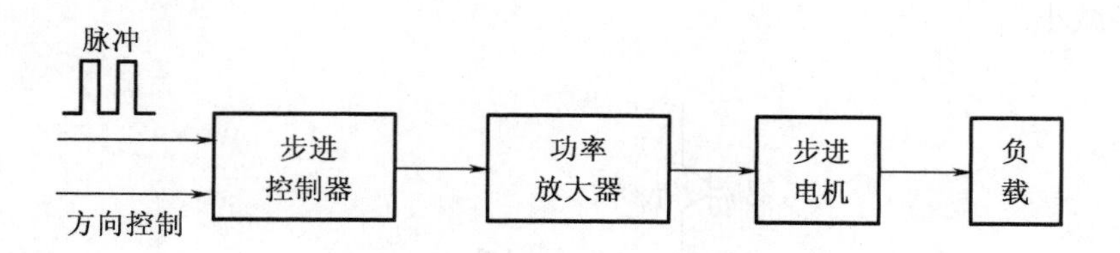

图 4.25 步进电机控制系统的组成

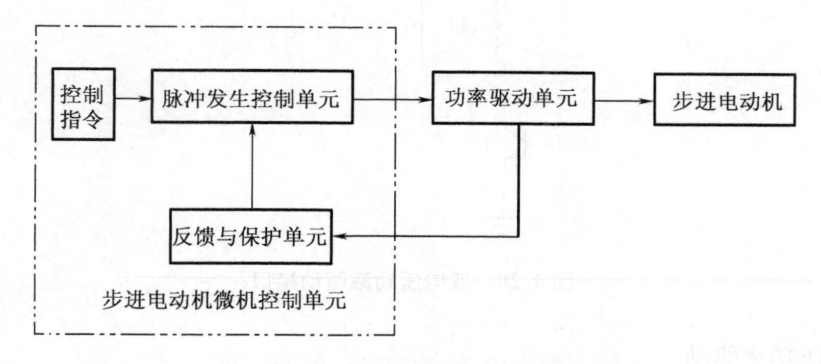

图 4.26 步进电动机驱动控制器

1. 单电压功率驱动

如图 4.27 所示,单电压驱动的方法是在电机绕组回路中串有电阻 R_s,使电机回路时间常数减小,高频时电机能产生较大的电磁转矩,还能缓解电机的低频共振现象,但它引起附加的损耗。一般情况下,简单单电压驱动线路中,R_s 是不可缺少的。

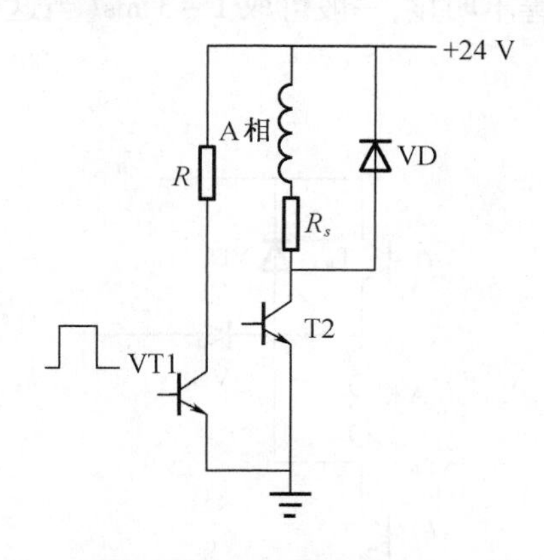

图 4.27 单电压功率驱动接口

2. 双电压功率驱动

如图 4.28 所示,双电压驱动的基本思路是在低速(低频段)时用较低的电压 U_L 驱动,而在高速(高频段)时用较高的电压 U_H 驱动。这种功率接口需要两个控制信号,U_H 为高压有效控制信号,U 为脉冲调宽驱动控制信号。图 4.28 中,功率管 T_H 和二极管 D_L 构成电源转换电路。当 U_H 低电平,T_H 关断,D_L 正偏置,低电压 U_L 对绕组供电。反之 U_H 高电平,T_H 导通,D_L 反偏,高电压 U_H 对绕组供电。这种电路可使电机在高频段也有较大出力,而静止锁定时功耗减小。

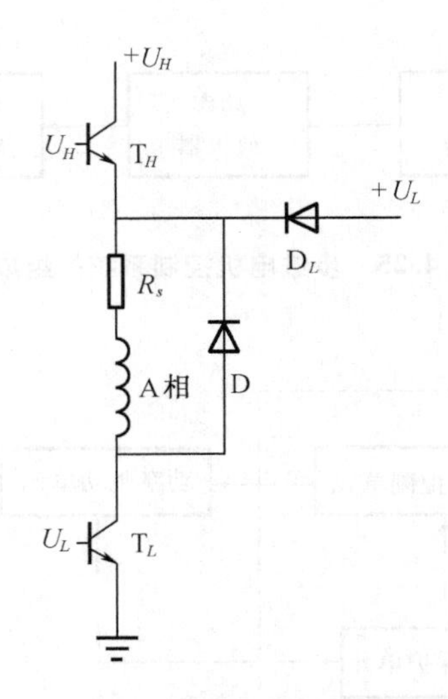

图 4.28 双电压功率驱动接口

3. 高低压功率驱动

如图 4.29 所示，高低压驱动的设计思想是不论电机工作频率如何，均利用高电压 U_H 供电来提高导通相绕组的电流前沿，而在前沿过后，用低电压 U_L 来维持绕组的电流。这一作用同样改善了驱动器的高频性能，而且不必再串联电阻 R_s，消除了附加损耗。高低压驱动功率接口也有两个输入控制信号 U_H 和 U_L，它们应保持同步，且前沿在同一时刻跳变，如图 4.29 所示。图 4.29 中，高压管 VT_H 的导通时间 t_1 不能太大，也不能太小，太大时，电机电流过载；太小时，动态性能改善不明显，一般可取 1 ~ 3 ms（当这个数值与电机的电气时间常数相当时比较合适）。

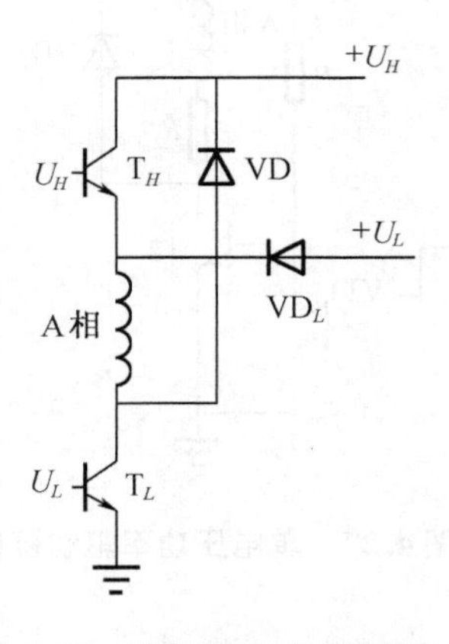

图 4.29 高低压功率驱动接口

4. 斩波恒流功率驱动

如图 4.30 所示，恒流驱动的设计思想是设法使导通相绕组的电流不论在锁定、低频、高频工作时均保持固定数值。使电机具有恒转矩输出特性。这是目前使用较多、效果较好的一种功率接口。图 4.30 是斩波恒流功率接口原理图。R 是一个用于电流采样的小阻值电阻，称为采样电阻。当电流不大时，VT_1和VT_2同时受控于走步脉冲，当电流超过恒流给定的数值，VT_2被封锁，电源U被切除。由于电机绕组具有较大电感，此时靠二极管VD续流，维持绕组电流，电机靠消耗电感中的磁场能量产生出力。此时电流将按指数曲线衰减，同样电流采样值将减小。当电流小于恒流给定的数值，VT_2导通，电源再次接通。如此反复，电机绕组电流就稳定在由给定电平所决定的数值上，形成小小的锯齿波。

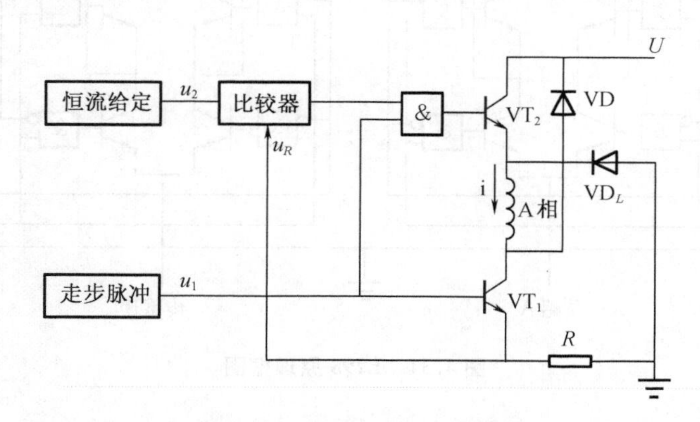

图4.30　斩波恒流功率驱动接口

斩波恒流功率驱动接口也有两个输入控制信号，其中u_1是数字脉冲，u_2是模拟信号。这种功率接口的特点是：高频响应大大提高，接近恒转矩输出特性，共振现象消除，但线路较复杂。目前，已有相应的集成功率模块可供采用。

5. 升频升压功率驱动

为了进一步提高驱动系统的高频响应，可采用升频升压功率驱动方法。这种驱动方法对绕组提供的电压与电机的运行频率成线性关系。它的主回路实际上是一个开关稳压电源，利用频率－电压变换器，将驱动脉冲的频率转换成直流电平，并用此电平去控制开关稳压电源的输入，这就构成了具有频率反馈的功率驱动接口。

6. 集成功率驱动接口

目前，已有多种用于小功率步进电动机的集成功率驱动接口电路可供选用。L298芯片是一种H桥式驱动器，它设计成接受标准TTL逻辑电平信号，可用来驱动电感性负载。H桥可承受46 V电压，相电流高达2.5 A。L298（或XQ298，SGS298）的逻辑电路使用5 V电源，功放级使用5～46 V电压，下桥发射极均单独引出，以便接入电流取样电阻。L298（等）采用15脚双列直插小瓦数式封装，工业品等级，它的内部结构如图4.31所示。H桥驱动的主要特点是能够对电机绕组进行正、反两个方向通电。L298特别适用于对二相或四相步进电动机的驱动。

与L298类似的电路还有TER公司的3717，它是单H桥电路。SGS公司的SG3635则是单桥臂电路，IR公司的IR2130则是三相桥电路，Allegro公司则有A2916、A3953等小功率驱动模块。

图4.32是使用L297（环形分配器专用芯片）和L298构成的具有恒流斩波功能的步进电动机驱动系统。

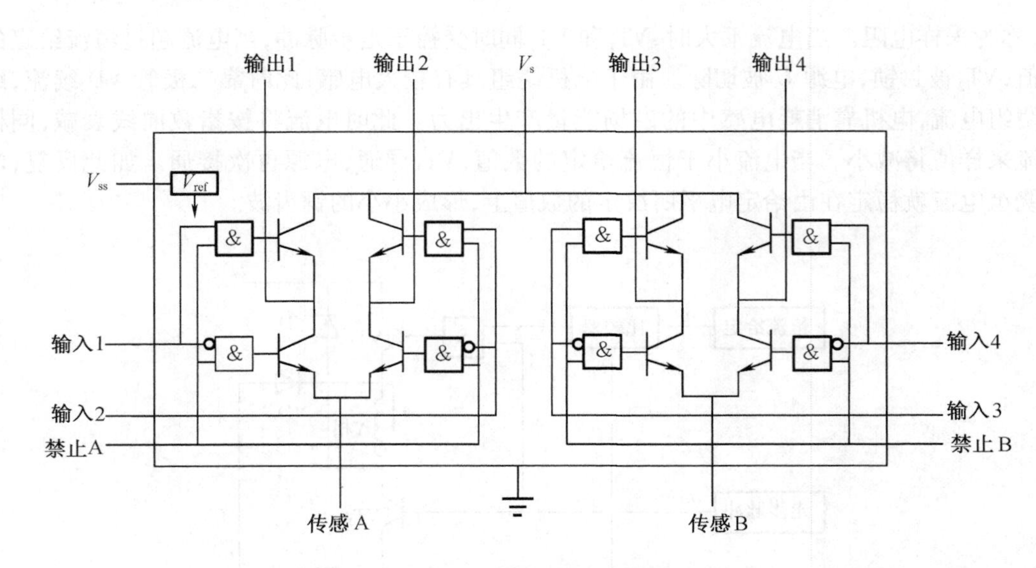

图 4.31　L298 原理框图

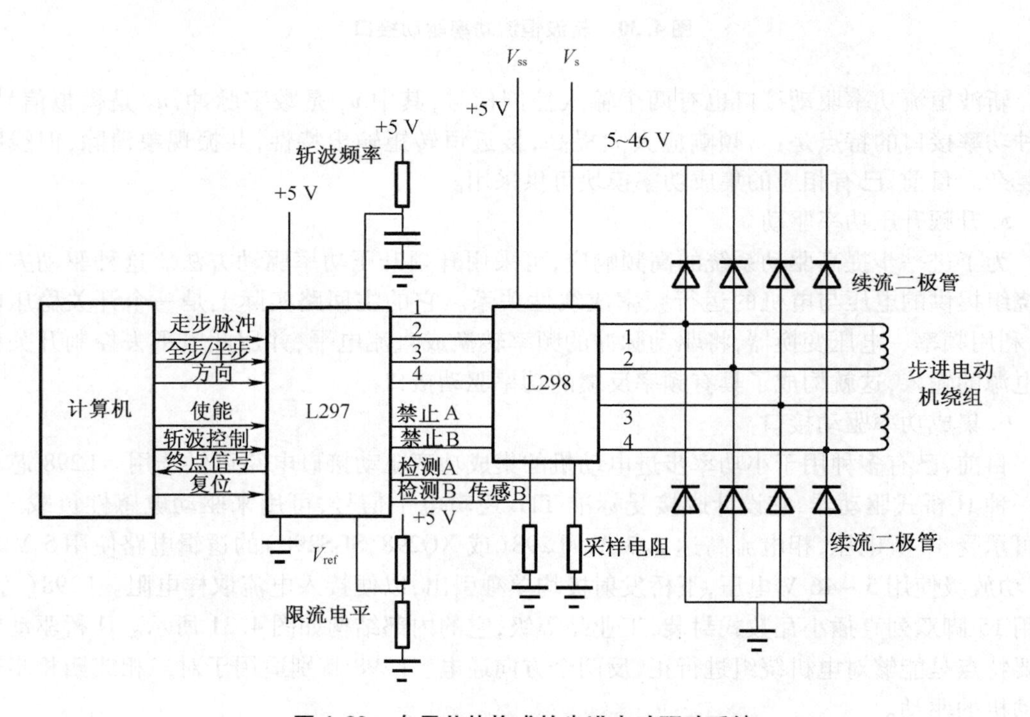

图 4.32　专用芯片构成的步进电动驱动系统

4.4.5　步进电机的控制

1. 脉冲序列的生成

在步进电机控制中必须解决的一个重要问题，就是产生一个周期性脉冲序列。脉冲是用周期、脉冲高度、接通与断开电源的时间来表示的。脉冲高度是由使用的数字元件电平来决定的，如一般 TTL 电平为 0 ~ 5 V，CMOS 电平为 0 ~ 10 V 等。在常用的接口电路中，多为 0～5 V,接通和断开时间可用延时的办法来控制。例如,当向步进电机相应的数字线送高电平(表示接通)时,步进电机便开始步进。但由于步进电机的“步进”是需要一定时间的,因此在送一高脉冲后需延长一段时间,以使步进电机达到指定的位置。由此可见,用计算机控制步进电机实际上是由计算机产生一系列脉冲波,用软件实现脉冲波的方法是先输出一高电平,然后再利用软件延时一段时间,而后输出低电平,再延时。延时时间的长短由步进电机的工作频率和我们希望达到的电机转速共同来决定。

2. 方向控制

所谓步进电机的方向控制,实际上就是按照某一控制方式(根据需要进行选定)所规定的顺序发送脉冲序列,即可达到控制步进电机方向的目的。

常用的步进电机有三相、四相、五相、六相四种,其旋转方向与内部绕组的通电顺序有关。下面以三相步进电机为例进行讲述。

三相步进电机有三种工作方式:

(1)单三拍,通电顺序为 A→B→C→A;

(2)双三拍,通电顺序为 AB→BC→CA→AB;

(3)三相六拍,通电顺序为 A→AB→B→BC→C→CA→A。

如果按上述三种通电方式和通电顺序进行通电,则步进电机正向转动;反之,如果通电方向与上述顺序相反,则步进电机反向转动。例如:在单三拍中反相的通电顺序为 A→C→B→A,其他两种方式可以此类推。

3. 步进电机的变速控制

步进电机通常是以恒定的转速进行工作的,即在整个控制过程中步进电机的速度不变。然而,对于大多数任务而言,总是希望能尽快地达到控制终点。因此,要求步进电机的速率尽可能快一些,但如果速度太快,则可能产生失步。此外,一般步进电机对空载最高启动频率都有所限制。所谓空载最高启动频率是指电动机空载时,转子从静止状态不失步地步入同步(即电动机每秒钟转过的角度和控制脉冲频率相对应的工作状态)的最大控制脉冲频率。

当步进电机带有负载时,它的启动频率要低于最高空载启动频率。根据步进电机的频率特性可知,启动频率越高,启动转矩越小,带负载的能力越差;当步进电机启动后,进入稳态时的工作频率又远大于启动频率。由此可见,一个静止的步进电机不可能一下子稳定到较高的工作频率,必须在启动的瞬间采取加速的措施。反之,从高速运行到停止也应该有减速的措施。减速时的加速度绝对值常比加速时的加速度大。

为此,引进一种变速控制程序,该程序的基本思想是:在启动时,以低于响应频率的速度运行;然后慢慢加速,加速到一定速率后,就以此速率恒速运行;当快要到达终点时,又使其慢慢减速,在低于响应频率的速率下运行,直到走完规定的步数后停机。这样,步进电机便可以最快的速度走完所规定的步数,而又不出现失步。

几种变速控制方法:

(1)改变控制方式的变速控制

最简单的变速控制可利用改变步进电机的控制方式实现。例如,在三相步进电机中,启动或停止时,用三相六拍。大约在 0.1 s 以后,改用三相三拍,在快达到终点时,再度采用三相六拍控制,以达到减速控制的目的。

(2)均匀地改变脉冲时间间隔的变速控制

步进电机的加速(或减速)控制,可以用均匀地改变脉冲时间间隔来实现。例如,在加速控制中,可以均匀地减少延时时间间隔;在减速控制时,则可均匀地增加延时时间间隔。具体地说,就是均匀地减少(或增加)延时程序中的延时时间常数。

由此可见,所谓步进电机控制程序,实际上就是按一定的时间间隔输出不同的控制字。所以,改变传送控制字的时间间隔(亦即改变延时时间),即可改变步进电机的控制频率。这种控制方法的优点是,由于延时的长短不受限制,因此使步进电机的工作频率变化范围较宽。

(3)采用定时器的变速控制

在单片机控制系统中,也可以用单片机内部的定时器来提供延时时间,其方法是将定时器初始化后,每隔一定的时间,由定时器向 CPU 申请一次中断;CPU 响应中断后,便发出一次控制脉冲。此时,只要均匀地改变定时器时间常数,即可达到均匀加速(或减速)的目的。这种方法可以提高控制系统的效率。

4.5 本章小结

一个多世纪以来,虽然电动机的基本结构变化不大,但是电动机的类型增加了许多,在运行性能、经济指标等方面也都有了很大的改进和提高,而且随着自动控制系统和计算机技术的发展,在一般旋转电动机的理论基础上又发展出许多种类的控制电动机,具有高可靠性、好精确度、快速响应的特点。

本章首先介绍了伺服电机与伺服系统,包括交、直流伺服电机与交、直流伺服系统,以及交流伺服系统的性能指标、电机位置检测与常用控制方式。

其次,重点介绍了永磁同步电动机的伺服控制,涉及到永磁同步电动机的矢量控制与 $i_d=0$ 转子磁链定向控制技术。

然后,介绍了交流电机的变频调速技术,包括交流调速常用的调速方案及其性能比较,变频器的基本结构和分类,变频器基本参数的调试等。

最后,重点介绍了步进电机结构及工作原理,步进电机的种类及主要技术指标与特性,步进电机的选用以及步进电机的驱动控制。

电机作为基础动力设备,其发展水平直接影响着一个国家产业经济的发展。随着电工技术的发展,对电能的转换、控制以及高效使用的要求越来越高。电磁材料的性能不断提高,电工电子技术的广泛应用,为电动机的发展注入了新的活力。未来电动机将会沿着体积更小、机电能量转换效率更高、控制更灵活的方向发展。

第5章 运动控制

5.1 运动控制系统

5.1.1 运动控制的起源与发展现状

运动控制(MC)是自动化的一个分支,是通过电压、电流、频率等输入电量的控制,对机械运动部件的位置、速度(转矩、速度、位移)等进行实时的控制管理,使其按照预期的运动轨迹和规定的运动参数进行运动。它使用通称为伺服机构的一些设备如液压泵,线性执行机或者是电机来控制机器的位置和/或速度。运动控制系统又称为电力拖动控制系统。

运动控制技术是在以数字信号处理器 DSP 为代表的高性能高速微处理器及大规模可编程逻辑器件 FPGA 的基础上发展而来的,它是广义上的数控装置。早期的运动控制技术主要是伴随着数控技术、机器人技术和工厂自动化技术的发展而发展的。

1. 早期的发展

运动控制起源于早期的伺服控制。“伺服”(Servo)最早出现在1873年法国工程师 Jean Joseph Leon Farcot 的一本书(*Le Servo - Motor on Moteur Asservi*)中。早期的伺服控制对象主要是轮船驾驶。俄裔美国工程师 N. Minorsky 于1922年首先提出 PID 控制方法,并成功将其应用于美国海军军舰 US New Mexico 控制上去。E. Sperry 于1910年创立 Sperry 公司。由他们设计和制造陀螺仪和各种控制装置被广泛地应用到二战时期的美军军舰、鱼雷、火炮、雷达和飞机上。麻省理工学院电机工程系教授 H. Hazen 于1934年在研制网络模拟计算机的过程中创立了伺服控制理论(Theory of Servomechanism),并首先提出了轨迹跟踪在反馈控制系统中的重要性。

早期的运动控制技术主要是伴随着数控技术(CNC)、机器人技术(Robotics)和工厂自动化技术的发展而发展的。最初的运动控制器实际上是可以独立运行的专用控制器,往往无需另外的处理器和操作系统支持,可以独立完成运动控制功能、工艺技术要求的其他功能和人机交互功能。这类控制器可以成为独立运行(Stand-a lone)的运动控制器,主要针对专门的数控机械和其他自动化设备而设计,往往已根据应用行业的工艺要求设计了功能,用户只需要按照其协议要求编写应用加工代码文件,利用 RS232 或者 DNC 方式传输到控制器,控制器即可完成相关的动作。但这类控制器往往不能离开其特定的工艺要求而跨行业应用,控制器的开放性仅仅依赖于控制器的加工代码协议,用户不能根据应用要求而重组自己的运动控制系统。

2. 数字运动控制的起步与发展

麻省理工学院电机工程系教授 G. S. Brown 通过与 Parsons 公司的合作,于1952年研制出了世界上第一台数控铣床,对制造工业产生了革命性的影响,被誉为数控机床之父。1957年,Giddings 和 Lewis 把 NC 装置装在 Skin Miller 上,制成 NC 工作母机。1958年,

Kearney 和 Trecker 开发了 NC 加工中心。同一年，日本富士通和牧野 FRAICE 公司开发成功 NC 铣床。G. Devol 与 J. Engelberger 于 1959 年创立了世界上首家机器人公司（Unimation Inc.），并推出了首台工业机器人 PUMA。机器人技术体现了电子控制和驱动，传感器以及运动机构一体化的新思想。日本安川（Yaskawa）公司的工程师把这叫作 Mechatronics（机电一体化技术）（1972）。1973 年的石油危机以后，电气伺服成为市场主导。随着微电子技术的发展，交流伺服日趋成熟，直线电机及其他先进驱动技术不断涌现。这为高速、高精度运动系统的快速设计提供了保障。

3. 开放式运动控制系统

开放式运动控制系统的研究始于 1987 年，美国空军在美国政府资助下发表了著名的"NGC（下一代控制器）研究计划"，该计划首先提出了开放体系结构控制器的概念，这个计划的重要内容之一便是提出了"开放系统体系结构标准规格（OSACA）"。自 1996 年开始，美国几个大的科研机构对 NGC 计划分别发表了相应的研究内容，如在美国海军支持下，美国国际标准研究院提出了"EMC（增强型机床控制器）"；由美国通用、福特和克莱斯勒三大汽车公司提出和研制了"OMAC（开放式、模块化体系结构控制器）"，其目的是用更开放、更加模块化的控制结构使制造系统更加具有柔性、更加敏捷。该计划启动后不久便公布了一个名为"OMAC APT"的规范，并促成了一系列相关研究项目的运行。

通用运动控制技术作为自动化技术的一个重要分支，在 20 世纪 90 年代，国际上发达国家，例如美国进入快速发展的阶段。由于有强劲市场需求的推动，通用运动控制技术发展迅速、应用广泛。

近年来，随着通用运动控制技术的不断进步和完善，通用运动控制器作为一个独立的工业自动化控制类产品，已经被越来越多的产业领域接受，并且它已经达到一个引人瞩目的市场规模。根据 ARC 近期的一份研究，世界通用运动控制（General Motion Control，GMC）市场已超过 40 亿美元，并且有望在未来 5 年内综合增长率达到 6.3%。随着运动控制系统的普及应用，用户对其性能提出了越来越高的要求，借助于数字和网络技术，智能控制已经深入到运动控制系统的各个方面，各种新技术的应用也大大提高了运动控制系统的性能，高频化、交流化和网络化成为今后的发展方向。

5.1.2 运动控制系统的组成、功能与分类

一个运动控制系统的基本组成包括：

（1）运动控制器，用以生成轨迹点（期望输出）和闭合位置反馈环。许多控制器也可以在内部闭合一个速度环。

（2）功率放大与变换装置，用以将来自运动控制器的控制信号（通常是速度或扭矩信号）转换为更高功率的电流或电压信号。更为先进的智能化驱动可以自身闭合位置环和速度环，以获得更精确的控制。

（3）执行器如液压泵、气缸、线性执行机或电机用以输出运动。

（4）一个反馈传感器如光电编码器，旋转变压器或霍尔效应设备等用以反馈执行器的位置到位置控制器，以实现和位置控制环的闭合。

（5）众多机械部件用以将执行器的运动形式转换为期望的运动形式，它包括齿轮箱、轴、滚珠丝杠、齿形带、联轴器以及线性和旋转轴承。

根据运动控制的特点和应用领域的不同,运动控制系统的功能可分成以下几种形式:

(1)点位运动控制

这种运动控制的特点是仅对终点位置有要求,与运动的中间过程即运动轨迹无关。相应的运动控制器要求具有快速的定位速度,在运动的加速段和减速段,采用不同的加减速控制策略。在加速运动时,为了使系统能够快速加速到设定速度,往往提高系统增益和加大加速度,在减速的末段采用S曲线减速的控制策略。为了防止系统到位后震动,规划到位后,又会适当减小系统的增益。所以,点位运动控制器往往具有在线可变控制参数和可变加减速曲线的能力。

(2)连续轨迹运动控制

又称为轮廓控制,主要应用在传统的数控系统、切割系统的运动轮廓控制。相应的运动控制器要解决的问题是如何使系统在高速运动的情况下,既要保证系统加工的轮廓精度,还要保证刀具沿轮廓运动时的切向速度的恒定。对小线段加工时,有多段程序预处理功能。

(3)同步运动控制

指多个轴之间的运动协调控制,可以是多个轴在运动全程中进行同步,也可以是在运动过程中的局部有速度同步,主要应用在需要有电子齿轮箱和电子凸轮功能的系统控制中。从动轴的位置在机械上跟随一个主动轴的位置变化。一个简单的例子是,一个系统包含两个转盘,它们按照一个给定的相对角度关系转动。电子凸轮较之电子齿轮更复杂一些,它使得主动轴和从动轴之间的随动关系曲线是一个函数。这个曲线可以是非线性的,但必须是一个函数关系。工业上应用有印染、印刷、造纸、轧钢、同步剪切等行业。相应的运动控制器的控制算法常采用自适应前馈控制,通过自动调节控制量的幅值和相位,来保证在输入端加一个与干扰幅值相等、相位相反的控制作用,以抑制周期干扰,保证系统的同步控制。

根据控制原理和控制方式的不同,运动控制系统有不同的分类:

(1)按位置控制原理分类

运动控制系统根据位置控制原理,即有无检测反馈传感器以及检测部位,可分为开环、半闭环和全闭环三种基本控制方案。

开环控制系统无检测反馈装置,其执行电动机一般采用步进电机。优点是控制方便,结构简单,价格便宜。控制系统发出的指令是单向的,故不存在稳定性问题。缺点是机械传动误差不经过反馈校正,控制精度不高。

半闭环控制系统的位置反馈采用转角检测元件,直接安装在伺服电机或丝杠端部。由于具有位置反馈比较控制,可获得较大的定位精度,大部分机械传动环节包括在系统闭环环路内,因此可获得较稳定的控制特性。丝杠等机械传动误差不能通过反馈校正,但可采用软件定值补偿的方法来适当提高其精度。

全闭环控制系统是采用光栅等检测元件对被控对象进行位置检测,可以消除从电机到被控单元之间整个机械传动链中的传动误差,得到很高的静态定位精度。缺点是稳定性不高,系统设计和调整也相当复杂。

(2)按控制方式分类

运动控制按被控对象的性质和运动控制方式可分为位置控制、速度控制和力矩控制三种类型。

位置控制:转角位置或直线移动位置的控制。按数控原理分为点位运动控制,连续轨迹运动控制和同步运动控制。点位控制是点到点的定位控制,它既不控制点与点之间的运动轨迹,也不在此过程中进行加工或测量。连续轨迹控制又分为直线控制和轮廓控制。直线控制是指被控对象以一定速度沿某个方向的直线运动(单轴或多轴联动),在此过程中要进行加工或测量。轮廓控制是控制两个或两个以上坐标轴移动的瞬时位置与速度,通过联动形成一个平面或空间的轮廓曲线或曲面。同步控制主要是两轴或两轴以上的速度或位置的同步运动控制。

速度控制:速度控制既可单独使用,如传输机、工作台等机械速度控制,也可以与位置控制联合成为双回路控制,如各种数控机械的双回路伺服系统。

力矩控制:塑料薄膜、钢带、布品和纸张等卷取机都是恒张力控制;自动组装机的拧紧螺母以及自动钻孔等场合,应采用力矩与位置同步控制。

5.1.3 运动控制系统中的关键技术

在机电一体化技术迅速发展的同时,运动控制技术作为其关键组成部分,也得到前所未有的大发展,运动控制系统中的关键技术主要有:

(1)全闭环交流伺服驱动技术

在一些定位精度或动态响应要求比较高的机电一体化产品中,交流伺服系统的应用越来越广泛,其中数字式交流伺服系统更符合数字化控制模式的潮流,而且调试、使用十分简单,因而倍受青睐。这种伺服系统的驱动器采用了先进的数字信号处理器(Digital Signal Processor, DSP),可以对电机轴后端部的光电编码器进行位置采样,在驱动器和电机之间构成位置和速度的闭环控制系统,并充分发挥 DSP 的高速运算能力,自动完成整个伺服系统的增益调节,甚至可以跟踪负载变化,实时调节系统增益;有的驱动器还具有快速傅立叶变换(FFT)的功能,测算出设备的机械共振点,并通过陷波滤波方式消除机械共振。

一般情况下,这种数字式交流伺服系统大多工作在半闭环的控制方式,即伺服电机上的编码器反馈既作速度环,也作位置环。这种控制方式对于传动链上的间隙及误差不能克服或补偿。为了获得更高的控制精度,应在最终的运动部分安装高精度的检测元件(如光栅尺、光电编码器等),即实现全闭环控制。比较传统的全闭环控制方法是:伺服系统只接受速度指令,完成速度环的控制,位置环的控制由上位控制器来完成(大多数全闭环的机床数控系统就是这样)。这样大大增加了上位控制器的难度,也限制了伺服系统的推广。目前,国外已出现了一种更完善、可以实现更高精度的全闭环数字式伺服系统,使得高精度自动化设备的实现更为容易。

该系统克服了上述半闭环控制系统的缺陷,伺服驱动器可以直接采样装在最后一级机械运动部件上的位置反馈元件(如光栅尺、磁栅尺、旋转编码器等)作为位置环,而电机上的编码器反馈此时仅作为速度环。这样伺服系统就可以消除机械传动上存在的间隙(如齿轮间隙、丝杠间隙等),补偿机械传动件的制造误差(如丝杠螺距误差等),实现真正的全闭环位置控制功能,获得较高的定位精度。这种全闭环控制均由伺服驱动器来完成,无需增加上位控制器的负担,因而越来越多的行业在其自动化设备的改造和研制中,开始采用这种伺服系统。

(2)直线电机驱动技术

直线电机在机床进给伺服系统中的应用,近几年来已在世界机床行业得到重视,并在西欧工业发达地区掀起“直线电机热”。

在机床进给系统中，采用直线电动机直接驱动与原旋转电机传动的最大区别是取消了从电机到工作台（拖板）之间的机械传动环节，把机床进给传动链的长度缩短为零，因而这种传动方式又被称为“零传动”。正是由于这种“零传动”方式，带来了原旋转电机驱动方式无法达到的性能指标和优点。

①高速响应

由于系统中直接取消了一些响应时间常数较大的机械传动件（如丝杠等），使整个闭环控制系统动态响应性能大大提高，反应异常灵敏快捷。

②精度

直线驱动系统取消了由于丝杠等机械机构产生的传动间隙和误差，减少了插补运动时因传动系统滞后带来的跟踪误差。通过直线位置检测反馈控制，即可大大提高机床的定位精度。

③传动刚度高

由于“直接驱动”，避免了启动、变速和换向时因中间传动环节的弹性变形、摩擦磨损和反向间隙造成的运动滞后现象，同时也提高了其传动刚度。

④速度快、加减速过程短

由于直线电动机最早主要用于磁悬浮列车（时速可达500 km/h），所以用在机床进给驱动中，要满足其超高速切削的最大进给速度当然是没有问题的。也由于上述“零传动”的高速响应性，使其加减速过程大大缩短。以实现启动时瞬间达到高速，高速运行时又能瞬间准停。可获得较高的加速度，一般可达 $2\sim10g$（$g=9.8\ m/s^2$），而滚珠丝杠传动的最大加速度一般只有 $0.1\sim0.5g$。

⑤行程长度不受限制

在导轨上通过串联直线电机，就可以无限延长其行程长度。

⑥运动安静、噪音低

由于取消了传动丝杠等部件的机械摩擦，且导轨又可采用滚动导轨或磁垫悬浮导轨（无机械接触），其运动时噪音将大大降低。

⑦效率高

由于无中间传动环节，消除了机械摩擦时的能量损耗，传动效率大大提高。

直线传动电机的发展也越来越快，在运动控制行业中倍受重视。在国外工业运动控制相对发达的国家已开始推广使用相应的产品，其中美国科尔摩根公司（Kollmorgen）的PLATINNM DDL系列直线电机和SERVOSTAR CD系列数字伺服放大器构成一种典型的直线永磁伺服系统，它能提供很高的动态响应速度和加速度、极高的刚度、较高的定位精度和平滑的无差运动；德国西门子公司、日本三井精机公司、中国台湾上银科技公司等也开始在其产品中应用直线电机。

（3）可编程计算机控制器技术

自20世纪60年代末美国第一台可编程序控制器（Programming Logical Controller，PLC）问世以来，PLC控制技术已走过了30年的发展历程，尤其是随着近代计算机技术和微电子技术的发展，它已在软硬件技术方面远远走出了当初的“顺序控制”的雏形阶段。可编程计算机控制器（PCC）就是代表这一发展趋势的新一代可编程控制器。

与传统的PLC相比较，PCC最大的特点在于它类似于大型计算机的分时多任务操作系统和多样化的应用软件的设计。传统的 PLC 大多采用单任务的时钟扫描或监控程序来处理程序本身的逻辑运算指令和外部的 I/O 通道的状态采集与刷新。这样处理方式直接导致了 PLC 的“控制速度”依赖于应用程序的大小,这一结果无疑是同 I/O 通道中高实时性的控制要求相违背的。PCC 的系统软件完美地解决了这一问题,它采用分时多任务机制构筑其应用软件的运行平台,这样应用程序的运行周期则与程序长短无关,而是由操作系统的循环周期决定。由此,它将应用程序的扫描周期同外部的控制周期区别开来,满足了实时控制的要求。当然,这种控制周期可以在 CPU 运算能力允许的前提下,按照用户的实际要求,任意修改。

基于这样的操作系统,PCC 的应用程序由多任务模块构成,给工程项目应用软件的开发带来很大的便利。因为这样可以方便地按照控制项目中各部分不同的功能要求,如运动控制、数据采集、报警、PID 调节运算、通信控制等,分别编制出控制程序模块(任务),这些模块既独立运行,数据间又保持一定的相互关联,这些模块经过分步骤的独立编制和调试之后,可一同下载至 PCC 的 CPU 中,在多任务操作系统的调度管理下并行运行,共同实现项目的控制要求。

PCC 在工业控制中强大的功能优势,体现了可编程控制器与工业控制计算机及 DCS(分布式工业控制系统)技术互相融合的发展潮流,虽然这还是一项较为年轻的技术,但在其越来越多的应用领域中,正日益显示出不可低估的发展潜力。

(4)运动控制卡

运动控制卡是一种基于工业 PC 机 、用于各种运动控制场合(包括位移、速度、加速度等)的上位控制单元。它的出现主要是因为:①为了满足新型数控系统的标准化、柔性、开放性等要求;②在各种工业设备(如包装机械、印刷机械等)、国防装备(如跟踪定位系统等)、智能医疗装置等设备的自动化控制系统研制和改造中,急需一个运动控制模块的硬件平台;③PC 机在各种工业现场的广泛应用,也促使配备相应的控制卡以充分发挥 PC 机的强大功能。

运动控制卡通常采用专业运动控制芯片或高速 DSP 作为运动控制核心,大多用于控制步进电机或伺服电机。一般地,运动控制卡与 PC 机构成主从式控制结构:PC 机负责人机交互界面的管理和控制系统的实时监控等方面的工作(例如键盘和鼠标的管理、系统状态的显示、运动轨迹规划、控制指令的发送、外部信号的监控等等);控制卡完成运动控制的所有细节(包括脉冲和方向信号的输出、自动升降速的处理、原点和限位等信号的检测等等)。运动控制卡都配有开放的函数库供用户在 DOS 或 Windows 系统平台下自行开发、构造所需的控制系统。因而这种结构开放的运动控制卡能够广泛地应用于制造业中设备自动化的各个领域。

这种运动控制模式在国外自动化设备的控制系统中比较流行,运动控制卡也形成了一个独立的专门行业,具有代表性的产品有美国的 PMAC,PARKER 等运动控制卡。在国内相应的产品也已出现,如成都步进机电有限公司的 DMC300 系列卡已成功地应用于数控打孔机、汽车部件性能试验台等多种自动化设备上。

5.2 PLC 可编程序控制器

5.2.1 可编程序控制器基本介绍

数字运算操作电子系统的可编程逻辑控制器(Programmable Logic Controller,PLC),主要用于控制机械的生产过程。它是一种数字运算操作的电子系统,专为在工业环境中应用而设计的。它采用一类可编程的存储器,用于其内部存储程序,执行逻辑运算、顺序控制、定时、计数与算术操作等面向用户的指令,并通过数字或模拟式输入/输出控制各种类型的机械或生产过程。

1969 年,美国数字设备公司研制出了第一台可编程逻辑控制器 PDP-14,在美国通用汽车公司的生产线上试用成功,首次采用程序化的手段应用于电气控制,这是第一代可编程逻辑控制器,称 Programmable Logic Controller,简称 PLC,是世界上公认的第一台 PLC。1973 年,德国西门子公司(SIEMENS)研制出欧洲第一台 PLC,型号为 SIMATIC S4;1974 年,中国研制出第一台 PLC,1977 年开始工业应用。

20 世纪 70 年代初出现了微处理器。人们很快将其引入可编程逻辑控制器,使可编程逻辑控制器增加了运算、数据传送及处理等功能,完成了真正具有计算机特征的工业控制装置。此时的可编程逻辑控制器为微机技术和继电器常规控制概念相结合的产物。个人计算机发展起来后,为了方便和反映可编程控制器的功能特点,可编程逻辑控制器定名为 Programmable Logic Controller(PLC)。20 世纪 80 年代至 20 世纪 90 年代中期,是可编程逻辑控制器发展最快的时期,年增长率一直保持为 30%~40%。在这个时期,PLC 在处理模拟量能力、数字运算能力、人机接口能力和网络能力得到大幅度提高,可编程逻辑控制器逐渐进入过程控制领域,在某些应用上取代了在过程控制领域处于统治地位的 DCS 系统。

20 世纪末期,可编程逻辑控制器的发展特点是更加适应于现代工业的需要。这个时期发展了大型机和超小型机、诞生了各种各样的特殊功能单元、生产了各种人机界面单元、通信单元,使应用可编程逻辑控制器的工业控制设备的配套更加容易。

5.2.2 PLC 基本结构、功能及类型

1. PLC 基本结构

可编程逻辑控制器实质是一种专用于工业控制的计算机,其硬件结构基本上与微型计算机相同,基本构成为:

(1)电源

可编程逻辑控制器的电源在整个系统中起着十分重要的作用。如果没有一个良好的、可靠的电源系统是无法正常工作的,因此可编程逻辑控制器的制造商对电源的设计和制造也十分重视。一般交流电压波动在 +10%(+15%)范围内,可以不采取其他措施而将 PLC 直接连接到交流电网上去。

(2)中央处理单元(CPU)

中央处理单元(CPU)是可编程逻辑控制器的控制中枢。它按照可编程逻辑控制器系统程序赋予的功能接收并存储从编程器键入的用户程序和数据;检查电源、存储器、I/O 以

及警戒定时器的状态，并能诊断用户程序中的语法错误。当可编程逻辑控制器投入运行时，首先它以扫描的方式接收现场各输入装置的状态和数据，并分别存入 I/O 映像区，然后从用户程序存储器中逐条读取用户程序，经过命令解释后按指令的规定执行逻辑或算数运算的结果送入 I/O 映象区或数据寄存器内。等所有的用户程序执行完毕之后，最后将 I/O 映象区的各输出状态或输出寄存器内的数据传送到相应的输出装置，如此循环运行，直到停止运行。

(3)存储器

包括：存放系统软件的存储器称为系统程序存储器，存放应用软件的存储器称为用户程序存储器。

(4)输入输出接口电路

现场输入接口电路由光耦合电路和微机的输入接口电路组成，是可编程逻辑控制器与现场控制的接口界面的输入通道；现场输出接口电路由输出数据寄存器、选通电路和中断请求电路集成，作用是可编程逻辑控制器通过现场输出接口电路向现场的执行部件输出相应的控制信号。

(5)功能模块

如计数、定位等功能模块。

(6)通信模块

2. PLC 的功能

包括运算功能、控制功能、通信功能、编程功能、诊断功能和处理速度等特性功能。

(1)运算功能

简单可编程逻辑控制器的运算功能包括逻辑运算、计时和计数功能；普通可编程逻辑控制器的运算功能还包括数据移位、比较等运算功能；较复杂运算功能有代数运算、数据传送等；大型可编程逻辑控制器中还有模拟量的 PID 运算和其他高级运算功能。随着开放系统的出现，目前在可编程逻辑控制器中都已具有通信功能，有些产品具有与下位机的通信，有些产品具有与同位机或上位机的通信，有些产品还具有与工厂或企业网进行数据通信的功能。设计选型时应从实际应用的要求出发，合理选用所需的运算功能。大多数应用场合，只需要逻辑运算和计时计数功能，有些应用需要数据传送和比较，当用于模拟量检测和控制时，才使用代数运算，数值转换和 PID 运算等。要显示数据时需要译码和编码等运算。

(2)控制功能

控制功能包括 PID 控制运算、前馈补偿控制运算、比值控制运算等，应根据控制要求确定。可编程逻辑控制器主要用于顺序逻辑控制，因此大多数场合常采用单回路或多回路控制器解决模拟量的控制，有时也采用专用的智能输入输出单元完成所需的控制功能，提高可编程逻辑控制器的处理速度和节省存储器容量。例如采用 PID 控制单元、高速计数器、带速度补偿的模拟单元、ASC 码转换单元等。

(3)通信功能

大中型可编程逻辑控制器系统应支持多种现场总线和标准通信协议(如 TCP/IP)，需要时应能与工厂管理网(TCP/IP)相连接。通信协议应符合 ISO/IEEE 通信标准，应是开放的通信网络。

可编程逻辑控制器系统的通信接口应包括串行和并行通信接口、RIO 通信口、常用 DCS 接口等；大中型可编程逻辑控制器通信总线(含接口设备和电缆)应 1:1 冗余配置，通信总线应符合国际标准,通信距离应满足装置实际要求。

可编程逻辑控制器系统的通信网络中,上级的网络通信速率应大于1 Mb/s,通信负荷不大于60%。可编程逻辑控制器系统的通信网络主要形式有下列几种:

①PC为主站,多台同型号可编程逻辑控制器为从站,组成简易可编程逻辑控制器网络;

②1台可编程逻辑控制器为主站,其他同型号可编程逻辑控制器为从站,构成主从式可编程逻辑控制器网络;

③可编程逻辑控制器网络通过特定网络接口连接到大型DCS中作为DCS的子网;

④专用可编程逻辑控制器网络(各厂商的专用可编程逻辑控制器通信网络)。

为减轻CPU通信任务,根据网络组成的实际需要,应选择具有不同通信功能的(如点对点、现场总线)通信处理器。

(4)编程功能

离线编程方式:可编程逻辑控制器和编程器公用一个CPU,编程器在编程模式时,CPU只为编程器提供服务,不对现场设备进行控制。完成编程后,编程器切换到运行模式,CPU对现场设备进行控制,不能进行编程。离线编程方式可降低系统成本,但使用和调试不方便。在线编程方式:CPU和编程器有各自的CPU,主机CPU负责现场控制,并在一个扫描周期内与编程器进行数据交换,编程器把在线编制的程序或数据发送到主机,下一扫描周期,主机就根据新收到的程序运行。这种方式成本较高,但系统调试和操作方便,在大中型可编程逻辑控制器中常采用。

五种标准化编程语言:顺序功能图(SFC)、梯形图(LD)、功能模块图(FBD)三种图形化语言和语句表(IL)、结构文本(ST)两种文本语言。选用的编程语言应遵守其标准(IEC6113123),同时还应支持多种语言编程形式,如C语言和Basic语言等,以满足特殊控制场合的控制要求。

(5)诊断功能

可编程逻辑控制器的诊断功能包括硬件和软件的诊断。硬件诊断通过硬件的逻辑判断确定硬件的故障位置,软件诊断分内诊断和外诊断。通过软件对PLC内部的性能和功能进行诊断是内诊断,通过软件对可编程逻辑控制器的CPU与外部输入输出等部件信息交换功能进行诊断是外诊断。

可编程逻辑控制器的诊断功能的强弱,直接影响对操作和维护人员技术能力的要求,并影响平均维修时间。

(6)处理速度

可编程逻辑控制器采用扫描方式工作。从实时性要求来看,处理速度应越快越好,如果信号持续时间小于扫描时间,则可编程逻辑控制器将扫描不到该信号,造成信号数据的丢失。

处理速度与用户程序的长度、CPU处理速度、软件质量等有关。目前,可编程逻辑控制器接点的响应快、速度高,每条二进制指令执行时间约0.2~0.4 Ls,因此能适应控制要求高、响应要求快的应用需要。扫描周期(处理器扫描周期)应满足:小型可编程逻辑控制器的扫描时间不大于0.5 ms/K;大中型可编程逻辑控制器的扫描时间不大于0.2 ms/K。

3. PLC的类型

可编程逻辑控制器按结构分为整体型和模块型两类,按应用环境分为现场安装和控制室安装两类;按CPU字长分为1位、4位、8位、16位、32位、64位等。从应用角度出发,通常可按控制功能或输入输出点数选型。

整体型可编程逻辑控制器的 I/O 点数固定,因此用户选择的余地较小,用于小型控制系统;模块型可编程逻辑控制器提供多种 I/O 卡件或插卡,因此用户可较合理地选择和配置控制系统的 I/O 点数,功能扩展方便灵活,一般用于大中型控制系统。

5.2.3 PLC 常用编程语言

PLC 的用户程序是设计人员根据控制系统的工艺控制要求,通过 PLC 编程语言的编制设计的。根据国际电工委员会制定的工业控制编程语言标准(IEC1131—3),PLC 的编程语言包括以下五种:梯形图语言(LD)、指令表语言(IL)、功能模块图语言(FBD)、顺序功能流程图语言(SFC)及结构化文本语言(ST)。

1. 梯形图语言(LD)

梯形图语言是 PLC 程序设计中最常用的编程语言。它是与继电器线路类似的一种编程语言。由于电气设计人员对继电器控制较为熟悉,因此梯形图编程语言得到了广泛的欢迎和应用。

梯形图编程语言的特点是:与电气操作原理图相对应,具有直观性和对应性;与原有继电器控制相一致,电气设计人员易于掌握。

梯形图编程语言与原有的继电器控制的不同点是,梯形图中的能流不是实际意义的电流,内部的继电器也不是实际存在的继电器,应用时需要与原有继电器控制的概念区别对待。图 5.1 是典型的交流异步电动机直接启动控制电路图。图 5.2 是采用 PLC 控制的程序梯形图。

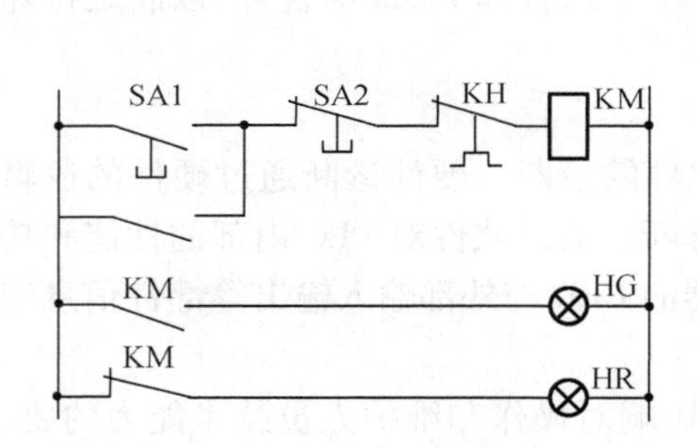

图 5.1　交流异步电动机直接启动电路图

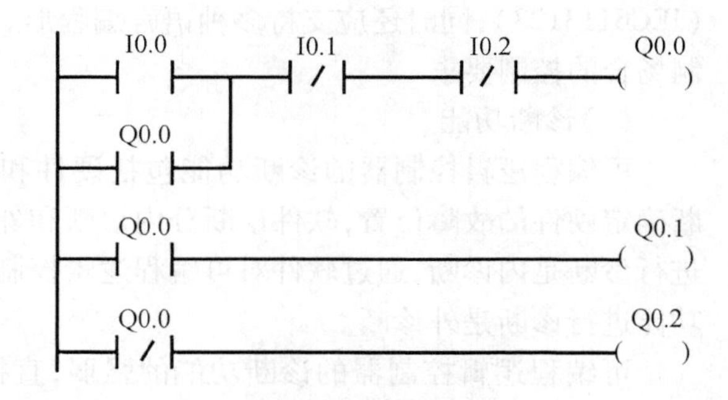

图 5.2　PLC 梯形图

2. 指令表语言(IL)

指令表编程语言是与汇编语言类似的一种助记符编程语言,和汇编语言一样由操作码和操作数组成。在无计算机的情况下,适合采用 PLC 手持编程器对用户程序进行编制。同时,指令表编程语言与梯形图编程语言图一一对应,在 PLC 编程软件下可以相互转换。图 5.3 就是与图 5.2 PLC 梯形图对应的指令表。

指令表编程语言的特点是:采用助记符来表示操作功能,具有容易记忆,便于掌握;在手持编程器的键盘上采用助记符表示,便于操作,可在无计算机的场合进行编程设计;与梯形图有一一对应关系,其特点与梯形图语言基本一致。

3. 功能模块图语言(FBD)

功能模块图语言是与数字逻辑电路类似的一种 PLC 编程语言。采用功能模块图的形式来表示模块所具有的功能，不同的功能模块有不同的功能。图 5.4 是对应图 5.1 交流异步电动机直接启动的功能模块图编程语言的表达方式。

功能模块图程序设计语言的特点是：以功能模块为单位，分析理解控制方案简单容易；功能模块是用图形的形式表达功能，直观性强，对于具有数字逻辑电路基础的设计人员很容易掌握的编程；对规模大、控制逻辑关系复杂的控制系统，由于功能模块图能够清楚表达功能关系，使编程调试时间大大减少。

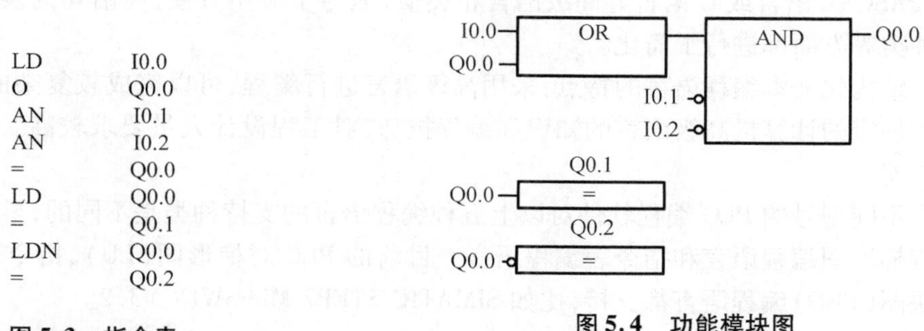

图 5.3　指令表

图 5.4　功能模块图

4. 顺序功能流程图语言(SFC)

顺序功能流程图语言是为了满足顺序逻辑控制而设计的编程语言。编程时将顺序流程动作的过程分成步和转换条件，根据转移条件对控制系统的功能流程顺序进行分配，一步一步地按照顺序动作。每一步代表一个控制功能任务，用方框表示。在方框内含有用于完成相应控制功能任务的梯形图逻辑。这种编程语言使程序结构清晰，易于阅读及维护，大大减轻编程的工作量，缩短编程和调试时间。用于系统规模校大，程序关系较复杂的场合。图 5.5 是一个简单的功能流程编程语言的示意图。

顺序功能流程图编程语言的特点：以功能为主线，按照功能流程的顺序分配，条理清楚，便于对用户程序理解；避免梯形图或其他语言不能顺序动作的缺陷，同时也避免了用梯形图语言对顺序动作编程时，由于机械互锁造成用户程序结构复杂、难以理解的缺陷；用户程序扫描时间也大大缩短。

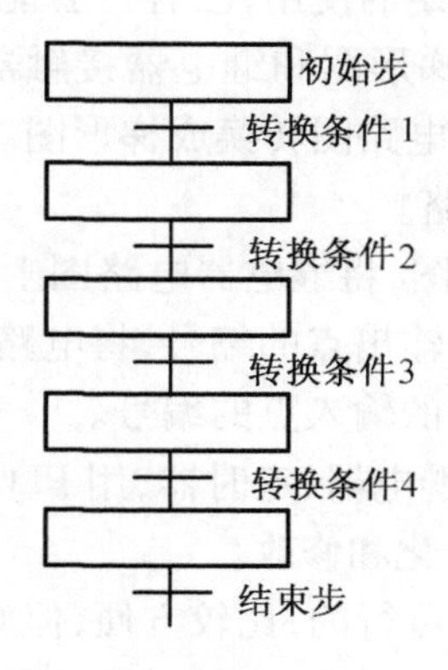

图 5.5　功能流程编程语言示意图

5. 结构化文本语言(ST)

结构化文本语言是用结构化的描述文本来描述程序的一种编程语言。它是类似于高级语言的一种编程语言。在大中型的 PLC 系统中,常采用结构化文本来描述控制系统中各个变量的关系。主要用于其他编程语言较难实现的用户程序编制。

结构化文本编程语言采用计算机的描述方式来描述系统中各种变量之间的各种运算关系,完成所需的功能或操作。大多数 PLC 制造商采用的结构化文本编程语言与 BASIC 语言、PASCAL 语言或 C 语言等高级语言相类似,但为了应用方便,在语句的表达方法及语句的种类等方面都进行了简化。

结构化文本编程语言的特点:采用高级语言进行编程,可以完成较复杂的控制运算;需要有一定的计算机高级语言的知识和编程技巧,对工程设计人员要求较高。直观性和操作性较差。

不同型号的 PLC 编程软件对以上五种编程语言的支持种类是不同的,早期的 PLC 仅仅支持梯形图编程语言和指令表编程语言。目前的 PLC 对梯形图(LD)、指令表(STL)、功能模块图(FBD)编程语言都支持,比如 SIMATIC STEP7 MicroWIN V3.2。

5.2.4 PLC 的软件设计基本方法

计算机控制系统中的应用软件,是为了过程控制或其他控制而编制的用户程序。由于对实时性要求高,多数情况采用汇编语言编写。由于在实时控制系统中,靠执行程序来完成控制任务,故应用程序设计将直接影响系统的效率和质量。通常采用的方法有:经验设计法、继电器控制电路转换为梯形图法、逻辑设计法、顺序控制设计法等。

1. 经验设计法

经验设计法即在一些典型的控制电路程序的基础上,根据被控制对象的具体要求进行选择组合,并多次反复调试和修改梯形图,有时需增加一些辅助触点和中间编程环节才能达到控制要求。这种方法没有规律可遵循,设计所用的时间和设计质量与设计者的经验有很大的关系,所以称为经验设计法。经验设计法用于较简单的梯形图设计。应用经验设计法必须熟记一些典型的控制电路,如起保停电路、脉冲发生电路等。

2. 继电器控制电路转换为梯形图法

继电器接触器控制系统经过长期的使用,已有一套能完成系统要求的控制功能并经过验证的控制电路图,而 PLC 控制的梯形图和继电器接触器控制电路图很相似,因此可以直接将经过验证的继电器接触器控制电路图转换成梯形图。主要步骤如下:

(1)熟悉现有的继电器控制线路。

(2)对照 PLC 的 I/O 端子接线图,将继电器电路图上的被控器件(如接触器线圈、指示灯、电磁阀等)换成接线图上对应的输出点的编号,将电路图上的输入装置(如传感器、按钮开关、行程开关等)触点都换成对应的输入点的编号。

(3)将继电器电路图中的中间继电器、定时器,用 PLC 的辅助继电器、定时器来代替。

(4)画出全部梯形图,并予以简化和修改。

这种方法对简单的控制系统是可行的,比较方便,但对较复杂的控制电路就不适用了。

例 5.1 图 5.6 为电动机 Y/△减压启动控制主电路和电气控制的原理图。

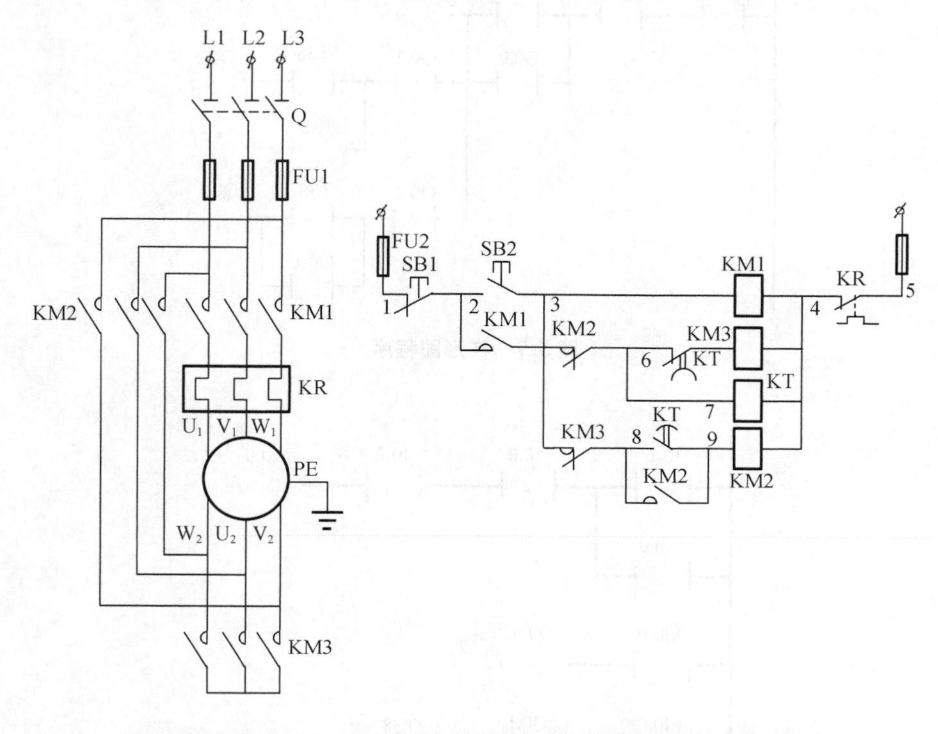

图 5.6 电动机 Y/△减压启动控制主电路和电气控制的原理图

①工作原理:按下启动按钮 SB2,KM1、KM3、KT 通电并自保,电动机接成 Y 型启动,2 s 后,KT 动作,使 KM3 断电,KM2 通电吸合,电动机接成△型运行。按下停止按扭 SB1,电动机停止运行。

②I/O 分配

	输入	输出
停止按钮 SB1:I0.0	KM1:Q0.0	KM2: Q0.1
启动按钮 SB2:I0.1	KM3:Q0.2	
过载保护 FR: I0.2		

③梯形图程序

转换后的梯形图程序如图 5.7 所示。按照梯形图语言中的语法规定简化和修改梯形图。为了简化电路,当多个线圈都受某一串并联电路控制时,可在梯形图中设置该电路控制的存储器的位,如 M0.0。简化后的程序如图 5.8 所示。

3. 逻辑设计法

逻辑设计法是以布尔代数为理论基础,根据生产过程中各工步之间的各个检测元件(如行程开关、传感器等)状态的变化,列出检测元件的状态表,确定所需的中间记忆元件,再列出各执行元件的工序表,然后写出检测元件、中间记忆元件和执行元件的逻辑表达式,再转换成梯形图。该方法在单一的条件控制系统中,非常好用,相当于组合逻辑电路,但和时间有关的控制系统中就很复杂。下面将介绍一个交通信号灯的控制电路。

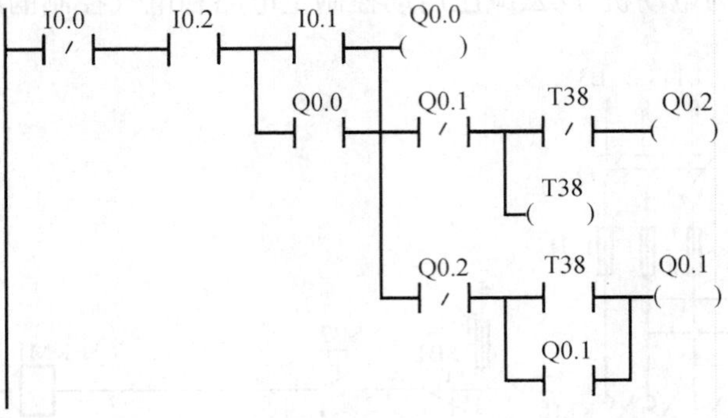

图 5.7　梯形图程序

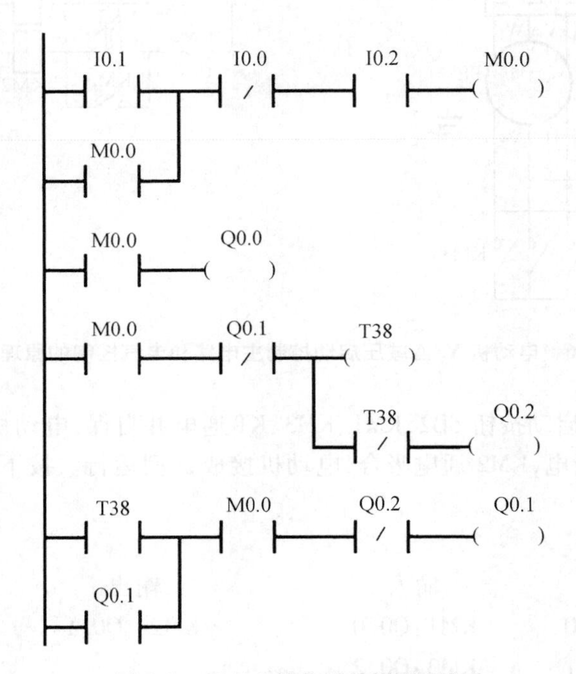

图 5.8　例 5.1 简化后的梯形图程序

例 5.2　用 PLC 构成交通灯控制系统。

①控制要求

如图 5.9 所示，启动后，南北红灯亮并维持 25 s。在南北红灯亮的同时，东西绿灯也亮，1 s 后，东西车灯即甲亮。到 20 s 时，东西绿灯闪亮，3 s 后熄灭，在东西绿灯熄灭后东西黄灯亮，同时甲灭。黄灯亮 2 s 后灭，东西红灯亮。与此同时，南北红灯灭，南北绿灯亮。1 s 后，南北车灯即乙亮。南北绿灯亮了 25 s 后闪亮，3 s 后熄灭，同时乙灭，黄灯亮 2 s 后熄灭，南北红灯亮，东西绿灯亮，循环。

②I/O 分配

输入	输出	
启动按钮：I0.0	南北红灯：Q0.0	东西红灯：Q0.3
	南北黄灯：Q0.1	东西黄灯：Q0.4

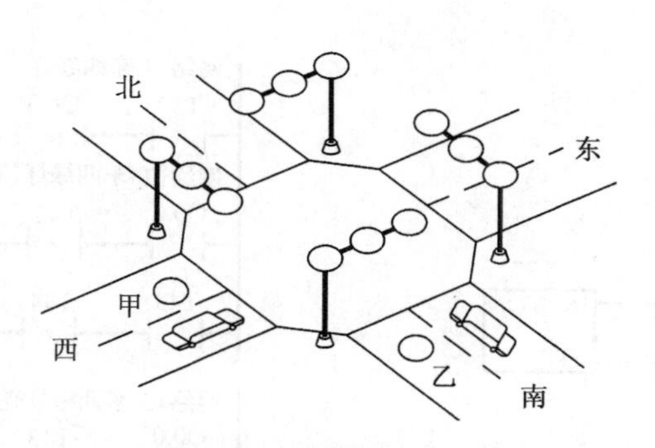

图 5.9　交通灯控制示意图

南北绿灯：Q0.2　　东西绿灯：Q0.5
南北车灯：Q0.6　　东西车灯：Q0.7

③程序设计

根据控制要求首先画出十字路口交通信号灯的时序图，如图 5.10 所示。根据十字路口交通信号灯的时序图，用基本逻辑指令设计的信号灯控制的梯形图如图 5.11 所示。

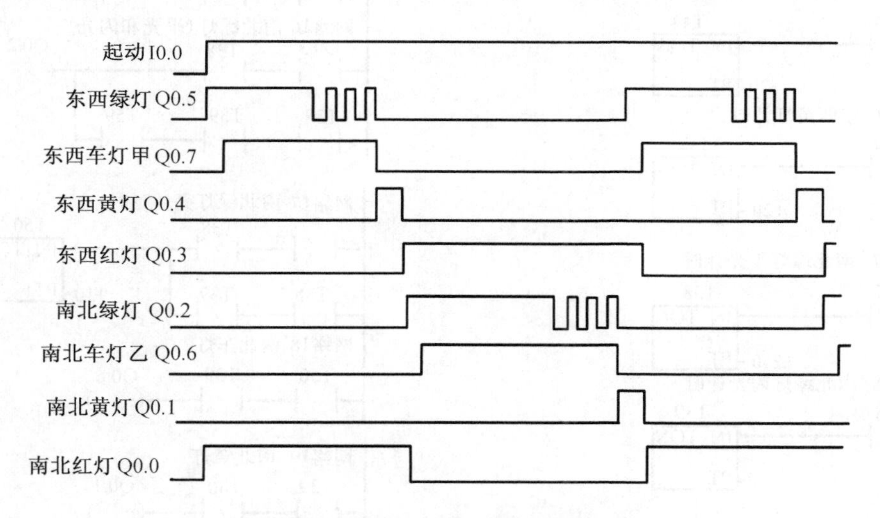

图 5.10　十字路口交通信号灯的时序图

首先，找出南北方向和东西方向灯的关系：南北红灯亮（灭）的时间 = 东西红灯灭（亮）的时间，南北红灯亮 25 s（T37 计时）后，东西红灯亮 30 s（T41 计时）。

其次，找出东西方向灯的关系：东西红灯亮 30 s 后灭（T41 复位）→东西绿灯平光亮 20 s（T43 计时）→东西绿灯闪光 3 s（T44 计时）后，绿灯灭→东西黄灯亮 2 s（T42 计时）。

再其次，找出南北向灯的关系：南北红灯亮 25 s（T37 计时）后灭→南北绿灯平光 25 s（T38 计时）→南北绿灯闪光 3 s（T39 计时）后，绿灯灭→南北黄灯亮 2 s（T40 计时）。

最后找出车灯的时序关系：东西车灯是在南北红灯亮后开始延时（T49 计时）1 s 后，东西车灯亮，直至东西绿灯闪光灭（T44 延时到）；南北车灯是在东西红灯亮后开始延时（T50 计时）1 s 后，南北车灯亮，直至南北绿灯闪光灭（T39 延时到）。

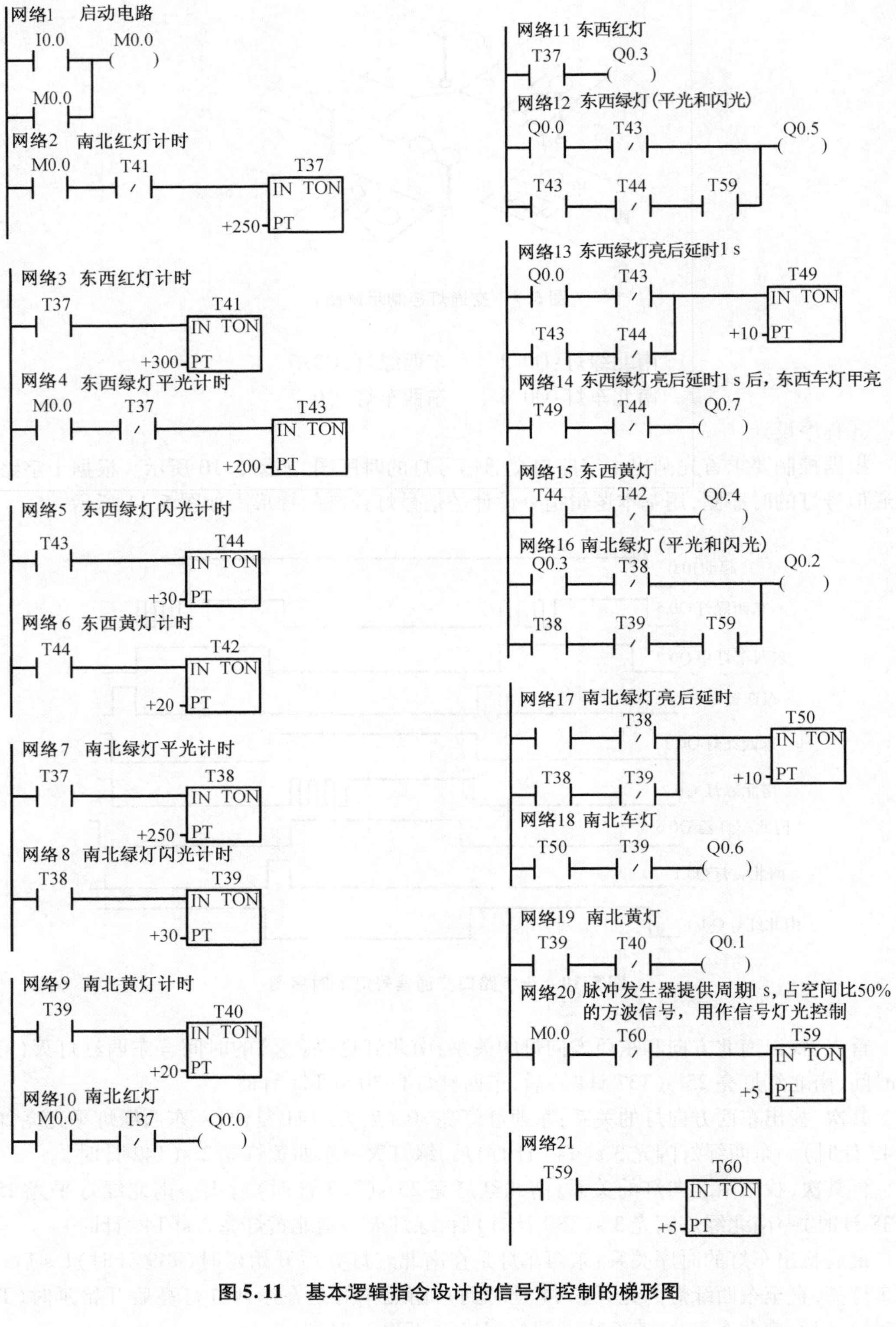

网络1 启动电路
I0.0 M0.0
M0.0
网络2 南北红灯计时
M0.0 T41 T37
IN TON
+250 PT
网络3 东西红灯计时
T37 T41
IN TON
+300 PT
网络4 东西绿灯平光计时
M0.0 T37 T43
IN TON
+200 PT
网络5 东西绿灯闪光计时
T43 T44
IN TON
+30 PT
网络6 东西黄灯计时
T44 T42
IN TON
+20 PT
网络7 南北绿灯平光计时
T37 T38
IN TON
+250 PT
网络8 南北绿灯闪光计时
T38 T39
IN TON
+30 PT
网络9 南北黄灯计时
T39 T40
IN TON
+20 PT
网络10 南北红灯
M0.0 T37 Q0.0
网络11 东西红灯
T37 Q0.3
网络12 东西绿灯(平光和闪光)
Q0.0 T43 Q0.5
T43 T44 T59
网络13 东西绿灯亮后延时1 s
Q0.0 T43 T49
IN TON
T43 T44 +10 PT
网络14 东西绿灯亮后延时1 s后，东西车灯甲亮
T49 T44 Q0.7
网络15 东西黄灯
T44 T42 Q0.4
网络16 南北绿灯(平光和闪光)
Q0.3 T38 Q0.2
T38 T39 T59
网络17 南北绿灯亮后延时
T38 T50
IN TON
T38 T39 +10 PT
网络18 南北车灯
T50 T39 Q0.6
网络19 南北黄灯
T39 T40 Q0.1
网络20 脉冲发生器提供周期1 s，占空间比50%的方波信号，用作信号灯光控制
M0.0 T60 T59
IN TON
+5 PT
网络21
T59 T60
IN TON
+5 PT

图 5.11 基本逻辑指令设计的信号灯控制的梯形图

根据上述分析列出各灯输出控制表达式：

东西红灯：Q0.3 = T37

南北红灯 Q0.0 = M0.0 · T37

东西绿灯：Q0.5 = Q0.0 · T43 + T43 · T44 · T59

南北绿灯 Q0.2 = Q0.3 · T38 + T38 · T39 · T59

东西黄灯：Q0.4 = T44 · T42

南北黄灯 Q0.1 = T39 · T40

东西车灯：Q0.7 = T49 · T44

南北车灯 Q0.6 = T50 · T39

4. 顺序控制设计法

根据功能流程图，以步为核心，从起始步开始一步一步地设计下去，直至完成。此法的关键是画出功能流程图。首先将被控制对象的工作过程按输出状态的变化分为若干步，并指出工步之间的转换条件和每个工步的控制对象。这种工艺流程图集中了工作的全部信息。在进行程序设计时，可以用中间继电器 M 来记忆工步，一步一步地顺序进行，也可以用顺序控制指令来实现。

功能流程图的单流程结构形式简单，如图 5.12 所示，其特点是：每一步后面只有一个转换，每个转换后面只有一步。各个工步按顺序执行，上一工步执行结束，转换条件成立，立即开通下一工步，同时关断上一工步。用顺序控制指令来实现功能流程图的编程方法，在前面的章节已经介绍过了，在这里将重点介绍用中间继电器 M 来记忆工步的编程方法。

在图 5.12 中，当 $n-1$ 为活动步时，转换条件 b 成立，则转换实现，n 步变为活动步，同时$n-1$步关断。由此可见，第 n 步成为活动步的条件是：$X_{n-1}=1, b=1$；第 n 步关断的条件只有一个 $X_{n+1}=1$。用逻辑表达式表示功能流程图的第 n 步开通和关断条件为：

$X_n=(X_{n-1}\cdot b+X_n)\cdot\overline{X_{n+1}}$，式中等号左边的 X_n 为第 n 步的状态，等号右边 X_{n+1} 表示关断第 n 步的条件，X_n 表示自保持信号，b 表示转换条件。

例 5.3 根据图 5.13 所示的功能流程图，设计出梯形图程序，结合本例介绍常用的编程方法。

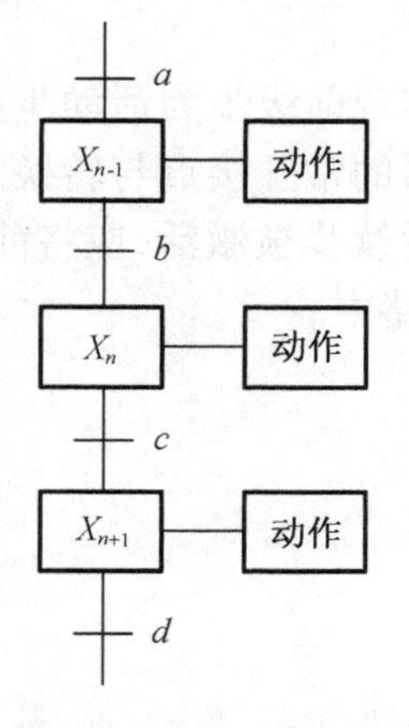

图 5.12 单流程结构

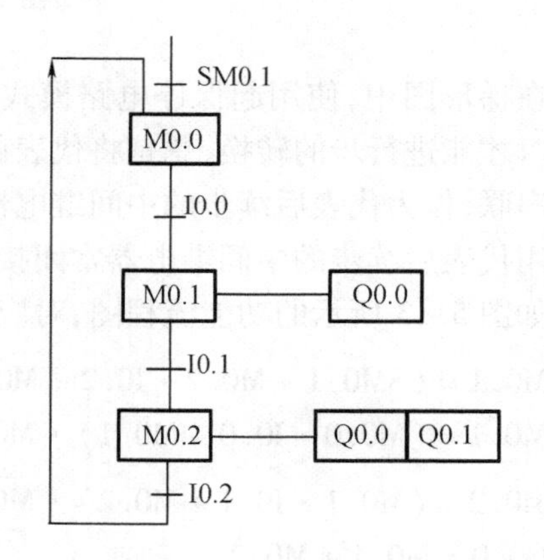

图 5.13 例 5.3 题图

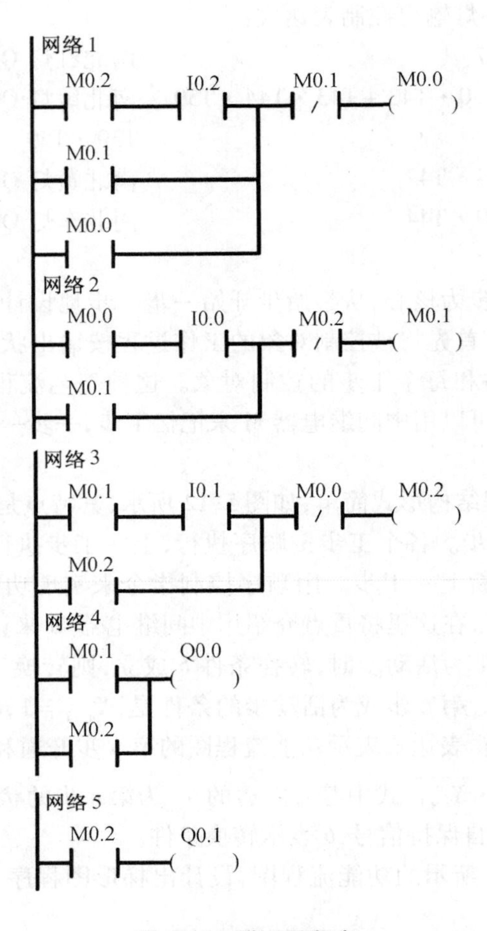

图 5.14　梯形图程序

在梯形图中,使用起保停电路模式的编程方法,为了实现前级步为活动步且转换条件成立时才能进行步的转换,总是将代表前级步的中间继电器的常开接点与转换条件对应的接点串联,作为代表后续步的中间继电器得电的条件。当后续步被激活,应将前级步关断,所以用代表后续步的中间继电器常闭接点串在前级步的电路中。

如图 5.13 所示的功能流程图,对应的状态逻辑关系为:

$$M0.1=(SM0.1+M0.2\cdot I0.2+M0.0)\cdot\overline{M0.1}$$

$$M0.1=(M0.0\cdot I0.0+M0.1)\cdot\overline{M0.2}$$

$$M0.2=(M0.1\cdot I0.1+M0.2)\cdot\overline{M0.0}$$

$$Q0.0=M0.1+M0.2$$

$$Q0.1=M0.2$$

对于输出电路的处理应注意:Q0.0 输出继电器在 M0.1、M0.2 步中都被接通,应将 M0.1和 M0.2 的常开接点并联去驱动 Q0.0;Q0.1 输出继电器只在 M0.2 步为活动步时才接通,所以用 M0.2 的常开接点驱动 Q0.1。

使用起保停电路模式编制的梯形图程序如图 5.14 所示。

5.2.5 PLC在混合式生产流水线控制系统中的应用

为了适应现代化生产的需要,提高生产设备的高度自动化和高效率,对各类型生产必须要适时地有效组织大规模、大批量的生产。要维持设备和生产的高水平和高效率运转,生产过程中的有关材料、零件、部件和成品的生产配送是否做到有序、均匀、及时和准确就变为至关重要的问题。过去依靠手工进行生产配送,很容易造成生产设备、生产原材料在现场的堆积,很容易造成生产现场混乱,严重影响生产效率。为解决这个问题,在库房、生产车间之间建立一个统一的物流自动控制系统,以完成自动生产配送任务。

本小节采用深圳固高公司的"立体仓库与生产流水线控制系统",介绍有关生产流水线控制系统的设计思想及采用PLC实现生产流水线控制。

混合式生产流水线利用PLC控制技术,按照生产指令,通过系统的各个环节的输送装置,自动、柔性地把托盘上的生产物料,按照最佳的路径,控制启动相应一系列输送链、转台等,把该托盘自动输送到指定位置。

(1)出货台

立体仓库和外界的输送线的衔接使用带平移功能的出货台和入货台,立体仓库堆垛机从货架上取出货物后放到出货台上,由出货台交换到输送线;同样输送线需要存放到货架的货物先要经过入货台交换,才能进入仓库存储。平移货台上有专用漫反射传感器,接入PLC通用I/O模块,作为检测信号。

(2)皮带式输送线

皮带式输送线一般用于电子装配输送线或者食品线。在该系统中的皮带线上为了能够实现流水线上的装配工位,在皮带线上的特定位置,设定了SQ2~SQ5共4个Omron光电感应开关,当托盘经过这些开关的时候,系统会收到反馈信号,然后根据终端计算机设定的每个虚拟工位停留的时间让皮带线停下。

(3)动力式辊筒线

动力辊筒线上的特定位置设定了专用行程开关,用来检测托盘进入/流出流水线状态、并在特定的位置设置了虚拟工位检测开关,可以用来在这些位置进行工位操作。

(4)倍速链输送线

倍速链经常备用为家电装配线。系统中的倍速链输送线也根据工业标准配备了气动阻挡器和行程检测开关。用来阻挡和检测在倍速链上流过的托盘。

(5)90度转角机

在系统中,90度转角机用来在流水线之间中转托盘时使用,采用转角气缸和单相AC220 V交流电机驱动。

1.流水线控制系统硬件结构

流水线控制系统是以西门子公司S7-200PLC及其扩展模块(E221、E222输入输出模块,E277 Profibus-DP Slave模块)为核心,现场工业总线Profibus-DP网络为基础,构成一个分布式控制系统。在CPU224里运行着由STEP7语言编制的系统控制程序,通过PLC来实现对流水线上各个行程开关和光电开关的信号检测,控制着混合式生产流水线系统正常工作以及对流水线和机器人运行逻辑的控制。

如图5.15,混合式流水线控制系统由行程开关信号返回、混合式流水线、气动机械臂三部分构成。系统电气元件包括:流水线上的Omron光电感应开关SQ;流水线电控柜中的继电器 KA,接触器 KM;电磁阀 YV,电机 M,微型电机等。

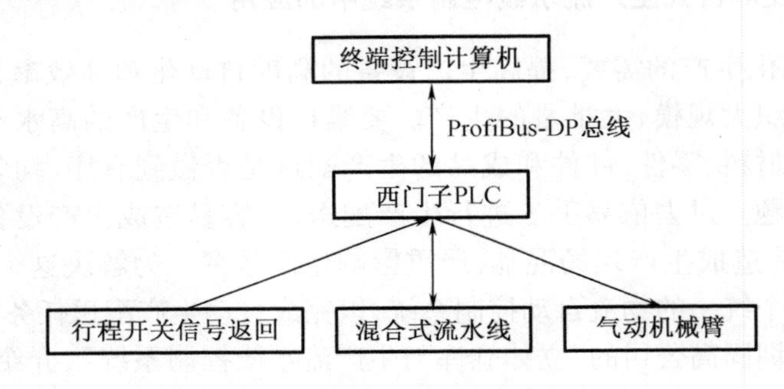

图 5.15 混合式流水线控制系统结构

2. 流水线控制系统基本工作原理

本例采用的固高流水线控制系统是按照一个方向单向输送的,由一个封闭的循环输送线(主循环)和一个半封闭(次循环)输送线构成。由 WMS/MES 仓库管理系统及执行制造系统 FMS 按照用户的需求,去生成流水线控制的循环输送线路径。流水线控制系统 PLC 的输入控制信号,即光电开关对经过的托盘所产生的信号,主要分为行程开关信号和工位检测信号两类:

(1)行程开关信号

托盘从立体仓库中,经堆垛机搬运到出货台进入流水线,经过光电开关 SQ1—产生行程信号—输入到 PLC 输入端口 I0.0—PLC 的 CPU 控制程序—PLC 输出端口 Q0.0—相关继电器 KA1—接触器 KM1—出货台电机控制;

(2)工位检测信号

经过光电开关 SQ7—产生正转到位信号—输入到 PLC 输入端口 I0.6—PLC 的 CPU 控制程序—PLC 输出端口 Q3.0—相关继电器 KA15—电磁阀 YV24—转角Ⅰ旋转汽缸正转控制。

以上两个流水线 PLC 控制过程,都是托盘经过光电开关 SQ 后,SQ 给出的开关或位置检测信号,输入 PLC 中,利用 PLC 中的控制程序,直接或间接去控制继电器 KA、接触器 KM、电机 M、电磁阀 YV、变频器等,从而实现对流水线的运行速度、运行方向、托盘停靠位置和时间、机械臂动作的控制。

混合式流水线的控制以西门子公司的 S7－200PLC 及其扩展模块(E221、E222 输入输出模块,E277 Profibus－DP Slave 模块)为核心,下面例举该流水线部分控制功能是如何实现的。

3. 混合式流水线的部分控制环节 PLC 接线原理图

如图 5.16 ~ 5.18,西门子公司的 S7－200PLC CPU 模块有 I0.0 ~ I0.7 I1.0 ~ I1.5 共 14 路输入点,Q0.0 ~ Q0.7 Q1.0 ~ Q1.1 共 10 路输出点,扩展模块 E222 有 Q3.0 ~ 3.7 共 8 路输出点。

4. 流水线的部分控制环节 PLC 控制程序结构

(1)流水线控制系统 I/O 点定义(表 5.1,5.2)

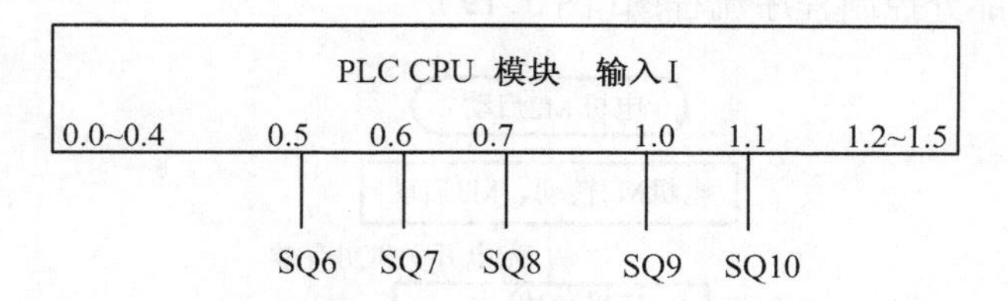

图 5.16　流水线部分控制 PLC CPU 输入模块接线图

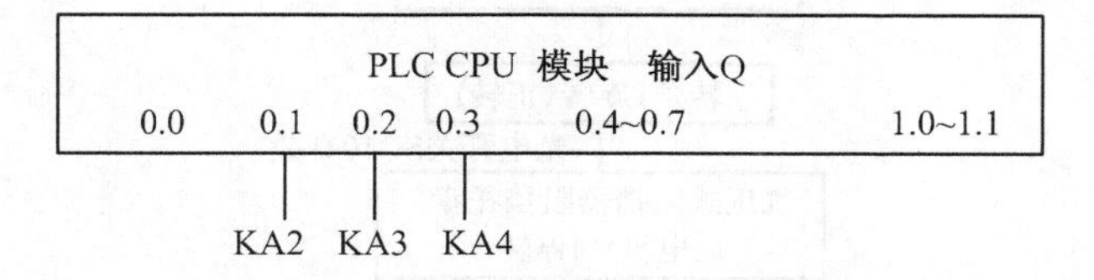

图 5.17　流水线部分控制 PLC CPU 输出模块接线图

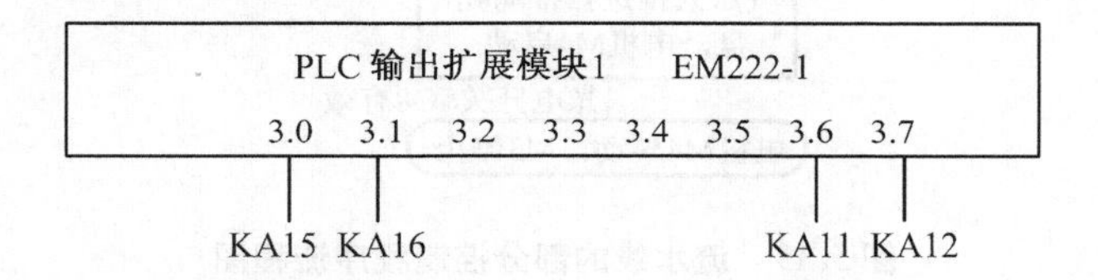

图 5.18　流水线部分控制 PLC 输出扩展模块接线图

表 5.1　流水线控制系统输入点定义

PLC 输入点	光电开关或行程开关等	定义描述
I0.5	SQ6	转角 I 工件到位光电开关
I0.6	SQ7	转角 I 正转到位接近开关
I0.7	SQ8	转角 I 回转到位接近开关
I1.0	SQ9	辊筒线 1 入货行程开关
I1.1	SQ10	辊筒线 1 机械臂 I 处行程开关

表 5.2　流水线控制系统输出点定义

PLC 输出点	相关继电器	定义描述
Q0.1	KA2	皮带线电机控制
Q0.2	KA3	转角 1 电机控制
Q0.3	KA4	辊筒线 1 电机控制
Q3.0	KA15	转角 1 旋转汽缸正转控制
Q3.1	KA16	转角 1 旋转汽缸回转控制
Q3.6	KA11	辊筒线 1 机械臂 1 阻挡汽缸控制
Q3.7	KA12	辊筒线 1 机械臂 1 推出汽缸控制

(2)流水线的部分控制程序流程图(图5.19)

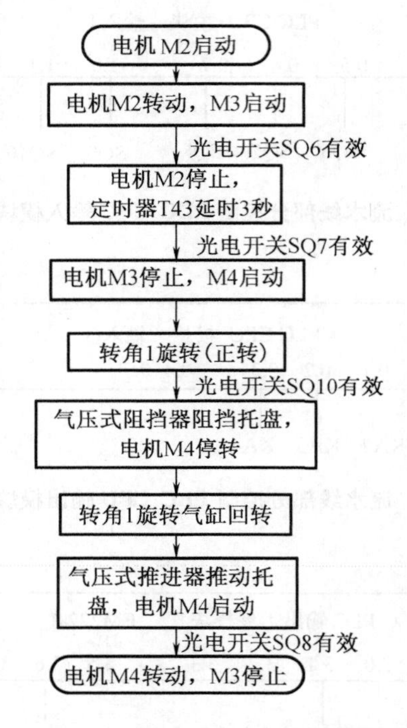

图5.19　流水线的部分控制程序流程图

5.流水线的部分控制环节PLC控制程序

```
Network 1
LDB =    step_function2, 16#1              //第一步
S        KA2, 1                            //继电器KA2上电
MOVB     16#1, Motion_Status_Line2         //电机M2启动
MOVB     16#02, step_function2             //第二步
Network 2
LDB =    step_function2, 16#02
S        KA3, 1                            //继电器KA3上电
MOVB     16#1, Motion_Status_Line3         //转角1电机M3转动
MOVB     16#03, step_function2
Network 3
LDB =    step_function2, 16#03
LD       SQ6                               //如果光点开关SQ6有效
ALD
R        KA2, 1                            //继电器KA2复位
R        KA3, 1                            //继电器KA3复位
MOVB     16#0, Motion_Status_Line2         //电机M2停止
MOVB     16#04, step_function2
Network 4
```

```
LDB =    step_function2, 16#04
S        KA15, 1                          //继电器 KA15 上电
R        KA16, 1                          //继电器 KA16 复位
MOVB     16#05, step_function2
Network 5
LDB =    step_function2, 16#05
TON      T43, +30                         //工位 1 延时 3 s
LD       T43
R        T43, 1                           //定时器 T43 复位
MOVB     16#06, step_function2
Network 6
LDB =    step_function2, 16#06
LD       SQ7                              //如果光点开关 SQ7 有效
ALD
S        KA3, 1                           //继电器 KA3 上电
S        KA4, 1                           //继电器 KA4 上电
MOVB     16#1, Motion_Status_Line4        //电机 M4 启动
MOVB     16#07, step_function2
Network 7
LDB =    step_function2, 16#07
LD       SQ9                              //如果工位 1 接近开关有效
ALD
R        KA3, 1                           //继电器 KA3 复位
MOVB     16#08, step_function2
Network 8
LDB =    step_function2, 16#08
LD       SQ10                             //如果光点开关 SQ10 有效
ALD
S        KA11, 1                          //继电器 KA11 上电
S        KA16, 1                          //继电器 KA16 上电
R        KA15, 1                          //继电器 KA15 复位
MOVB     16#09, step_function2
Network 9
LDB =    step_function2, 16#09
TON      T44, +40                         //工位 1 延时 4 s
LD       T44
R        T44, 1                           //定时器 T44 复位
S        KA12, 1                          //继电器 KA12 上电
R        KA4, 1                           //继电器 KA4 复位
MOVB     16#02, Motion_Status_Line4       //电机 M4 启动
```

```
MOVB    16#09, step_function2
Network 10
LDB =   step_function2, 16#09
LD      SQ8                              //如果光点开关 SQ8 有效
ALD
MOVB    16#0, Motion_Status_Line3        //电机 M3 停止
MOVB    16#0, step_function2
R       flag_function2, 1
```

6. 流水线的部分控制环节 PLC 控制程序分析

Network 1

继电器 KA2 上电,皮带线电机 M2 开始启动。

Network 2

继电器 KA3 上电,转角 1 电机 M3 开始启动。

Network 3

物料托盘经过转角 1 工件到位开关 SQ6,如果 SQ6 有效,继电器 KA2、KA3 复位,电机 M2 停止。

Network 4

继电器 KA15 上电、KA16 复位,转角 1 旋转气缸正转控制启动,转角 190°正转。

Network 5

定时器 T43 延时 3 s。

Network 6

物料托盘经过转角 1 正转到位接近开关 SQ7,如果 SQ7 有效,继电器 KA3、KA4 上电,电机 M4 启动。

Network 7

物料托盘经过辊筒线 1 入货行程开关 SQ9,如果 SQ9 有效,继电器 KA3 复位。

Network 8

物料托盘经过辊筒线 1 机械臂 1 处行程开关 SQ10,如果 SQ10 有效,继电器 KA11 上电,辊筒线 1 机械臂 1 阻挡气缸控制启动,物料拖盘被辊筒线两侧的气压式阻挡器所阻挡,电机 M4 停转;继电器 KA16 上电,转角 1 旋转气缸回转控制启动,转角 190°回转到初始位置。KA15 复位。

Network 9

定时器 T44 延时 4 s,继电器 KA12 上电,后复位。辊筒线 1 机械臂 1 推出气缸控制启动,物料拖盘被辊筒线上的气压式推进器推动;KA4 复位,电机 M4 启动。

Network 10

物料托盘经过转角 1 回转到位接近开关 SQ8 的信号经过定时器 T43 延时 3 s,此时如果 SQ8 有效,电机 M3 停止。

5.3 通用运动控制器

5.3.1 通用运动控制器的结构分类及应用

自20世纪80年代初期,通用运动控制器已经开始在国外多个行业应用,尤其是在微电子行业的应用更加广泛。而当时运动控制器在我国的应用规模和行业面很小,国内也没有厂商开发出通用的运动控制器产品。1999年,固高科技(深圳)有限公司开始从事专业开发、生产开放式运动控制器产品。

目前,国内的运动控制器生产厂商提供的产品大致可以分为三类:

(1)以单片机或微处理器作为核心的运动控制器。

这类运动控制器速度较慢,精度不高,成本相对较低。在一些只需要低速点位运动控制和对轨迹要求不高的轮廓运动控制场合应用。

(2)以专用芯片(ASIC)作为核心处理器的运动控制器。

这类运动控制器结构比较简单,但这类运动控制器大多数只能输出脉冲信号,工作于开环控制方式。这类控制器对单轴的点位控制场合是基本满足要求的,但对于要求多轴协调运动和高速轨迹插补控制的设备,这类运动控制器不能满足要求。由于这类控制器不能提供连续插补功能,也没有前瞻功能(Look ahead),特别是对于大量的小线段连续运动的场合,如模具雕刻,不能使用这类控制器。另外,由于硬件资源的限制,这类控制器的圆弧插补算法通常都采用逐点比较法,这样一来圆弧插补的精度也不高。

(3)基于PC总线的以DSP和FPGA作为核心处理器的开放式运动控制器。

这类开放式运动控制器以DSP芯片作为运动控制器的核心处理器,以PC机作为信息处理平台,运动控制器以插卡形式嵌入PC机,即"PC+运动控制器"的模式。这样将PC机的信息处理能力和开放式的特点与运动控制器的运动轨迹控制能力有机地结合在一起,具有信息处理能力强、开放程度高、运动轨迹控制准确、通用性好的特点。这类运动控制器充分利用了DSP的高速数据处理功能和FPGA的超强逻辑处理能力,便于设计出功能完善、性能优越的运动控制器。这类运动控制器通常都能提供板上的多轴协调运动控制与复杂的运动轨迹规划、实时的插补运算、误差补偿、伺服滤波算法,能够实现闭环控制。由于采用FPGA技术来进行硬件设计,方便运动控制器供应商根据客户的特殊工艺要求和技术要求进行个性化的定制,形成独特的产品。

以上第一类运动控制器由于其性能的限制,在市场上所占份额较少,主要应用于一些单轴简单运动的场合,往往还面临同PLC厂商提供的定位控制模块的激烈竞争。第二类运动控制器因其结构简单、成本较低,占有一定的市场份额,但由于其专用芯片(ASIC)能提供运动控制的基本功能,用户可以利用该芯片设计专用的控制器而分薄了这类运动控制器的市场份额。第三类运动控制器是目前国内运动控制器产品的主流,目前国外开放式运动控制器产品已经开始大量进入中国。

运动控制技术已经成为现代化的"制器之技",运动控制器不但在传统的机械数控行业有着广泛的应用,而且在新兴的电子制造和信息产品的制造业中起着不可替代的作用。通用运动控制技术已逐步发展成为一种高度集成化的技术,不但包含通用的多轴速度、位置控制技术,而且与应用系统的工艺条件和技术要求紧密相关。事实上,应用系统的技术要求,特别是一个行业的工艺技术要求也促进了运动控制器功能的发展。通用运动控制器的许多功能都是同工艺技术要求密切相关的,通用运动控制器的应用不但简化了机械结构甚至简化了生产工艺。

5.3.2 通用运动控制器的主要功能和优缺点

运动控制器的主要功能在多个行业得到广泛的应用:

(1)运动规划功能

实际上是形成运动的速度和位置的基准量。合适的基准量不但可以改善轨迹的精度,而且其影响作用还可以降低对传动系统以及机械传递元件的要求。通用运动控制器通常都提供基于对冲击(Jerk)、加速度和速度等这些可影响动态轨迹精度的量值加以限制的运动规划方法,用户可以直接调用相应的函数。

对于加速度进行限制的运动规划产生梯形速度曲线;对于冲击进行限制的运动规划产生S形速度曲线。一般说来,对于数控机床而言,采用加速度和速度基准量限制的运动规划方法,就足已获得一种优良的动态特性。对于高加速度、小行程运动的快速定位系统如PCB钻床、SMT机,其定位时间和超调量都有严格的要求,往往需要高阶导数连续的运动规划方法。

(2)多轴插补、连续插补功能

通用运动控制器提供的多轴插补功能在数控机械行业获得了广泛的应用。近年来,由于雕刻机市场,特别是模具雕刻机市场的快速发展,推动了运动控制器的连续插补功能的发展。在模具雕刻中存在大量的短小线段加工,要求段间加工速度波动尽可能小,速度变化的拐点要平滑过渡,这样要求运动控制器有速度前瞻(Look ahead)和连续插补的功能。固高科技公司推出了专门应用于小线段加工工艺的连续插补型运动控制器,该控制器在模具雕刻、激光雕刻、平面切割等领域获得了良好的应用。

(3)电子齿轮与电子凸轮功能

电子齿轮和电子凸轮可以大大地简化机械设计,而且可以实现许多机械齿轮与凸轮难以实现的功能。电子齿轮可以实现多个运动轴按设定的齿轮比同步运动,这使得运动控制器在定长剪切(Fixed length cutting)和无轴传动的套色印刷方面有很好的应用。

另外,电子齿轮功能还可以实现一个运动轴以设定的齿轮比跟随一个函数,而这个函数由其他的几个运动轴的运动决定;一个轴也可以以设定的比例跟随其他两个轴的合成速度。如工业缝纫机和绗缝机的应用中,*Z* 轴(缝线轴)可以跟随 *XY* 轴(移动轴)的合成速度,从而使缝针脚距均匀。电子凸轮功能可以通过编程改变凸轮形状,无需修磨机械凸轮,极大地简化了加工工艺。这个功能使运动控制器在机械凸轮的淬火加工、异型玻璃切割和全电机驱动弹簧机等领域有良好的应用。

(4)比较输出功能

指在运动过程中,位置到达设定的坐标点时,运动控制器输出一个或多个开关量,而运动过程不受影响。如在AOI的飞行检测(Flying in spection)中,运动控制器的比较输出功能使系统运行到设定的位置即启动CCD快速摄像,而运动并不受影响,这样极大地提高了效率,改善了图像质量。另外,在激光雕刻应用中,固高科技公司的通用运动控制器的这项功能也获得了很好的应用。

(5)探针信号锁存功能

可以锁存探针信号产生的时刻,各运动轴的位置,其精度只与硬件电路相关,不受软件和系统运动惯性的影响,在CMM测量行业有良好的应用。另外,越来越多的OEM厂商希望将他们自己丰富的行业应用经验集成到运动控制中去,针对不同的应用场合和控制对象,个性化设计运动控制器的功能。固高科技公司已经开发了通用运动控制器应用开发平台,使通用运动控制器具有真正面向对象的开放式控制结构和系统重构能力,用户可以将自己设计的控制算法加载到运动控制器的内存中,而无需改变控制系统的结构设计就可以重新构造一个特殊用途的专用运动控制器。

今后基于计算机标准总线的运动控制器仍然是市场的主流,但是基于网络的嵌入式运动控制器会有较大的发展。基于计算机标准总线的通用运动控制器主要是板卡结构,采用的总线大都为ISA、PCI。由于它们的应用依附于通用PC计算机平台,从工业控制的角度分析,这种运动控制器的优缺点如下。

运动控制器的优点:

(1) 硬件组成简单,把运动控制器插入PC总线,连接信号线就可组成系统;

(2) 可以使用PC机已经具有的丰富软件进行开发;

(3) 运动控制软件的代码通用性和可移植性较好;

(4) 可以进行开发工作的工程人员较多,不需要太多培训工作,就可以进行开发。

运动控制器的缺点:

(1)采用板卡结构的运动控制器采用金手指连接,单边固定,在多数环境较差的工业现场(振动,粉尘,油污严重),不适宜长期工作。

(2)PC资源浪费。由于PC的捆绑方式销售,用户实际上仅使用少部分PC资源,未使用的PC资源不但造成闲置和浪费,还带来维护上的麻烦。

(3)整体可靠性难以保证,由于PC的选择可以是工控机,也可以是商用机。系统集成后,可靠性差异很大,并不是由运动控制器能保证的。

(4)难以突出行业特点。

不同行业、不同设备其控制面板均有不同的特色和个性。嵌入式PC的运动控制器能够克服以上缺点,这种产品会有较好的市场前景。由于SOM(System On Module)和SOC(System On Chip)技术的快速发展,嵌入式PC运动控制器获得了良好的发展。嵌入式运动控制器产品可以很方便地将在PC上开发的应用系统,不加任何改动就可以很方便地移植过来。作为用户来讲,他们仅仅开发跟其具体项目有关、相对独立的人机界面就可以了。

由于嵌入式PC的运动控制平台具有标准PC的接口功能,用户不需要再购买工业PC就能很方便地组成他们自己的系统。这种嵌入式运动控制器既提高了整个系统的可靠性,有时系统更加简洁和高度集成化。

5.3.3 GT-400系列运动控制器结构功能说明

自20世纪80年代初期,通用运动控制器已经开始在国外多个行业应用,尤其是在微电子行业的应用更加广泛。当时运动控制器在我国的应用规模和行业面很小,国内也没有厂商开发出通用的运动控制器产品。

“八五”期间,我国广大科研工作者也成功开发了两种数控平台和华中Ⅰ型、蓝天Ⅰ型、航天Ⅰ型、中华Ⅰ型等4种基本系统,这些系统采用模块化,嵌入式的软、硬件结构。其中以华中Ⅰ型较具代表性，它采用工业PC机上插接口卡的结构，运行在DOS平台上，具有较好的模块化、层次化特征，具有一定扩展和伸缩性。从整体来说这些系统是数控系统，不是独立的开放式运动控制器产品。1999年固高科技(深圳)有限公司在深圳成立，她是国内第一家专业开发、生产开放式运动控制器产品的公司。其后，国内又有其他几家公司进入该领域，但实际上，大多是在国内推广国外生产的运动控制器产品，真正进行自主开发的公司较少。

固高科技(深圳)有限公司生产的GT系列运动控制器，可同步控制四个运动轴，实现多轴GT协调运动。其核心由ADSP2181数字处理器和FPGA组成，可实现高性能控制计算。GT系列运动控制器以IBM-PC及其兼容机为主机，提供标准的ISA总线和PCI总线，提供RS232串行通信和PC104通信接口。根据信号输出类型，GT系列运动控制器又可分为SV、SP、SG、SD、SE等5种型号。

SV：模拟量或脉冲量输出。

SP：脉冲量输出，有编码器读数功能。

SG：高频脉冲输出(1 MHz)。

SD：占空比可调脉冲输出。

SE：低频脉冲输出(256 kHz)。

运动控制器提供C语言函数库实现复杂的控制功能，用户能将这些控制函数与自己控制系统所需的数据处理、界面显示、用户接口等应用程序模块集成在一起，建造符合特定应用要求的控制系统，广泛应用于机器人、数控机床、印刷机械、装配生产线、激光加工设备、电子加工设备等各种应用领域。

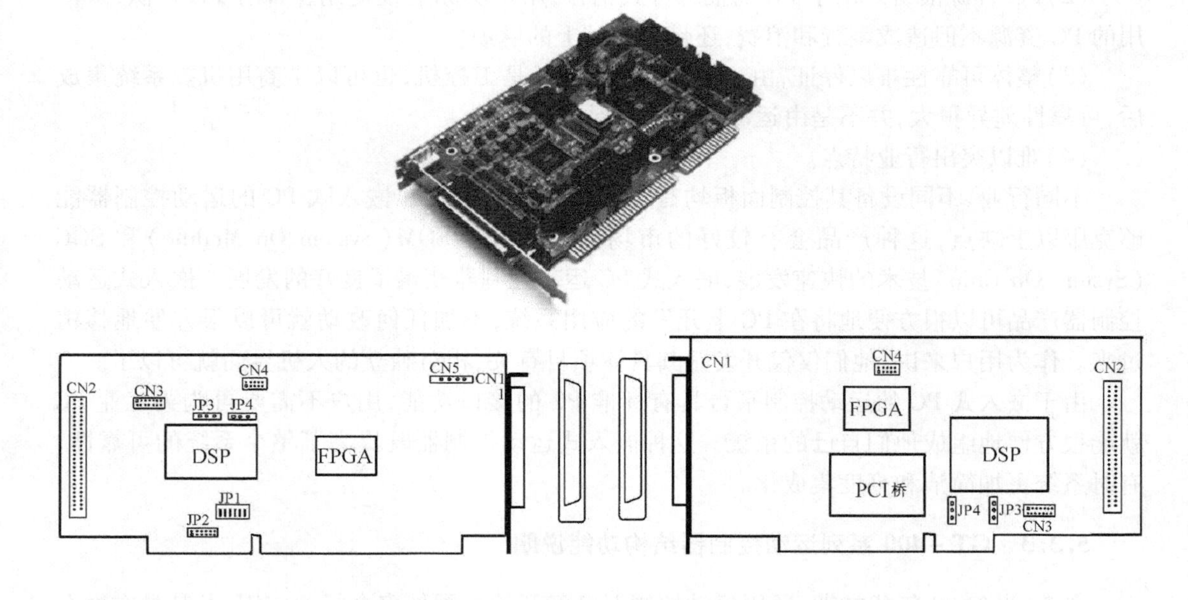

图5.20 GT-400系列ISA\PCI运动控制卡外形结构

GT-400系列ISA和PCI运动控制卡的外形结构见图5.20，表5.3为各连接器和跳线器的功能说明。表5.4为GT400系列运动控制器功能列表。

表5.3　连接器和跳线器的定义

定义	功能
JP1	基地址开关(仅用于ISA/PC104)
JP2	中断矢量号跳线器(仅用于ISA/PC104)
JP3	看门狗跳线器
JP4	调试用(非用户跳线器)
CN1	轴控制接口
CN2	I/O接口
CN3	调试接口(非用户使用接口)
CN4	调试接口(非用户使用接口)
CN5	电源输入(用于PC104主板时

表5.4　GT-400系列运动控制器功能列表

功能 √具备功能　-不具备功能　*可选功能		SV	SP	SG	SD	SE
总线	ISA/ PCI	√	√	√	√	√
	RS232	*	*	*	*	√
用户存储区	64K Byte ROM	*	*	*	*	*
	512K Byte SRAM	*	*	*	*	*
控制周期	用户可调(默认200 μs)	√	√	√	√	-
模拟量输出	4轴 范围:-10~+10 V	√	-	-	-	-
脉冲量输出	4轴	√	√	√	√	√
占空比可调	1轴	-	-	-	√	-
编码器输入	4路四倍频增量式,最高频率8 MHz	√	√	-	-	-
辅助编码器	2路四倍频增量式,最高频率8 MHz	√	√	√	√	-
限位信号输入	每轴左、右限位光隔	√	√	√	√	√
原点信号输入	每轴1路光隔	√	√	√	√	√
驱动报警信号输入	每轴1路光隔	√	√	√	√	√
驱动使能信号输出	每轴1路光隔	√	√	√	√	√
驱动复位信号输出	每轴1路光隔	√	√	√	√	√
通用数字信号输入	16路光隔	√	√	√	√	√
通用数字信号输出	16路光隔	√	√	√	√	√
探针信号输入	占用1路通用数字输入信号	√	√	√	√	√
A/D	8路	*	*	*	*	*
看门狗	实时监控DSP工作状态	√	√	√	√	√

表 5.4(续)

功能 √ 具备功能 - 不具备功能 * 可选功能		SV	SP	SG	SD	SE
在板直线、圆弧插补	DSP 底层实现	√	√	√	√	√
程序缓冲区	实现运动轨迹预处理	√	√	√	√	√
点到点运动	S-曲线、梯形曲线、速度控制和电子齿轮运动控制方式	√	√	√	√	√
滤波器	PID+速度前馈+加速度前馈	√	-	-	-	-
硬件捕获	编码器 Index 信号	√	√	-	-	-
	原点 Home 信号	√	√	√	√	√
安全措施	设置跟随误差极限	√	√	-	-	-
	设置加速度极限	√	√	√	√	√
	设置控制输出极限	√	-	-	-	-

5.3.4 GT-400 系列控制系统的建立

GT-400 系列运动控制器的控制系统组成:

(1)运动控制器;

(2)对于 ISA 总线卡,要求有 ISA 插槽的 IBM-PC 或其兼容机;对于 PCI 总线卡,要求有 PCI 插槽的 IBM-PC 或其兼容机;

(3)有增量式编码器的伺服电机或步进电机;

(4)驱动器;

(5)驱动器电源;

(6)+12 ~ +24 V 直流电源(用于接口板电源);

(7)原点开关、正/负限位开关(根据系统需要可选)。

伺服电机既可以选择交流伺服电机也可以选择直流伺服电机。控制伺服电机时,控制器输出 +/-10 V 模拟电压控制信号。选用伺服电机时,应选配其相应的伺服驱动器及配件。对于控制步进电机,运动控制器提供两种不同的控制信号:正脉冲/负脉冲、脉冲/方向。这样,控制器可以与目前任何类型步进电机驱动器配套使用。在控制步进电机时,控制模式为开环控制,不需要编码器。对于 SP 卡,可以读取编码器信号。

采用 GT 系列运动控制器组成的控制系统典型连接见图 5.21。

建立 GT-400 系列控制系统步骤:

步骤 1:在运动控制卡上设置跳线(仅对 ISA 卡)

(1)基地址选择,JP1

建立主机与运动控制器之间的通信,必须选择并设置运动控制卡的基地址。JP1 为运动控制器的基地址开关。控制器出厂默认基地址为 0x300(16 进制)。运动控制器从该地址(其连续占用 14 个主机 I/O 地址)实现与主机的通信。请检查主机地址占用情况,以免地址发生冲突,影响系统工作。表 5.5 为运动控制器的基地址跳线选择列表,表 5.6 为运动控制器基地址开关选择表。表 5.7 为 PC 机已占用的 I/O 地址,供需要改变基地址时参考。

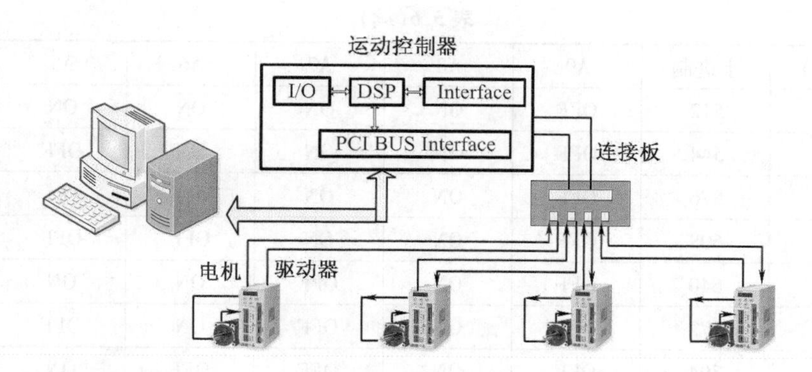

图 5.21　采用 GT-400 系列运动控制器组成的控制系统框图

建议初次安装运动控制器时，不改变基地址的初始设置（图 5.22）。因为对于绝大部分计算机该地址是空闲的。在随后的测试中如果存在通信问题时，再参考表 5.6、表 5.7 修改基地址设置。

A9 A8 A7 A6 A5 A4

JP1: ON
OFF

1 2 3 4 5 6

图 5.22　JP1 基地址开关默认定义

表 5.5　地址线定义

地址线	定义
A4	ON
A5	ON
A6	ON
A7	ON
A8	OFF
A9	OFF

表 5.6　运动控制器基地址开关选择表

基地址(hex)	十进制	A9	A8	A7	A6	A5	A4
0x100	256	ON	OFF	ON	ON	ON	ON
0x120	288	ON	OFF	ON	ON	OFF	ON
0x140	320	ON	OFF	ON	OFF	ON	ON
0x160	352	ON	OFF	ON	OFF	OFF	ON
0x180	384	ON	OFF	OFF	ON	ON	ON
0x1a0	416	ON	OFF	OFF	ON	OFF	ON
0x1c0	448	ON	OFF	OFF	OFF	ON	ON
0x1e0	480	ON	OFF	OFF	OFF	OFF	ON

表 5.6(续)

基地址(hex)	十进制	A9	A8	A7	A6	A5	A4
0x200	512	OFF	ON	ON	ON	ON	ON
0x220	544	OFF	ON	ON	ON	OFF	ON
0x240	576	OFF	ON	ON	OFF	ON	ON
0x260	608	OFF	ON	ON	OFF	OFF	ON
0x280	640	OFF	ON	OFF	ON	ON	ON
0x2a0	672	OFF	ON	OFF	ON	OFF	ON
0x2c0	704	OFF	ON	OFF	OFF	ON	ON
0x2e0	736	OFF	ON	OFF	OFF	OFF	ON
0x300(默认)	768	OFF	OFF	ON	ON	ON	ON
0x320	800	OFF	OFF	ON	ON	OFF	ON
0x340	832	OFF	OFF	ON	OFF	ON	ON
0x360	864	OFF	OFF	ON	OFF	OFF	ON
0x380	896	OFF	OFF	OFF	ON	ON	ON
0x3a0	928	OFF	OFF	OFF	ON	OFF	ON
0x3c0	960	OFF	OFF	OFF	OFF	ON	ON
0x3e0	992	OFF	OFF	OFF	OFF	OFF	ON

表 5.7 PC 机已占用地址表

ISA 总线地址分配		功能
十六进制	十进制	
000 ~ 01F	00 ~ 31	DMA 控制器 1
020 ~ 03F	32 ~ 63	中断控制器 1
040 ~ 05F	64 ~ 95	定时器
060 ~ 06F	96 ~ 111	键盘
070 ~ 07F	112 ~ 127	实时时钟 NMI
080 ~ 09F	128 ~ 159	DMA 页寄存器
0A0 ~ 0BF	160 ~ 191	中断控制器 2
0C0 ~ 0DF	192 ~ 223	DMA 控制器 2
0F0 ~ 0FF	240 ~ 255	数学协处理器
1F0 ~ 1F8	496 ~ 504	硬盘驱动器
200 ~ 20F	512 ~ 527	游戏口
210 ~ 217	528 ~ 535	扩展单元
278 ~ 27F	630 ~ 639	并行口 2
2B0 ~ 2DF	688 ~ 735	可选择 EGA

表 5.7(续)

ISA 总线地址分配		功能
十六进制	十进制	
2F8 ~ 2FF	760 ~ 767	异步通信口 2
300 ~ 31F	768 ~ 799	原型卡
360 ~ 36F	864 ~ 879	PC 网络卡
378 ~ 37F	888 ~ 895	并行口 1
380 ~ 38F	896 ~ 911	SDLC 通信口 2
390 ~ 393	912 ~ 915	保留
3A0 ~ 3A9	928 ~ 937	SDLC 通信口 1
3B0 ~ 3BF	944 ~ 959	IBM 单显
3C0 ~ 3CF	960 ~ 975	EGA
3D0 ~ 3DF	976 ~ 991	彩显/图显
3F0 ~ 3F7	1008 ~ 1015	软盘驱动器
3F8 ~ 3FF	1016 ~ 1023	异步通信口 2
X2E1		GPIB 适配器
X390 ~ X393		异步通信口 1

(2) 中断选择,JP2

运动控制器提供时间中断和事件中断信号,供主机使用。JP2 为运动控制器中断矢量跳线器(图 5.23)。跳线器的跳针定义如表 5.8 所示。控制器设置的默认中断矢量号为 IRQ10。

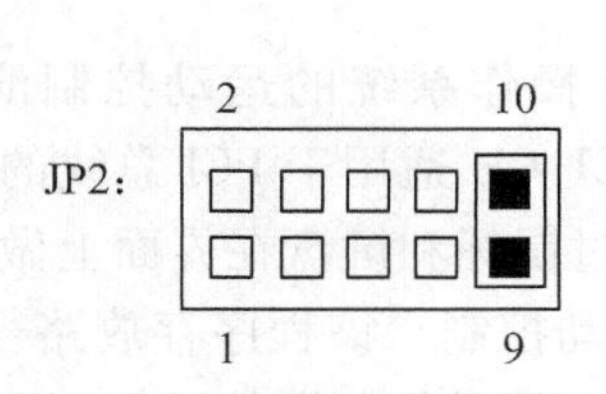

图 5.23　运动控制器中断矢量跳线器

表 5.8　主机中断矢量跳线定义

跳针	中断矢量号
1 ~ 2	IRQ15
3 ~ 4	IRQ14
5 ~ 6	IRQ12
7 ~ 8	IRQ11
9 ~ 10(默认)	IRQ10

(3) 看门狗设置,JP3

运动控制器提供看门狗,实时监视其工作状态。JP3 为看门狗跳线选择器。用户通过跳线设置使看门狗有效后,当控制器死机时,看门狗在延时 150 ms 后自动使控制器复位。默认设置为:看门狗无效。

步骤 2:将运动控制卡插入计算机

(1)用随板配备的 62 - Pin 扁平电缆,将控制器的 CN2 接口与转接挡板(ACC1)相连接。

(2)关断计算机电源。

(3) 对于 ISA 卡,打开计算机机箱,选择一条空闲的 ISA 插槽,用螺丝刀卸下对应该插槽的挡板条;对于 PCI 卡,打开计算机机箱,选择一条空闲的 PCI 插槽,用螺丝刀卸下对应该插槽的挡板条。

(4)将控制卡可靠地插入该槽。

(5)拧紧其上的固定螺丝。

(6)卸下相近插槽的一条挡板条,用螺丝将转接板(ACC1)固定在机箱上。

(7) 盖上计算机机盖,打开 PC 电源,启动计算机。

步骤 3:安装控制器通信驱动(Windows 操作系统)

使用 DOS 操作系统,跳过本步,直接到步骤 4。

ISA 卡:

(1)将产品配套光盘放入光驱。

(2)在目录“光驱:\Windows\setup”下,直接运行 WinSetupCH. exe 安装程序。

(3)按照提示,重新启动计算机。

PCI 卡:

Windows98/2000 安装驱动程序

(1)在硬件安装好,启动计算机后,Windows98/2000 将自动检测到运动控制卡,并启动“添加新硬件向导”。在向导提示下,点击“下一步”。

(2)在“希望 Windows 进行什么操作?”的提示下,选择“搜索设备的驱动程序(推荐)”,点击“下一步”。

(3)将产品配套光盘放入光驱。

(4)选择“指定位置”,利用“浏览”选择“光驱:\Windows”下相应操作系统的目录。如 Windows 2000 系统下,选择“光驱:\Windows\Win2000”,点击“下一步”。

(5)跟随“添加硬件向导”点击“下一步”,直到完成。

步骤 4:建立主机与运动控制器的通信(Windows 操作系统)

使用 DOS 操作系统,跳过本步,直接到步骤 5。

GTCmdISA_CH 和 GTCmdPCI_CH 是基于 Windows 操作系统的运动控制演示软件。GTCmdISA_CH 适用于 ISA 总线的运动控制器,GTCmdPCI_CH 适用于 PCI 总线的运动控制器。利用该程序,用户不需用 C/C ++ 编写程序,只要通过鼠标和键盘在界面上做简单的选择和设置就可以对运动控制器发送命令,实现简单的运动控制。该程序存放路径“光驱:\DEMO\GTCmdPCI_CH. exe”。现在利用该软件建立主机与运动控制器的通信。

首先将“光驱:\DEMO”文件夹拷贝到硬盘上。在硬盘中的“DEMO”目录下,将文件“GTCmd. ini”只读属性去掉。打开文件“GTCmd. ini”,根据产品修改相应参数设置,如下:

```
[CARD0]
LimitSense =0;限位开关有效电平
EncoderSense =0;编码器计数方向
IntrTime =1000;中断间隔时间
SampleTime =200;DSP 采样周期    //cardtype 1: SV 2:SG 3:SP
CardType =1;运动控制器型号
```

Address = 768;运动控制器基地址　　//irq = 0 is recemended

Irq = 0;中断矢量号(推荐使用0)

步骤5:连接电机和驱动器

关闭计算机电源,取出产品附带的两条屏蔽电缆。连接控制器的CN1与端子板的CN1,转接板的CN2与端子板的CN2,见图5.24。

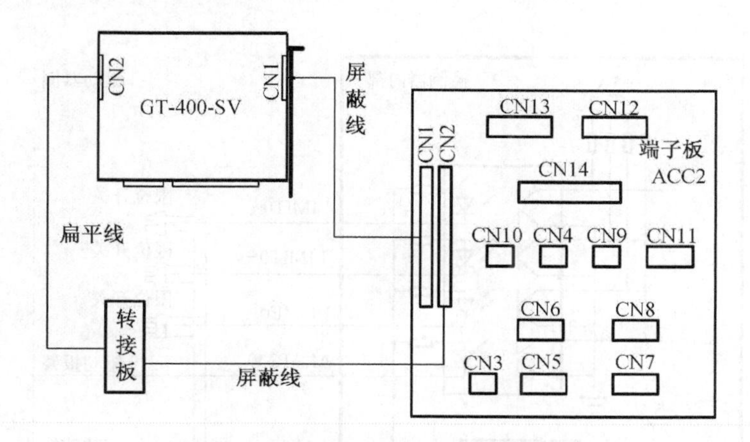

图5.24　运动控制卡与端子板连接示意图

步骤6:连接驱动器、系统输入/输出和端子板

(1)连接端子板电源

端子板的CN3接由用户提供的外部电源。板上标有 +12 ~ +24 V 的端子接 +12 ~ +24 V,标有OGND的接外部电源地,至于使用的外部电源的具体电压值,取决于外部的传感器和执行机构的供电要求,使用时应根据实际要求选择电源。接线图见图5.25。

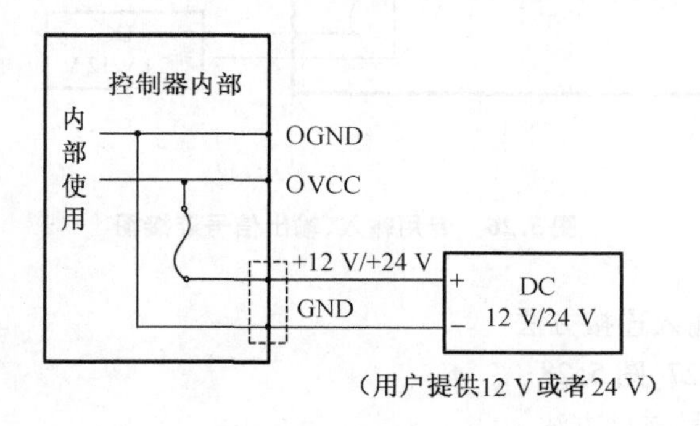

图5.25　端子板电源连接图

(2)专用输入、输出连接方法

专用输入包括:驱动报警信号、原点信号和限位信号,通过端子板的CN5(CN6、CN7、CN8)、CN12与驱动器及外部开关相连。连接方法见图5.26。

专用输出包括:驱动允许,驱动报警复位。专用输出通过端子板CN5、CN6、CN7、CN8与驱动器连接。CN5对应1轴,CN6对应2轴,CN7对应3轴,CN8对应4轴。连接方法见图5.26。

(3)编码器输入连接方法(仅对 SV 卡)

非 SV 卡用户可直接跳到第 4 步骤。编码器信号如果是差动输入,可以直接连接到 CN5(CN6、CN7、CN8)的 A+、A-、B+、B-、C+、C-和 VCC、GND;如果是单端输入信号,将编码器信号连接到 CN5(CN6、CN7、CN8)的 A+、B+、C+和 VCC、GND 上,同时将 A-、B-、C-悬空。连接方法见图 5.27,图 5.28。

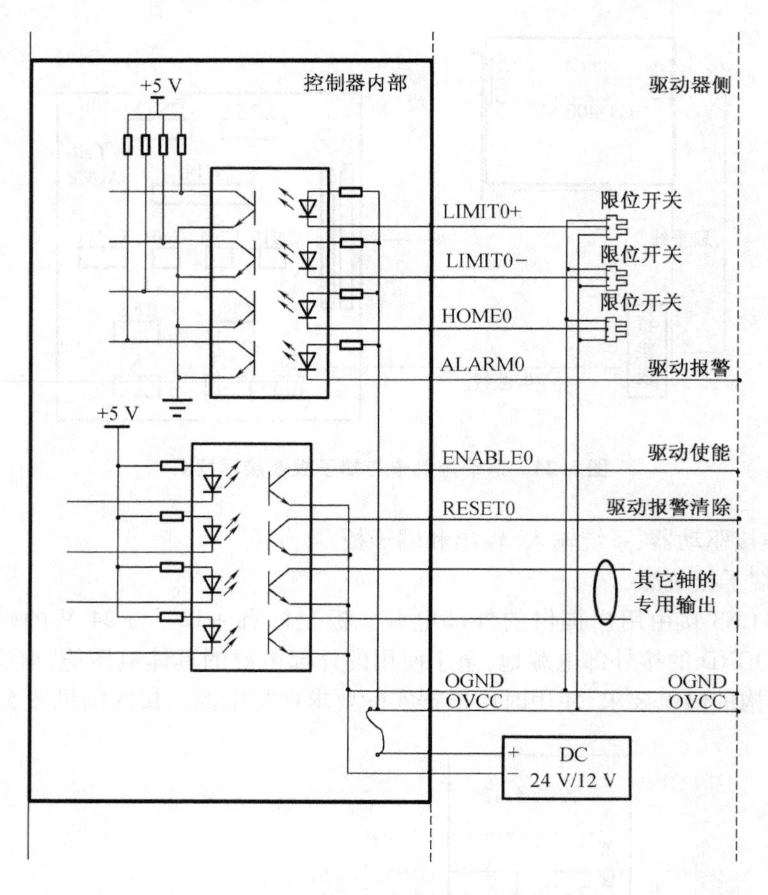

图 5.26　专用输入、输出信号连接图

(4)辅助编码器输入连接方法

连接方法见图 5.27,图 5.28。

(5)控制输出信号连接方法

SV 卡可以输出两种信号:模拟量信号或脉冲量信号。默认情况下,SV 卡四轴输出模拟量信号。当某轴或某些轴用于步进电机控制(或用位置方式控制伺服电机)时,用户可以通过软件提供的输出设置命令“GT_CtrlMode(1)”,将该轴的输出设置为脉冲量输出信号。

SG、SE、SD、SP 卡只能工作于脉冲量输出方式。

在脉冲量信号输出方式下,有两种工作模式:一种是脉冲/方向信号模式,另一种是正/负脉冲信号模式。默认情况下,控制器输出脉冲/方向信号模式。用户可以通过命令“GT_StepPulse”,转换为正/负脉冲信号模式;亦可通过命令“GT_StepDir”切换为脉冲/方向信号模式。模拟控制输出信号通过端子板的连接方法见图 5.29。

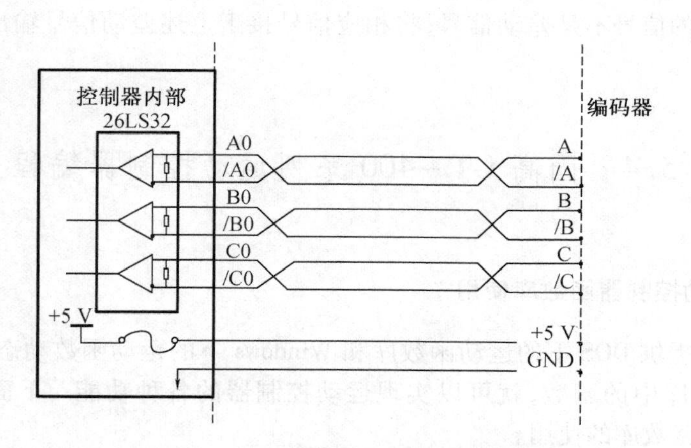

图 5.27 编码器双端输入信号连接图

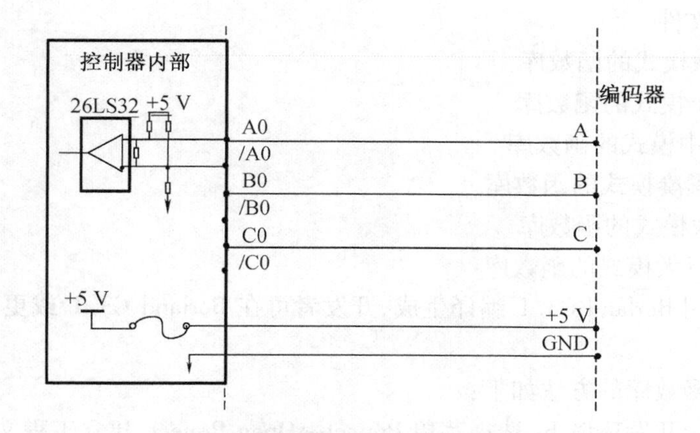

图 5.28 编码器单端输入信号连接图

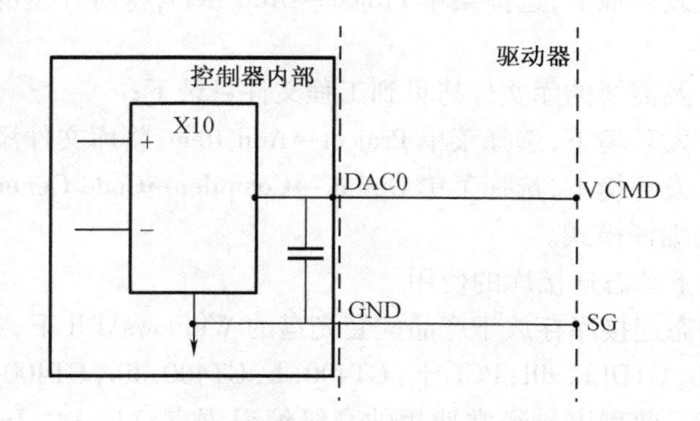

图 5.29 模拟量控制输出信号连接图

脉冲/方向输出信号通过端子板的 CN5（CN6、CN7、CN8）的引脚输出，地为数字地引脚。在脉冲/方向信号模式下，引脚输出差动的脉冲控制信号和差动的运动方向控制信号。在正/负脉冲模式下，引脚还可输出差动的正转脉冲控制信号和差动的反转脉冲控制信号。

如果驱动器需要的信号不是差动信号,将相应信号接于上述差动信号输出的正信号端,负信号端悬空。

5.4 固高 GT-400 系列运动控制器编程

5.4.1 运动控制器函数库使用

运动控制器提供 DOS 下的运动函数库和 Windows 下的运动函数动态连接库。用户只要调用运动函数库中的函数,就可以实现运动控制器的各种功能。下面分别讲述 DOS、Windows 系统下函数库的使用。

1. DOS 系统下函数库的使用

DOS 下的运动函数库存放于产品配套光盘的 DOS\UserLib 下,共七个文件。分别为:

userlib. h 头文件

userlibt. lib 微模式的函数库

userlibs. lib 小模式的函数库

userlibm. lib 中模式的函数库

userlibc. lib 紧凑模式的函数库

userlibl. lib 大模式的函数库

userlibh. lib 巨大模式的函数库

该函数库是用 Borland C3. 1 编译生成,开发者可在 Borland C3. 1 或更高版本的开发环境下链接函数库。

开发者使用函数库的方法如下:

(1) Borland C 开发环境下,选择菜单 Project→Open Project,建立工程文件;

(2)在用户开发的程序中加入:#include "userlib. h";

(3) Borland C 开发环境下,选择菜单 Project→Add Item,将所开发的 c 或 cpp 文件添加到工程文件中;

(4)将 userlib. h 及需要的库文件拷贝到工程文件目录下;

(5) Borland C 开发环境下,选择菜单 Project→Add Item,将库文件添加到工程文件中;

(6) Borland C 开发环境下,选择菜单 Option→Compiler→Code Generation,在 Model 栏中选择与库文件相应的编译模式。

2. Windows 系统下动态连接库的使用

Windows 下的动态连接库存放于产品配套光盘的 Windows\Dll 下,共三个文件,ISA 卡:GTDLL. h,GTDLL. lib,GTDLL. dll;PCI 卡:GT400. h,GT400. lib,GT400. dll,这些文件是用 VC ++ 编写的。对于目前程序员经常使用的高级编程语言:VC、VB、Delphi,下面将分别讲述各种语言下动态连接库的使用方法。

(1) VC 中的使用

ISA 卡:在用户程序中加入#include "GTDLL. h";在 VC 环境菜单中,选择 project - setting-link,在 Object/library modules 中输入 GTDLL. lib,然后用户即可在程序中调用动态连接库中的函数。

PCI 卡：在用户程序中加入#include "GT400.h"；在 VC 环境菜单中，选择 project-setting-link，在 Object/library modules 中输入 GT400.lib，然后用户即可在程序中调用动态连接库中的函数。

(2) VB 中的使用

用户可根据板卡的总线类型，将光盘中 Windows\VB 目录下提供的 GTDeclarISA.bas 或 GTDeclarPCI.bas 加入用户的工程中，即可直接调用。

(3) Delphi 中的使用

用户可将光盘中 Windows\Delphi 目录下提供的 GTFunc.pas 加入用户的工程中，即可直接调用。

5.4.2　控制系统初始化、命令返回值及意义

1. 运动控制器初始化

GT_Open()打开运动控制器设备（除 ISA 卡用于 DOS 系统外的其他使用情况）

GT_SetAddr()设置通信基地址（仅对于 ISA 卡用于 DOS 系统下）

GT_SwitchtoCardNo()指定当前控制卡（仅用于 PCI 多卡控制系统）

GT_Reset()复位运动控制器

GT_SetSmplTm()设置控制周期

GT_LmtSns()设置限位开关有效电平

GT_EncSns()设置编码器计数方向（仅 SV 卡）

2. 运动控制轴初始化

GT_Axis()设置当前轴

GT_ClrSts()清除当前轴状态

GT_StepDir() 设置当前轴在脉冲输出模式下的输出方式为"脉冲/方向"方式

GT_StepPulse() 设置当前轴在脉冲输出模式下的输出方式为"正脉冲/负脉冲"方式

GT_AxisOn()驱动使能

GT_CtrlMode()设置输出模拟量/脉冲量

GT_CloseLp()设置为闭环控制

GT_OpenLp()设置为开环控制

GT_SetKp()设置当前轴的伺服滤波器比例增益

GT_SetKi()设置当前轴的伺服滤波器积分增益

GT_SetKd()设置当前轴的伺服滤波器微分增益

GT_SetKvff()设置当前轴的伺服滤波器速度前馈增益

GT_SetKaff()设置当前轴的伺服滤波器加速度前馈增益

GT_SetILmt()设置当前轴的伺服滤波器误差积分饱和值

GT_SetMtrLmt()设置当前轴的伺服滤波器输出饱和值

GT_SetMtrBias()设置当前轴的伺服滤波器输出零点偏移值

(1) 设置当前轴

运动控制器可以同时控制四个控制轴，并且各控制轴可以独立设置参数。为了提高主机与运动控制器的通信效率，运动控制器采用控制轴寻址的策略。用户程序调用的单轴命令，都是作用于当前轴的。运动控制器默认的当前轴为第一轴。要想对其他轴发送命令，

首先要调用设置当前轴命令:short GT_Axis(unsigned short num)。GT_Axis(),将参数指定轴设置为当前轴。此后调用的单轴命令都是针对当前轴,直到再次调用该函数将当前轴设置为另一个轴。参数 num 表示指定的轴号,在 1、2、3、4 四个数中取值,分别代表第一、二、三、四轴。

(2)设置输出“脉冲 + 方向”/“正负脉冲”

对于 SG、SE、SD 卡以及工作在脉冲输出模式下的 SV 卡,默认情况下,控制器输出“脉冲 + 方向”信号。用户可以调用函数 GT_StepPulse 设置控制器输出“正负脉冲”信号;调用函数 GT_StepDir 设置控制器输出“脉冲 + 方向”信号。

(3)设置输出模拟量/脉冲量(以下说明仅对 SV 卡,非 SV 卡用户可跳过)

SV 控制器既可以输出模拟量,也可以输出脉冲量(不可同时输出)。控制器默认输出为模拟量。用户可以调用函数 short GT_CtrlMode(int mode),设置输出模式。参数 Mode:0 表示为模拟量输出模式,1 表示为脉冲输出模式。当输出设置为脉冲量时,可用 GT_StepDir 和 GT_StepPulse 设置输出方式,控制器默认输出为脉冲/方向模式。

(4)设置为闭环/开环控制(仅 SV)

SV 运控器有闭环和开环两种方式。

调用 GT_CloseLp()命令,当前轴工作在闭环方式,运动控制器将当前规划的运动位置、速度、加速度送入数字伺服滤波器,与反馈的实际位置进行比较获得控制输出信号。这种方式能够实现准确的位置控制。SV 运控器的默认控制方式为闭环控制方式。

调用 GT_OpenLp() 命令,当前轴工作在开环方式,允许主机通过 GT_SetMtrCmd()命令直接设置运动控制器的控制轴输出信号。这种方式主要用于只需转矩控制的运动或标定驱动器,运动控制器无法实现准确的位置控制。

(5)设置数字伺服滤波参数(仅 SV)

数字伺服滤波器用于计算控制输出信号。SV 运动控制器采用 PID 滤波器,外加速度和加速度前馈,即 PID + Kvff + Kaff 滤波器。通过调节各参数,该滤波器能对大多数系统实现精确而稳定的控制。伺服滤波器的参数可由主机设置。

5.4.3 单轴和多轴运动的实现

运动控制器针对单轴运动提供 4 种运动控制模式:S - 曲线模式、梯形曲线模式、速度控制模式、电子齿轮模式。某一种运动模式设定后,该轴将保持这种运动模式,直到设置新的运动模式为止。对于各模式之间的切换,除电子齿轮模式之外,其他模式必须是在当前轴运动完全停止的情况下进行。否则命令将被视为非法,控制器设置命令出错状态标志。控制器中不同的轴可以工作在不同的运动模式下。对于不同的运动控制模式,需要设置不同的运动参数,具体使用参见以下的相应说明。

1. 单轴运动控制模式选择及相应运动参数设置

(1)S - 曲线模式

GT_PrflS()　　设置当前轴的运动模式为 S - 曲线模式

GT_SetJerk()　　设置当前轴的加加速度

GT_SetMAcc()　　设置当前轴的最大加速度

GT_SetVel()　　设置当前轴的目标速度

GT_SetPos()　　设置当前轴的目标位置

加加速度　　　　0 ~ 0.5(不含0.5)Pulse/ST3
最大加速度　　　0 ~ 0.5(不含0.5)Pulse/ST2
最大速度　　　　0 ~ 16384 Pulse/ST
(2)梯形曲线模式
GT_PrflT()设置当前轴的运动模式为梯形曲线模式
GT_SetAcc()设置当前轴的加速度
GT_SetVel()设置当前轴的最大速度
GT_SetPos()设置当前轴的目标位置
加速度0 ~ 16384 Pulse/ST2
最大速度0 ~ 16384 Pulse/ST
目标位置 -1,073,741,824 ~ 1,073,741,823 Pulse
(3)速度控制模式
GT_PrflV()设置当前轴的运动模式为速度控制模式
GT_SetAcc()设置当前轴的加速度
GT_SetVel()设置当前轴的最大速度
最大速度 -16384 ~ 16384 Pulse/ST
加速度0 ~ 16383 Pulse/ST2
(4)电子齿轮模式
GT_PrflG()设置当前轴的运动模式为电子齿轮控制模式
GT_SetRatio()设置当前轴的电子齿轮传动比
主动轴号1 ~ 4为标准控制轴,5、6轴为辅助编码器
电子齿轮传动比 -16384 ~ 16384(正表示与主动轴运动同向,负表示与主动轴运动反向)

2. 单轴运动停止

(1) 急停和平滑停止

在某些情况下,为了安全起见,或为了实现某些特定的运动轨迹,需要在某些位置或某个时刻使运动停止。运动控制器对于单轴运动,提供两种方法实现这一功能:急停和平滑停止。

GT_SmthStp()平滑停止当前轴的运动
GT_AbptStp()立即停止当前轴的运动

(2)单轴参数设置和刷新

为实现控制轴多个参数同时更新以及多个控制轴的参数同步更新,运动控制器采用双缓冲机制来完成单轴运动、控制参数的设置和生效。双缓冲机制,当主机发出单轴运动、控制参数设置命令时,把这些令下载到运动控制器中。参数刷新之前,下载的参数和运动命令均不生效;参数刷新之后,控制器将在下一个控制周期将这些参数和命令复制到有效的寄存器中,使其同时生效。

双缓冲命令函数:
GT_SetPos()设置当前轴的目标位置
GT_SetBrkcn()设置当前轴断点位置比较值
GT_SetVel()设置当前轴的目标速度

GT_SetAcc()设置当前轴的加速度
GT_SetMAcc()设置当前轴的最大加速度
GT_SetJerk()设置当前轴的加加速度
GT_SetRatio()设置当前轴的电子齿轮比
GT_SetMtrLmt()设置当前轴的伺服滤波器输出饱和值
GT_SetMtrBias()设置当前轴的伺服滤波器输出零点偏移值
GT_SetKp()设置当前轴的伺服滤波器比例增益
GT_SetKi()设置当前轴的伺服滤波器积分增益
GT_SetKd()设置当前轴的伺服滤波器微分增益
GT_SetKvff()设置当前轴的伺服滤波器速度前馈增益
GT_SetKaff()设置当前轴的伺服滤波器加速度前馈增益
GT_SetILmt()设置当前轴的伺服滤波器误差积分饱和值
GT_SetPosErr()设置当前轴的伺服滤波器位置误差极限
GT_SmthStp()平滑停止当前轴的运动
GT_SynchPos()立即停止当前轴的运动
普通参数刷新:
GT_Update()参数刷新
GT_MltiUpdt()多轴参数刷新
断点参数自动刷新:
GT_AuUpdtOn()设置当前轴控制参数和命令自动更新
GT_AuUpdtOff()关闭当前轴控制参数和命令自动更新
GT_GetBrkCn()读取当前轴断点位置比较值
GT_PosBrk()设置当前轴断点条件为大于断点位置
GT_NegBrk()设置当前轴断点条件为小于断点位置
GT_ExtBrk()设置当前轴原点信号触发断点模式
GT_MtnBrk()设置当前轴运动到位触发断点模式
GT_BrkOff()清除当前轴断点,并关闭断点模式
(3)单轴设置目标位置、实际位置
GT_SetPos()设置当前轴的目标位置
GT_ZeroPos()当前轴实际位置和目标位置清零
GT_SynchPos()设置当前轴的目标位置等于实际位置
GT_SetAtlPos()设置当前轴的实际位置

3. 多轴协调运动

运动控制器可以实现两种轨迹的多轴协调运动:直线插补、圆弧插补。描述复杂的多轴协调运动轨迹的最简单的方法是利用坐标系,在坐标系内能够方便地描述运动对象的运动轨迹。因此,在本手册多轴协调运动又称为坐标系运动;多轴协调运动模式又称为坐标系运动控制模式。运动控制器通过坐标映射将控制轴由单轴运动控制模式转换为坐标系运动控制模式。在坐标系运动控制模式下,可以实现单段轨迹运动,多段轨迹连续运动。运动控制器开辟了底层运动数据缓冲区,可以实现多段轨迹快速、稳定的连续运动。

运动控制器利用一个四维坐标系($X-Y-Z-A$),描述直线、圆弧插补轨迹。其中在使

用圆弧插补命令时,$X-Y-Z$ 三个轴构成图5.30所示的右手坐标系。用户也可以只利用二维($X-Y$)、三维($X-Y-Z$)坐标系描述运动轨迹。

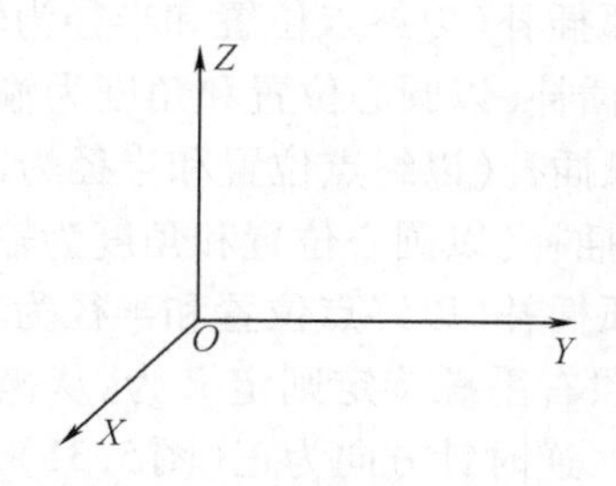

图5.30 右手坐标系

(1)坐标映射

用户通过调用 GT_MapAxis()命令将在坐标系内描述的运动通过映射关系映射到相应的轴上,从而建立各轴的运动和要求的运动轨迹之间的运动学传递关系。运动控制器根据坐标映射关系,控制各轴运动,实现要求的运动轨迹。调用 GT_MapAxis()命令时,所映射的各轴必须处于静止状态。坐标映射命令函数原型是:short GT_MapAxis(short Axis_Num, double * map_count)。Axis_Num 为轴号(1、2、3 或 4),调用坐标映射命令以后,该轴工作于坐标运动模式。该轴的实际位置记为 Axis_N,单位是脉冲。数组 map_count 包括五个元素,顺次记为 C_x、C_y、C_z、C_a、C,坐标轴 X、Y、Z、A 所对应的相应坐标记为 x、y、z、a。上述函数描述的映射关系能够简单地描述成下面的计算公式:

Axis_N $= C_x \times x + C_y \times y + C_z \times z + C_a \times a + C$,由此可以看出被映射的控制轴的运动是坐标 X、Y、Z、A 的线性组合。

(2)合成速度和加速度

GT_SetSynVel()设置坐标系运动合成速度

GT_SetSynAcc()设置坐标系运动合成加速度

short GT_SetSynVel(double Vel);

该函数设置轨迹段的合成运动速度。参数 Vel 是设定的合成速度值,是坐标系各坐标轴分速度的矢量和(为正值)。其单位是坐标系长度单位/控制周期。该函数影响此后调用的所有直线插补和圆弧插补函数的速度,直到再次调用此函数为止。

合成速度:$V=\sqrt{V_x^2+V_y^2+V_z^2+V_a^2}$

short GT_SetSynAcc(double Accel);

该函数设置坐标系运动中轨迹段的合成加速度。参数 Accel 是设定的合成加速度值,是坐标系映射各轴分加速度的矢量和(均为正值)。其单位是坐标系长度单位/控制周期2。该函数影响此后调用的所有直线插补和圆弧插补函数的加速度,直到再次调用此函数为止。

合成加速度:$Acc=\sqrt{\mathrm{Acc}_x^2+\mathrm{Acc}_y^2+\mathrm{Acc}_z^2+\mathrm{Acc}_a^2}$

(3)坐标系轨迹运动设置

GT_LnXY()两维直线插补

GT_LnXYZ()三维直线插补

GT_LnXYZA()四维直线插补

GT_ArcXY() *XY* 平面圆弧插补(以圆心位置和角度为输入参数)

GT_ArcXYP() *XY* 平面圆弧插补(以终点位置和半径为输入参数)

GT_ArcYZ() *YZ* 平面圆弧插补(以圆心位置和角度为输入参数)

GT_ArcYZP() *YZ* 平面圆弧插补(以终点位置和半径为输入参数)

GT_ArcZX() *ZX* 平面圆弧插补(以圆心位置和角度为输入参数)

GT_ArcZXP() *ZX* 平面圆弧插补(以终点位置和半径为输入参数)

圆弧插补的旋转正方向按照右手螺旋定则定义为:从坐标平面的"上方"(即垂直于坐标平面的第三个轴的正方向)看,逆时针方向为正(图5.31)。可以这样简单记忆:将右手拇指前伸,其余四指握拳,拇指指向第三个轴的正方向,其余四指的方向即为旋转的正方向。映射坐标系为二维坐标系(*X* - *Y*)时,*XOY* 坐标平面内的圆弧插补正方向同样定义。

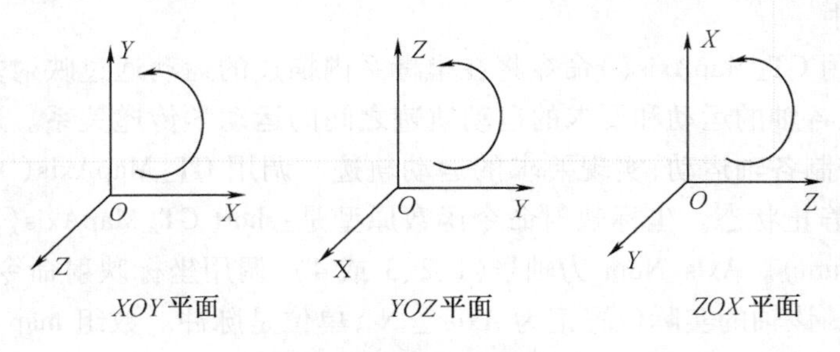

图 5.31 圆弧插补正方向

5.4.4 Home、Index 捕获

控制器为每个轴提供了一个高速位置捕获寄存器,用来保存外部触发信号动作时轴的当前实际位置。SV 允许使用增量式编码器的 C 相(Index)信号或原点(Home)开关信号作为捕获轴位置的触发信号。SD、SE、SG 允许原点(Home)开关信号作为捕获轴位置的触发信号。这两种触发信号的区别在于,前者来自增量式编码器 C 相(或 Z 相)信号。而 Home 信号来自于原点开关触发信号。控制器可以用 GT_CaptIndex()(仅 SV 卡)和 GT_CaptHome()命令来选择使用何种输入作为捕获触发信号。

运动控制器捕获到需要的 Index 或 Home 信号后,控制轴状态寄存器中 Index/Home 标志位置 1,并清除状态寄存器中 Index 捕获或 Home 捕获的设定标志位(15bit 或 14bit)。主机须重新设定位置捕获命令,并清除控制轴状态寄存器 Index/Home 捕捉到标志位才允许下次位置捕获发生。控制器捕获的位置是触发脉冲到来时刻该轴的实际位置,捕获位置精度为 +/ -1 个脉冲。GT -400 - SV 运动控制器捕获位置采用硬件完成,因此控制轴的运动速度不会影响控制器的捕获精度。控制器的这种高速位置捕获功能主要是用在对系统原点进行定位的场合,而对于重复定位精度要求很高的用户,可以采用 Home + Index 的原点定位方式,即在捕获到 Home 信号后再捕获最临近 Home 信号点的 Index 信号点。

5.4.5 中断及通用数字量 I/O 操作

运动控制器可向主机发出中断请求,使主机能及时对各控制轴运动过程中出现的事件做出处理。这种中断方式通常比主机查询控制器的各种状态更为方便和有效。

运动控制器提供了两种中断方式，一种是事件中断，主要针对控制轴运动过程中出现的事件做出及时处理；另一种是定时中断，控制器以一定的周期向主机发出定时中断。用运动控制器构成系统时，该中断可作为系统定时器。由于两个中断共享主机一根中断请求线，因此主机在系统中只允许通过 GT_TmrIntr( )和 GT_EvntIntr( )命令来选择一种中断方式。GT_TmrIntr( )命令设定控制器中断为定时中断，定时中断的周期由控制器的控制周期和 GT_SetIntrTm( )命令的设定值共同确定。例如：控制器的控制周期为 200 μs，主机用 GT_SetIntrTm( )命令设定的值为 10，则定时中断的周期 = 10 × 200 μs，即 2 ms。GT_EvntIntr( )命令将关闭控制器定时中断，转向事件中断。控制器默认中断为事件中断。

1. DOS 系统下中断处理

如果某个控制轴出现上述中断条件，激活中断请求信号，此时主机可根据实际情况响应中断，进行适当处理。主机完成中断处理后，应发出 GT_RstIntr( )指令清除当前电机的中断请求条件，使下次中断可以发生，该命令带有一个"清除相应屏蔽标志"的参数。主机一次只能响应一个控制轴的中断。例如，用户正在设置当前轴#1 的参数，而控制轴#3 向主机发出中断请求信号。此时，如果需要处理该中断，主机就必须把#3 设置为当前轴(使用 GT_AxisI( )命令)。如果同时有多个控制轴提出中断申请，最小号的控制轴具有最高的中断优先级。

运动出错且超限位产生中断，主机发出 GT_AxisI( )命令，GT_RstIntr( )指令和 GT_AxisI( )指令只在中断存在时有效。如果没有中断，必须采用查询的命令如：GT_GetSts( )命令查询轴的状态。对于一个请求中断的控制轴而言，主机只能响应一个事件中断。当有多个事件同时申请中断时，并不要求像上面所举的例子中那样分别处理这些中断请求。控制器可以只向主机发出一次中断请求，主机可在中断响应处理过程中用 GT_GetIntr( )命令读取中断轴的状态寄存器进行判断和做相应处理，然后用 GT_RstIntr( )命令一次清除所有中断事件(GT_RstIntr( )和 GT_AxisI( )函数只能在中断服务程序中使用，而如果没有中断发生时调用 GT_GetIntr( )函数，所返回的状态为当前轴状态)。

对于多轴同时申请中断的情形，主机也可以采用类似处理。在响应最小号的控制轴的中断时，用 GT_GetSts( )命令查看其他控制轴的状态并做出相应处理，然后用 GT_RstSts( )或 GT_ClrSts( )命令清除相应的状态标识。

当某个轴处于轴伺服使能禁止时，除运动出错和驱动报警状态外，其他状态均不能引起事件中断，请用户使用时注意。

2. Windows98/2000/NT 系统下中断处理

在 DOS 环境开发程序时，用户可以直接修改中断向量，挂接自己的中断服务程序(Interrupt Service Routine，ISR)，从而实现对运动控制器产生的中断请求进行响应。但是在 Windows 环境，操作系统将系统内核和应用程序进行隔离，不再允许用户层程序修改设备的 ISR。基于此，GT－400－PCI 驱动程序独辟蹊径，提供两种联系用户程序和设备 ISR 的中断处理机制，我们称为事件同步机制和中断预处理机制。事件同步机制适用于事件中断和时间中断的处理，中断预处理机制只适用于事件中断的处理。这两种机制可以混合使用，也可以单独使用。

(1)事件同步机制

原理：能够让设备 ISR 和上层用户程序共享一事件，实现用户程序和设备 ISR 同步，从而让用户程序感知硬件设备的中断请求。

具体实现方法是这样的,在用户程序中创建一同步事件,利用控制器驱动程序提供的API 函数 GT_SetIntSyncEvent(HEVENT hIntEvent)向设备 ISR 设置同步事件。此后,用户程序和设备 ISR 就是两个共享同步事件的普通进程,一般情况用户程序为了不阻塞自己,会启动一个新的线程,在该新线程中调用 WaitForSingleObject()等待事件有效。一旦设备产生中断,设备 ISR 激活中断同步事件。此时用户线程从 WaitForSingleObject()处被激活,开始执行线程的后续部分。

(2)中断预处理机制

原理:在设备产生中断前,预先为设备设定一些命令(此处的命令指运动控制卡用 GT 命令),当设备产生一指定中断时,按预设定的结构执行和该中断对应的命令。其实现和使用相对简单,一般先分配一定内存空间用于存放要为设备设置的命令,按照指定的结构(在 gt400data. h 中定义)填充该内存,调用控制卡驱动程序提供的 API 函数 GT_SetBgCommandSet()为设备设定命令,当设备产生中断时,将自动搜索该数据结构,找到与中断对应的命令并执行,执行结果也保存在该结构中。用户层程序可以通过 GT_GetBgCommandResult()获取命令执行结果。

3. 通用数字量 I/O

运动控制器为用户提供了一个通用数字量输入/输出口。主机可以通过命令的方式对该输入/输出口进行操作。

其中,通用输入的 0 号断口(EXI0)可以作为探针输入信号,并通过相关命设置捕获探针输入信号,当有探针输入信号时引起运动控制器捕获所有控制轴以及辅助编码器的实际位置。

主机可以通过命令 GT_ExOpt(Data)设定该输出口的状态。Data 与控制器 CN2 接口的通用数字量输出端口 EXO0 - EXO15 的对应关系见表 5.9 中的 16 位输出口。

表 5.9　16 位输出口

位 - 定义	位 - 定义	位 - 定义	位 - 定义
Bit0—EXO0	Bit1—EXO1	Bit2—EXO2	Bit3—EXO3
Bit4—EXO4	Bit5—EXO5	Bit6—EXO6	Bit7—EXO7
Bit8—EXO8	Bit9—EXO9	Bit10—EXO10	Bit11—EXO11
Bit12—EXO12	Bit13—EXO13	Bit14—EXO14	Bit15—EXO15

主机可以通过命令 GT_ExInpt(&Data)返回该输入端口的状态。返回数据 Data 与 EXI0 - EXI15 位定义对应关系见表 5.10 中的 16 位输入口。

表 5.10　16 位输入口

位 - 定义	位 - 定义	位 - 定义	位 - 定义
Bit0—EXI0	Bit1—EXI1	Bit2—EXI2	Bit3—EXI3
Bit4—EXI4	Bit5—EXI5	Bit6—EXI6	Bit7—EXI7
Bit8—EXI8	Bit9—EXI9	Bit10—EXI10	Bit11—EXI11
Bit12—EXI12	Bit13—EXI13	Bit14—EXI14	Bit15—EXI15

5.5 堆垛机系统速度控制例程分析

本节所选用的例程为固高立体仓库系统中,堆垛机运动控制案例,涉及到 GT-400 系列运动控制器库函数的调用、运动模式和控制参数设置等内容,并对例程所选用的运动模式进行讲解和说明。

5.5.1 S-曲线模式运动

图 5.32 所示为典型的 S-曲线模式的速度、加速度、加加速度的规划曲线,运动控制过程描述如下:

在开始的 1 区,加速度从零开始,以设定的最大加速度为目标,以加加速度 Jerk(单位时间内加速度的增量)为增量递增,直到达到最大加速度为止;

在 2 区,加加速度为零,按已达到的最大加速度加速到第 3 区;

在第 3 区,按负的加加速度使加速度减为零值,使速度达到最大值,到此完成运动的加速过程;

第 4 段为匀速运行阶段,加速度和加加速度都为零;

在第 5、6、7 阶段与第 1、2、3 阶段类似,不同的是减速运行到速度为零。

在 S-曲线模式下,用户可以随时修改目标位置,其他参数在运动过程中不能修改。输入的最大速度、最大加速度和加加速度均是绝对值,控制轴的运动方向由目标位置决定。通常S-曲线都是对称的,但可以缺少某些过程。如图 5.33 所示的 S-曲线就缺少了第 4 段。

源程序分析:

```
void SMotion() //S-曲线模式运动函数
{
    short rtn;
    rtn = GT_PrflS(); error(rtn); //设置运动模式为 S-曲线模式
    rtn = GT_SetJerk(0.00000002); error(rtn); /* 设置最大加加速度 0.00000002 */
    rtn = GT_SetMAcc(0.004); error(rtn); //设置最大加速度为 0.004
    rtn = GT_SetVel(4); error(rtn); //设置目标速度为 4
    rtn = GT_SetPos(80000); error(rtn); //设置目标位置为 80000
    rtn = GT_Update(); error(rtn); //刷新参数
}
void main()
{
    GTInitial();
    InputCfg();
    AxisInitial();
    SMotion();
}
```

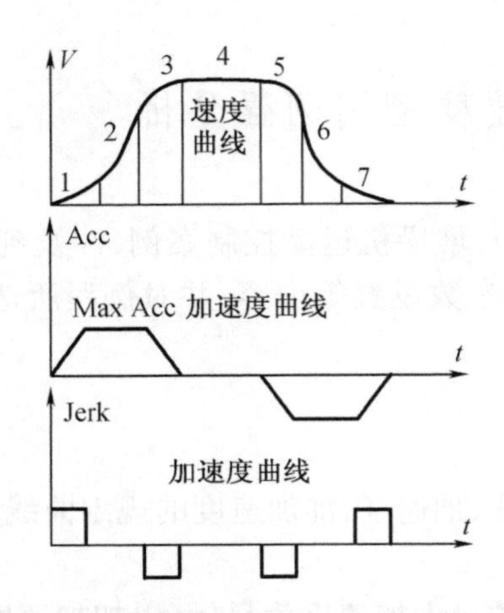

图 5.32　S－曲线模式的速度、加速度、加加速度曲线

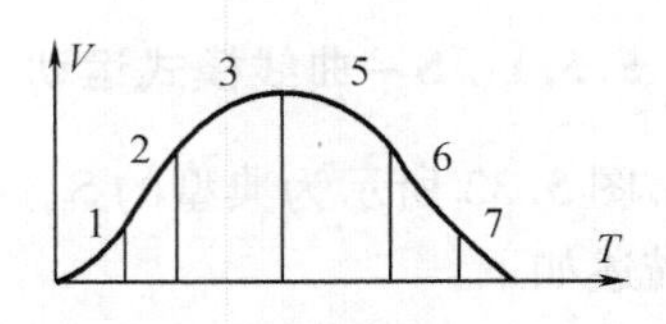

图 5.33　变形后的 S－曲线

5.5.2　梯形曲线模式运动

图 5.34 描述梯形曲线模式的速度变化过程。

一个典型的梯形速度曲线控制过程是：

第 1 阶段，速度按照设定的加速度值从零加速到最大速度；

第 2 阶段，加速度为零值，速度保持已达到的最大速度运行到第 3 段；

第 3 阶段，按设定的加速度减速到零，此时达到要求的目标位置。

在有些情况下，可能达不到最大设定速度就要减速，这样就没有第 2 阶段。在梯形曲线模式控制方式下，任意时刻都可改变速度和位置，此时速度曲线就如图 5.35 所示。

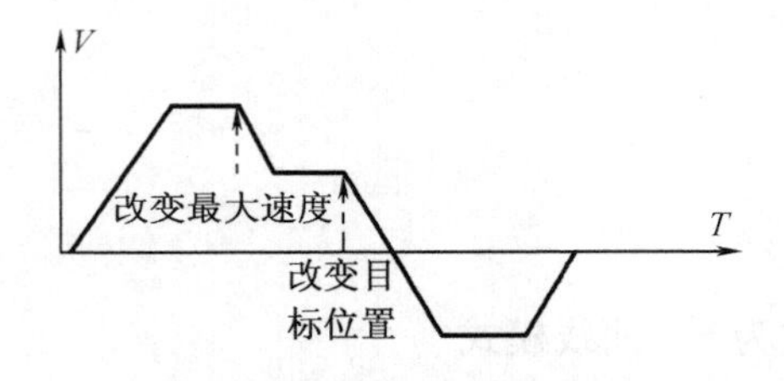

图 5.34　梯形曲线模式的速度曲线

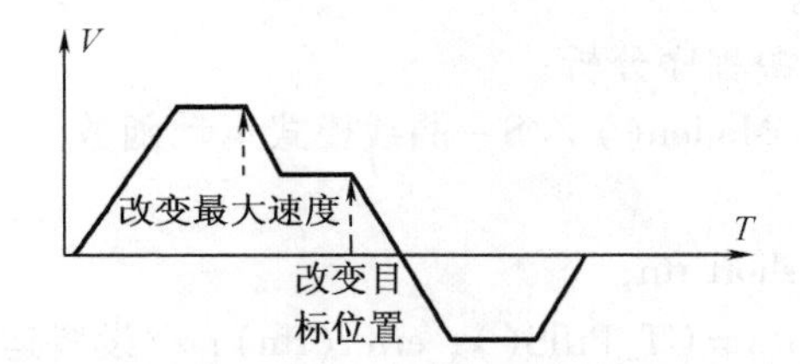

图 5.35　改变速度和位置后的梯形模式速度曲线

在调用 GT_PrflT( )后，运动控制器将当前轴设定成梯形曲线模式。运动控制器按图 5.34 所示运动特征控制相应电机运动。用户需要设定目标位置、最大速度和加速度。

源程序分析：

```
void TMotion( ) //梯形曲线模式运动函数
{
    short rtn;
    rtn = GT_PrflT( ); error(rtn); //设置运动模式为梯形曲线模式
    rtn = GT_SetAcc(0.01); error(rtn); //设置最大加速度为 0.01
    rtn = GT_SetVel(1); error(rtn); //设置目标速度为 1
    rtn = GT_SetPos(80000);error(rtn); //设置目标位置为 80000
    rtn = GT_Update( ); error(rtn); //刷新参数
```

```
}
void main()
{
    GTInitial();
    InputCfg();
    AxisInitial();
    TMotion();
}
```

5.5.3 速度曲线模式运动

在调用 GT_PrflV()后,运动控制器将当前轴设定成速度控制模式。用户需要设定最大速度和加速度两个参数。在该模式下,开始运动时将以设定的加速度连续加速到设定的最大速度,运动方向由最大速度的符号确定,即正速度产生正向运动,而负速度则产生负向运动。在运动过程中,这两个运动参数可以随时修改。

源程序分析:

```
void VMotion() //速度曲线模式运动函数
{
    short rtn;
    rtn = GT_PrflV(); error(rtn); //设置运动模式为速度曲线模式
    rtn = GT_SetAcc(0.01); error(rtn); //设置最大加速度为 0.01
    rtn = GT_SetVel(1); error(rtn); //设置目标速度为 1
    rtn = GT_Update(); error(rtn); //刷新参数
}
void main()
{
    GTInitial();
    InputCfg();
    AxisInitial();
    VMotion();
}
```

5.5.4 电子齿轮控制模式运动

在调用 GT_PrflG()后,运动控制器将当前轴设定成电子齿轮模式(即当前轴为从轴),并指定跟随的主动轴轴号,能够设置其余三轴中的任意一个轴为电子齿轮的主动轴。也可以设置两个辅助编码器输入信号中的任何一个作为主动轴。

当前轴工作在电子齿轮模式下时,主机需设置一个参数,即电子齿轮传动比(从/主),其取值范围:-16384 至 16384。当前轴将按照这个速度比值,跟随主动轴运动。主动轴的运动模式可以是任何一种运动模式(如果主动轴处于坐标系运动模式,则当前轴将跟随主动轴的分运动,而不是坐标系合成运动)。当前轴运动位移增量等于与之相联系的主动轴的位移增量乘以电子齿轮传动比。

源程序分析：

```
void GMotion( ) //电子齿轮控制模式运动函数
{
    short rtn;
    rtn = GT_Axis(1); error(rtn); //设置当前轴为第一轴
    rtn = GT_PrflG(2); error(rtn); /*设置运动模式为电子齿轮控制模式,主轴为2轴*/
    rtn = GT_SetRatio( -1); error(rtn); //设置电子齿轮传动比为 -1
    rtn = GT_Update( ); error(rtn); //刷新参数
}
void main( )
{
    GTInitial( );
    InputCfg( );
    AxisInitial( );
    GMotion( );
}
```

电子齿轮模式实际上是一个多轴联动模式,其运动效果与两个机械齿轮的啮合运动类似。设定电子齿轮传动比的命令函数是:GT_SetRatio( )。运动控制器允许一个主动轴带多个从动轴,或者从动轴作为主动轴再带从动轴运动的情况。如果任何一个从轴出现异常(如碰限位开关,驱动报警等),都将使主动轴运动停止。但是,如果主动轴是开环模式或者主动轴是辅助编码器,则从动轴异常只停止从动轴的运动,而不限制主动轴的运动。

5.6 本章小结

运动控制器已经从以单片机、微处理器以及专用芯片(ASIC)作为核心处理器,发展到了以 DSP 和 FPGA 作为核心处理器的开放式运动控制器。运动控制技术也由面向传统的数控加工行业而发展为具有开放结构、能结合具体应用要求而快速重组的先进运动控制技术。基于网络的开放式结构和嵌入式结构的通用运动控制器,逐步成为自动化控制领域里的主导产品之一。

本章首先介绍了运动控制技术的起源与发展现状,运动控制系统组成、功能与分类,以及运动控制关键技术。然后,对运动控制系统的核心组成部分可编程序控制器(PLC)和通用运动控制器分别进行了系统的介绍。

重点介绍了 PLC 常用编程语言和软件设计流程,并分析了 PLC 在混合式生产线控制系统中的应用案例。

重点介绍了 GT-400 系列运动控制器结构功能、运动控制器编程环境和控制实现,并对固高自动化立体仓库中堆垛机运动速度控制例程进行了分析。

高速、高精度始终是运动控制技术追求的目标。充分利用 DSP 的计算能力,进行复杂的运动规划、高速实时多轴插补、误差补偿和更复杂的运动学、动力学计算,可以使运动控制精度更高、速度更快、运动更加平稳。

第 6 章　计算机监控系统与射频识别

6.1　计算机监控系统

计算机监控技术是一门综合性的技术。它是计算机技术（包括软件技术、接口技术、通信技术、网络技术、显示技术）、自动控制技术、自动检测和传感技术的综合应用。

所谓计算机监控，就是利用传感装置将被监控对象中的物理参量（如温度、压力、流量、液位、速度）转换为电量（如电压、电流），再将这些代表实际物理参量的电量送入输入装置中转换为计算机可识别的数字量，并且在计算机的显示装置中以数字、图形或曲线的方式显示出来，从而使得操作人员能够直观而迅速地了解被监控对象的变化过程。

除此之外，计算机还可以将采集到的数据存储起来，随时进行分析、统计和显示并制作各种报表。如果我们还需要对被监控的对象进行控制，则由计算机中的应用软件根据采集到的物理参量的大小和变化情况以及按照工艺所要求该物理量的设定值进行判断；然后在输出装置中输出相应的电信号并且推动执行装置（如调节阀、电动机）动作从而完成相应的控制任务。

自 1946 年世界上第一台电子计算机诞生至今才半个世纪，计算机监控系统却已有 40 年的历史。1956 年美国首先研究了用于军事上测试项目的计算机监控系统。由于这种系统的性能优良、使用方便，从它问世以后即获得迅速的发展，已覆盖了数据自动监测、采集、处理和自动控制系统等领域。

近年来，由于计算机的性能价格比不断提高，价格不断下降，使计算机技术迅速地渗透到各个领域，与监控系统相关的外围部件，如模 - 数转换，串 - 并通信和并 - 串通信部件等也有了迅速的发展。计算机监控系统在许多行业都得到较为广泛的应用，如电力、石油、冶炼、化工和交通及其他行业。使用计算机监控技术以后，对稳定生产过程、改善产品质量、提高产量、降低成本，合理和经济地安排生产、提高劳动生产率、改善生产环境、减轻劳动强度等多个方面，都有显著的作用。

计算机监控技术的发展，为各个行业建立和使用计算机监控系统提供了有利的条件。国内外已经成批生产了一些这方面的硬件设备，许多单位也研制和开发了相关的一些系统软件和应用软件，各个行业的专业人员和研制计算机软硬件的技术人员必须相互结合，共同进行有关开发和应用的工作，才能使所建立的计算机监控系统具有实效。

6.1.1　计算机监控系统的功能与特点

1. 计算机监控系统的功能

计算机监控系统是以监测控制计算机为主机，加上检测装置、执行机构，与被监测控制的对象（生产过程）共同构成的整体。在这个系统中，计算机直接参与生产过程的检测（Monitor）、监督（Supervise）和控制（Control），或者说应具有下述三方面的功能：

(1)采集与处理功能

主要是对生产过程的参数进行检测、采样和必要的预处理,并以一定的形式输出(如打印制表和CRT屏幕显示)、为生产人员提供详实的数据,以便于他们分析、了解生产情况,监视生产过程的进行。

(2)监督功能

将检测的实时数据、人工输入的数据等信息进行分析、归纳、整理、计算等二次加工,并制成实时和历史数据库加以存储。根据实际生产过程的需求及生产进程的情况,进行工况分析、故障诊断、险情预测,并以图、文、声等多种形式及时作出报道,以进行操作指导、事故报警。

(3)控制功能

在检测的基础上进行信息加工,根据事先决定的控制策略形成控制输出,直接作用于生产过程。

完整的计算机监测控制系统是上述三种功能的综合集成,它利用计算机高速度、大容量和智能化的特点,可以把一个复杂的生产过程组织管理成为一个综合、完整、高效的自动化整体。在实际使用中,可以根据实际对象的需求情况,系统只具有上述一项或两项功能;或是以某一项为主,而辅以其他的功能。这样可以更针对实际应用的需要,以降低成本,减少复杂性,增强可维护性。

2. 计算机监控系统的特点

计算机监测控制系统具有如下特点:

(1)实时性

实时性是计算机监测控制系统区别于普通(通用)计算机系统的关键特点,也是衡量计算机监测控制系统性能的一个重要指标。实时性有下述几层含义:

①实时性是系统对外界激励(事件)及时做出响应的能力,即系统能在多长时间内响应外部事件的发生。

②系统在所要求的时间内完成规定的任务的能力。

③实时是与分时相对应的。

(2)可靠性

可靠性是指计算机监测控制系统的无故障运行的能力。工业生产在连续运行,计算机系统也必须同步连续运行,对过程进行监测和控制。即使系统由于其他原因出现故障错误,计算机系统仍能做出实时响应并记录完整的数据。可靠性常用“平均无故障运行时间”,即平均的故障间隔时间MTBF(Mean Time Between Failures)来定量地衡量。

(3)可维护性

可维护性是指进行维护工作时的方便快捷程度。计算机监测控制系统的故障会影响工业生产过程的正常操作,有时会大面积地影响生产过程的进行,甚至使整个生产瘫痪。因此,方便地维护计算机监测控制系统的正常运行,在最短时间内排除它的故障成为计算机监测控制系统的重要特点。

(4)过程量采集及输出

监测控制系统的一个突出特点是具有强大的I/O功能,即大量的现场信息要直接从工业现场采集并送入计算机中。从当前已有的应用来看,有两大类信息:

①数据信息

主要有三种类型的数据输入信号:模拟量输入(AI)、开关量输入(SI)、脉冲量输入(PI)。模拟量输入通道接受现场连续变化的信息(如电压、电流、电阻等),其输入要经过放大、隔离、模/数变换等处理后,变成数字量才能进入计算机。开关量输入通道接受现场"通/断"两个状态信息(如表示阀门开关、设备启停、刀闸分合等状态的无触点开关或继电器开关)。脉冲量输入不是开关状态,也不是连续变化的模拟量,而是脉冲序列。脉冲量输入通道通常具有计数功能以接受脉冲序列信息,这种信息有时直接代表某些物理量(如传递),有时是它的累计值表示某些物理量(如电量)。

对应于三种类型的数据输入信号,有三种类型的数据输出信号:模拟量输出(AO)、开关量输出(SO)、脉冲量输出(PO)。它们用来控制执行机构,或送到有关的显示、报警、记录设备中。

②图像信息

由于多媒体技术和信息处理技术的进步,近年来图像信息也进入到工业监测控制领域,而且起着数据信息不能替代的作用。最常用的获取图像信息的设备是工业摄像机,它摄取的视频图像通过视频处理卡后可直接进入计算机。在常规的使用中,视频图像是直接输出到屏幕上做显示的。最近的技术发展中,视频图像经图像处理后再进行显示;或再与数据信息进行融合作为控制信号使用。

(5)人机交互功能

在计算机监测控制系统中,人机交互的方式比较丰富。特别是复杂、大型、综合、连续的生产过程中,操作人员要在短时间内接受多个信息,进行分析判断,完成有关操作,因此要求监测控制系统具有多种而不是单一的人机交互方式。除常规的键盘、鼠标、CRT 显示器外,通常还有触摸屏、专用键盘、大屏幕显示、语音等。

(6)通信功能

主要是指在监测控制系统中,计算机之间、相同类型或不同类型总线之间以及计算机网络之间的信息传输。在实际应用中,往往有多种类型的多台监测控制计算机在一起联合工作,这时就需要在计算机之间进行通信,实时、可靠地传递信息。特别是在分级计算机监测控制系统、分布式计算机监测控制系统中,通信是一个非常重要的问题。

(7)信息处置和控制算法

在设计计算机监测控制系统中,信息、处理和控制算法的设计、开发、调试是最为核心的内容,也是最花费时间的工作,它占据了开发调试的大部分工作量。信息处理和控制算法主要是软件工作,这些软件的开发编制除了和采用的操作系统、软件开发工具有关外,还和硬件(特别是接口部件)以及生产工艺要求有密切关系。正因如此,监测系统的软件开发往往难度更大,它要求开发设计人员具有更全面和广泛的知识。

6.1.2 计算机监控系统的组成与分类

1. 计算机监控系统的组成

计算机监控系统的组成可以有多种划分方法。最简单地,可以分为硬件和软件两个部分。一般地,一个计算机监控系统可以由以下几个部分组成:计算机(含可视化的人机界面)、输入输出装置(模块)、检测、变送机构、执行机构。如图 6.1 所示。

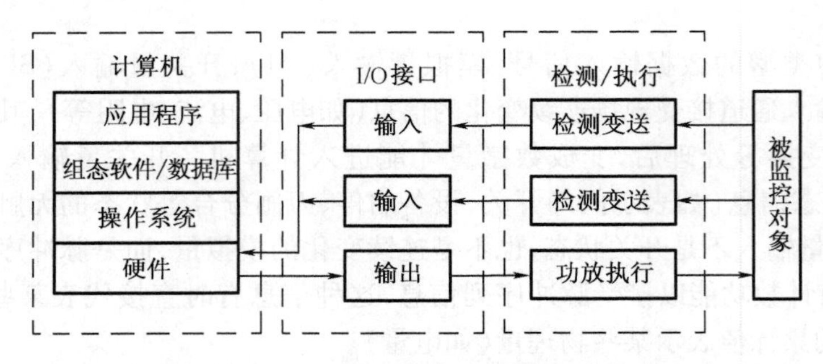

图 6.1 计算机监控系统组成原理图

硬件主要由计算机、输入输出装置、检测变送装置和执行机构 4 大部分组成；软件主要分为系统软件、开发软件和应用软件 3 大部分。

计算机的硬件主要包括：主机、显示器、键盘和打印机；计算机的软件主要包括：操作系统、组态软件、数据库和应用软件，其中应用软件通常具有控制模块、输入输出处理、逻辑控制模块、通信、报警处理、显示处理、报表打印功能。

输入输出装置主要是指模拟量、开关量和脉冲量的输出，以及模拟量、开关量、计数脉冲的输入；其中脉冲输出主要有三种：步进电机脉冲输出、移租触发脉冲输出和 PWM 脉冲输出。

检测变送装置的种类取决于所检测的物理量，包括：热电偶、热电阻、温度、液位、亮度、浓度、厚度、位移、PH 值、电压、电流、频率、功率等等。而常用的执行机构，主要有调节阀、电磁阀、交流电机、直流电机、步进电机及功率放大装置、继电器、接触器、指示灯，等等。

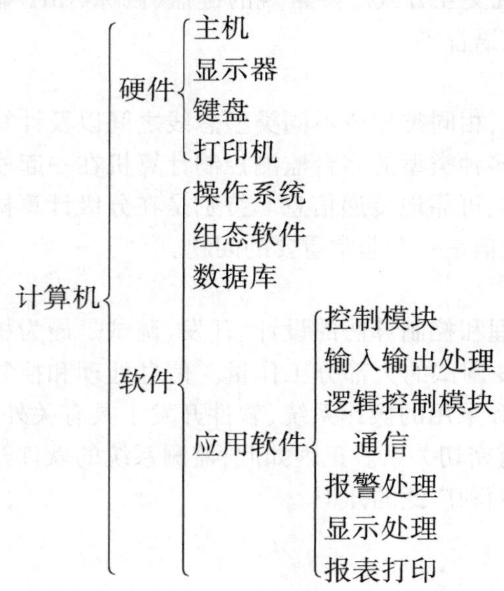

- 输入输出装置
  - 输出
    - 模拟量输
    - 开关量输
    - 脉冲输出
      - 步进电机脉冲输出
      - 移租触发脉冲输出
      - PWM 脉冲输出
  - 输入
    - 模拟量输入
    - 开关量输入
    - 计数脉冲输入
- 检测变送装置
  - 热电偶、热电阻
  - 温度变送器
  - 压力变送器
  - 液位变送器
  - 流量变送器
  - 浓度检测、厚度检测、位移检测、PH 值检测
  - 电压检测、电流检测、频率检测、功率检测
- 执行机构
  - 调节阀
  - 电磁阀
  - 功率放大及交流电机
  - 功率放大及直流电机
  - 功率放大及步进电机
  - 继电器、接触器
  - 指示灯

虽然监控的对象有所不同,但其一般都包括以下几个功能组成部分:

(1)数据采集和变换部分

计算机监控系统具有数据采集和变换的部件,用来采集现场的实时数据,如温度、流量、压力、液位、电压、电流、功率等需要监测的运行参数,还包括一些表示“开”或“关”两种状态的开关量。通常把这些采集到的模拟量或状态,实时地变换成计算机能够接收的代码形式。这里包括,模拟量变换器,如常称为 A/D 的变换器和开关量变换器。

(2)实时监视工作情况的部分

计算机接收到现场各种实时数据以后,以运行管理人员习惯使用的图表形式,将各种现场数据用显示器实时显示出来,使运行人员、管理人员能从显示的图表或数据中,及时地了解和掌握现场的情况。有了这部分以后,尽管现场地域广阔,或监视对象较多,或者有些设备工作条件特殊,如高温、多尘等环境,管理人员都可以集中在计算机控制室中进行实时集中监视,统一管理。

(3)越限报警部分

使用计算机在对现场的实时运行数据进行监视的同时,还将各项实时数据与预先设定该项数据的上限值和下限值逐个进行比较,如果发现某些数据超出上限或下限,则在显示图形上,以醒目的方式,如用特殊的颜色将该数据显示出来,也可以同时用声音提醒运行人员注意,及时处理,以使这些工作数据尽快回到正常状态的数值范围内,也即回到正常要求的上、下限值以内的数值。

(4)保存运行数据的档案部分

计算机将收集到的监控对象的运行数据进行统计和整理,对于发生的各种故障,故障发生的时间和故障出现的过程,以及越限等数据,记入历史档案。

(5)日运行情况的制表打印部分

为了便于分析监控系统的监视对象,接收监控对象的运行情况和工作效率,通常把对象的重要运行参数的变化情况,根据管理的要求,编制日运行工作情况记录表,以便当日分析使用。

(6)集控部分

计算机监控系统根据实际运行情况的需要,可以对监控对象进行控制,以便改变对象的工作状态。这种集中通过计算机的控制,应该选取一些主要的和重要的操作控制,和工作环境不便于就地人工操作的控制。不必要把所有的操作控制都集中由计算机控制系统来完,以减少投资和提高系统的可靠性。

2. 计算机监控系统的分类

根据对象的不同监测控制要求、系统所完成的监测控制功能和基本特点,计算机监控系统可分为下列四类:

(1)计算机监测系统

计算机监测系统(Computer Supervisory System)又称计算机数据采集与处理系统(Direct Digital Control,DDC),它的主要功能是以计算机为核心对生产过程的参数和工况进行巡回检测。监测系统的输出不直接作用于生产进程的执行机构,不直接影响生产进程的进行,它是一个开环监测系统。生产进程的控制和调节由人工完成。

(2)计算机监督系统

计算机监督系统(Computer Supervisory System)以具有分析决策功能为特点。它在检测系统的基础上,发挥计算机智能的特点,充分利用计算机快速计算、大容量记忆、综合分析、逻辑判断等功能,对预处理后的信息进行二次加工。

(3)计算机控制系统

计算机控制系统(Computer Control System)又称直接数字控制系统(Direct Digital Control,DDC)。它的特点是具有自动控制功能,即由计算机直接对生产过程进行控制。它是在监测系统的基础上根据事先决定并存储在计算机中的一种或多种控制策略,输出控制信息,直接作用在执行机构上,完成自动控制和调节功能。它是一个闭环系统,不仅有从生产过程送至计算机系统的检测信息通道,而且有从计算机系统送至生产过程的控制信息通道。

(4)计算机监控系统

计算机监测控制系统(Computer Supervisory Control System)综合了上述三种系统的功能,由计算机完输入处理、信息加工、分析决策以及输出控制调节。

6.1.3 计算机监控系统的体系结构

计算机监控系统近年来有了较大的发展。从整个发展过程来看,硬件结构从集中式向分布式发展。目前除了少数系统因监控对象少,位置又相对集中,采用集中式结构外,许多计算机监控系统为适应现代化规模较大的监控对象,都采用分布式结构。

传统的监控系统是集中结构式的监控系统(CCS)。所谓集中结构是指由单一的计算机完成控制系统的所有功能和对被控对象实施控制的一种系统结构。显然,这种结构对计算机的要求极高。首先它必须有足够的处理能力和极高的可靠性,以保证功能的实现和系统的安全,这种系统的好处是系统的整体性、协调性好。由于是集中的方式,所有现场状态集中在一个计算机中处理,因此中央计算机可以根据全面情况进行控制和判别,在控制方式、控制时机的选择上可以进行统一的调度和安排。而 DCS 即所谓分布式控制系统(也称之为集散系统)是相对于集中式的控制而言的一种新型计算机控制系统,它是在集中式控制系统的基础上发展、演变而来的。DCS 在系统的处理能力和系统的安全性方面明显优于集中系统,这是由于 DCS 使用了多台计算机分担了控制的功能和范围,使处理能力大大提高,并将危险性分散。由于 DCS 的上述优点,现在它已成为计算机监控系统的主流结构。

1. 集中式计算机监控系统体系结构

集中式计算机监控系统结构比较简单,通常采用一台计算机或两台计算机(为了提高系统的可靠性,采用双重冗余)来实现将过程数据输入输出、实时数据库的管理、实时数据的处理与保存、历史数据库的管理、历史数据处理与保存、人机界面的处理,报警与日志记录、报表直至系统本身的监督管理等功能集中在一起。

系统中的计算机通过输入输出模块获取外界的过程信号,并把它们转化为计算机可以识别的数字信号,然后通过计算机的人机界面显示其值,并根据控制算法,经执行机构来控制被监控对象。

采用双重冗余的集中式计算机监控系统结构,如图 6.2。

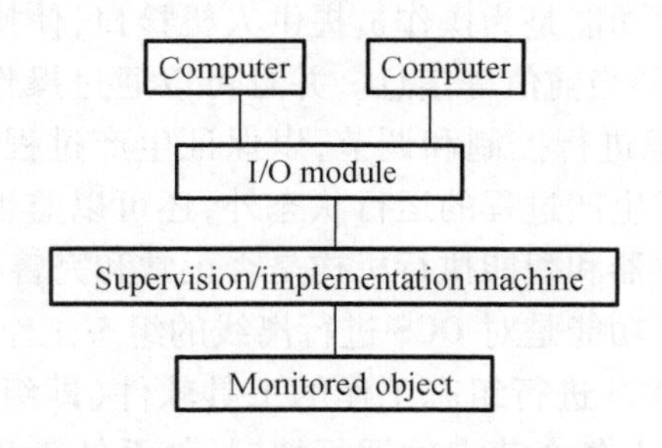

图 6.2 集中式计算机监控系统体系结构

集中式计算机监控系统的优点是结构简单、清晰,集中的数据库很容易管理,并容易保证数据的一致性。但其缺点很多:①各种功能集中在一台计算机中,使软件系统相当庞大,各种功能要由很多实时的任务去完成,而任务数量的增加将导致系统开销增大,计算机运行效率下降。②由于集中式的系统需要庞大而复杂的软件体系,使得系统的软件可靠性下降,实际运行情况表明,集中式系统在现场运行时出现故障有 70% 。以上这些问题是由于设计不良或存在缺陷的软件造成的,因此尽管很多集中式系统为了保证系统的可靠性而精心设计了双重冗余与备份,但仍然避免不了故障的出现,甚至增加了冗余的系统,故障率反而高于没有冗余的系统,究其原因,均是软件引起的问题。③系统的可扩充性差。限于计算机硬件的配置与能力,一个系统在建立时基本上就已经确定了其最终能力。如果能预见到其规模的扩充,只有预留计算机的处理能力,这将造成很大的投资浪费。④集中式的系统将所有的功能、所有的处理集中在一台计算机上,大大增加计算机失效或故障对整个系统造成的危害性,所有实时信息、历史数据和处理功能集于一身,一旦出现问题,造成的后果都是全局性的。

2. 分布式计算机监控系统体系结构

虽然不同的分布式计算机监控系统存在着许多差异，但其核心结构基本上是一致的，它们都是分布式控制系统（DCS）。DCS 系统一般由四个基本部分组成，即系统网络、现场 I/O 控制站、操作员站和工程师站。在 DCS 中，现场 I/O 控制站、操作员站和工程师站都是由独立的计算机构成的，这些完成特定功能的计算机称为“节点”。

DCS 的系统网络是 DCS 的骨架，网络对 DCS 整个系统的实时性、可靠性和扩充性起着决定性的作用。对于 DCS 的系统网络来说，它必须满足实时性的要求，即无论在何种情况下，信息的传送必须在某个确定的时间限度内完成。同时系统网络还必须可靠，无论在何种情况下，网络的通信都不能中断。为了满足扩充性的要求，系统网络可接入最大节点数量应比实际使用的节点数量大若干倍。DCS 的多个节点要靠系统网络很好的连接才能够协调运作，因此许多厂商都对 DCS 的系统网络进行了精心的设计。

DCS 的 I/O 控制站主要功能是：(1)将各种现场发生的过程参量进行数字化，然后将本站采集到的实时数据通过系统网络传送到操作员站、工程师站和其他的现场 I/O 控制站；(2)在本站实现局部的自动控制、回路计算及闭环控制、顺序控制等；(3)接收操作员站、工程师站发送的信息，实现对过程参量的自动控制或对本站参数的设置。

一般一套 DCS 中要设置多个现场 I/O 控制站，用以分担整个系统的 I/O 和控制功能。这样可以避免因一个站点失效而造成整个系统的失效，从而提高了系统的可靠性。同时也可以使各站点分担数据采集和控制功能，有利于提高整个系统的性能。

DCS 的操作员站的主要功能是为操作员提供人机接口，使操作员能及时全面地了解现场运行状态、各种运行参数的当前值等信息。并且可以通过操作员站的输入设备，如鼠标、键盘、触摸屏等，对生产过程进行控制和调节，以保证生产过程安全、可靠、高效、高质的运行。操作员站除了可以监视生产过程的运行状态外，还可以监视控制系统本身各个设备的运行状态，如测量、智能传感器和智能执行机构是否正常和完善等。

DCS 的工程师站的主要功能是对 DCS 进行离线的组态工作和在线的系统监督、控制和维护。工程师站提供了对 DCS 进行组态工作的工具软件（即组态软件），并在 DCS 在线运行时，实时地监控 DCS 网络上各个节点的运行情况，使系统工程师可以通过工程师站及时调整系统配置及一些系统参数的设置。与集中式控制系统相比，大多数 DCS 都要求有系统组态的功能。

一个典型的 DCS 系统结构如下（图 6.3）：

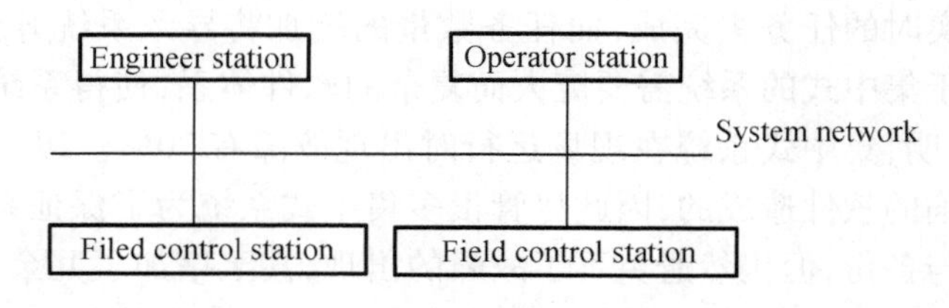

图 6.3　典型的 DCS 系统结构图

分布式监控系统和集中式监控系统相比较，各有不同的特点，分述如下：

(1)分布式系统是一相互通信的多计算机系统，而集中式系统常用单机或双机组成的系统。因而分布式系统处理能力强，速度快，但结构较复杂。集中式系统结构较简单，一切工作都由主机完成，因而处理能力小、速度慢。

(2)分布式系统要使用多台计算机,在硬件投资上,从计算机部分的投资统计,要比集中式多,但综合考虑传输电路和通信通道的费用,因集中式系统需要大量的数据传输电缆,硬件费用增加,而分布式系统则是多个控制对象组成一个对象组,才需要一条通道。特别是监控对象相对分散,与主机的距离较远时,分布式系统的总投资比集中式系统低。

(3)分布式系统多采用多计算机互连通信,通信方式具有高的抗干扰能力。而集中式系统的监控对象和主机间,传送模拟电压和脉冲电压,容易受到干扰。

综上所述,当监控对象数目较多,位置相对分散,距离主控室较远时,分布式系统具有较高的性价比。所以,现代的一般规模较大的监控系统都采用分布式。

6.1.4 计算机监控系统的串行接口

串行通信方式是计算机监控软件与I/O设备之间最常用的一种数据交换方式。串行通信方式使用计算机的串口,I/O设备通过RS-232串行通信电缆连接到监控计算机的串口,最多可与32个串口设备相连。

任何具有串行通信接口的I/O设备都可以采用此方式。大多数的可编程控制器(PLC)、智能模块、智能仪表采用此方式。串行口是计算机与外部设备进行数据交换的重要介质,其具有连接简单、使用方便、数据传输可靠等优点,因此在工业监控、数据采集和实时控制系统中得到了广泛的应用。在进行串行通信设计时,为了保证通信的正常工作,必须设计正确的RS-232C电缆的连接方式,这就需要对RS-232C协议标准十分的熟悉,因此很有必要对其进行简单的介绍。

1.计算机串口

串口是计算机上一种非常通用的设备通信协议(不要与通用串行总线Universal Serial Bus或者USB混淆)。大多数计算机包含两个基于RS232的串口。串口同时也是仪器仪表设备通用的通信协议,很多GPIB兼容的设备也带有RS-232口。同时,串口通信协议也可以用于获取远程采集设备的数据。

串口通信的概念非常简单,串口按位(bit)发送和接收字节。尽管比按字节(byte)的并行通信慢,但是串口可以在使用一根线发送数据的同时用另一根线接收数据,它很简单并且能够实现远距离通信。比如IEEE488定义并行通行状态时,规定设备线总常不得超过20 m,并且任意两个设备间的长度不得超过2 m,而对于串口而言,长度可达1 200 m。

典型地,串口用于ASCII码字符的传输。通信使用3根线完成:①地线;②发送;③接收。由于串口通信是异步的,端口能够在一根线上发送数据同时在另一根线上接收数据。其他线用于握手,但不是必须的。串口通信最重要的参数是波特率、数据位、停止位和奇偶校验。对于两个进行通行的端口,这些参数必须匹配:

①波特率　这是一个衡量通信速度的参数。它表示每秒钟传送的bit的个数。例如300波特表示每秒钟发送300个bit。当我们提到时钟周期时,我们就是指波特率例如如果协议需要4 800波特率,那么时钟是4 800 Hz。这意味着串口通信在数据线上的采样率为4 800 Hz。通常电话线的波特率为14 400,28 800和36 600。波特率可以远远大于这些值,但是波特率和距离成反比。高波特率常常用于放置很近的仪器间的通信,典型的例子就是GPIB设备的通信。

②数据位　这是衡量通信中实际数据位的参数。当计算机发送一个信息包,实际的数据不会是8位的,标准的值是5、7和8位。如何设置取决于你想传送的信息。比如,标准的

ASCII 码是 0～127(7 位)。扩展的 ASCII 码是 0～255(8 位)。如果数据使用简单的文本(标准 ASCII 码),那么每个数据包使用 7 位数据。每个包是指一个字节,包括开始/停止位,数据位和奇偶校验位。由于实际数据位取决于通信协议的选取,术语“包”指任何通信的情况。

③停止位　用于表示单个包的最后一位。典型的值为 1,1.5 和 2 位。由于数据是在传输线上定时的,并且每一个设备有其自己的时钟,很可能在通信中两台设备间出现了小小的不同步。因此停止位不仅仅是表示传输的结束,并且提供计算机校正时钟同步的机会。适用于停止位的位数越多,不同时钟同步的容忍程度越大,但是数据传输率同时也越慢。

④奇偶校验位　在串口通信中一种简单的检错方式。有四种检错方式:偶、奇、高和低。当然没有校验位也是可以的。对于偶和奇校验的情况,串口会设置校验位(数据位后面的一位),用一个值确保传输的数据有偶个或者奇个逻辑高位。例如,如果数据是 011,那么对于偶校验,校验位为 0,保证逻辑高的位数是偶数个。如果是奇校验,校验位为 1,这样就有 3 个逻辑高位。高位和低位不真正的检查数据,简单置位逻辑高或者逻辑低校验。这样使得接收设备能够知道一个位的状态,有机会判断是否有噪声干扰了通信或者是否传输和接收数据是否不同步。

2. RS－232C 的接口信号

RS－232C 协议标准并未定义连接器的物理特性,目前常用的连接器主要有 DB－25 和 DB－9,串口引脚有 25 针和 9 针两类。一般的个人电脑中使用的都是 9 针的接口,25 针串行口具有 20 mA 电流接口功能,用 9、11、8、25 针来实现。

(1)数据设备准备就绪(Data Set Ready,DSR),(ON 状态,高电平有效,下同),表明 DCE 准备就绪,可以接收数据。它并不表示已建立端到端的连接,而只是表明本地 DCE 的状态。

(2)数据终端就绪(Data Terminate Ready,DTR),表明 DTE 已准备就绪。

(3)请求发送(Request To Send,RTS),该信号和 CTS 一起提供了控制 DTE 与 DCE 之间数据流的一种方法。当 DTE 要求发送数据或者从接收模式切换到发送模式时,发出该信号,以通知 DCE,DTE 请求发送数据。

(4)允许发送(Clear to Send,CTS),当 DTE 发送 RTS 信号请求发送数据后,不能立即发送数据。因为 DCE 不可能在瞬间完成线路的切换,因而 DTE 必须检测 CTS 信号。当 DCE 向 DTE 发送 CTS 信号后,表明 DCE 已切换到接收模式,这时 DTE 才可以开始发送数据。

(5)振铃指示(Ring Indicator,RI),当 DCE 检测到线路上有振铃信号时,发出该信号(使该信号有效),然后通知 DTE 有一个远程呼叫。

(6)数据载波检测(Data Carrier Detect,DCD),它表示 DCE 接收到远程载波,通信链路已连接,此时数据传输可以进行。DCE 通过发出 DCD OFF 信号通知 DTE 拆除连接。只有当 DTE 的 RTS、CTS、DSR、DTR 四个信号都有效时,DTE 才能向 DCE 发送串行数据。

3. 连接与配置串口的 I/O 设备

最简单的情况下,监控计算机只与一个 I/O 设备相连。I/O 设备使用标准的 RS－232 电缆与计算机主机后面的串口连接,如图 6.4 所示。

当组态王计算机与多个 I/O 设备相连时,由于 RS－232 是一个点对点的标准,可以将 RS－232 转化为 RS－485,再经过一次 RS－485 到 RS－232 的转化,实现一个计算机串口连接多个 I/O 设备,如图 6.5 所示。

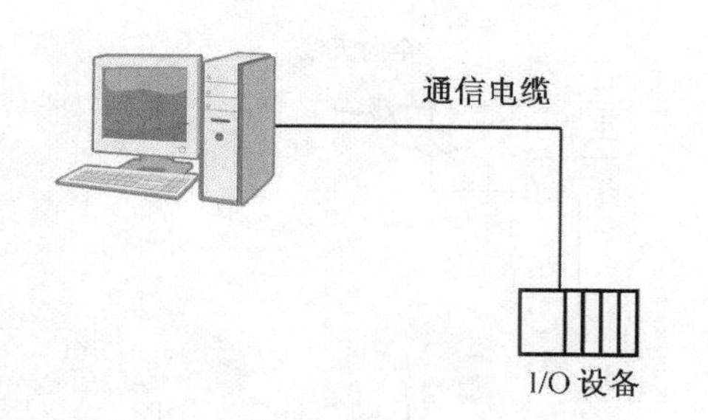

图 6.4 组态王计算机与一个 I/O 设备相连

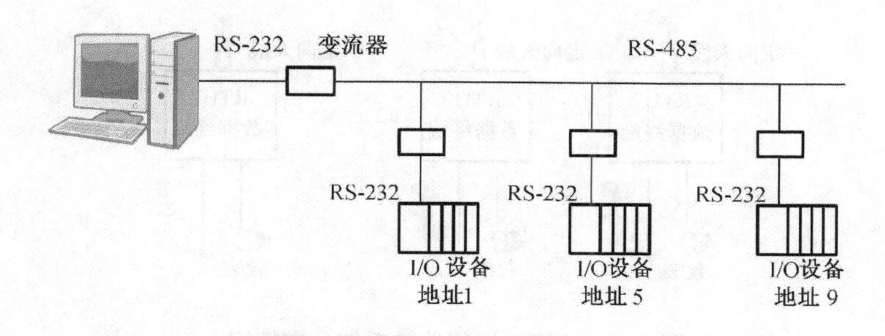

图 6.5 组态王计算机与多个 I/O 设备相连

利用监控软件的设备配置向导就可以完成串行通信方式的 I/O 设备安装,安装过程简单、方便。在配置过程中,用户需选择 I/O 设备的生产厂一家及设备型号、连接方式,为设备指定一个设备名,设定设备地址和串口。

6.1.5 计算机远程监控系统

计算机远程监控系统,传统上也叫"三遥"或"四遥"系统,当前也称为分布式数据采集系统(SCADA 系统),叫法虽不同,但工作原理及组织结构大致相同,一般采用无线数据通信方式或无线有线相结合的方式。它是仪器仪表、电子技术、现代通信技术、计算机软件等的综合运用。计算机远程监控系统可以极大地提高人们的生产自动化水平和生产效率,已经被广泛应用于许多行业和领域。本节侧重于无线通信方式,简单介绍计算机远程监控系统的基本构成和主要应用场合等。

1. 计算机远程监控系统的基本构成

计算机远程监控系统按照分布分为两个大的部分:监控中心和现场部分,见图 6.6。

(1)现场部分

现场部分按照功能又可细分为检测执行机构和数据终端(RTU)两部分。检测执行机构继续分为检测部分和执行部分;数据终端(RTU)继续分为数据输入输出模块、数据通信部分、电源三个部分,见图 6.7。

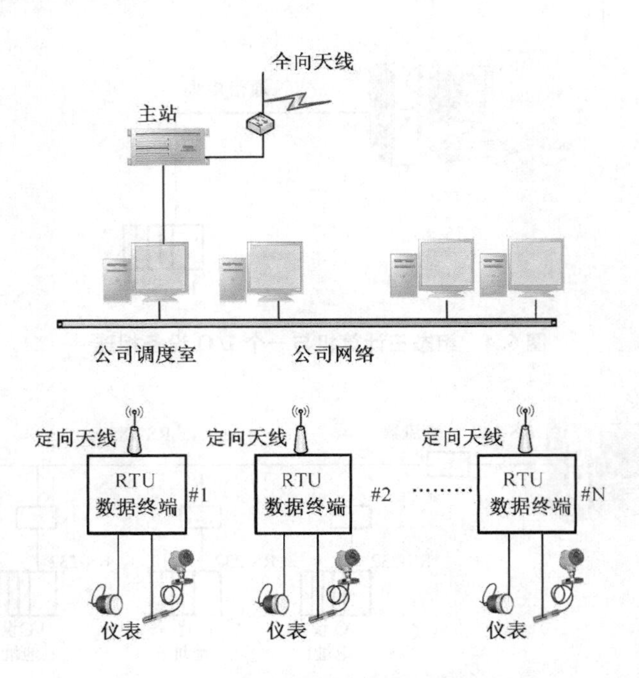

图 6.6　计算机远程监控系统分布框图

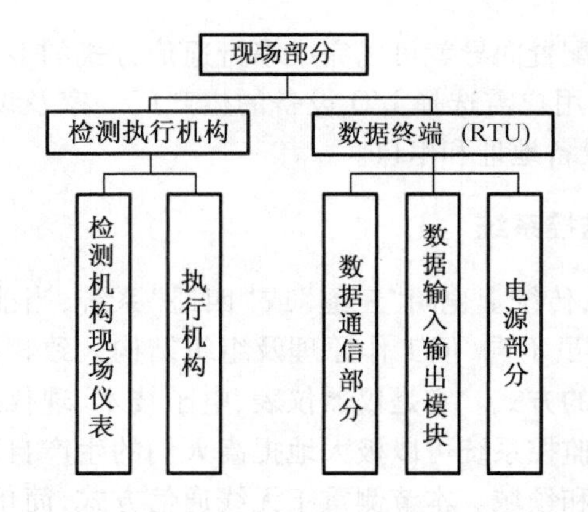

图 6.7　现场部分功能结构框图

检测执行机构分为检测机构(现场仪表)和执行机构两部分。

①现场仪表

完成监测过程的第一步,把被测物理参量信号转化成电信号的过程,如压力仪表(水压表、气压表)、液位计、流量计、电压变送器、电流变送器等,转化成的电量信号被数据输入输出模块采集到,在数据输入输出模块内部转化成数字信号以便进行进一步处理。

②执行机构

完成控制过程的最后一步,根据数据输入输出模块输出的电信号执行相应的动作,如继电器控制电泵开关、电动调节阀调节阀门开度等。

数据终端(RTU)分为数据输入输出模块、数据通信部分、电源部分三个部分。

①数据输入输出(I/O)模块

数据终端的核心部分，主要有三个功能：一是把现场仪表输入的电信号转化成数字信息，并把这些数字信息传送到监控中心的计算机中；二是把监控中心计算机发送来的控制信息转化成相应的电信号，输送到执行机构，以完成控制过程；三是数据通信功能，完成和上位机或其他设备的数据通信。在 RTU 中用作数据输入输出(I/O)模块的设备主要有两种：基于单片机的数据采集模块和可编程控制器(PLC)。

②数据通信部分

数据输入输出(I/O)模块和监控中心的数据传输通道，分有线和无线方式。

有线方式主要有 RS232、RS485、RS422、电流环等几种标准。RS232 用于短距离通信，点对点、全双工；RS485 和 RS422 用于中等距离通信，点对多点、半双工；当通信距离非常远时或有其他要求时，可考虑通过普通市话网、DDN 或电脑网络进行数据传输。

无线方式主要用于地理区域分散、敷设通信电缆困难、传输的数据包较小的场合，这些特点正适合远程分布式监控系统的情况和要求，较常被采用。无线传输设备主要由无线调制解调器和电台组成，直接通信距离与地形和电台的功率有关，无线调制解调器的通信速率主要有 150 b/s、300 b/s、600 b/s、1 200 b/s、2 400 b/s、4 800 b/s、9 600 b/s，调制方式有多种，遵循的标准也有差异，比较流行的为 1 200 b/s、FSK 调制方式、CCITT v2.3 标准、向下兼容，支持 TTL、RS232、RS485 串行口标准；另外无线传输设备还有原装数传电台和数传模块，在有些特殊场合也有采用，但由于价格和其他原因，相对采用较少。

③电源部分

为数据输入输出模块、电台、调制解调器、仪表等提供直流电源。常用的直流电源有 +5 V、+12 V、+13.8 V、+24 V 几种。电台基本采用 +13.8 V 电源，仪表常采用 +24 V 电源，电源部分对整个 RTU 工作的稳定性有影响，所以不能掉以轻心。每个 RTU 的电源必须根据具体情况进行配置，但要求电源功率有足够的带载能力、抗干扰能力强、波纹小、具有过流过压保护功能。

(2)监控中心

监控中心是整个监控系统的大脑，集中管理和指挥整个监控系统的运行。监控中心的主要硬件设备有计算机、通信主台、打印机等必需的设备。计算机用来运行监控系统软件(常称作上位机软件)，即可以用 PC 微机，也可以用工控计算机，还可以把多台计算机组成计算机网络，实现数据共享。通信主台用来和监控系统的各个数据终端(RTU)进行数据通信，它包括电源、无线调制解调器、电台、馈线、全向天线等。此外，还有模拟屏、投影仪、多屏卡、分频卡、触摸屏等可选部件，可根据实际需要选用。

在监控中心运行的监控系统软件是整个监控系统的灵魂，是监控系统中至关重要的部分，下面会单独介绍监控系统软件。

在测控系统中，监控系统软件是整个测控调度系统的灵魂。监控系统软件协调完成同各个数据终端(RTU)的数据通信任务；监控系统软件把硬件系统采集的各种数据如压力、温度、电压、电流、电量等经过计算然后以合理的方式显示出来供操作人员参考；操作人员的操作也要通过监控系统软件才能执行，如开泵、停泵、阀门调节等操作；监控系统软件还有很多功能，监控系统软件的好坏，直接影响到整个监控系统的应用水平。

6.1.6 计算机监控系统在变电所中的应用

变电所计算机监控系统是实现将 SCADA 系统、地理信息系统、电力高级应用、抄表系统、用电营业管理系统、管理信息系统、馈线自动化系统及通信系统集成为一体化的信息系统,使整个系统自上而下紧密配合,协调运行,从而提高系统总体工作效率。

目前全国各种电压等级的变电所非常多,变电所的规模、配置等不尽相同。我国目前已投运的有人值班变电所控制系统大多采用常规控制、变电站微机监测系统、分布式 RTU 监控式三种。目前采用的变电站微机监测系统方案是:变电站微机监测系统全面采用交流样方式,取消了传统的变送器,节省投资,各功能模块可采用分布式就地安装和集中组屏的方式,设备配置灵活,设计思想采用现代计算机技术为基础,结合各厂家开发的变电站自动化系统软件,实现了对变电所全部设备的控制和监视,对变电所的自动化水平起到了良好的推进作用。

1. 计算机监控系统的监控范围

结合变电站无人值班方式特点和目前计算机监控系统在变电所的应用,确定该系统的监控范围为:

(1)全站的断路器、隔离开关及电动操作的接地开关;

(2)主变压器的分接头调节(有载调压变压器)及35(10)kV 无功补偿装置自动投切;

(3)直流系统和 UPS 系统;

(4)通信设备及通信电源告警信号;

(5)火灾报警系统;

(6)所用变压器、直流系统、UPS 系统的重要馈线开关状态;

(7)图像监视及安全警卫系统的报警信号;

(8)消防水泵、排水泵等重要辅助设备运行状态信号;

(9)变电所内重要房间的通风采暖等动力环境。

2. 系统软件工作平台

计算机监控系统站控层软件工作平台推荐采用 Unix 或 Windows 操作系统。Unix 操作系统的特点主要是系统成熟、稳定性好、不易受病毒感染,但软件编制繁杂,维护、修改较复杂;Windows 操作系统特点是操作界面好,易于为用户接受,但其自身存在着较多的 BUG,易受病毒攻击,其应用软件必须经过严格的稳定性、容错性检验,同时应具有较强的反病毒攻击的措施。

3. 计算机监控系统的系统配置

计算机监控系统采用分层分布式网络结构,可分为站控层和间隔层,站控层设备之间宜采用双以太网通信,间隔层设备通过网络接口与站控层通信,见图 6.8。其配置原则如下:

(1)站控层设备配置的原则

按照功能分散配置、资源共享、避免设备重复设置的原则,满足无人值班的要求,站控层设备及功能应适当简化。站控层硬件设备主要由一台主机兼操作员站和两台远动工作站组成。站控层数据以及主接线图等按变电站远景规模设置参数,便于以后扩建工程的实施。

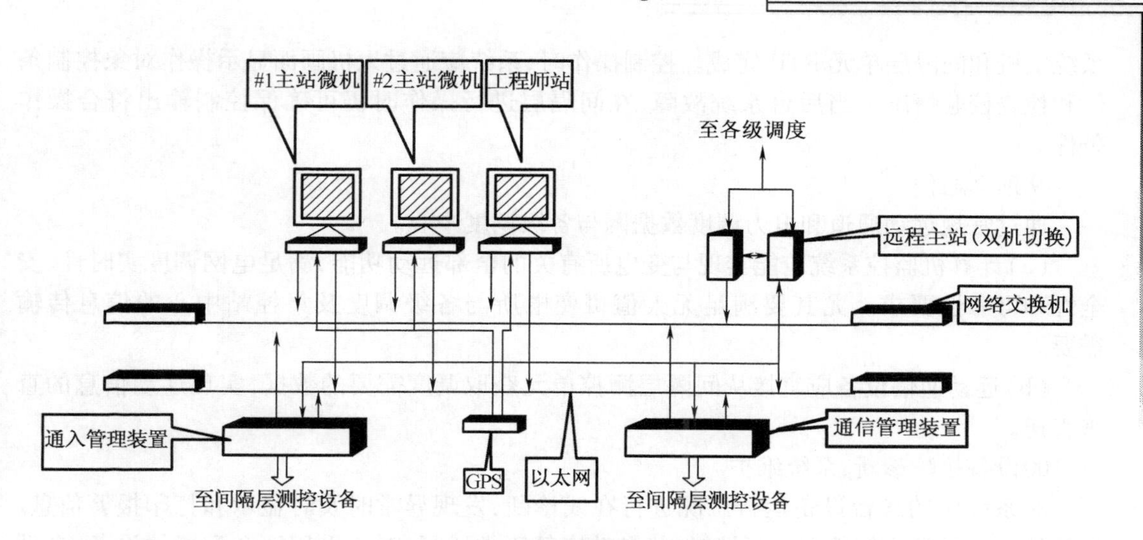

图 6.8 双以太网组态示意图

(2)间隔层设备的配置原则

间隔层设备按各期工程规模配置 I/O 测控装置,220 kV 及 110 kV 的 I/O 测控装置集中布置于继电室,35(10)kV 的 I/O 测控装置分散布置于开关柜上。I/O 测控单元宜按断路器回路配置,其原则是测控单元可随一次设备电气间隔的检修而退出运行。I/O 测控单元屏上应配备操作面板,用于对断路器进行控制。I/O 测控单元应为模块结构的成熟可靠产品。间隔层各种设备和器件应达到 IEC60255 - 22 - 2000 抗电磁干扰标准。

4. 计算机监控系统的功能

(1)站控层设备的主要功能

①数据采集

采用变电所实时数据,并对采集的数据进行检测,发现越限检查、变位检查、告警信号筛选、计算等处理。

②安全监视

定期对运行数据(包括现场采集数据和计算数据)进行检测,发现越限立即报告。当开关及设备状态发生变化时立即报告,事故时自动推出标识有故障设备的画面并给出声光告警及文字提示;对于非事故时,画面上的开关及设备则只闪烁、改变颜色和给出文字提示。

③画面显示

包括主接线、棒状图、曲线图、各种表格及趋势曲线等。

④报表及事件打印。

⑤控制功能

允许有权限操作人员对断路器等设备进行控制操作,控制操作采用"对象选择""返送校核""确认执行"的步骤来保证遥控操作的正确执行。

⑥数据库存储系统应提供实时数据库和历史数据库数据存储、查询等功能。

⑦安全保密功能

进入系统人员必须具备操作者名称及口令,并自动记录进入系统的人员、时间。

⑧防误闭锁功能

与间隔层设备配合形成双重防误闭锁机制。控制操作闭锁逻辑的检查分别由站控层系统主机和间隔层单元 RTU 完成。控制操作时,系统应通过人机画面显示操作对象控制条件和检查校验情况。当后台系统故障,在间隔层进行操作时仍可确保控制输出符合操作条件。

⑨远动通信

通过常规远动通道和电力调度数据网与各级调度中心。

(a)计算机监控系统应能实现与变电所有关的全部远动功能,满足电网调度实时性、安全性和可靠性要求。尤其要满足无人值班变电所与各级调度及集控站中心的信息传输需要。

(b)远动通信设备应直接从间隔层测控单元获取调度需要的数据,实现远动信息的直采直送。

⑩设备故障诊断、系统维护

对系统中的各台设备运行工况进行在线诊断,发现异常时及时显示和打印报警信息。当软件运行异常或软件发生死锁时,能自动恢复正常运行;对于采用冗余配置的设备,自动进行主备机故障切换。

⑪与其他系统联网通信

根据需要,系统可与故障录波及保护信息处理系统、电能计量系统和直流系统微机检测设备进行通信。

⑫时钟同步

全站设置一套时钟同步系统,该系统采用 GPS 主时钟对时装置,时钟同步系统采用时间同步信号扩展对时信号方式和数量,与满足站内监控、保护、录波、计量等设备需要的各种时间同步信号。

⑬防误操作闭锁

变电所应具有完备的防止电气误操作装置。如果一次设备中的断路器、隔离开关等具有完备的电气闭锁功能,则可由电气闭锁和计算机监控系统实现防误闭锁功能,但应经运行管理单位安监部门认可。

⑭远动通信规约

新建变电所的监控系统宜采用远动设备及系统第 5 - 101 部分:传输规约基本远动任务配套标准(DL/T634.5101—2002)以及《远动设备及系统第 5 - 104 部分:传输规约采用标准传输协议子集 IEC60870—5—101 网络访问》(DL/T634.5104—2002)作为远动通信规约,避免由于规约的开发而产生的问题。

⑮与继电保护的信息交换

(a)监控系统与继电保护的信息交换

通过站控层的操作员工作站与保护管理机通信,对机电保护的状态信息、动作报告等信息实现检测和控制。具有保护装置的复归和投退、定值的查询等功能。本设计原则上采用两种方式实现监控系统与继电保护的信息交换:一是保护的跳闸信号以及重要的告警信号采用硬接点方式接入 I/O 测控装置;二是通过通信接口实现监控系统与保护装置之间的信息交换。

(b)保护、故障录波信息的上传

目前信笺的 220 kV 变电所均设有继电保护故障信息处理子站系统,具体方案有以下两个:一是在监控系统站控层网络上配置一套继电保护及故障信息管理系统子站,按调度端的要求汇集有关保护和故障录波信息，并以数据网方式上传至相关调度；二是子站系统独立于监控系统单独配置，但通过共用的保护信息管理机收集全站保护信息。

实际上监控所需要实时的保护信息有限，而继电保护人员所关心的保护信息可通过保护故障信息子站上传至相关调度端。为保证计算机监控系统网络的可靠运行，在具体工程中，关于继电保护及故障信息管理系统子站与站内监控系统的连接方案及上传监控的保护信息量，由各地区根据生产调度的要求，进行筛选或进一步优化，且故障录波数据信息均不上传监控系统。

变电所配置一套交流不停电电源系统，可采用主机冗余配置方式，或采用模块化 N + 1 冗余配置，每套容量 5 - 7.5kVA 左右。UPS 为变电所站内计算机监控系统、故障保护信息子站、电能计费系统、故障录波系统、火灾报警系统及通信设备等重要设备提供电源。UPS 系统不自带蓄电池组，直流电源由站内 220V 或 110V 直流系统提供。工程设计时应根据变电站的规模和 UPS 负荷，对 UPS 容量进行确定。

(2)间隔层设备功能

①交流采样测量。

②直流模拟量数据采集。

③开关量数据采集。

④遥控及闭锁。执行控制中心或后台系统下发的控制命令，对断路器、隔离开关、电动接地开关等设备进行分/合遥控；此外，运行人员也可以在测控屏上进行控制操作。控制命令执行前，应对闭锁条件进行检验。

⑤同期检测。在接收同期设备的控制命令后，自动判断同期条件，符合同期要求后自动合闸。超过一定时间（可由用户设定）后仍不符合条件，则自动取消该操作。

⑥可编程自动控制，如无功设备自动投切控制。

⑦电流和电压、有功和无功功率、频率、功率因数、有功和无功电能等运行参数测量计算。

⑧电能质量数据监测。

⑨不平衡负载监测。

⑩GPS 对时。

⑪IED 接口，如与智能表、微机保护装置等 IED 设备通信。

6.2　监控组态软件

组态的英文是“Configuration”，是用“应用软件”中提供的工具、方法、完成工程中某一具体任务的过程。组态软件指一些数据采集与过程控制的专用软件，是面向监控与数据采集（Supervisory Control and Date Acquisition，SCADA）的自动控制系统监控层一级的软件平台和开发环境，能以灵活多样的组态方式（而不是编程方式）提供良好的用户开发界面和简捷的使用方法，其预设置的各种软件模块可以非常容易地实现和完成监控层的各项功能，并能同时支持各种硬件厂家的计算机和 I/O 产品，与高可靠的工控计算机和网络系统结合，可向控制层和管理层提供软、硬件的全部接口，进行系统集成。

6.2.1 组态软件的产生

组态的概念最早来自英文 Configuration,含义是使用软件工具对计算机及软件的各种资源进行配置,达到让计算机或软件按照预先设置自动执行特定任务、满足使用者要求的目的。在"组态"概念出现之前,是通过编写程序(如使用 BASIC、C、FORTRAN 等)来实现某一任务的,编写程序不但工作量大、周期长,而且容易犯错误,不能保证工期。组态软件的出现,解决了这个问题。"组态"的概念是伴随着集散型控制系统(Distributed Control System,DCS)的出现才开始被广大的生产过程自动化技术人员所熟知的。在控制系统中使用的各种仪表中,早期的控制仪表是气动 PID 调节器,后来发展为气动单元组合仪表,20 世纪 50 年代后出现电动单元组合仪表。70 年代中期随着微处理器的出现,诞生了第一代 DCS。到目前,DCS 和其他控制设备在全球范围内得到了广泛应用。由于每一套 DCS 都是比较通用的控制系统,可以应用到很多的领域中,为了使用户在不需要编代码程序的情况下便可生成适合自己需求的应用系统,每个 DCS 厂商在 DCS 中都预装了系统软件和应用软件,而其中的应用软件,实际上就是组态软件,但一直没有人给出明确定义,只是将使用这种应用软件设计生成目标应用系统的过程称为"组态(Config)"或"做组态"。

监控组态软件是面向监控与数据采集(Supervisory Control and Data Acquisition,SCADA)的软件平台工具,具有丰富的设置项目,使用方式灵活,功能强大。监控组态软件最早出现时,HMI(Human Machine Interface)或 MMI(Man Machine Interface)是其主要内涵,即主要解决人机图形界面问题。随着它的快速发展,实时数据库、实时控制、SCADA、通信及联网、开放数据接口、对 I/O 设备的广泛支持已经成为它的主要内容。在其他行业也有组态的概念,如 AutoCAD,Photoshop,办公软件(Powerpoint)都存在相似的操作,即用软件提供的工具来形成自己的作品,并以数据文件保存作品,而不是执行程序。组态形成的数据只有其制造工具或其他专用工具才能识别。由于个人计算机的普及和技术的逐渐成熟,如何利用 PC 进行工业监控,成为工业控制领域的重要研究方向,市场的发展使很多 DSC 和 PLC 厂家主动公开通信协议,向"PC"监控完全开放,这不仅降低了监控成本,也使市场空间得以扩大,智能仪器、嵌入式系统和现场总线的出现,更使组态软件成为工业自动化系统中的灵魂。

直到现在,每个 DCS 厂家的组态软件仍是专用的(即与硬件相关的),不可相互替代。从 20 世纪 80 年代末开始,由于个人计算机的普及,国内开始有人研究如何利用 PC 搞工业监控,同时开始出现基于 PC 总线的 A/D、D/A、计数器、DIO 等各类 I/O 板卡。应该说国内组态软件的研究起步是不晚的。当时有人在 MS - DOS 的基础上用汇编或 C 语言编制带后台处理能力的监控组态软件,有实力的研究机构则在实时多任务操作系统 iRMX /86 或 VRTX 上做文章,均未形成有竞争力的产品。随着 MS - DOS 和 iRMX /86 用户数量的萎缩和微软公司 Windows 操作系统的普及,基于 PC 的监控组态软件才迎来了发展机遇,以力控软件为代表的国内组态软件也经历了这一复杂的过程。世界上第一个把组态软件作为商品进行开发、销售的专业软件公司是美国的 Wonderware 公司,它于 20 世纪 80 年代末率先推出第一个商品化监控组态软件 Intouch。此后监控组态软件在全球得到了蓬勃发展,目前世界上的组态软件有几十种之多,总装机量有几十万套。伴随着信息化社会的到来,监控组态软件在社会信息化进程中将扮演越来越重要的角色,每年的市场增幅都会有较大增长,未来的发展前景十分看好。

6.2.2 组态软件在我国的发展及国内外主要产品介绍

组态软件产品于20世纪80年代初出现,并在80年代末期进入我国。但在90年代中期之前,组态软件在我国的应用并不普及。究其原因,大致有以下几点:

(1)国内用户还缺乏对组态软件的认识,项目中没有组态软件的预算,或宁愿投入人力物力针对具体项目做长周期的繁冗的上位机的编程开发,而不采用组态软件;

(2)在很长时间里,国内用户的软件意识还不强,面对价格不菲的进口软件(早期的组态软件多为国外厂家开发),很少有用户愿意去购买正版;

(3)当时国内的工业自动化和信息技术应用的水平还不高,组态软件提供了对大规模应用、大量数据进行采集、监控、处理并可以将处理的结果生成管理所需的数据,这些需求并未完全形成。

随着工业控制系统应用的深入,在面临规模更大、控制更复杂的控制系统时,人们逐渐意识到原有的上位机编程的开发方式。对项目来说是费时费力、得不偿失的,同时管理信息系统(Management Information System,MIS)和计算机集成制造系统(Computer Integrated Manufacturing System,CIMS)的大量应用,要求工业现场为企业的生产、经营、决策提供更详细和深入的数据,以便优化企业生产经营中的各个环节。因此,在1995年以后,组态软件在国内的应用逐渐得到了普及。

下面就对几种组态软件分别进行介绍。

①InTouch

Wonderware的InTouch软件是最早进入我国的组态软件。在20世纪80年代末、90年代初,基于Windows3.1的InTouch软件曾让我们耳目一新,并且InTouch提供了丰富的图库。但是,早期的InTouch软件采用DDE方式与驱动程序通信,性能较差,最新的InTouch7.0版已经完全基于32位的Windows平台,并且提供了OPC支持。

②iFix

Intellution公司以Fix组态软件起家,1995年被爱默生收购,现在是爱默生集团的全资子公司,Fix6.x软件提供工控人员熟悉的概念和操作界面,并提供完备的驱动程序(需单独购买)。Intellution将自己最新的产品系列命名为iFiX,在iFiX中,Intellution提供了强大的组态功能,但新版本与以往的6.x版本并不完全兼容。原有的Script语言改为VBA(Visual Basic For Application),并且在内部集成了微软的VBA开发环境。遗憾的是,Intellution并没有提供6.1版脚本语言到VBA的转换工具。在iFiX中,Intellution的产品与Microsoft的操作系统、网络进行了紧密的集成。Intellution也是OPC(OLE for Process Control)组织的发起成员之一。iFiX的OPC组件和驱动程序同样需要单独购买。

③Citech

CiT公司的Citech也是较早进入中国市场的产品。Citech具有简洁的操作方式,但其操作方式更多的是面向程序员,而不是工控用户。Citech提供了类似C语言的脚本语言进行二次开发,但与iFiX不同的是,Citech的脚本语言并非是面向对象的,而是类似于C语言,这无疑为用户进行二次开发增加了难度。

④WinCC

Simens的WinCC也是一套完备的组态开发环境,Simens提供类C语言的脚本,包括一个调试环境。WinCC内嵌OPC支持,并可对分布式系统进行组态。但WinCC的结构较复杂，用户最好经过 Simens 的培训以掌握 WinCC 的应用。

⑤组态王

组态王是国内第一家较有影响的组态软件开发公司（更早的品牌多数已经湮灭）。组态王提供了资源管理器式的操作主界面，并且提供了以汉字作为关键字的脚本语言支持。组态王也提供多种硬件驱动程序。

⑥Controx（开物）

华富计算机公司的 Controx2000 是全 32 位的组态开发平台，为工控用户提供了强大的实时曲线、历史曲线、报警、数据报表及报告功能。作为国内最早加入 OPC 组织的软件开发商，Controx 内建 OPC 支持，并提供数十种高性能驱动程序。提供面向对象的脚本语言编译器，支持 ActiveX 组件和插件的即插即用，并支持通过 ODBC 连接外部数据库。Controx 同时提供网络支持和 WevServer 功能。

⑦ForceControl（力控）

大庆三维公司的 ForceControl（力控）从时间概念上来说，力控也是国内较早就已经出现的组态软件之一。只是因为早期力控一直没有作为正式商品广泛推广，所以并不为大多数人所知。大约在 1993 年左右，力控就已形成了第一个版本，只是那时还是一个基于 DOS 和 VMS 的版本。后来随着 Windows3.1 的流行，又开发出了 16 位 Windows 版的力控。直至 Windows95 版本的力控诞生之前，他主要用于公司内部的一些项目。32 位下的 1.0 版的力控，在体系结构上就已经具备了较为明显的先进性，其最大的特征之一就是其基于真正意义的分布式实时数据库的三层结构，而且其实时数据库结构可为可组态的活结构。在 1999～2000 年期间，力控得到了长足的发展，最新推出的 2.0 版在功能的丰富特性、易用性、开放性和 I/O 驱动数量上，都得到了很大的提高。在很多环节的设计上，力控都能从国内用户的角度出发，既注重实用性，又不失大软件的规范。另外，公司在产品的培训、用户技术支持等方面投入了较大人力，相信在较短时间内，力控软件产品将在工控软件界形成巨大的冲击。

其他常见的组态软件还有 GE 的 Cimplicity，Rockwell 的 RsView，NI 的 LookOut，PCSoft 的 Wizcon 以及国内一些组态软件，如通态软件公司的 MCGS，也都各有特色。

6.2.3 组态软件的特点及设计思想

1. 组态软件的特点

组态软件最突出的特点是实时多任务。例如，数据采集与输出、数据处理与算法实现、图形显示及人机对话、实时数据的存储、检索管理、实时通信等多个任务要在同一台计算机上同时运行。

组态软件的使用者是自动化工程设计人员，组态软件的主要目的是使使用者在生成适合自己需要的应用系统时不需要修改软件程序的源代码，因此在设计组态软件时应充分了解自动化工程设计人员的基本需求，并加以总结提炼，重点、集中解决共性问题。下面是组态软件主要解决的问题：

（1）如何与采集、控制设备间进行数据交换；

（2）使来自设备的数据与计算机图形画面上的各元素关联起来；

（3）处理数据报警及系统报警；

（4）存储历史数据并支持历史数据的查询；

(5)各类报表的生成和打印输出;

(6)为使用者提供灵活、多变的组态工具,可以适应不同应用领域的需求;

(7)最终生成的应用系统运行稳定可靠;

(8)具有与第三方程序的接口,方便数据共享。

自动化工程设计技术人员在组态软件中只需填写一些事先设计的表格,再利用图形功能把被控对象(如反应罐、温度计、锅炉、趋势曲线、报表等)形象地画出来,通过内部数据连接把被控对象的属性与I/O设备的实时数据进行逻辑连接。当由组态软件生成的应用系统投入运行后,与被控对象相连的I/O设备数据发生变化后直接会带动被控对象的属性发生变化。若要对应用系统进行修改,也十分方便,这就是组态软件的方便性。

从以上可以看出,组态软件具有实时多任务、接口开放、使用灵活、功能多样、运行可靠的特点。

2. 组态软件的设计思想

在单任务操作系统环境下(例如MS-DOS),要想让组态软件具有很强的实时性,就必须利用中断技术,这种环境下的开发工具较简单,软件编制难度大,目前运行于MS-DOS环境下的组态软件基本上已退出市场。

在多任务环境下,由于操作系统直接支持多任务,组态软件的性能得到了全面加强。因此组态软件一般都由若干组件构成,而且组件的数量在不断增长,功能不断加强。各组态软件普遍使用了"面向对象"(Object Oriental)的编程和设计方法,使软件更加易于学习和掌握,功能也更强大。

一般的组态软件都由下列组件组成:图形界面系统、实时数据库系统、第三方程序接口组件、控制功能组件。下面将分别讨论每一类组件的设计思想。

(1)图形界面系统

在图形画面生成方面,构成现场各过程图形的画面被划分成几类简单的对象:线、填充形状和文本。每个简单的对象均有影响其外观的属性。对象的基本属性包括:线的颜色、填充颜色、高度、宽度、取向、位置移动等。这些属性可以是静态的,也可以是动态的。静态属性在系统投入运行后保持不变,与原来组态时一致。而动态属性则与表达式的值有关,表达式可以是来自I/O设备的变量,也可以是由变量和运算符组成的数学表达式。这种对象的动态属性随表达式值的变化而实时改变。例如,用一个矩形填充体模拟现场的液位,在组态这个矩形的填充属性时,指定代表液位的工位号名称、液位的上、下限及对应的填充高度,就完成了液位的图形组态。这个组态过程通常叫作动画连接。

在图形界面上还具备报警通知及确认、报表组态及打印、历史数据查询与显示等功能,各种报警、报表、趋势都是动画连接的对象,其数据源都可以通过组态来指定,这样每个画面的内容就可以根据实际情况由工程技术人员灵活设计,每幅画面中的对象数量均不受限制。

在图形界面中,各类组态软件普遍提供了一种类Basic语言的编程工具即脚本语言来扩充其功能。用脚本语言编写的程序段可由事件驱动或周期性地执行,是与对象密切相关的。例如,当按下某个按钮时可指定执行一段脚本语言程序,完成特定的控制功能,也可以指定当某一变量的值变化到关键值以下时,马上启动一段脚本语言程序完成特定的控制功能。

(2)控制功能组件

控制功能组件以基于 PC 的策略编辑/生成组件(也有人称之为软逻辑或软 PLC)为代表,是组态软件的主要组成部分,虽然脚本语言程序可以完成一些控制功能,但还是不很直观,对于用惯了梯形图或其他标准编程语言的自动化工程师来说简直是太不方便了,因此目前的多数组态软件都提供了基于 IEC1131 - 3 标准的策略编辑/生成控制组件,它也是面向对象的,但不唯一地由事件触发,它像 PLC 中的梯形图一样按照顺序周期地执行。策略编辑/生成组件在基于 PC 和现场总线的控制系统中是大有可为的,可以大幅度地降低成本。

(3)实时数据库系统

实时数据库是更为重要的一个组件,因为 PC 的处理能力太强了,因此实时数据库更加充分地表现出了组态软件的长处。实时数据库可以存储每个工艺点的多年数据,用户既可浏览工厂当前的生产情况,也可回顾过去的生产情况。可以说,实时数据库对于工厂来说就如同飞机上的“黑匣子”。工厂的历史数据是很有价值的,实时数据库具备数据档案管理功能,工厂的实践告诉我们:现在很难知道将来进行分析时哪些数据是必需的,因此保存所有的数据是防止丢失信息的最好方法。

(4)第三方程序接口组件

通信及第三方程序接口组件是开放系统的标志,是组态软件与第三方程序交互及实现远程数据访问的重要手段之一,它有下面几个主要作用:

①用于双机冗余系统中,主机从机间的通信;

②用于构建分布式 HMI/SCADA 应用时多机间的通信;

③在基于 Internet 或 Browser/Server(B/S)应用中实现通信功能。

通信组件中有的功能是一个独立的程序,可单独使用,有的被“绑定”在其他程序当中,不被“显式”地使用。

6.2.4 组态软件的性能要求

1. 实时多任务

实时性是指工业控制计算机系统应该具有的能够在限定的时间内对外来事件作出反应的特性。这里所说的在限定的时间内,具体地讲是指限定在多长的时间以内呢? 在具体地确定限定时间时,主要考虑两个要素:其一,根据工业生产过程出现的事件能够保持多长的时间;其二,该事件要求计算机在多长的时间以内必须作出反应,否则将对生产过程造成影响甚至造成损害。工业控制计算机及监控组态软件具有时间驱动能力和事件驱动能力,即在按一定的周期时间对所有事件进行巡检扫描的同时,可以随时响应事件的中断请求。

实时性一般都要求计算机具有多任务处理能力,以便将测控任务分解成若干并行执行的多个任务,加速程序执行速度。

可以把那些变化并不显著,即使不立即作出反应也不至于造成影响或损害的事件,作为顺序执行的任务,按照一定的巡检周期有规律地执行,而把那些保持时间很短且需要计算机立即作出反应的事件,作为中断请求源或事件触发信号,为其专门编写程序,以便在该类事件一旦出现时计算机能够立即响应。如果由于测控范围庞大、变量繁多,这样分配仍然不能保证所要求的实时性时,则表明计算机的资源已经不够使用,只得对结构进行重新设计,或者提高计算机的档次。

2. 高可靠性

在计算机、数据采集控制设备及正常工作的情况下,如果供电系统正常,当监控组态软件的目标应用系统所占的系统资源不超负荷时,则要求软件系统的平均无故障时间(Mean Time Between Failures,MTB)大于一年。

如果对系统的可靠性要求得更高,就要利用冗余技术构成双机乃至多机备用系统。冗余技术是利用冗余资源来克服故障影响从而增加系统可靠性的技术,冗余资源是指在系统完成正常工作所需资源以外的附加资源。说得通俗和直接一些,冗余技术就是用更多的经济投入和技术投入来获取系统可能具有的更高的可靠性指标。

3. 标准化

尽管目前尚没有一个明确的国际、国内标准用来规范组态软件,但国际电工委员会 IEC1131 -3 开放型国际编程标准在组态软件中起着越来越重要的作用,IEC1131 -3 用于规范 DCS 和 PLC 中提供的控制用编程语言,它规定了四种编程语言标准(梯形图、结构化高级语言、方框图、指令助记符)。此外,OLE(目标的连接与嵌入)、OPC(过程控制用 OLE)是微软公司的编程技术标准,目前也被广泛地使用。TCP/IP 是网络通信的标准协议,被广泛地应用于现场测控设备之间及测控设备与操作站之间的通信。每种操作系统的图形界面都有其标准,例如 UNIX 和微软的 Windows 都有本身的图形标准。

组态软件本身的标准尚难统一,其本身就是创新的产物,处于不断的发展变化之中,由于使用习惯的原因,早一些进入市场的软件在用户意识中已形成一些不成文的标准,成为某些用户判断另一种产品的“标准”。

6.2.5 组态软件的未来发展方向

目前看到的所有组态软件都能完成类似的功能:比如几乎所有运行于32位 Windows 平台的组态软件都采用类似资源浏览器的窗口结构,并且对工业控制系统中的各种资源(设备、标签量、画面等)进行配置和编辑;都提供多种数据驱动程序;都使用脚本语言提供二次开发的功能,等等。但是,从技术上说,各种组态软件提供实现这些功能的方法却各不相同。从这些不同之处,以及 PC 技术发展的趋势,可以看出组态软件未来发展的方向。

1. 数据采集的方式

大多数组态软件提供多种数据采集程序,用户可以进行配置。然而,在这种情况下,驱动程序只能由组态软件开发商提供,或者由用户按照某种组态软件的接口规范编写,这为用户提出了过高的要求。由 OPC 基金组织提出的 OPC 规范基于微软的 OLE/DCOM 技术,提供了在分布式系统下,软件组件交互和共享数据的完整的解决方案。在支持 OPC 的系统中,数据的提供者作为服务器(Server),数据请求者作为客户(Client),服务器和客户之间通过 DCOM 接口进行通信,而无需知道对方内部实现的细节。由于 COM 技术是在二进制代码级实现的,所以服务器和客户可以由不同的厂商提供。在实际应用中,作为服务器的数据采集程序往往由硬件设备制造商随硬件提供,可以发挥硬件的全部效能,而作为客户的组态软件可以通过 OPC 与各厂家的驱动程序无缝连接,故从根本上解决了以前采用专用格式驱动程序总是滞后于硬件更新的问题。同时,组态软件同样可以作为服务器为其他的应用系统(如 MIS 等)提供数据。OPC 现在已经得到了包括 Interllution、Simens、GE、ABB 等国外知名厂商的支持。随着支持 OPC 的组态软件和硬件设备的普及,使用 OPC 进行数据采集必将成为组态中更合理的选择。

2. 脚本的功能

脚本语言是扩充组态系统功能的重要手段。因此，大多数组态软件提供了脚本语言的支持。具体的实现方式可分为三种：一是内置的类 C/Basic 语言；二是采用微软的 VBA 的编程语言；三是有少数组态软件采用面向对象的脚本语言。类 C/Basic 语言要求用户使用类似高级语言的语句书写脚本，使用系统提供的函数调用组合完成各种系统功能。应该指明的是，多数采用这种方式的国内组态软件，对脚本的支持并不完善，许多组态软件只提供“IF…THEN…ELSE”的语句结构，不提供循环控制语句，为书写脚本程序带来了一定的困难。微软的 VBA 是一种相对完备的开发环境，采用 VBA 的组态软件通常使用微软的 VBA 环境和组件技术，把组态系统中的对象以组件方式实现，使用 VBA 的程序对这些对象进行访问。由于 VisualBasic 是解释执行的，所以 VBA 程序的一些语法错误可能到执行时才能发现。而面向对象的脚本语言提供了对象访问机制，对系统中的对象可以通过其属性和方法进行访问，比较容易学习、掌握和扩展，但实现比较复杂。

3. 组态环境的可扩展性

可扩展性为用户提供了在不改变原有系统的情况下，向系统内增加新功能的能力，这种增加的功能可能来自于组态软件开发商、第三方软件提供商或用户自身。增加功能最常用的手段是 ActiveX 组件的应用，目前还只有少数组态软件能提供完备的 ActiveX 组件引入功能及实现引入对象在脚本语言中的访问。

4. 组态软件的开放性

随着管理信息系统和计算机集成制造系统的普及，生产现场数据的应用已经不仅仅局限于数据采集和监控。在生产制造过程中，需要现场的大量数据进行流程分析和过程控制，以实现对生产流程的调整和优化。现有的组态软件对大部分这些方面需求还只能以报表的形式提供，或者通过 ODBC 将数据导出到外部数据库，以供其他的业务系统调用，在绝大多数情况下，仍然需要进行再开发才能实现。随着生产决策活动对信息需求的增加，可以预见，组态软件与管理信息系统或领导信息系统的集成必将更加紧密，并很可能以实现数据分析与决策功能的模块形式在组态软件中出现。

5. 对 Internet 的支持程度

现代企业的生产已经趋向国际化、分布式的生产方式。Internet 将是实现分布式生产的基础。组态软件能否从原有的局域网运行方式跨越到支持 Internet，是摆在所有组态软件开发商面前的一个重要课题。限于国内目前的网络基础设施和工业控制应用的程度，笔者认为，在较长时间内，以浏览器方式通过 Internet 对工业现场的监控，将会在大部分应用中停留于监视阶段，而实际控制功能的完成应该通过更稳定的技术，如专用的远程客户端、由专业开发商提供的 ActiveX 控件或 Java 技术实现。

6. 组态软件的控制功能

随着以工业 PC 为核心的自动控制集成系统技术的日趋完善和工程技术人员的使用组态软件水平的不断提高，用户对组态软件的要求已不像过去那样主要侧重于画面，而是要考虑一些实质性的应用功能，如软件 PLC，先进过程控制策略等。

软 PLC 产品是基于 PC 机开放结构的控制装置，它具有硬 PLC 在功能、可靠性、速度、故障查找等方面的特点，利用软件技术可将标准的工业 PC 转换成全功能的 PLC 过程控制器。软 PLC 综合了计算机和 PLC 的开关量控制、模拟量控制、数学运算、数值处理、通信网络等功能，通过一个多任务控制内核，提供了强大的指令集、快速而准确的扫描周期、可靠的操作和可连接各种 I/O 系统及网络的开放式结构。所以可以这样说,软 PLC 提供了与硬 PLC 同样的功能,而同时具备了 PC 环境的各种优点。目前,国际上影响比较大的产品有:法国 CJ International 公司的 ISaGRAF 软件包、PCSoft International 公司的 WinPLC、美国 Wizdom Control Intellution 公司的 Paradym - 31、美国 Moore Process Automation Solutions 公司的 ProcessSuite、美国 Wonder ware Controls 公司的 InControl、SoftPLC 公司的 SoftPLC 等。国内软 PLC 产品的组态软件还没有,国内组态软件要想全面超过国外的竞争对手,就必须搞创新,推出类似功能的产品。

随着企业提出的高柔性、高效益的要求,以经典控制理论为基础的控制方案已不再适用,以多变量预测控制为代表的先进控制策略的提出和成功应用之后,先进过程控制受到了过程工业界的普遍关注。先进过程控制(Advanced Process Control,APC)是指一类在动态环境中,基于模型、充分借助计算机能力,为工厂获得最大理论而实施的运行和控制策略。先进控制策略主要有:双重控制及阀位控制、纯滞后补偿控制、解耦控制、自适应控制、差拍控制、状态反馈控制、多变量预测控制、推理控制及软测量技术、智能控制(专家控制、模糊控制和神经网络控制)等,尤其智能控制已成为开发和应用的热点。目前,国内许多大企业纷纷投资,在装置自动化系统中实施先进控制。国外许多控制软件公司和 DCS 厂商都在竞相开发先进控制和优化控制的工程软件包。据资料报道,一个乙烯装置投资 163 万美元实施先进控制,完成后预期可获得效益 600 万美元/年。可以看出,能嵌入先进控制和优化控制策略的组态软件必将受到用户的极大欢迎。

6.2.6 基于 iFIX 的自动化立体仓库监控系统

某烟厂烟叶配方自动化仓库监控系统基于 iFIX3.5 开发,系统底层执行设备选用西门子 S7 - 400 系列 PLC,通过两方提供的标准 OPC 接口,可以很方便地连接到 iFIX,与管理机的通信通过共享数据库实现。

1. 物流系统结构设计

烟叶配方自动化仓库整个物流控制系统的设计分为 3 层:管理层、监控层和执行层。管理层负责上层的数据管理和信息处理,产生作业指令下达给监控层,同时接受监控层的任务请求并做出处理。监控层负责接收和转发、协调管理系统的入出库指令,完成作业指令的分解、排队和下达;接收和处理执行层控制系统各种信息的实时数据的采集和信息、物料的跟踪。执行层由 PLC 管理,PLC 根据监控层的命令控制各实际设备,同时向监控层反馈设备运行状态和任务完成情况,整个系统的结构见图 6.9。

2. 监控系统 HMI 实现

(1)数据库的访问

iFIX 组态软件中提供了 iFIX ODBC 和 VBA 编程两种方法来访问数据源。在 Ifix SCU 报警配置里启用了 Alarm ODBC Service,配置完成后 iFIX 可以自动操作所连接的 ODBC 数据源,在相应的数据库中创建报警记录表,并且在有报警发生时自动在表中增加记录,填入报警的详细信息,例如标签名、报警区域、开始时间等,这些字段可以由用户在 iFIX 提供的域中选择。

利用 iFIX 内嵌 VBA 的优势,采用 VBA 程序访问数据库。VBA 是内嵌在 iFIX 中的标准脚本语言,能用来灵活制定和扩展 iFIX 的功能,而 ADO 提供自动化接口,使 ADO 能在脚本语言中使用。因此在 iFIX 的 VBA 编程环境里使用 ADO 来处理对数据库的访问。

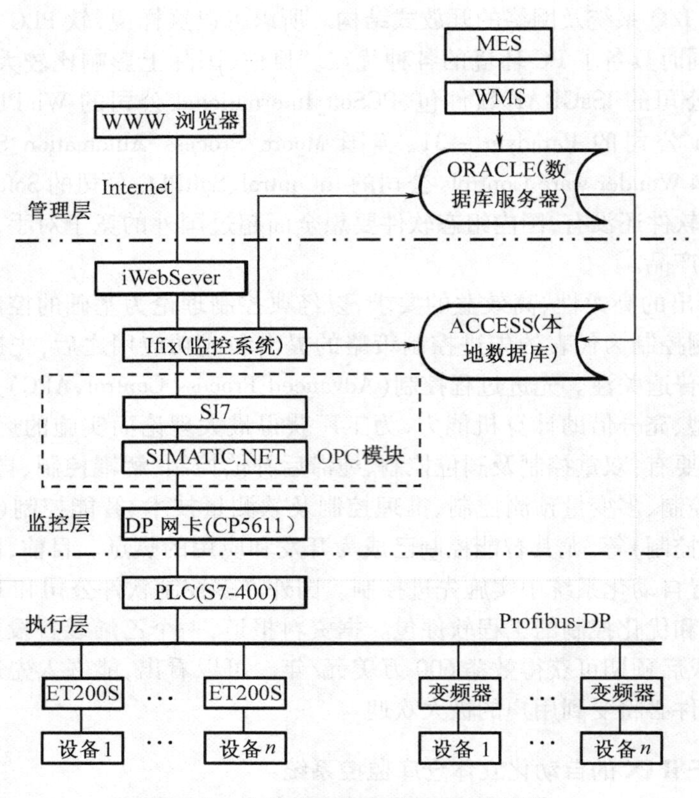

图 6.9 自动化立体仓库物流控制系统

(2)故障报警处理

监控系统报警画面采用"报警一览表(Alarm summary)"图形对象,要使用报警一览服务,需要先在 PDB 数据库中对需要报警的相关数据块进行设置。数据块在启用报警处理后,应设置它的报警区域,报警优先级;若为开关量,设定其报警类型;若为模拟量,设定其下限、下下限、上限、上上限报警值。完成对数据块的设置后,再打开报警一览设置,设置过滤条件、不同优先级报警的显示颜色、允许对报警一览表所做的操作、报警记录的排序原则等等。设置完成后 iFIX 在运行时会自动检测数据块信息,出现异常时将按设置要求在报警一览表里给出报警提示。

报警信息存入数据库的操作由 iFIX 的报警 ODBC 服务来处理。系统的实时监视画面还使用颜色的闪烁效果给出报警提示。

(3)实时动画监视

根据实际情况在 iFIX 工作区绘制出整个仓库输送系统的静态图,将过程数据库中相关的数据块与静态画面对应的图形对象相连接,根据从 PLC 传来的 I/O 点信息则可动态显示整个仓库输送系统的运行情况,同时也会给出故障报警提示。画面中的动画效果利用 iFIX 动画专家实现:报警提示采用前景色动画;货物移动采用可视动画;设备运行状态采用两个稍有不同的图像作为主辅图像交替出现,形成闪烁的效果,表示该段设备正在运行。

此外,监控系统还用图形形象地给出了货位占用的详细情况,可以选择安排来查看货架的直视图。货位信息严格与库存数据库一一对应,保证了实时性。空货位、存放烟包或者空托盘垛的货位、禁用货位分别用不同的颜色标示，可以一目了然地了解当前货位分配情况。

(4)远程发布

iWebServer 是运行在 Web 服务器上的客户端软件，并不需要其他特殊软件、驱动程序或用户程序的支持。安装和设置成功后，只要利用任何标准的 Internet 浏览器就可以实时浏览仓库现场运作过程，实现信息资源的全方位共享。

要正确使用 iWebServer，必须在控制面板里添加 IIS(Internet 信息服务)组件，并进行相关的设置。iWebServer 安装完成后，将 WebConverterTB 工具导入至 iFIX 工作台中，利用该工具将画面转换成网页文件。画面转换后生成 3 个文件：. htm 文件(由浏览器解释的 html 文件)；. JDF文件(由 iWebServer 网关解释的 CGI 文件)；日志文件，给出转换过程的详细信息，若转换出错会在此给出相关提示。转换完成后即可在标准 Web 浏览器中打开. htm 文件来浏览相应的 iFIX 画面，如果转换后的画面不完全正常，可以在 . htm 文件和 . JDF 文件里修改相关内容修正。

iWebServer 介于工厂现场网和 Internet 或 Intranet 网之间，禁止非授权用户的访问，因此不必担心会有非法或者未授权的修改发生。另外，iWebServer 通过 Web 服务器管理所有的访问请求，不必担心由于多个用户请求访问而影响整个 SCADA 系统的功能，可以保证系统的可靠平稳运行。

6.3 自动识别与射频识别技术

在信息系统发展早期，有相当部分数据的处理是通过人工手工录入的。这些数据包括人的、物质的、财务的，涵盖产品从原材料采购到产品生产和销售的各个环节，这些数据的采集和分析对于生产和生活决策来讲是十分重要的。手工录入不仅增加了数据量和劳动强度，而且造成了数据的高误码率，失去了实时的意义。为了解决这些问题，人们研究和发展了各种各样的自动识别技术，将人们从繁重的重复的但又十分不精确的手工劳动中解放出来，提高了系统信息的实时性和准确性，从而为生产的实时调整、财务的及时总结以及决策的正确制定提供了正确的参考依据。

6.3.1 自动识别技术

自动识别技术是通过计算机系统、可编程逻辑控制器或其他的微处理设备进行非键盘输入的一种数据输入技术，是对信息数据进行自动识读、自动输入计算机的重要方法和手段，它是以计算机技术和通信技术的发展为基础的综合性科学技术。自动识别技术近几十年在全球范围内得到了迅猛的发展，初步形成了以计算机、光、机电、通信技术为一体的高新技术学科。

日常生活中，不乏自动识别技术的例子。超市购物使用的是条码识别技术；银行卡消费或者取款，目前采用的是磁条技术；未来将是 CPU 卡(接触式 IC 卡)，手机使用的是 CPU 卡技术；传真和扫描、复印等采用的则是光学字符识别技术；公交 IC 卡、小区门禁、办公室门禁则往往采用非接触 IC 卡技术等等。自动识别技术已经走进了人们的工作和生活中，是一种高自动化的信息数据采集技术。自动识别技术的兴起，使得数据采集变得快捷、准确，解决了计算机数据输入速度慢和错误率高等造成的“瓶颈”问题。因此,其被誉为一项革命性的高新技术,迅速为人们所接受。

1. 自动识别系统的一般模型

自动识别技术通过中间件或者接口(包括软件和硬件的)将数据传输给后台处理计算机,由计算机对所采集到的数据进行处理或者加工,最终形成对人们有用的信息。完整的自动识别计算机管理系统包括自动识别系统(Auto Identification System, AIDS)、应用程序接口(Application Interface, API)或者中间件(Middle Ware)和应用系统软件(Application Software)。

也就是说,自动识别系统完成系统的采集和存储工作,应用系统软件对自动识别系统所采集的数据进行应用处理;而应用程序接口软件则提供自动识别系统和应用系统软件之间的通信接口包括数据格式,将自动识别系统采集的数据信息转换成应用软件系统可以识别和利用的信息并进行数据传递。自动识别系统的一般模型如图 6.10 所示。

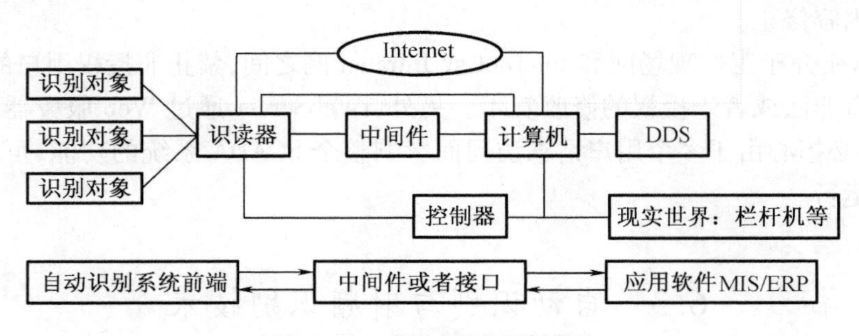

图 6.10　自动识别系统模型

在图 6.10 中,自动识别系统的前端部分,可以采用不同的自动识别技术来自动进行数据采集,这些不同的自动识别技术包括条码技术、射频识别技术、磁条技术、各种生物技术等等;而中间件或者数据接口部分,则根据不同的自动识别技术具有不同的配置方式;对于应用软件系统,则具有最大的共性。

2. 自动识别技术的种类

自动识别系统根据识别对象的特征可以分为两大类,分别是数据采集技术和特征提取技术。这两大类自动识别技术的基本功能都是完成物品的自动识别和数据的自动采集。

数据采集技术的基本特征是需要被识别物体具有特定识别特征载体(如标签等,仅光学字符识别例外);而特征提取技术则根据被识别物体本身的行为特征(包括静态的、动态的和属性的特征)来完成数据的自动采集。按照数据采集技术的不同,分为光存储器、磁存储器以及电存储器;按照特征提取技术的不同,分为静态特征、动态特征以及属性特征,如图 6.11 所示。

3. 各种自动识别技术比较

表 6.1 总结了各种主要的自动识别技术的特点。

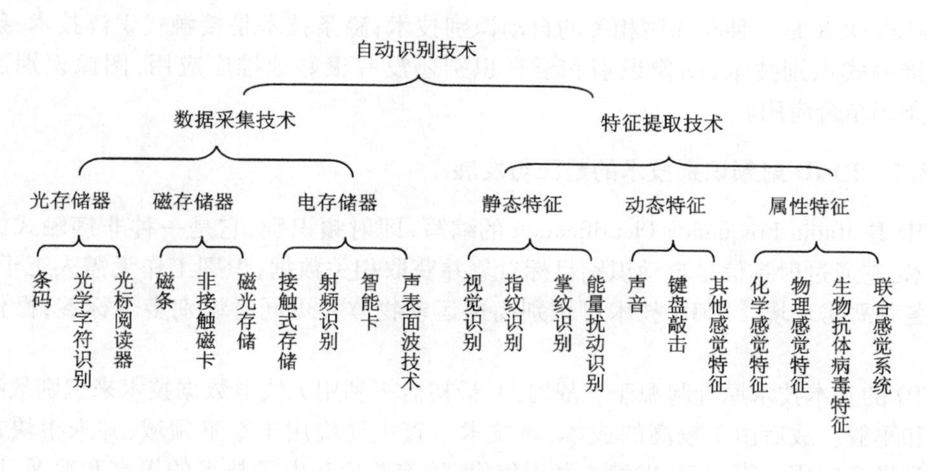

图 6.11　自动识别技术的分类

表 6.1　常用自动识别技术的比较

	键盘	OCR	磁卡	条码	射频识别
输入12位数据速度	6 s	4 s	0.3～2 s	0.3～2 s	0.3～0.5 s
误码率	1/300字符	1/1万字符	…	1/1.5万～1/1亿字符	…
印刷密度（字符/in）	…	10～12	48	最大20	4～8 000
印刷密度（mm）	…	2.5（高）	6.4（高）	长15×宽4	直径4×长32 至纵54×横86
基材价格	无	低	中	低	高
扫描器价格	无	高	中	低	高
非接触识读	…	不能	不能	接触－5米	接触－2米
优点	操作简单 可用眼阅读 键盘便宜	可用眼阅读	数据密度高 输入速度快	输入速度快 误码率低 设备便宜 可非接触式识读	可在灰尘油污环境中使用 可非接触式识读
缺点	误码率高	输入速度低	不能直接用眼阅读	数据不能变更	发射及接收装置价格贵
	输入速度低	不能非接触识读	不能非接触阅读	不能直接用眼阅读	发射装置寿命短
	输入受个人影响	设备价格高	数据可变更		数据可改写

条码和 OCR 是一种与印刷相关的自动识别技术;磁条技术是接触式识读技术;射频识别是非接触式识别技术;图像识别和语音识别还没有很好地推广应用,图像识别还可与 OCR 或条码结合应用。

6.3.2 RFID 射频识别技术的起源与发展

RFID 是 Radio Frequency Identification 的缩写,即射频识别,它是一种非接触式的自动识别技术,它通过射频信号自动识别目标对象并获取相关数据,识别工作无需人工干预,可工作于各种恶劣环境。RFID 技术可识别高速运动物体并可同时识别多个标签,操作快捷方便。

RFID 的基本技术原理起源于二战时期,最初盟军利用无线电数据技术来识别敌我双方的飞机和军舰。战后由于较高的成本,该技术一直主要应用于军事领域,并未很快在民用领域得到推广应用。直到 20 世纪八九十年代,随着芯片和电子技术的提高和普及,欧洲开始率先将 RFID 技术应用到公路收费等民用领域。到 21 世纪初,RFID 迎来了一个崭新的发展时期,其在民用领域的价值开始得到世界各国的广泛关注,特别是在西方发达国家,RFID 技术大量应用于生产自动化、门禁、公路收费、停车场管理、身份识别、货物跟踪等民用领域中,其新的应用范围还在不断扩展,层出不穷。

21 世纪初,RFID 已经开始在中国进行试探性的应用,并很快得到政府的大力支持,2006 年 6 月,中国发布了《中国 RFID 技术政策白皮书》,标志着 RFID 的发展已经提高到国家产业发展战略层面。到 2008 年底,中国参与 RFID 的相关企业达数百家,已经初步形成了从标签及设备制造到软件开发集成等一个较为完整的 RFID 产业链,据专家估计,2008 年中国 RFID 相关产值达到 80 亿元左右,并将在未来 5 到 10 年保持快速发展。

目前,RFID 在中国的很多领域都得到实际应用,包括物流、烟草、医药、身份证、奥运门票、宠物管理等等,但就我们日常生活感受而言,好像 RFID 还是离我们很远。除了二代身份证,我们还很难经常感受到 RFID 在我们生活中的存在。这到底是什么原因呢?其实道理很简单,尽管 RFID 正快速在各个领域得到实际应用,但相对于我们国家的经济规模,其应用范围还远未达到广泛的程度,即便在 RFID 应用比较多的交通物流产业,也还处于点分布的状态,而没能达到面的状态。往往是产业中的领导企业为保持其竞争地位而率先尝试采用这种新技术,而更多的企业还抱着观望和犹豫的态度。还是以物流产业为例,应用 RFID 技术可以大幅提高物流运作效率,加快货物出入库时间,减少现场操作人员,实现快速而精确的库存盘点,实现货物准确定位跟踪等。随着 RFID 应用的推广和市场的扩大,RFID 的应用将会从目前的托盘或整箱的货物跟踪逐步扩展到单品货物跟踪的水平。

6.3.3 RFID 射频识别技术分类与系统组成

一套完整的 RFID 系统由阅读器(Reader)、电子标签/应答器(Transponder)、天线和应用软件系统四部份组成,见图 6.12。

电子标签(Tag,即射频卡):由耦合元件及芯片组成,标签含有内置天线,用于和射频天线间进行通信。

阅读器:读取(在读写卡中还可以写入)标签信息的设备。

天线:在标签和读取器间传递射频信号。

计算机系统:包括中间件和应用系统软件。

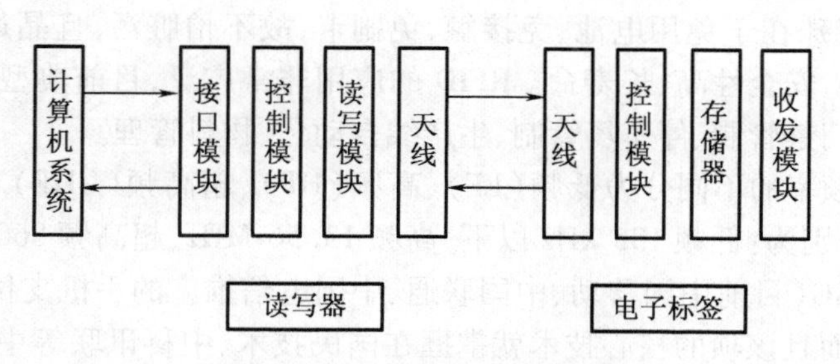

图 6.12 RFID 系统结构示意图

有的 RFID 系统还通过阅读器的 RS232 或者 RS485 接口与计算机(上位机主系统)连接,进行数据交换。射频标签是信息数据的载体,RFID 系统的数据存储在射频标签之中,阅读器是用于读取标签信息的电子装置。计算机系统一般是中间件和应用系统软件的统称。标签与阅读器之间的数据交换不是通过电流的触电接通而是通过磁场或电磁场完成的,即利用射频方式进行非接触双向通信并交换数据,以达到识别目标对象的目的。

①中间件

RFID 中间件的功能主要包括:阅读器协调控制、数据过滤与处理、数据路由与集成和进程管理。

RFID 中间件扮演着电子标签与应用程序之间的中介角色,如图 6.13 所示。从应用程序端使用中间件提供的一组通用的应用程序接口(API),即能连到 RFID 阅读器,读取电子标签数据。这样,即使存储电子标签信息的数据库软件或后端应用程序增加或改由其他软件取代,或者即 ID 阅读器种类增加等情况发生时,应用端不需修改也能处理,解决了多对多连接的维护复杂性问题。

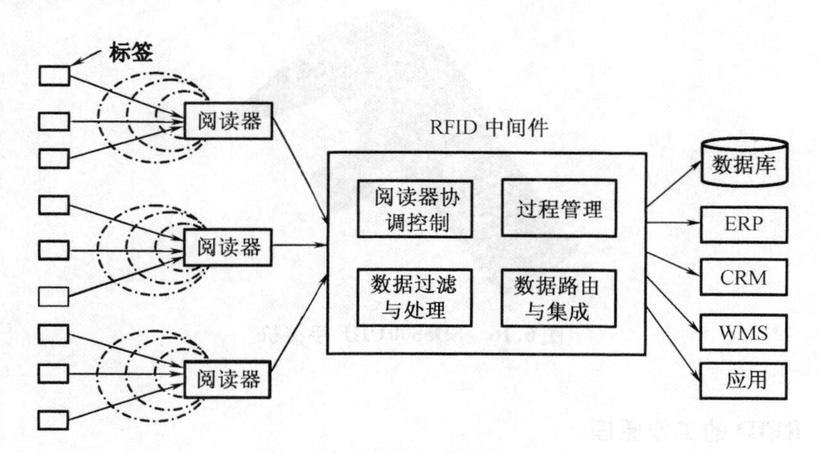

图 6.13 RFID 中间件

②RFID 应用系统软件

RFID 应用系统软件是针对不同行业的特定需求开发的应用软件,它可以有效地控制阅读器对电子标签信息进行读写,并且对收集到的目标信息进行集中的统计与处理。RFID 应用系统软件可以集成到现有的电子商务和电子政务平台中,与 ERP、CRM 以及 SCM 等系统能够结合以提高各行业的生产效率。

电子标签的特殊在于免用电池、免接触、免刷卡，故不怕脏污，且晶片密码为世界上唯一无法复制的密码，安全性高、长寿命。RFID 的应用非常广泛，目前典型应用有动物晶片、汽车晶片防盗器、门禁管制、停车场管制、生产线自动化、物料管理。

RFID 按应用频率的不同分为低频（LF）、高频（HF）、超高频（UHF）、微波（MW），相对应的代表性频率分别为：低频 135 kHz 以下、高频 13.56 MHz、超高频 860 ~ 960 MHz（图 6.14）、微波2.4 ~ 5.8G（目前中国移动、中国联通、中国电信推广的手机支付 RF - SIM 卡技术就是应用该频率，而且该项的核心技术就掌握在国民技术、中科讯联等中国企业手中，有可能会被推广为国际标准）。RFID 按照能源的供给方式分为无源 RFID，有源 RFID 以及半有源 RFID。无源 RFID 读写距离近，价格低；有源 RFID 可以提供更远的读写距离，但是需要电池供电，成本要更高一些，适用于远距离读写的应用场合。图 6.16 为一款常见的读写 RFID 手持机。

图 6.14　SRR110U UHF 超高频桌面读写器

图 6.15　SRR400 2.4G 有源读写器

图 6.16　SD5800UHF 手持机

6.3.4　RFID 的工作原理

RFID 的工作原理如图 6.17 所示。

首先，阅读器在一定区域内发射能量形成电磁场。标签进入阅读器的射频场后，接收阅读器发出的射频脉冲，经过整流后给电容充电，当电容电压经过稳压后就可以作为标签的工作电压。

标签的数据解调部分从接收到的射频脉冲中解调出命令和数据并送到逻辑控制部分，逻辑控制部分接收指令完成存储、发送数据或其他操作。如果需要发送数据，则标签首先将数据调制后再从收发模块发送出去。阅读器接收到返回的数据后，解码并进行错误校验来决定数据的有效性，然后进行处理，必要时还可以通过 RS232、RS422、RS485 等无线接口将数据传送到计算机。阅读器发送的射频信号除提供能量外，通常还提供时钟信号，使数据同步，从而简化了系统的设计。

RFID 系统的数据读写操作严格按"主从原则"进行。阅读器的所有动作均由应用软件系统来控制。为了执行应用软件发出的一条指令，阅读器必须与一个标签建立数据通信。RFID 系统中阅读器是主动方，标签只响应阅读器所发出的指令。阅读器的基本任务就是启动标签与阅读器建立通信，并在应用软件和标签之间传送数据。

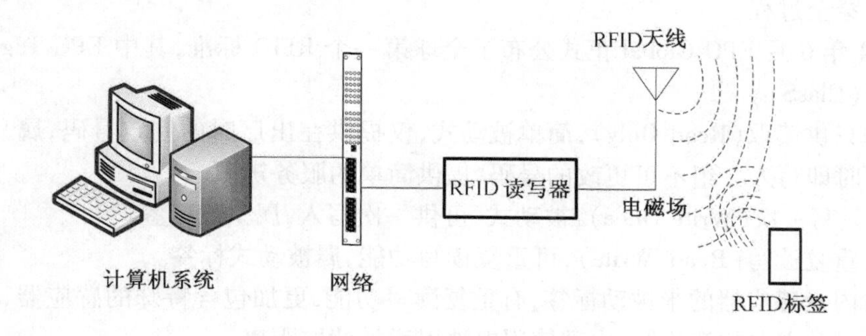

图 6.17　RFID 的工作原理图

从电子标签到阅读器之间的通信及能量感应方式来看，系统一般可以分成两类，即电感耦合系统和电磁反向散射耦合系统。电感耦合通过空间高频交变磁场实现耦合，依据的是电磁感应定律；电磁反向散射耦合，即雷达原理模型，发射出去的电磁波碰到目标后发射，同时目标信息携带回来，依据的是电磁波的空间传播规律。

电感耦合方式一般适合于中、低频工作的近距离射频识别系统，典型的工作频率有 125 kHz、225 kHz 和 13.56 MHz；利用电感耦合方式的识别系统作用距离一般小于 1 m，典型的作用距离 10～20 cm。电磁反向散射耦合方式一般使用于高频、微波工作的远距离射频识别系统，典型的工作频率有 433 MHz、915 MHz、2.45 GHz 和 5.8 GHz。识别作用距离大于 1 m，其典型的作用距离为 4～6 m。电感耦合系统与电磁耦合系统如图 6.18 所示。

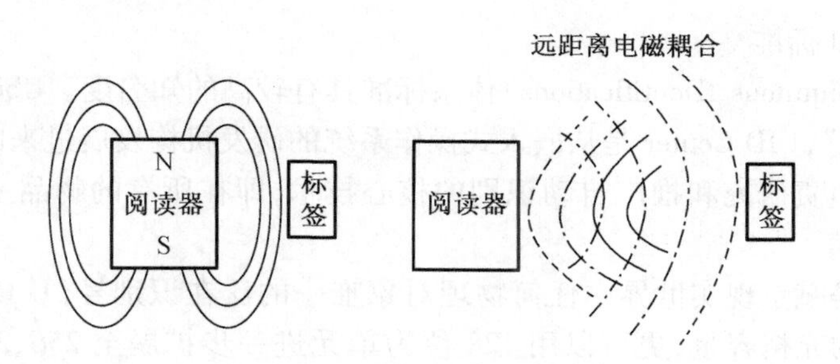

图 6.18　电感耦合和电磁耦合

6.3.5　RFID 技术的标准体系

目前 RFID 存在三个主要的技术标准体系：欧美的 EPC 电子产品编码标准、日本的 UID 标准和 ISO 国际标准体系。

1. EPC 电子产品编码标准

EPC(Electronic Product Code)电子产品编码标准是由电子产品代码环球协会(EPC Global)提出的。EPC Global 是由美国统一代码协会(UCC)和国际物品编码协会(EAN)于2003 年 9 月共同成立的非营利性组织,其前身是 1999 年 10 月 1 日在美国麻省理工学院(MIT)成立的自动识别中心。EPC Global 系统是一种基于 EAN · UCC 编码的系统。EAN · UCC 标识代码是固定结构、无含义、全球唯一的全数字型代码,涵盖了贸易流通过程各种有形或无形的产品,包括贸易项目、物流单元、位置、资产、服务关系等,并伴随着该产品或服务的流动贯穿全过程。

在 2004 年 6 月 EPC Global 正式公布了全球第一个 RFID 标准,其中 EPC Tag 设定了 5 个不同等级(ClasS)。

Class0:只供读取(Read Only),简单被动式,仅提供在出厂时的制定号码,属只读标签。标签在出厂时即写入一组不可更改的号码,提供简单的服务辨识。

Classl:只写一次(Write Once),被动式,可供一次写入,属只读标签。

Class2:重复读写(Read/Write),可重复读写功能,属被动式标签。

Class3:内设感应器的半被动标签,有重复读写功能,更加包含特殊的感应器,如可探测温度、湿度、运动方向的变化等,内部使用电池以增加读取距离。

Class4:属于天线,是一种半被动标签,可主动与其他标签沟通,不过都还在研发中。

Auto - ID 中心以创建“物联(Internet of Things)”为使命,与众多成员企业共同制定一个统一的开放技术标准。旗下有沃尔玛集团、英国 Tosco 等 100 多家欧美的零售流通企业,同时有 IBM、微软、飞利浦、Auto. ID Lab 等公司提供技术研究支持。这确立了 EPC 在商业领域的地位,也加快了 RFID 技术在商业领域中大规模的应用进程。EPC 不仅仅是单纯的编码标准,实际上已经扩展为一个结合 RFID 技术和网络技术的“物联网”架构,俗称 EPC = EPC 代码 + RFID + Internet,该架构由 EPC 编码、EPC 标签及阅读器、EPC 中间件、ONS 服务器和 EPC IS 服务器等部分构成。

2005 年 9 月 21 日,EPC Global 批准了应用层事件(Application Level Events ALE)标准。ALE 标准是 EPC 物联网架构中对中间件的标准,ALE 定义了 RFID 软件接受和写入阅读器数据的方法。

2. 日本的 UID 标准

日本 UID(Ubiquitous IDentifications)体系标准具有较高的知名度。Ubiquitous 在我国常常被翻译成“泛在”,UID Center 是从嵌入式操作系统的研发机构发展过来的,强调计算的无处不在。它具体负责研究和推广自动识别的核心技术,即在所有的物品上植入微型芯片,组建网络进行通信。

UID 的核心是赋予现实世界中任何物理对象唯一的泛在识别号(U Code)。它具备了128 位(128 Bit)的充裕容量,更可以用 128 位为单元进一步扩展至 256、384 或 512 位。U Code 的最大优势是能包容现有编码体系的元编码设计,可以兼容多种编码,包括 JAN、UPC、ISBN、IPv6 地址、甚至电话号码。泛在识别技术体系架构由泛在识别码(U Code)、信息系统服务器、泛在通信器和 U Code 解析服务器等四部分构成。

U Code 标签具有多种形式,包括条码、智能卡、电子标签等。UID 中心把标签进行分类,设立了 9 个级别的不同认证标准。

日本是一个制造业强国,非常重视 RFID 技术的研制、开发和应用。政府始终起主导作用,各研究机构、企业大力参与。主导日本 RFID 标准研究与应用的组织是 T-引擎论坛(T-Engine Forum),该论坛已经拥有成员 475 家成员。T-引擎论坛下属的泛在识别中心 UID 得到日本政府经产省和总务省以及大企业的支持,目前包括微软、索尼、三菱、日立、日电、东芝、夏普、富士通、NTT DoCoMo、KDDI、J-Phone、伊藤忠、大日本印刷、凸版印刷、理光等重量级企业。从近来日本 RFID 领域的动态来看,与行业应用相结合的基于 RFID 技术的产品和解决方案开始集中出现,这为 RFID 在日本应用的推广,特别是在物流等非制造领域,奠定了坚实的基础。

3. ISO 标准体系

与 RFID 技术和应用相关的国际标准化机构主要有:国际标准化组织(ISO)、国际电工委员会(IEC)、国际电信联盟(ITU)和世界邮联(UPU)。此外还有其他的区域性标准化机构(如 EPC Global、UID Center、CEN),国家标准化机构(如 BSI、ANSI、DIN)和产业联盟(如 ATA、AIAG、EIA)等也制定与 RFID 相关的区域、国家或产业联盟标准,并通过不同的渠道提升为国际标准。

大部分 RFID 标准都是由 ISO(或与 IEC 联合组成)的技术委员会(TC)或分技术委员会(SC)制定的。

ISO 有关 RFID 标准的三大系列是 14443 系列、15693 系列、18000 系列。

ISO14443 系列是超短距离电子标签(Proximity Coupling Smart Cards)标准,该电子标签读取距离为 7~15 cm,使用的频率为 13.56 MHz。

ISO15693 系列是短距离电子标签(Vicinity Coupling Smart Cards)标准,该电子标签读取距离可高达一分米,使用的频率为 13.56 MHz。

ISO18000 系列主要应用于货品管理类。主要用于物流供应链的管理,读取的距离较长而使用的频率介于 860~930 MHz,甚至还用于更高的频率。

4. 我国 RFID 标准的制定与推广

国内 RFID 技术与应用的标准化研究工作起步比国际上要晚 4 到 5 年时间。2003 年 2 月国家标准化委员会颁布强制标准《全国产品与服务统一代码编码规则》,为中国实施产品的电子标签化管理打下基础,并确定首先在药品、烟草防伪和政府采购项目上实施。此外,我国正在制定的 RFID 领域技术标准是采用了 ISO/IE C15693 系列标准,该系列标准与 ISO/IEC 18000-3 相对应,均在 13.56 MHz 的频率下工作,前者以卡的形式封装。目前,在这一频率下工作的电子标签技术已相对成熟。

在充分照顾我国国情和利用我国优势的前提下,应该参照或引用 ISO、IEC、ITU 等国际标准并做出本地化修改,这样能尽量避免引起知识产权争议,掌握国家在电子标签领域发展的主动权。

6.3.6 RFID 用于医院病历追踪的案例

表 6.2 RFID 用于病历追踪

时间	2012 年	地点	法国
用户	Bassin de Thau 医院	标签类型	无源
工作频率	UHF	标准	EPC Gen2
实施公司	Frequentiel	方案解决商	Frequentiel(系统集成商)、Lamap(档案管理公司)
硬件提供商	Tageos(标签)、Motorola(手持读写器)		

目的:更快、更高效方便地在海量病例仓库中查找、追踪病例(医院的中央档案室内大约有 4 万份病历粘贴 Tageos 的 RFID 标签)。

实现方式:

首先,病历管理部门对每份病历粘贴 Tageos 超高频 RFID 标签。标签粘贴好以后,桌面 RFID 读写器读取标签编码,并将数据发送到后台数据记录软件,与特定病人的信息数据相关联。

医生查看病历,需要从档案管理室中取出放到如图 6.19 的病历车中。然后用手持 RFID 读写器读取病历的编码,以便系统记录病历的借出状态。

今后,医院还将升级系统,部署固定 RFID 读写通道,这样当病历车通过读写通道时,会自动读取车内所有病历的标签编码,而无需医生再手持读写,减少人为遗忘导致的差漏。

图 6.19 RFID 读写病历

6.3.7 RFID 用于博物馆个性化体验的案例

表 6.3 RFID 用于参观体验

时间	2011 年 9 月	地点	荷兰阿森
用户	Drents 博物馆	标签类型	无源
工作频率	UHF	标准	EPC Gen2
实施公司	Ferm 和博物馆	方案解决商	Ferm RFID Solution
硬件提供商	Motorola、Impinj		

目的:提供更好的参观体验;具体说来,一是记录游客参观路线,以供博物馆人员分析顾客行为;二是将门票 ID 与展品相关联,即提供信息记录的增值功能。

实现方式:

在门票中内嵌超高频 RFID 标签(EPC Gen2),在博物馆出入口及展品周围放置固定式读写器。游客进入读写器范围时,固定读写器在游客进入、离开时两次读取游客门票 ID。博物馆可根据相关数据判定展品的受欢迎程度,特别是那些轮换展品,以制定展品轮换规则和频率。

此外,游客参观过程中还可将自己感兴趣的展品与所持门票的 ID 相关联,回家后登入博物馆网站,输入门票上的 ID 编码,便可以再次欣赏展品。

标签:采用 Impinj Monza 5 芯片,读取距离控制在 3 ~5 m;

读写器:采用 Motorola FX7400 and FX 9500 读写器。

每台读写器附带 8 条 AN480 天线。

6.3.8 RFID 用于追踪枪支器械的存储货运案例

表 6.4 RFID 用于存储货运

时间	2012 年	地点	美国马里兰州
用户	ATI 和 AmChar	标签类型	无源
工作频率	UHF	标准	EPC Gen 2
实施公司	AdvanTech	方案解决商	AdvanTech
硬件提供商	Impinj (固定读写器、芯片)、 Motorola (手持读写器)、 Avery Dennison(标签)		

目的:传统武器行业的信息化水平并不高,分销商和零售商一般采用人工记录的方式,原有系统纷繁复杂,工人通过扫描条形码录入数据;采用 RFID 系统可更好地监控枪支器械的进、出货情况。

实现方式：

枪支运出制造厂之前需要粘贴 EPC Gen2 RFID 标签；仓库安设有多个检测点，安装多台读写器；ATI 枪支器械的接收、运出以及存储阶段，都需要仓库工作人员读取标签数据，以确保武器的安全；后台服务器上安装 A&D Secure 软件，主要用来存储、管理读取到的 RFID 数据。A&D Secure 软件将 RFID 标签数据与货运单记录数据作比较，若发现异常，系统会发出警报。此外，软件系统会限定枪支的进出货时间，一旦超出时间限制，系统会自动发出提示信息。顾客购买枪支时零售商对驾照磁条进行扫描，并将枪支的标签编码与客户个人信息相关联；顾客将枪支带出零售店时取下标签，追踪结束。

标签：Avery Dennison 提供的 AD－826 EPC Gen 2 RFID 标签，采用 Impinj Monza 3 芯片；读写器：6 个固定式 Impinj Speedway Revolution R420 读写器（其包括 24 根天线），或是 Motorola 提供的 Workabout Pro 手持读写器。

6.4 本章小结

计算机监控是一门涉及多种学科和新技术的综合性科学技术，利用数字电子计算机代替传统自动控制中的控制器和控制方法，对自动化生产过程进行监控；而射频识别技术在工业现场的应用，尤其是在工厂物流过程的应用，对提高工业自动化水平，保证安全运行，提高经济效益，促进技术进步都具有十分重要的意义。

本章首先介绍了计算机监控系统的功能与特点、组成与分类，计算机监控系统的体系结构、串行接口、远程监控系统，以及计算机监控系统在变电所中的应用。

其次，重点介绍了监控组态软件，涉及监控组态软件的国内外主要产品介绍，组态软件的特点及设计思想、性能要求以及未来发展方向，以及基于 iFIX 的自动化立体仓库监控系统的应用。

最后，介绍了自动识别与射频识别技术，涉及到 RFID 射频识别技术的起源与发展、分类与系统组成、工作原理、技术标准体系，以及 RFID 射频识别的三个应用案例。

第7章　现场总线与工业以太网

随着控制、计算机、通信、网络等技术的发展,信息交换沟通的领域正在迅速覆盖从工厂的现场设备层到控制、管理的各个层次,覆盖从工段、车间、工厂、企业乃至世界各地的市场。信息技术的飞速发展,引起了自动化系统结构的变革,逐步形成以网络集成自动化系统为基础的企业信息系统。现场总线就是顺应这一形势发展起来的新技术。现场总线是当今自动化领域技术发展的热点之一,被誉为自动化领域的计算机局域网。它的出现,标志着工业控制领域又一个新时代的开始,并将对该领域的发展产生重要影响。现场总线是应用在生产现场、在微型计算机化测量控制设备之间,实现双向串行多节点数字通信的系统,也被称为开放式、数字化、多点通信的底层控制网络。它在制造业、流程工业、交通、楼宇等方面的自动化系统中具有广泛的应用背景。

7.1　计算机网络基础

7.1.1　计算机网络的发展

(1)20世纪60年代:面向终端分布的计算机系统

早期的"计算机－终端系统"是计算机与通信结合的前驱,把多台远程终端设备通过公用电话网连接到一台中央计算机构成所谓面向终端分布的计算机系统,完成远程信息的收集、计算和处理。根据信息处理方式的不同,它们还可分为实时处理连机系统、成批处理连机系统和分时处理连机系统。

图7.1中,T为终端,M为调制解调器,每个终端占有一条通信线路,主机则通过线路复用控制器MCU和各终端相连;在主机侧设置前置通信处理机FEP,由FEP专门负责与远程终端的通信,减轻主机的负担,让主机专门负责数据处理、计算任务;在远程终端比较集中的地方加一终端集中器TC,其一端用多条低速通信线路与各终端相连,在另一端通过一条高速线路与主机相连。

"计算机－终端系统"虽还称不上计算机网络,但它涉及到计算机通信的许多基本技术,而这种系统本身也成为以后发展起来的计算机网络的组成部分。因此,这种终端连机系统也称为面向终端分布的计算机通信网,也有人称它为第一代的计算机网络。

(2)20世纪70年代:分组交换数据网(PSDN)出现

1969年11月,美国国防部高级研究计划管理局(ARPA,Advanced Research Projects Agency)开始建立一个命名为ARPANET的网络,只有4个节点,分布于加尼福尼亚州大学洛杉矶分校、加州大学圣巴巴拉分校、斯坦福大学、犹他州大学的4台大型计算机。具有重要意义的是ARPANET采用了崭新的"存储转发－分组交换"原理来实现信息的传输和交换,由一种通信子网和资源子网组成的两级结构计算机网,它标志着计算机网络的兴起。

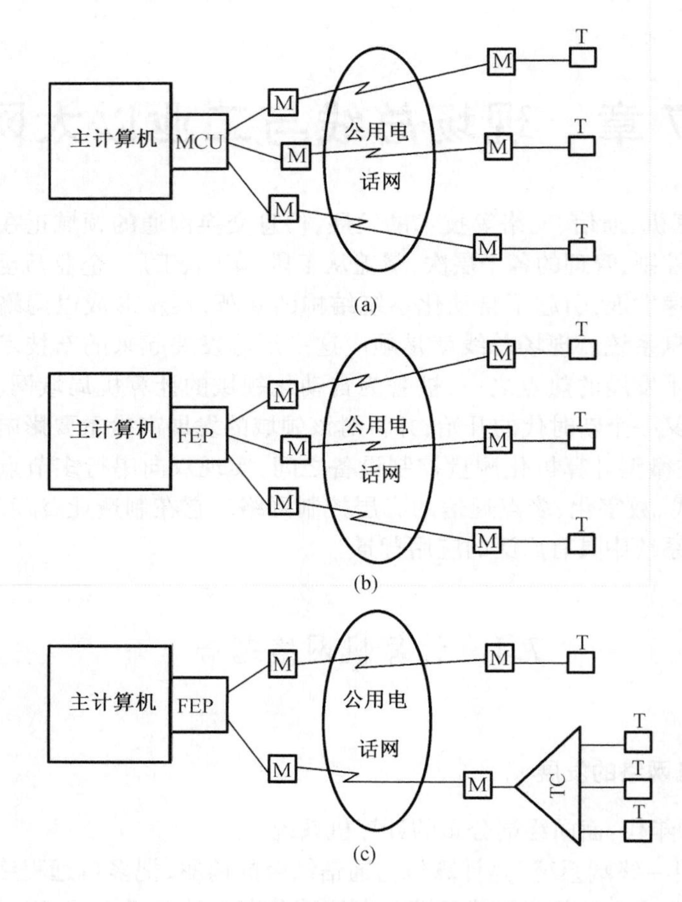

图 7.1　计算机－终端系统

(a)采用 MCU 的远程终端连机系统;(b)采用 FEP 的远程终端连机系统;(c)兼有 FEP 和 TC 的远程终端系统

图 7.2 中,由接口报文处理机(IMP)和它们之间互联的通信线路一起负责主机(H)之间的通信任务,构成通信子网,实现信息传输与交换;由通信子网互联的主机(H)组成资源子网,它负责信息处理、运行用户应用程序、向网络用户提供可共事的软硬件资源。

当某主机(H1)要与远地另一主机(H5)通信交换信息时,H1 首先将信息送至本地直接与其相连的 IMP 暂存,通过通信线路沿着适当的路径(按一定原则静态或动态选择的)转发至下一 IMP 暂存,依次经过中间的 IMP 中转,最终传输至远地的 IMP,并送入与之直接相连的目的主机。如此,由 IMP 组成的通信子网完成信息在通信双方各 IMP 之间的存储转发任务,把这种方式传输分组的通信子网又称为分组交换数据网(PSDN)。

目前,世界上运行的中低速远程数据通信网大部采用分组交换网。由于这类通信子网大都由政府部门(原邮电部)或某个电信公司负责建设运行,向社会公众开放数据通信业务,如同公众交换电话网一样,故这类网也称为公用数据(PDN,Public Data Network)或公用交换数据网(PSDN,Public Switch Data Network)。IMP(接口报文处理机)在 PSDN 中也被称为分组交换节点(PSN,Packet Switch Node)。

ARPANET 不仅开创了第二代计算机网络,它的影响之深远,还在于由它开始发展成今天在世界范围广泛应用的因特网(Internet)。它的 TCP/IP 协议族已成为事实上的国际标准。

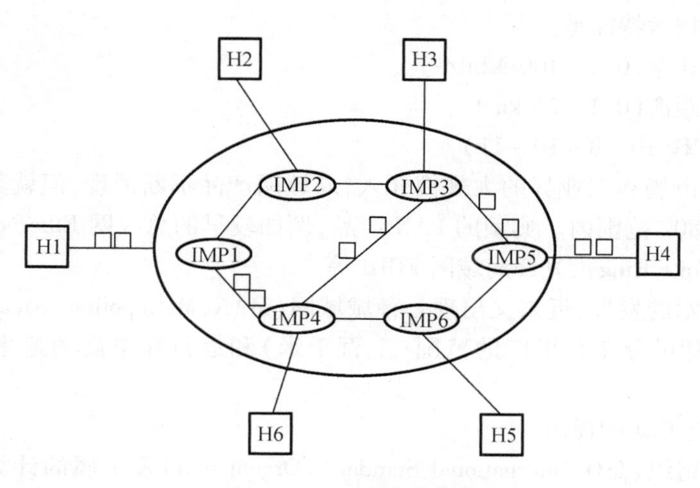

图 7.2 分组交换数据网结构

以 ARPANET 的分组交换网为先驱,20 世纪 70 年代到 80 年代中期,广域网(WAN,Wide Area Network)得到迅速发展,也被称为第二代计算机网络。这方面具有代表性的网络有:

(a)研究性试验网络。英国国家物理实验室 NPL 的分组交换网,IBM 沃森研究中心、卡内基·梅隆大学和普林斯顿大学合作开发的 TSS 网,加里福尼亚大学欧文分校研制的 DCS 网等。

(b)为特定目的而研制和使用的网。加里福尼亚大学劳伦斯原子能研究所的 DCTOPUS 网,法国信息与自动化研究所的 CYCLADES 网等。

(c)用户联营的网络。国际气象监测网(WWWN),欧洲情报网(EIN)。

(d)公用分组网。第一个美国商业分组交换网络 TELENET、加拿大的公用分组交换网 DATAPAC、欧共体的公用数据网 EURONET。

(e)商用公司推出的增值网。通用电器公司的信息服务网 GE。

(f)许多大计算机公司推出其网络体系结构和相应的网络产品,IBM 公司的 SNA(System Network Architecture),DEC 公司的 DNA(Digital Network Architecture)等。

计算机网络在 20 世纪 70 年代迅速发展,特别在 ARPANET 建立以后,世界上许多计算机大公司都先后推出了自己的计算机网络体系结构。例如 IBM 公司的系统网络结构 SNA,DEC 公司的分布式网络结构 DNA 等,但这些网络体系结构具有封闭的特点,它们只适合于本公司的产品连网,其他公司的计算机产品很难入网,这就使实现异种计算机互联以达到信息交换、资源共享、分布处理和分布应用的需求很难满足。客观需求迫使计算机网络体系结构由封闭走向开放。

(3)20 世纪 80 年代:局域网(LAN)、因特网、综合业务数字网(ISDN)和智能网(IN)

(a)局域网 LAN

20 世纪 70 年代中期,由于微电子和微处理机技术的发展及在短距离局部地理范围内计算机间进行高速通信要求的增长,计算机局域网(LAN,Local Area Network)应运而生。进入 20 世纪 80 年代,随着办公自动化(OA)、管理信息系统(MIS)、工厂自动化 CAD/CAM 系统等各种应用需求的扩大,LAN 获得蓬勃发展。

LAN 典型的技术特征是:

高传输速率(0.1 ~100 Mbit/s)

较短的距离(0.1 ~25 km)

低误码率(10 -8 ~10 -11)

由于巨大的市场和工业界的大规模介入,局域网产品不断涌现,但就其标准而言都在 IEEE802 或 ISO8802 范围内。典型的 LAN 产品,例如较早的总线网 Ethernet,3Com 网,IBM 的令牌环型网(Toke Ring),光纤局域网 FDDI 等。

随着光纤技术的发展,近来又出现一种城域网(MAN,Metropolitan Area Network),它具有 LAN 的特性,却可分布在更广的范围(上百千米)和运行在更高的速率(30 Mbit/s ~1 Gbit/s 以上)。

(b)因特网与 OSI 的提出

国际标准化组织(ISO,International Standards Organiztion)及下属的计算机与信息处理标准化技术委员会 TC97 于 1984 年正式颁布了一个称为“开放系统互联基本参考模型”(OSI,Open System Interconnection Basic Reference Model)的国际标准 ISO/OSI7498。自此,计算机网络开始了走向国际标准化网络的时代。国际标准化网络将具有统一的网络体系结构,遵循国际标准化的协议,它将能支持各厂向生产的计算机系统互联。

20 世纪 80 年代中期,以 ISO/OSI 七层模型为参照,ISO 和原国际电报电话咨询委员会 CCITT 为各个层次制定了一系列协议标准,组成了一个庞大的基本标准集,并同时为 OSI 的应用和产品的最终实现制定功能标准或轮廓标准(ISP,International Standardized Profile)。

(c)综合业务数字网 ISDN

原国际电报电话咨询委员会 CCITT 对 ISDN 作了这样的定义:ISDN 是以提供端到端的数字连接的综合数字电话网为基础发展而成的通信网,用以支持包括话音和非话音的一系列广泛的业务,它为用户入网提供一组标准的多用途的用户 - 网络接口。ISDN 的中心思想是数字比特管道(Digital Bit Pipe),比特能在管道中双向流动。

自 1984 年起,德国、英国、法国、美国和日本先后建立了 ISDN 实验网,并于 1988 年开始逐步商用化。至今,以 64 kbit/s 为基础的窄带 ISDN 技术已经成熟,其传输速率可达 1.5 Mbit/s(或 2 Mbit/s)。以异步传输模式(ATM),同步数字系列(SDH)/同步光纤网(SONET)为核心技术的宽带 ISDN 也正在迅速发展,其传输速率将从几兆(Mbit/s)到几千兆(Gbit/s)。ISDN 网的建立将给用户提供极方便的通信手段,用户只需提出一次申请,仅用一条用户线就可以将多种业务终端接入网内,按照统一的规程进行通信,提供传真、智能用户电报、电视数据、可视图文、可视电话、视频会议、电子邮件、遥控遥测等业务。在此基础上,还可开发多种增值业务。

(d)智能网 IN

智能网(IN,Intelligent Network)是在通信网多种新业务不断发展的情况下,要求运用计算机技术对通信网进行智能化自动管理的形势下产生的。智能网的概念由美国贝尔通信公司在 1984 年提出,1992 年由原国际电报电话咨询委员会(CCITT)予以标准化。这是一个能够快速、方便、灵活、经济和有效地生成和实现各种新型业务的系统,其目标是要为所有的通信网,包括公用电话网、分组交换网、ISDN 以及移动通信网等提供服务。尤其是 ISDN 和 IN 的融合最具有吸引力,智能网将由程控交换节点、No.7 公共信道信令网和业务控制计算机组成电话通信网,在此基础上可以组建各种新型业务系统。

(4)20 世纪 90 年代以来:现代网络技术、协同计算

(a)现代网络技术

光纤技术的发展解决了线路传输速度慢的问题,同时新的应用要求网络能够提供速度更快的,支持多种业务的网络服务。共享型的 10 Mbit/s 传输速率的网络需要向更高速的网络升级,因此出现了光纤分布式数据接口网络(FDDI)、快速以太网、高速以太网和交换式以太网,以及吉比特以太网和异步传输模式网络(ATM),在 IP 协议方面出现了三层交换等许多网络新技术。

(b)协同计算与 CSCW

计算机支持的协同工作 CSCW 这一概念,最早是在 1984 年由美国麻省理工学院的 Irene Greif 和美国数字设备公司的 PauI Cashman 这两位研究人员在进行如何用计算机支持交叉学科的人们共同工作的课题时提出来的。随着计算机网络业务的增长,地理范围的扩大,联网站点数的增加,网络产品的层出不穷,促使网络互联迅速发展。通过网络互联把各种信息"孤岛"连接成"超级"网络以实现其互操作和协同工作正成为人们研究的一个方向。

我们把"计算机支持的协同协作"定义为:地域分散的一个群体借助计算机及其网络技术,共同协调与协作来完成一项任务。它包括协同工作系统的建设、群体工作方式研究和支持群体工作的相关技术研究、应用系统的开发等部分。通过建立协同工作的环境,改善人们进行信息交流的方式,消除或减少人们在时间和空间上的相互分隔的障碍,提高群体工作质量和效率。如共享文件系统提供的资源共享能力,电子邮件和多媒体会议系统提供的人与人之间的通信支持功能,工作流和决策支持系统的组织管理功能。一个企业如果能有效地利用这些基本工具构造其企业协同管理信息系统,必将提高企业的管理水平和效益。

把支持协同工作的计算机软件称为群件(Groupware)。CSCW 是一个多学科交叉的研究领域,不仅需要计算机网络与通信技术、多媒体技术等一系列技术的支持,还需要社会学、心理学、管理科学等领域学者的共同协作。计算机协同工作将计算机技术、网络通信技术、多媒体技术以及各种社会科学紧密地结合起来,向人们提供了一种全新的交流方式。

7.1.2 开放系统互联基本参考模型 ISO

国际标准化组织 ISO 及下属的计算机与信息处理标准化技术委员会 TC97 于 1984 年正式颁布了"开放系统互联基本参考模型"ISO/OSI7498,它是 OSI 标准中最基本的一个,它从 OSI 体系结构方面规定了开放系统在分层、相应层对等实体的通信、标识符、服务访问点、数据单元、层操作、OSI 管理等方面的基本元素、组成和功能等,并从逻辑上把每个开放系统划分为功能上相对独立的七个有序的子系统。所有互联的开放系统中,对应的各子系统结合起来构成开放系统互联基本参考模型中的"层"。这样,OSI 体系结构就由图 7.3 中功能上相对独立的七个层次组成。

第一层:物理层 PH(PhysicaI)

第二层:数据链路层 DL(Data Link)

第三层:网络层 N(Network)

第四层:传输层 T(Transport)

第五层;会话层 S(Session)

第六层:表示层 P(Presentation)

第七层:应用层 A(Application)

第一层:物理层 PH(Physical),提供相邻设备间的比特流传输。它利用物理通信介质,为上一层(数据链路层)提供一个物理连接,通过物理连接透明地传输比特流。所谓透明传输是指经实际电路后传送的比特流没有变化,任意组合的比特流都可以在这个电路上传输,物理层并不知道比特的含义。简单地说,物理层要考虑的是如何发送"0"和"1",以及接收端如何识别。

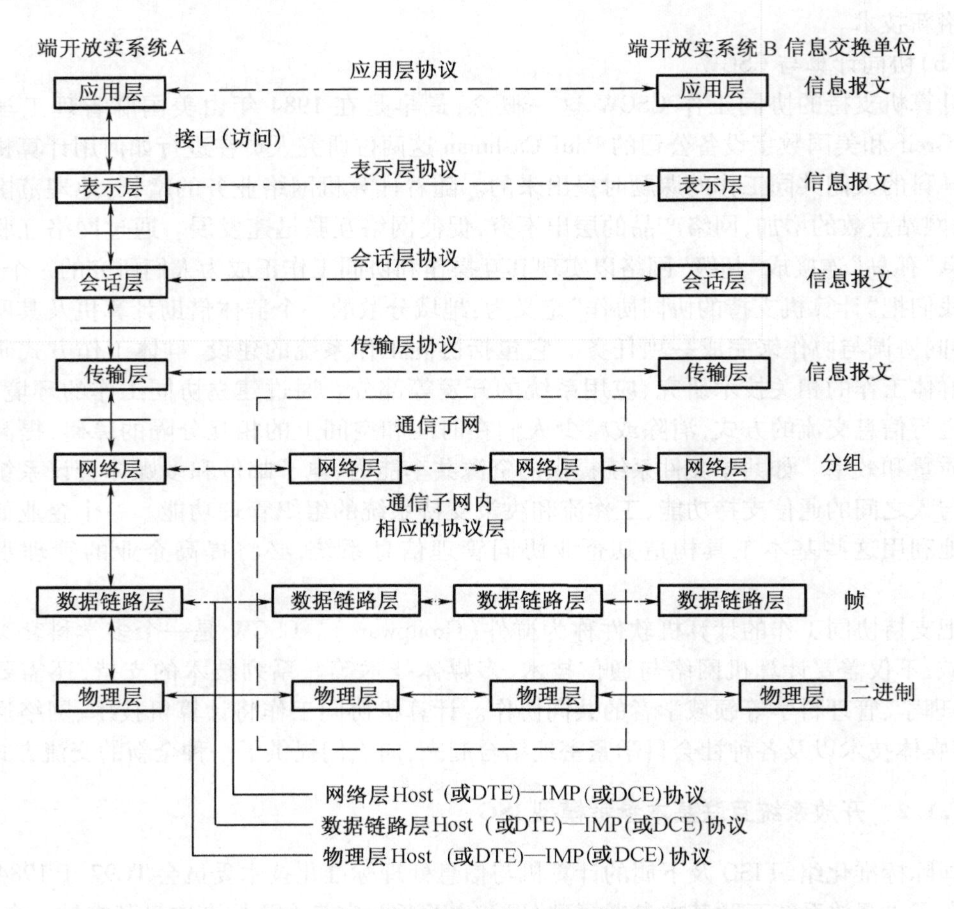

图 7.3 开放系统互联基本参考模型结构

第二层:数据链路层 DL(Data Link),负责在两个相邻的节点间的线路上无差错地传送以帧为单位的数据,每一帧包括一定的数据和必要的控制信息,在接收点接收到数据出错时要通知发送方重发,直到这一帧无误地到达接收节点。

概括地说,数据链路层就是把一条有可能出错的实际链路变成让网络层看来好像不出错的链路。

第三层:网络层 N(Network),网络中通信的两个计算机之间可能要经过许多个节点和链路,还可能经过几个通信子网。网路层数据的传送单位是分组(packet),网络层的任务就是要选择合适的路由,使发送站的传输层发下来的分组能够正确无误地按照地址找到目的站并交付目的站的传输层,这就是网络层的寻址功能。

对于广播信道构成的通信子网,路由问题很简单,因此这种子网的网络层非常简单,甚至没有。对于通信子网来说,最多只到网络层。

第四层:传输层T(Transport),传输层的任务是根据通信子网的特性最佳地利用网络资源,并以可靠和经济的方式为两个端系统的会话层之间建立一条运输连接,透明地传输报文,传输层向上一层提供一个可靠的端到端的服务,使会话层不知道传输层以下的数据通信的细节。传输层只存在于端系统(主机)中,传输层以上层就不再管理信息传输问题了。

第五层:会话层S(Session),会话层虽然不参与具体的数据传输,但它对数据进行管理,它向互相合作的进程之间提供一套会话设施,组织和同步它们的会话活动,并管理它们的数据交换过程。这里,"会话"的意思是指两个应用进程之间为交换两进程的信息而按一定规则建立起来的一个暂时联系。

第六层:表示层P(Presentation),提供端到端的信息传输。处理的是OSI系统之间用户信息的表示问题。在OSI中,端用户(应用进程)之间传送的信息数据包含语义和语法两个方面。

语义是与信息数据表示形式有关的方面,例如信息的格式、编码、数据压缩等。表示层主要用于处理应用实体交互信息的表示方法。这样即使每个应用系统有各自的信息表示法,但被交换的信息类型和数值仍能用一种共同的方法来表示。它包含用户数据的结构和在传输时的比特流或字节流的表示,服务中每一对抽象语法和传送语法称之为上下文(Presentation Context)。对传送的信息进行加密和解密也是表示层的任务之一。

第七层:应用层A(Application),是OSI参考模型的最高层,应用层确定进程之间通信的性质以满足用户的需要;负责用户信息的语义表示,并在两个通信者之间进行语义匹配。即应用层不仅要提供应用进程所需要的信息交换和远程操作,而且还要作为互相作用的应用进程的用户代理(User Agent),来完成一些为进行语义上有意义的信息交换所必须的功能。

7.1.3 TCP/IP体系结构模型

传输控制协议/因特网互联协议(TCP/IP,Transmission Control Protocol/Internet Protocol),又名网络通信协议,是Internet最基本的协议,是Internet国际互联网络的基础,由网络层的IP协议和传输层的TCP协议组成。

TCP/IP定义了电子设备如何连入因特网,以及数据如何在它们之间传输的标准。协议采用4层的层级结构,每一层都呼叫它的下一层所提供的协议来完成自己的需求。TCP负责发现传输的问题,有问题就发出信号,要求重新传输,直到所有数据安全正确地传输到目的地,而IP是给因特网的每一台电脑规定一个地址。TCP/IP是一组用于实现网络互联的通信协议。Internet网络体系结构以TCP/IP为核心。基于TCP/IP的参考模型将协议分成四个层次,它们分别是:网络层、网络接口层、传输层(主机到主机)和应用层。

图7.4中,应用层:提供常用的应用程序;传输层:提供应用程序间的通信,包括格式化信息流和提供可靠传输;网络层:提供计算机间的分组传输,包括高层数据的分组生成;底层数据报的分组组装,处理路由、流控、拥塞等问题;网络接口层:提供IP数据报的发送和接收。

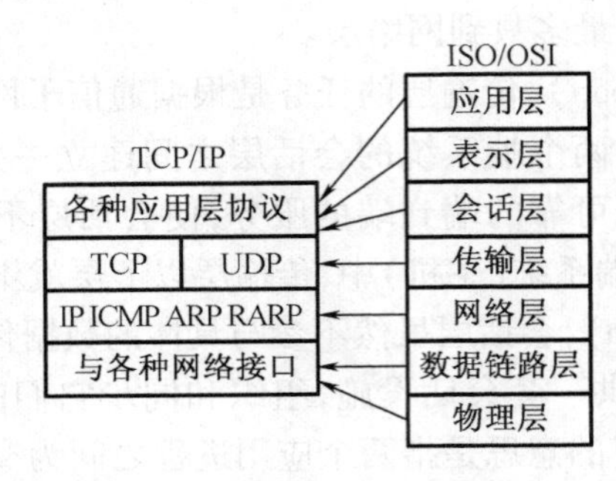

图 7.4 TCP/IP 与 OSI 模型对比

7.1.4 局域网结构标准

局域网的结构主要以 IEEE802 委员会定义的标准为主，ISO 相应的标准是 ISO 8802，局域网标准只定义了相当于 ISO 模型中的低两层，即物理层和数据链路层。为制定一个标准化的计算机局域网协议，1980 年初，国际上成立了 IEEE 局域网络标准委员会（简称 IEEE802 委员会）。该委员会对计算机局域网络协议制定了若干标准，统称为 IEEE802 系列标准。该标准主要是对数据链路层进一步划分成逻辑链路控制（LLC）子层和介质访问控制（MAC）子层两个子层次。LLC 子层主要提供寻址、排序、差错控制和流量控制等功能；MAC 子层提供介质访问控制功能。IEEE802 系列标准已被国际标准化组织（ISO）采纳，作为局域网的国际标准系列。图 7.5 中，IEEE802 关于局域网各层功能及系列标准定义如下：

（1）物理层

物理层完成信号的编码/译码、前导码的生成/除去、比特的发送接收等功能。

（2）MAC 子层

MAC 子层提供访问控制方式。LAN 的拓扑结构和媒体可以有多种，对于不同的拓扑结构和媒体，其访问控制不同。如总线形，各站点采用竞争方式；环形结构采用令牌传递方式等，所以说局域网的差别主要体现在物理层和 MAC 子层。

（3）LLC 子层

LLC 子层支持对高层的应用，屏蔽了具体的媒体和访问控制方法，为连到局域网上的端系统提供端到端的差错控制和流量控制。由于在局域网中，不存在网络层的路由问题，但为了对高层提供服务，LLC 子层要提供属于 3 层的功能。

IEEE802.1 标准，包括局域网体系结构、网络互联，以及网络管理与性能测量；

IEEE802.2 标准，定义了逻辑链路控制层功能与服务；

IEEE802.3 标准，定义了 CSMA/CD 总线介质访问控制方法与物理层规范；

IEEE802.4 标准，定义了令牌总线（Token Bus）介质访问控制方法与物理层规范；

IEEE802.5 标准，定义了令牌环（Token Ring）介质访问控制方法与物理层规范；

IEEE802.6 标准，定义了城域网 MAN 介质访问控制方法与物理层规范；

IEEE802.7 标准，定义了宽带技术；

IEEE802.8 标准，定义了光纤技术；

IEEE802.9 标准，定义了语音与数据综合局域网技术；

IEEE802.10 标准，定义了可互操作的局域网安全性规范；

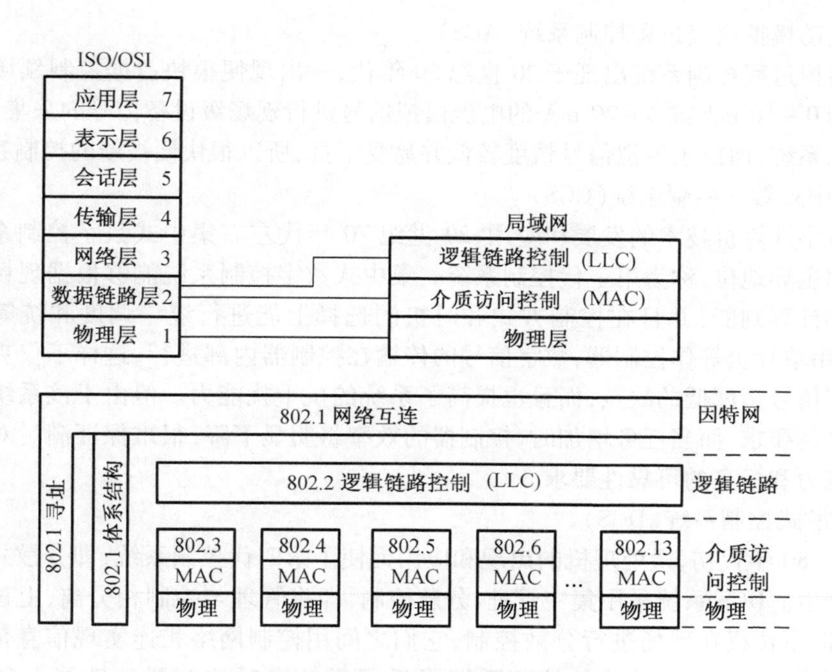

图 7.5 IEEE802 系列标准及局域网功能结构

IEEE802.11 标准,定义了无线局域网技术;

IEEE802.12 标准,定义了 100VG - Alan 技术;

IEEE802.13 标准,定义了快速以太网 5B/6B 编码技术。

7.2 现场总线技术

现场总线技术将专用于微处理器置入传统的测量控制仪表,使它们各自具有数字计算和通信能力,采用可进行简单连接的双绞线等作为总线。把多个测量控制仪表连接成的网络系统,按公开、规范的通信协议,在位于现场的多个微型计算机化测量控制设备之间以及现场仪表与远程监控计算机之间,实现数据传输与信息交换,形成各种适应实际需要的自动控制系统。简而言之,它把单个分散的测量控制设备变成网络节点,以现场总线为纽带,连接成可以相互沟通信息、共同完成自控任务的网络系统与控制系统。它给自动化领域带来的变化正如众多分散的计算机被网络连接在一起,使计算机的功能加入到信息网络的行列。因此把现场总线技术说成是一个控制技术新时代的开端并不过分。

7.2.1 现场总线控制系统

自 19 世纪以来的近两百年里,自动控制系统作为信息与科学技术发展的融合产物也发生了巨大变革。总的来说,一般可将其划分为 5 代:

(1)气动信号控制系统(PCS)

气动信号控制系统是于 19 世纪中期出现的第一代控制系统。

(2) 电动模拟仪表过程控制系统(ACS)

电动模拟过程控制系统出现于20世纪50年代,一出现便很快占据控制领域的主导地位。它利用0~10 mA或4~20 mA的电流模拟信号进行现场级设备信号的采集与控制,是第二代控制系统,但由于模拟信号精度较低并易受干扰,所以很快便被新的控制系统取代。

(3)集中式数字控制系统(CCS)

随着数字计算机技术的发展和应用,20世纪70年代左右集中式数字控制系统(CCS)出现并占据主导地位,称为第三代控制系统。集中式数字控制系统能够根据现场情况进行及时控制和计算判断,并且在控制方式和时机的选择上能进行统一调度和统筹安排。另外,由于采用单片机等作控制器,数字信号的传输在控制器内部进行,这样不仅克服了ACS系统中模拟信号精度低的缺点,而且也提高了系统的抗干扰能力。但由于该系统对控制器本身有很高的要求,而当任务增加时,控制器的效率将明显下降,很难保证满足对控制器足够的处理能力和极高的可靠性要求。

(4)分散式控制系统(DCS)

20世纪80年代初,微处理机的出现和应用促使了第四代控制系统,即分散式控制系统(DCS)的产生。DCS系统采用集中管理、分散控制,即将管理与控制相分离,上位机执行集中监视管理,下位机在现场进行分散控制,它们之间用控制网络相连实现信息传递。与之前几代控制系统不同,分散式的控制系统降低了系统中对控制器处理能力和可靠性的要求。

(5)现场总线控制系统(FCS)

20世纪80年代中后期,随着微电子技术和大规模以及超大规模集成电路的快速发展,顺应以上需求,国际上发展起来一种以微处理器为核心,使用集成电路实现现场设备信息的采集传输处理以及控制等功能的智能信号传输技术——现场总线,并利用这一开放的、具有可互操作性的网络技术,将各控制器和现场仪表设备实现互连,构成了现场总线控制系统。该操作系统的出现引起了传统的DCS等控制系统结构的革命性变化,把控制功能彻底下放到了现场。

一般把现场总线系统称为第五代控制系统,也称作FCS,即现场总线控制系统。根据国际电工委员会IEC标准和现场总线基金会FF(Fieidbus Foundation)的定义:现场总线是连接智能现场设备和自动化系统的数字式、双向传输、多分支结构的通信网络。也就是说基于现场总线的系统是以单个分散的、数字化、智能化的测量和控制设备作为网络的节点,用总线相连实现信息的相互交换,使得不同网络、不同现场设备之间可以信息共享,现场设备的各种运行参数状态信息以及故障信息等通过总线传送到远离现场的控制中心,而控制中心又可以将各种控制维护组态命令又送往相关的设备,从而建立起了具有自动控制功能的网络。

7.2.2 早期的企业网络系统与现场总线

1. CIMS体系结构及工业数据结构的层次划分

根据工厂管理、生产过程及功能要求,CIMS体系结构可分为5层,即工厂级、车间级、单元级、工作站级和现场级。简化的CIMS则分为3层,即工厂级、车间级和现场级。在一个现代化工厂环境中,在大规模的工业生产过程控制中,工业数据结构同样分为这三个层次,与简化的网络层次相对应,如图7.6所示。

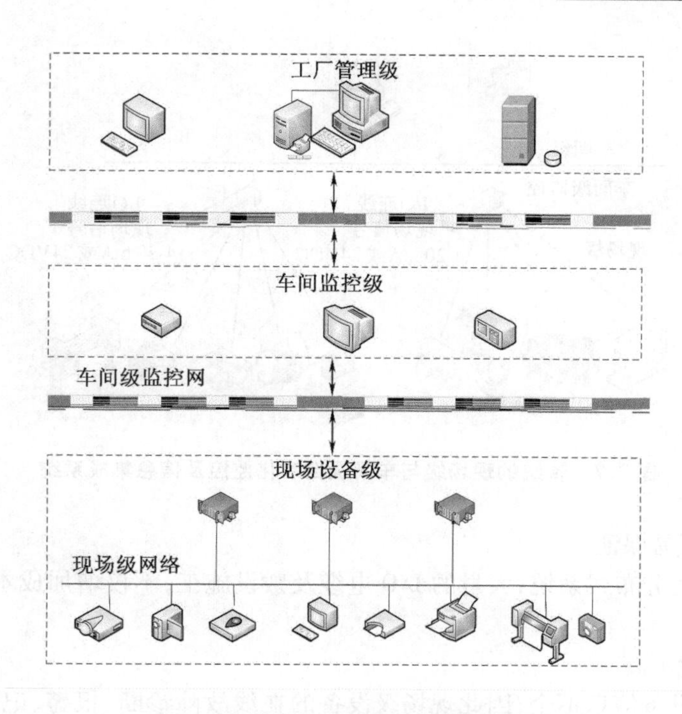

图 7.6 简化的 CIMS 网络体系结构

现场级与车间级自动化监控及信息集成是工厂自动化及 CIMS 不可缺少的重要部分。主要完成底层设备单机控制、连机控制、通信连网、在线设备状态监测及现场设备运行、生产数据的采集、存储、统计等功能，保证现场设备高质量完成生产任务，并将现场设备生产及运行数据信息传送到工厂管理层，向工厂级 MIS 系统数据库提供数据；同时也可接受工厂管理层下达的生产管理及调度命令并执行。因此，现场级与车间级监控及信息集成系统是实现工厂自动化及 CIMS 系统的基础。

传统的现场级与车间级自动化监控及信息集成系统（包括基于 PC、PLC、DCS 产品的分布式控制系统），其主要特点之一是现场层设备与控制器之间的连接是一对一的（一个 I/O 点对应设备的一个测控点），所谓 I/O 接线方式，信号传递 4 ~ 20 mA（传送模拟量信息）或 24VDC（传送开关量信息）信号，如图 7.7 所示。

系统主要缺点：

(1)信息集成能力不强

控制器与现场设备之间靠 I/O 连线连接，传送 4 ~ 20 mA 模拟量信号或 24VDC 等开关量信号，并以此监控现场设备。这样，控制器获取信息量有限，大量的数据如设备参数、故障及故障记录等数据很难得到。底层数据不全、信息集成能力不强，不能完全满足 CIMS 系统对底层数据的要求。

(2)系统不开放、可集成性差、专业性不强

除现场设备均靠标准 4 ~ 20 mA/24VDC 连接，系统其他软、硬件通常只能使用一家产品。不同厂家产品之间缺乏互操作性、互换性，因此可集成性差。这种系统很少留出接口，允许其他厂商将自己专长的控制技术，如控制算法、工艺流程、配方等集成到通用系统中去，因此面向行业的监控系统很少。

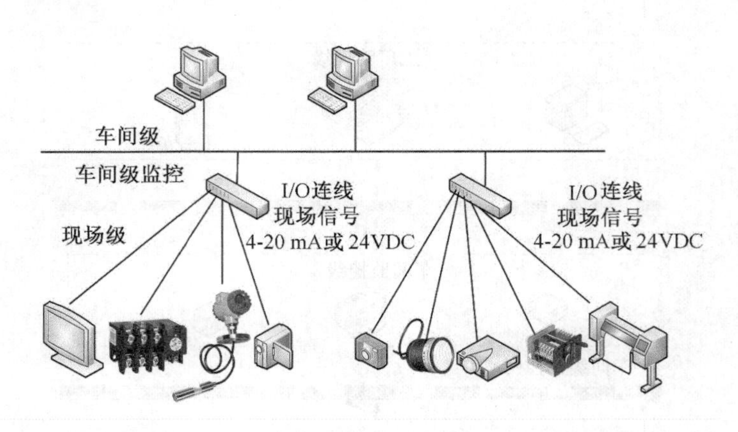

图7.7　传统的现场级与车间级自动化监控及信息集成系统

(3)可靠性不易保证

对于大范围的分布式系统,大量的I/O电缆及敷设施工,不仅增加成本,也增加了系统的不可靠性。

(4)可维护性不高

由于现场级设备信息不全,因此现场级设备的在线故障诊断、报警、记录功能不强。另一方面也很难完成现场设备的远程参数设定、修改等参数化功能,影响了系统的可维护性。

2.早期的现场总线

现场总线技术始发于20世纪80年代末90年代初国际上发展形成的,但对该项技术的开发之热是近年之举。早期把现场总线又称为工业电话线,通过连线在测控设备之间传递数据信息,把传感器、按钮、执行机构等连接到控制器、PLC或工业计算机上。通过相互通信共同执行测量控制任务。总线上的数据输入设备包括按钮、传感器、接触器、变送器、阀门等,传输其位置状态、参数值等数据,总线上的输出数据用于驱动信号灯、接触器、开关、阀门等。总线将分散的有通信能力的测量控制设备作为网络节点,连接成能相互沟通信息,共同完成自控任务的控制网络。

在过去的10年内,出现了许多的总线产品,较流行的有:德国Bosch公司设计的CAN网络(Controller Area Network),美国Echelon公司设计的Lon Works网络(Local Operation Network),按德国标准生产的Profibus(Profess Field Bus)总线,Rosemount公司设计的Hart(Highway Addressable Remote Transducer)总线,罗克韦尔自动化公司的Device Net和Control Net等。它们在一定程度上获得了应用并取得了效益,对现场总线技术的发展和促进发挥了重要的作用,但都未能统一成为国际标准,因而其应用必然受到产品技术程度不足的限制,难以构成真正的FCS。

7.2.3　现场总线的分类

现场总线的分类方法很多,这里我们采用国际电工委员会现场总线标准委员会IEC/SC65C/WG6主席Richard H. Caro的分类方法,将现场总线分为以下3类。

(1)全功能数字网络

这类现场总线提供从物理层到用户层的所有功能,标准化工作进行得较为完善。这类总线包括IEC/ISA现场总线,IEC和美国国家标准。FoundationField Bus实现了IEC/ISA现场总线的一个子集。Profibus - PA 和 DP 是德国标准,欧洲标准的一部分。Lon Works 是 Echelon 公司的专有现场总线,在建筑自动化、电梯控制、安全系统中得到广泛的应用。

(2)传感器网络

这类现场总线包括罗克韦尔自动化公司的 Device Net, Honeywell Micro switch 公司的 SDS。它们的基础是 CAN(高速 ISO11898 协议,低速 ISO11519 协议),CAN 出现于 20 世纪 80 年代,最初应用于汽车工业。许多自动化公司在 CAN 的基础上建立了自己的现场总线标准。

(3)数字信号串行线

这是最简单的现场总线,不提供应用层和用户层,例如 Seriplex ,Interbus - S, ASI 等。

7.2.4 网络化控制系统(NCS)

网络化控制系统是综合自动化技术发展的必然趋势,是控制技术、计算机技术和通信技术相结合的产物。中国自动化学会专家咨询工作委员会的孙柏林认为:网络化控制系统是自动化系统发展的新动向。21 世纪的控制系统将是网络与控制结合的系统。对网络化控制系统(NCS, Networked Control System)的研究已经成为当前自动化领域中的一个前沿课题。随着通信网络作为一个系统环节嵌入到控制系统中,从而很大地丰富了工业控制技术和手段,使自动化系统与工业控制系统在体系结构、控制方法以及人机协作方法等方面都发生了较大的变化,与此同时也带来了一些新的问题,如控制与通信的耦合、分布式的控制方式等。这些新问题的出现,使得自动控制理论在网络环境下的控制方法和算法需要不断地拓展和创新。

随着控制理论、控制技术、计算机技术和网络通信技术的发展,工业控制领域发生了巨大的变革:从原始单回路控制系统,先后发展到集散控制系统(DCS)、现场总线控制系统(FCS)和网络化控制系统(NCS),又称集成通信与控制系统(ICCS, Integrated Communication and Control System),网络化控制系统的出现,极大地简化了控制系统的设计,提高了系统可靠性和控制质量,是未来综合自动化技术发展的必然形式。网络化控制系统是控制(Control)、计算机(Computer)和通信(Communication)等 3C 技术相交叉的产物,其实质是将分布在不同地理空间的传感器、控制器和执行器等控制系统的部件,通过串行数据通信网络构成闭环的反馈控制系统。通过网络互联的大型工业控制系统可以实现资源共享,简化系统的配置与设计,提高系统的可操作性、可维护性和可靠性,使上层管理决策、调度与优化等任务与现场设备的控制任务连接到一起,降低大型系统的实施成本。网络化工业控制系统近年来已成为控制领域中的一个新的研究方向。

专家认为,信息时代的企业是一个互联互通的网络化实体。企业的网络化能够使企业生成高效率的生产能力与创新能力,也是企业效益新的增长点。工业控制系统已跨入网络化控制的新阶段,网络化工业控制系统已成为制造业控制、过程控制和测控技术等领域中的重要研究方向。工业控制系统已经沿着基地式仪表控制、模拟集中控制、计算机集中控制、集散式控制、现场总线控制发展到网络化控制的新阶段。当前,一方面由于工业控制系统规模的扩大、控制对象的复杂化和地理分散化、控制性能要求的提高,另一方面由于计算机技术、网络通信技术在控制领域应用的日益广泛深入,网络化工业控制系统就应运而生了。

网络化控制系统作为一种新型的控制方式,其研究方向主要有两个分支:一是源于计算机网络技术以提高信息传输和远程通信服务质量为目标;一个是源于自动控制技术以满足系统稳定及动态特性为目标。前者实现的是对通信网络自身的控制,后者实现的是通过网络对系统的控制。

以信息化带动工业化是保持国民经济持续快速增长的有力保证,也是改造传统工业体系结构的重要手段。网络技术作为信息技术的代表,其与工业控制系统的结合将极大地提高控制系统的水平,改变现有工业控制系统相对封闭的企业信息管理结构,适应现代企业综合自动化管理的需要。将现场总线、以太网、多种工业控制网络互联,嵌入式技术和无线通信技术融合到工业控制网络中,在保证控制系统原有的稳定性、实时性等要求的同时,又增强了系统的开放性和互操作性,提高了系统对不同环境的适应性。

网络化控制系统的主要特点:

(1)控制系统网络化

控制系统网络化是网络化控制系统(NCS)的根本特点,由于控制网络的引入,将原来分散在不同地点的现场设备连接成网络,自动化系统原有的"信息孤岛"被打破,为工业数据的远程传送与集中管理以及控制系统与其他信息系统的连接与沟通创造了条件。

(2)信息传输数字化

数字化与网络化是相辅相成的,网络化是从系统角度描述 NCS 的特点,而数字化则是从信息的角度描述 NCS 的特点。

(3)控制结构的层次化

控制系统的分层结构是引入控制网络之后的一个基本特点。在传统的控制系统结构中,一台计算机不仅要完成底层的回路控制与顺序控制,还需要完成实时监视、参数调试等任务。在 NCS 中,这些任务则分别属于处在不同层次上的不同计算机来完成,每台计算机各司其职,控制层次与控制任务得到细分。

(4)信息管理的集中化与底层控制的分散化

NCS 的分层结构确定了 NCS 的金字塔框架,这一特点其实是控制结构层次化的延伸。这种结构符合企业生产的需求:企业的生产底层是控制回路多,地域分散;而企业高层则要求能够对现场产生的大量数据进行集中监视、分析等。采用了 NCS 的企业在底层利用控制设备实现了分布式控制,增强了控制系统的可靠性;在高层则实现了对底层数据的集中监视、管理,为上层的协调与优化以及对宏观决策提供必要的信息支持。

(5)硬件与软件的模块化

从实际工程应用出发,各种 NCS 的软硬件,目前都采用了模块化的结构,硬件的模块化使得系统具有良好的灵活性与可扩展性,从而使系统的成本更低,体积更小,可靠性更高。软件的模块化则使系统的组态方便,控制灵活,效率更高,操作简单。

(6)控制系统的智能化

控制系统的智能化包括两个方面:一是现场设备的智能化。在底层由于微处理器的引入,现场设备不仅能够完成传感测量、回路控制等基本功能,还可进行故障诊断等;二是控制算法与优化算法的智能化。在高层 NCS 提供了强大的计算机平台,为先进的控制算法、人工智能方法及专家系统等在科学管理、计划调度和操作指导等的应用创造了条件。

(7)通信协议的标准渐近化

协议的标准化意味着 NCS 系统具有更好的开放性、互操作性。在互联网中,虽然 TCP/IP 已经成为了标准协议;而在控制网络中,传统的 DCS 系统自成体系,FCS 尽管已经达成了国际标准,但现场总线的种类仍然有10多种,此外,工业基础以太网也出现了多个国际标准协议。因此,通信协议的标准渐近化将是一个漫长的过程。

总而言之,NCS的出现给传统的工业控制系统带来了深刻变化,NCS具备了许多优点:可以实现资源共享与远程监控、远程诊断,交互性好,减少了系统布线的复杂程度,增加了系统的柔性与可靠性及安装维护比较方便等。

当然,NCS的出现对于传统的控制理论、技术与方法与工程应用也产生了深远的影响。在理论上,网络规模的不断扩大,网络自身的服务质量问题、拥塞问题等也变得越来越突出,从而给控制理论的研究带来了新的问题,而由于网络通信中不可避免的存在传输延迟、丢包等问题,这也给传统的控制理论提出了新的挑战;在技术上,自动控制技术、计算机网络技术和通信技术的结合为网络化控制技术的发展提供了广阔的发展前景与挑战。

7.2.5　网络化控制系统的通信网络构成

网络化控制系统的通信网络一般分成两部分:

(1)管理机、各终端机、控制计算机以及与企业中其他计算机之间的联网,这部分的网络目前都使用局域网方式进行联网,采用TCP/IP协议,技术已很成熟。

(2)计算机与底层PLC之间的通信,各PLC所采用的通信协议基本上都是生产厂家独自专有的,并没有广泛使用的标准协议供使用用户采用。

所设计的基本协议结构如图7.8所示,主要分为3个层次:

(1)应用数据块,其中定义了针对在自动化立体仓库中PC与各PLC设备之间的信息交换协议;

(2)协议传输层,实现各设备站之间可靠传输的控制;

(3)数据链路通信层,针对具体链路和所用的厂商产品,实现物理层的数据控制和进一步的通信可靠性控制。

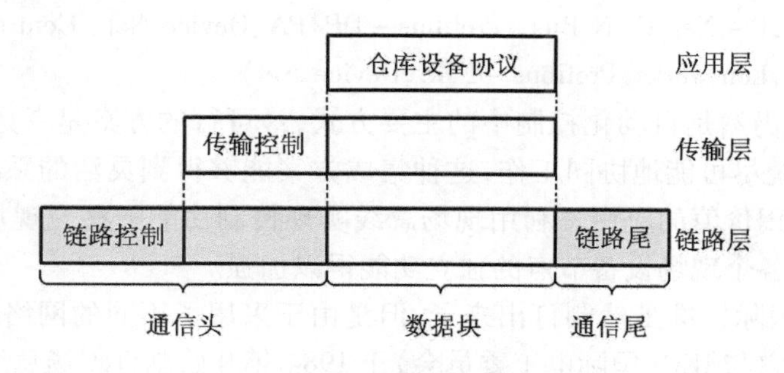

图7.8　通信协议基本结构

将链路控制和传输控制头部分统称为通信头部分,而链路尾称为通信尾,而中间的应用层协议部分因为与具体的应用有关,所以这里称之为数据块部分。

在现场PC-PLC之间通信线路的设计中,对于PC与PLC之间距离较短的系统,常直接采用简单易用的RS-232来进行点到点的连接,而对于PC与PLC之间有着较长距离的通信,一般均采用RS-485链路协议进行总线多站形式的连接。

将监控机与各货物输送设备的自动控制系统采用点到点的或总线形式连接,组成一个工控网络,实现上位监控计算机与仓库各设备间的通信联系。

在确定数据格式时,以系统控制元为基本单元(设备)。每个基本单元主要有:①接收的控制命令数据和任务数据;②传递给监控机的单元基本信息、运动状态信息(设备和货物的位置、方向、速度等)、任务执行情况信息及故障信息等数据。

总的来说它的通信信息量不大,但可靠性及实时性要求较高。而且其中有些信息实时性相对要求更高(如状态信息、控制命令等),而有些信息的可靠性相对要求更高(如任务数据、任务执行情况等),或两者兼而有之(如故障信息等)。

7.2.6 现场总线的市场需求与发展趋势

现场总线是一种全数字化的、实时、双向、多站的通信系统,用于现场级设备互联以及现场设备与控制系统相连。按照其应用范围,可将现场总线分为两类,即用于加工制造自动化的现场总线,其特征是高速、短信息;用于过程控制的现场总线,其特征是低速、长信息,有时候还要求本质安全。

受工业市场需求的驱动,迫切需要基础自动化这一层面的设备(如变送器、执行器等),即使由不同的厂商供货,也具有互操作性,并确保管理系统可对这些设备进行数据存取。不过由于应用领域的不同,要求的功能也不同,近十多年来市场上出现多种现场总线网络,其开放性、网络容量、硬件/软件的可用性和标准支持都有很大的差异。不同类型的现场总线在功能、性能和价格上有很大区别,各有自己的适用范围。据美国 ARC 公司的市场调查,世界市场对各种 FCS 需求的实际份额为:

过程自动化 15%(FF、Profibus - PA、WorldFIP)

医药领域 18%(FF、Profibus - PA、WorldFIP)

加工制造 18%(Profibus - DP、CC - Link)

交通运输 15%(Profibus - DP、CAN Bus、Device Net)

航空、国防 34%(Profibus - FMS、Lon works、Device Net、Control Net)

农业(未统计,P - Net、CAN Bus、Profibus - DP/PA、Device Net、Control Net)

楼宇(未统计,Lon works、Profibus - FMS、Device Net)

现阶段,DCS 仍然是自动化控制中的主要方式,最可行的方案是考虑如何使现场总线与传统的 DCS 系统尽可能地协同工作,这种集成方案能够得到灵活的系统组态,以适用于更广泛的、富于实用价值的应用。利用现场总线实现控制功能下移至现场层,使 DCS 的多层网络被扁平化,各个现场设备节点的独立功能得以加强。

现场总线的国际标准虽然制订出来了,但是由于采用了不同的网络技术,现场总线技术不能实现统一,它与 IEC(国际电工委员会)于 1984 年开始制订现场总线时的初衷是相违背的。因此,现场总线今后的发展将呈以下趋势。

(1)多种总线并存

现场总线国际标准 IEC61158 中采用的 8 种类型,以及其他一些现场总线,如 Lon works 等,将在今后一段时间内共同发展,并相互竞争相互取长补短。此外,国际跨国公司除了从事他们所支持的现场总线技术的研究与开发,还兼顾其他总线的应用。

(2)每种现场总线将形成其特定的应用领域

目前,全球用于连接分散的 I/O 产品和控制器的总线和网络产品多种多样,但未来将有越来越多的市场份额集中在越来越少的总线和网络产品上,随之会产生新的市场领导者。随着时间的推移,占有市场 80% 左右的总线将只有六七种,而且其应用领域比较明确。

(3)以太网的引入成为新的热点

以太网没有任何标准化组织的支持,但它是目前通信技术事实上的标准,正在工业自动化和过程控制市场上迅速增长。据1999年10月Inter-Kama展览会的情况看,几乎所有远程I/O接口技术供应商均提供一个支持TCP/IP协议的以太网接口,在销售各自PLC产品的同时,提供与远程I/O和基于PC的控制系统相连接的接口。在今后3年以太网的市场占有率将达到20%以上。可以肯定的是,TCP(传输控制协议)已成为以太网事实上的网络层、传送层的通信规约;以太网已变为网络拓扑的唯一选择。Ethernet技术渗透到工业控制中,出现了现场总线型网络技术与以太网/因特网开放型网络技术的自然结合,以太网不仅可以成为工业高层网络上的信息系统,也可以上下贯通直接与现场设备相连。有专家预言,Ethernet是高性能现场总线极好的选择。

由于现场总线技术的发展和实际应用,控制和自动化行业正在经历着巨大的技术变革。从自动控制系统的发展史来看,曾有过两次大的革新:一次是20世纪50年代末由旧式模拟仪表向电动或气动单元组合仪表的转变;另一次是80年代从电子模拟仪表到DCS的转变。这两次大的转变,远远不及现场总线对控制系统发展的影响那样深刻。现场总线使控制系统发生了概念上的全新变化,它使传统的控制系统结构发生了根本的变化,在某种意义上,可认为现场总线最终将完全代替DCS,它将开辟过程控制的新纪元。

7.3 现场总线控制系统

现场总线是将自动化最底层的现场控制器和现场智能仪表设备互连的实时控制通信网络,它遵循ISO的OSI开放系统互连参考模型的全部或部分通信协议,能够实现双向串行多节点数字通信。

7.3.1 现场总线控制系统基本构成

现场总线控制系统FCS(Fidlebus Control System)的核心是现场总线。FCS是一种全数字式、双向传输、多分支结构的通信网络,是将自动化最底层的现场控制器和现场智能仪表设备互连而成的实时网络控制系统,FCS控制层结构如图7.9所示。新一代控制系统是由多段高速(H2)或低速(H1)现场总线、各类智能现场仪表设备(包括流量、压力、温度、执行器及辅助单元等)、人机接口(工业PC机)、组态软件、监控软件及网络软件等组成。

现场总线控制系统中的现场设备是智能化的,即现场设备能完全独立自主地完成对运行的监控、管理和保护,无需依赖中央控制室的计算机,彻底地实现了分散式控制。现场智能化设备又具有数字通信功能,现场模拟信号在数字化处理后,可以用数字传送方式进行传输,只需一对信号传输线就可将多个现场设备与中央控制计算机相连,并传递多种信息(不同运行物理参数、不同现场设备运行状态、故障信息等)。

传统通信方式如图7.7所示,现场级设备与控制器之间采用一对一所谓I/O接线方式,传递4~20 mA或24VDC信号;现场总线技术(见图7.10),主要特征是采用数字式通信方式取代设备级的4~20 mA(模拟量)、24VDC(开关量)信号,使用一根电缆连接所有现场设备。

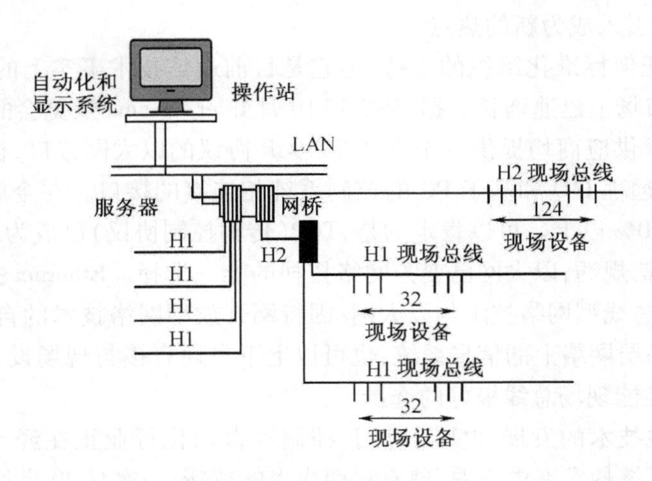

图 7.9　新一代 FCS 控制层

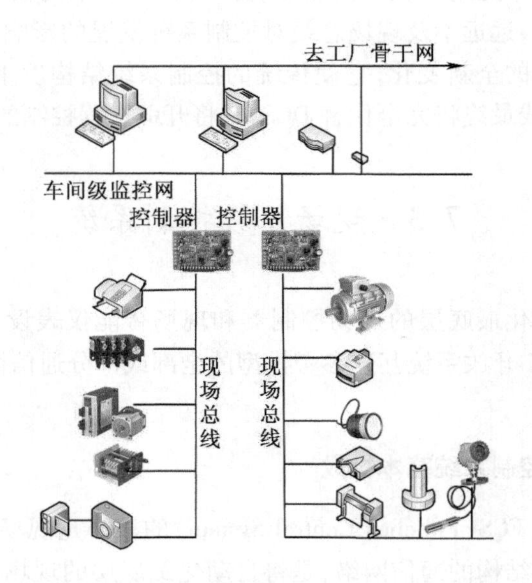

图 7.10　现场总线通信方式

7.3.2　现场总线通信模型

现场总线是连接智能现场设备和自动化系统的数字式、双向传输、多分支结构的通信网络。因为没有统一的现场总线协议标准，目前各种现场总线采用的通信协议不尽相同。各家制定的产品协议的依据是国际标准组织（ISO）的开放系统互联（OSI，Open System Interconnection）协议。OSI 协议是为计算机联网而制定的 7 层参考模型，即物理层、数据链路层、网络层、传输层、会话层、表达层和应用层。该标准规定了每一层的功能以及对上一层所提供的服务。只要网络中所有要处理的要素都是要通过共同的路径进行通信的，各厂商在实际制定自己的通信协议时，并非都在产品中实现了这 7 层协议，而往往依据侧重点的不同，仅仅实现该 7 层的子集。如图 7.11 所示。

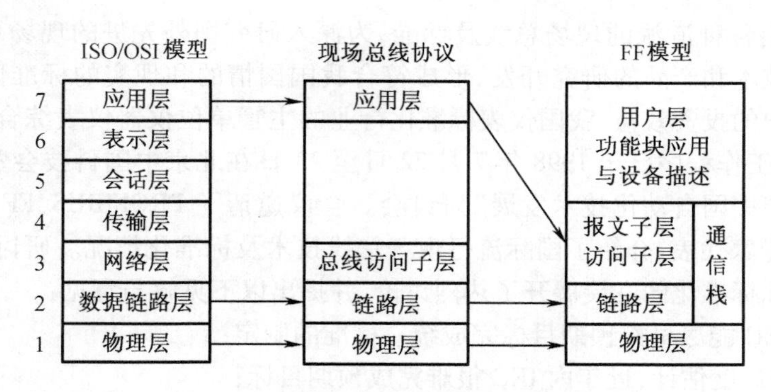

图7.11 现场总线模型与ISO/OSI模型之间的关系

从OSI模式的角度来看,现场总线可将上述的7层简化为3层,分别由OSI参考模式的第1层物理层,第2层数据链路层,第7层应用层组成。现场总线结构通常划分为4层:即物理层、数据链路层、应用层和用户层。4个层次的任务概括如下:

(1)物理层

物理层规定了传输媒介(铜导线、无线电和光缆3种)、传输速率、每条线路可接仪器数量、最大传输距离、电源以及连接方式和信号类型等。

(2)数据链路层

数据链路层规定了物理层和应用层之间的接口,如数据结构、从总线上存取数据的规则、传输差错识别处理、噪声检测、多主站使用的规范化等。现场总线网络存取有3种方式:令牌传送、立即响应、申请令牌。

(3)应用层

应用层提供设备之间以及网络要求的数据服务,对现场过程控制进行支持,为用户提供一个简单的接口,定义如何读、写、解释和执行一条信息或命令。

(4)用户层

应用层是把数据规格化为特定的数据结构。用户层标准功能块由10个基本功能块如AI、AO、PID等组成。各厂商必须用标准的输入输出和基本参数以保证现场仪表的互操作性。

7.3.3 现场总线技术标准

现场总线技术得以实现的一个关键问题,是要在自动化行业中形成一个制造商们共同遵守的现场总线通信协议技术标准,制造商们能按照标准生产产品,系统集成商们能按照标准将不同产品组成系统,这就提出了现场总线标准的问题。

国际上著名自动化产品及现场设备生产厂家,意识到现场总线技术是未来发展方向,纷纷结成企业联盟,推出自己的总线标准及产品,在市场上培养用户、扩大影响,并积极支持国际标准组织制定现场总线国际标准。能否使自己的总线技术标准在未来国际标准中占有较大比例成份,关系到该公司相关产品前途、用户的信任及企业的名誉。而历史经验证明:国际标准都是采用一个或几个市场上最成功的技术为基础。因此,各大国际公司在制定现场总线国际标准中的竞争,体现了各公司在技术领先地位上的竞争,而其最终还是要归结到市场实力的竞争。

面对国际上各种流派的现场总线及标准,为深入研究国外先进的现场总线技术,推动我国现场总线技术和产品的研究开发,形成符合我国国情的和现实的标准体系,保护我国生产企业和用户的投资效益,我国仪表标准化行业的主管单位仪器仪表综合技术经济研究所,遵循标准化工作程序已于1998年7月22日至23日在北京中国科技会堂举办了"现场总线的标准化与中国自动化技术发展"研讨会。会议邀请了PROFIBUS、FF、WorldFIP、P-NET国际组织专家代表,介绍了国际流行现场总线技术及标准化情况。研讨会上中外专家就现场总线国际标准化的发展展开了热烈讨论,并提出以下见解与意见:

(1)期望IEC能尽早按预期目标完成统一标准的制定;

(2)按目前进度估计,近年内IEC很难完成预期目标;

(3)目前IEC提出的建议方案只限于过程自动化,难于满足其他应用领域要求,不可能成为唯一标准,很可能形成多种标准体系共存;

(4)在统一标准框架下做多种通信协议接口,可能是统一标准的一种适宜的解决方案。

对我国发展现场总线技术政策,结合我国国情,专家和代表们认为:一方面应积极跟踪IEC国际标准化的发展,开展我国的技术研究和产品开发;另一方面在统一的IEC标准未形成之前,积极开展对其他先进的现场总线技术研究,特别是对已有成熟应用经验、应用领域覆盖面大的现场总线技术的跟踪研究。

7.4 典型现场总线技术

据说目前国际上现有各种总线及总线标准不下两百多种。具有一定影响和已占有一定市场份额的总线有如下几种。

7.4.1 基金会现场总线

基金会现场总线FF(Fieldbus Foundation)以ISO/OSI开放系统互联模式为基础,取其物理层、数据链路层、应用层为FF通信模型的相应层次,并在应用层上增加了用户层。用户层主要针对自动化测控应用的需要,定义了信息存取的统一规则,采用设备描述语言规定了通用的功能块集。

1. 基金会现场总线FF网络系统架构

基金会现场总线FF的网络系统架构如图7.12所示,在低速H1网段上挂接多个现场总线设备,完成现场的智能化仪表、控制器、执行机构、分散I/O等设备间的数字通信以及与控制系统间的信息传递。完整的H1网络的基本构成部件有现场总线接口、终端器、总线电源、本质安全栅、现场设备、中继器、网桥、传输介质等,每个分支通过链路设备连接到FF总线HSE高速网段,数据通过HSE网络传输到各个服务器,进行数据处理。

2. FF现场总线的拓扑结构

基金会现场总线一般会采用以下几种网络拓扑结构,为清楚并简单起见,图7.12中省略了电源和终端器。在实际应用中往往会是几种方式的组合,下面详细论述每种拓扑结构的特性。

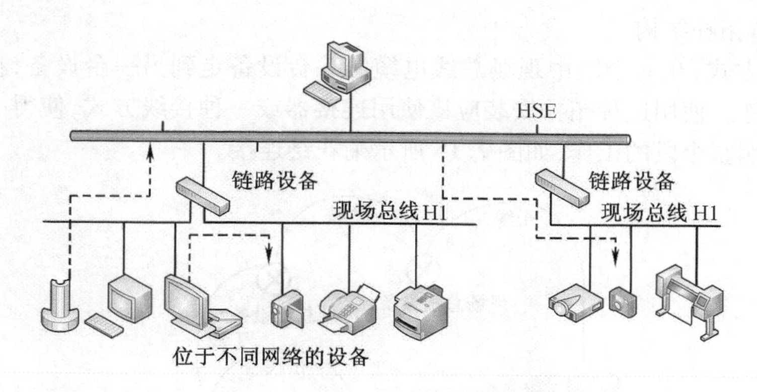

图 7.12 FF 总线分布式结构图

(1)点对点拓扑结构

这类拓扑结构是只由两台设备的段组成，段可以完全在现场(一台从设备和一台主设备独立运行，如变送器和阀，此外不再带其他设备)，或者也可以由一台现场设备(变送器)连接到一个主系统(作为控制或监视)，如图 7.13 所示为点对点总线连接。

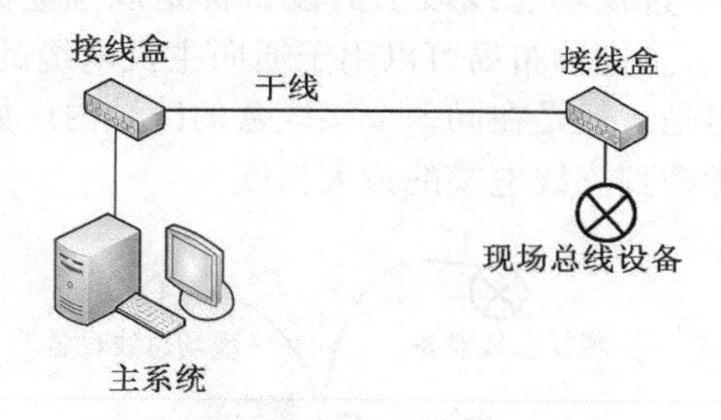

图 7.13 简单点到点拓扑结构

简单的点对点(主机和每个总线的一个设备)不会常用，因为它每段只有一个测量或者控制设备，如同在传统控制 4 ~ 20 mA 时那样，同每个具有多个设备的总线段相比没有优点。

(2)带支线拓扑结构

这类拓扑结构方式，现场总线设备通过一段支线的电缆连接到总线段上。支线的长度可以从 1 m 到 120 m，长度小于 1 m 的支线看作是一个接头，如图 7.14 所示，带支线总线连接。

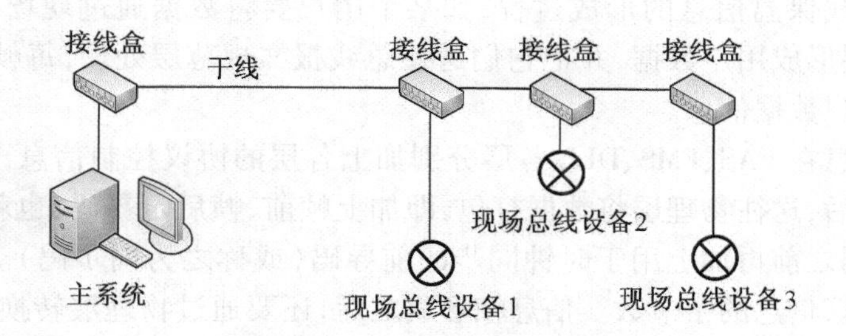

图 7.14 带支线总线拓扑结构

(3)菊花链拓扑结构

这种连接方式,在一个段中现场总线电缆从一台设备走到另一台设备,在每个现场设备的端子上互连。使用这种拓扑安装应该使用连接器或一种接线方式,使得一台设备的接线断了不会影响整个段的工作,如图7.15所示菊花链连接。

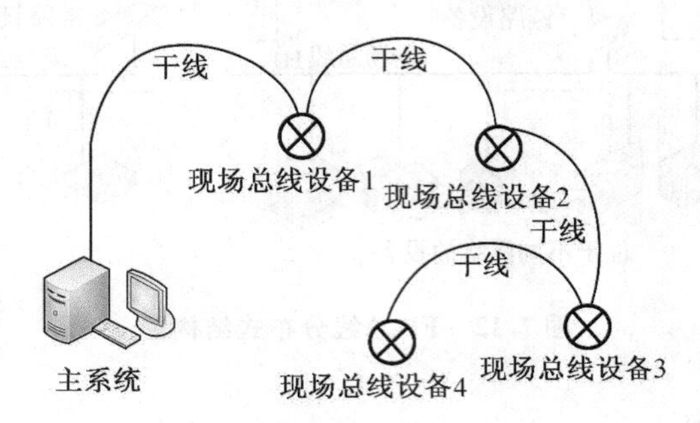

图7.15　菊花链拓扑结构

(4)树形拓扑结构

树形拓扑结构就是在一台现场总线段上的设备都是以独立的双绞线连接到公共的端子盒、端子、仪表板或I/O卡。这种布局可以用于通向主机电缆的一个端上,实际上同一段上的设备是相互分开的,但是一般是在同一个接线盒的区域内。如图7.16所示,树形连接。使用这种布局方式,必须考虑到支线电缆的最大长度。

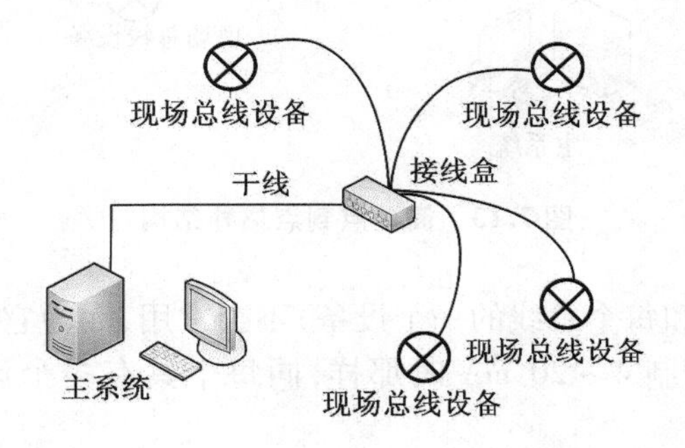

图7.16　3树形拓扑结构

3.协议数据的构成与层次

图7.17表明了现场总线协议数据的内容和模型中每层应该附加的信息,它也从一个角度反映了现场总线保温信息的形成过程,如某个用户要将数据通过现场总线发往其他设备,首先在用户层形成用户数据,并把它们送往总线报文规范层处理,每帧最多可发送251个8位字节的用户数据信息。

用户数据信息在FAS、FMS、DLL各层分别加上各层的协议控制信息,在数据链路层还加上帧校验信息后,送往物理层将数据打包,即加上帧前、帧后定界码,也就是开头码、帧结束码,并在开头码之前再加上用于时钟同步的前导码(或称之为同步码)。图7.17还表明了各层所附的协议信息的字节数。信息帧形成之后,还要通过物理层转换为符合规范的物理信号,在网络系统的管理控制下,发送到现场总线网段上。

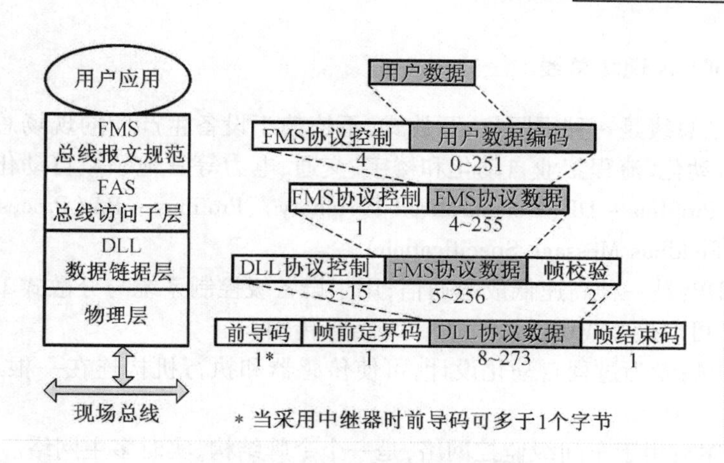

图7.17 现场总线协议数据的生成

4. 网络通信结构

基金会现场总线使用事先组态好的通信通道（称为虚拟通信关系，简称VCR）在设备之间传送信息。基金会现场总线规范中定义了如下三种类型的VCR：

(1)发布/订阅（Publisher/Subscriber）VCR

数据由发布者广播到网络上，订阅者侦听网络上的数据广播并收取相关信息。该VCR是缓冲的、网络触发的、单向的（BNU），缓冲的即指它是通过数据链路层的发送与接受缓冲区发送和接受消息的；网络触发的即指它依照数据链路层的调度发送消息，这个调度是由链路活动调度器（LAS）来维护和强制实现的；单向的即指它向一个或多个接收者发送无须确认的消息，数据是单向传送的。

(2)客户/服务器（Client/Server）VCR

由客户发出一个请求，服务器作出响应。在不同的VCR中，某一个设备既可以是客户，也可以是服务器。该VCR是排队的、用户触发的、双向的（QUB），排队的即指它是通过数据链路层的发送和接收队列发送和接收消息的；用户触发的即指它在上层用户发出请求后，客户端才开始动作，并且它还是非调度的，即是在调度表规定的时间之外收到通行令牌（PT）时才把数据发送出去；双向的即指它在客户和服务器之间进行有确认的请求和应答，仅有此类VCR是双向的。

(3)报告分发（Report Distribution）VCR

事件报告由源设备广播到网络上，并由收集设备侦听并接收。该VCR是排队的、用户触发的、单向的（QUU），排队的即指它是通过数据链路层的发送和接收队列发送和接收消息的；用户触发的即指它是在上层用户发出请求后，数据链路层才开始动作的，并且它是非调度的，即是在调度表规定的时间之外收到通行令牌（PT）时才把数据发送出去；单向的指事件报告只向网络上广播而不要求确认，收方只收不发。为了支持这些VCRs，基于国际标准化组织(ISO)的OSI参考模型七层协议标准，基金会现场总线系统结构定义了三层通信结构。第一层是物理层，规定信号是如何传送；第二层是数据链路层，规定网络在设备间是如何共享和调度；第三层是应用层，规定通信的报文格式。

7.4.2 Profibus 现场总线

Profibus 现场总线是一种国际化、开放式、不依赖于设备生产商的现场总线标准。广泛适用于制造业自动化、流程工业自动化和楼宇、交通、电力等其他领域自动化。它由三个兼容部分组成,即 Profibus - DP(Decentralized Periphery)、Profibus - PA(Process Automation)、Profibus - FMS(Fieldbus Message Specification)。

Profibus - DP:是一种高速低成本通信,用于设备级控制系统与分散式 I/O 的通信。使用 Profibus - DP 可取代 24VDC 或 4 ~ 20 mA 信号传输。

Profibus - PA:专为过程自动化设计,可使传感器和执行机构连在一根总线上,并有本征安全规范。

Profibus - FMS:用于车间级监控网络,是一个令牌结构、实时多主网络。

Profibus 是一种用于工厂自动化车间级监控和现场设备层数据通信与控制的现场总线技术。可实现现场设备层到车间级监控的分散式数字控制和现场通信网络,从而为实现工厂综合自动化和现场设备智能化提供可行的解决方案。

1. Profibus 协议结构

Profibus 协议结构是根据 ISO7498 国际标准,以开放式系统互联网络(Open System Interconnection,OSI)作为参考模型的。该模型共有 7 层,如图 7.18 所示。

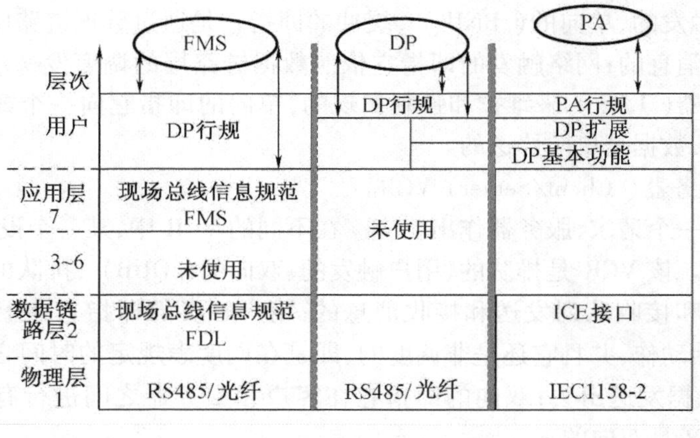

层次	FMS	DP	PA
用户	DP行规	DP行规	PA行规 DP扩展 DP基本功能
应用层 7	现场总线信息规范 FMS	未使用	
3~6	未使用		
数据链路层2	现场总线信息规范 FDL		ICE接口
物理层 1	RS485/光纤	RS485/光纤	IEC1158-2

图 7.18 Profibus 协议结构

(1) Profibus - DP:定义了第 2、3 层和用户接口。第 3 到 7 层未加描述。用户接口规定了用户及系统以及不同设备可调用的应用功能,并详细说明了各种不同 Profibus - DP 设备的设备行为。

(2) Profibus - FMS:定义了第 1、2、7 层,应用层包括现场总线信息规范(Fieldbus Message Specification,FMS)和低层接口(Lower Layer Interface,LLI)。FMS 包括了应用协议并向用户提供了可广泛选用的强有力的通信服务。LLI 协调不同的通信关系并提供不依赖设备的第 2 层访问接口。

(3) Profibus - PA:PA 的数据传输采用扩展的 Profibus - DP 协议。另外,PA 还描述了现场设备行为的 PA 行规。根据 IEC1158 - 2 标准,PA 的传输技术可确保其本征安全性,而且可通过总线给现场设备供电。使用连接器可在 DP 上扩展 PA 网络。

2. Profibus 传输技术

Profibus 提供了三种数据传输类型：

(1)用于 DP 和 FMS 的 RS485 传输；

(2)用于 PA 的 IEC1158－2 传输；

(3)光纤。

3. Profibus 总线存取协议

(1)三种 Profibus(DP、FMS、PA)均使用一致的总线存取协议。该协议是通过 OSI 参考模型第 2 层(数据链路层)来实现的。它包括了保证数据可靠性技术及传输协议和报文处理。

(2)在 Profibus 中,第 2 层称之为现场总线数据链路层(Fieldbus Data Link,FDL)。介质存取控制(Medium Access Control,MAC)具体控制数据传输的程序,MAC 必须确保在任何一个时刻只有一个站点发送数据。

(3)Profibus 协议的设计要满足介质存取控制的两个基本要求：

(a)在复杂的自动化系统(主站)间的通信,必须保证在确切限定的时间间隔中,任何一个站点要有足够的时间来完成通信任务。

(b)在复杂的程序控制器和简单的 I/O 设备(从站)间通信,应尽可能快速又简单地完成数据的实时传输。

因此,Profibus 总线存取协议,主站之间采用令牌传送方式,主站与从站之间采用主从方式。

(4)令牌传递程序保证每个主站在一个确切规定的时间内得到总线存取权(令牌)。在 Profibus 中,令牌传递仅在各主站之间进行。

(5)主站得到总线存取令牌时可与从站通信。每个主站均可向从站发送或读取信息。因此,可能有三种系统配置:纯主－从系统;纯主－主系统;混合系统。

(6)图 7.19 是一个由 3 个主站、7 个从站构成的 Profibus 系统。3 个主站之间构成令牌逻辑环。当某主站得到令牌报文后,该主站可在一定时间内执行主站工作。在这段时间内,它可依照主－从通信关系表与所有从站通信,也可依照主－主通信关系表与所有主站通信。

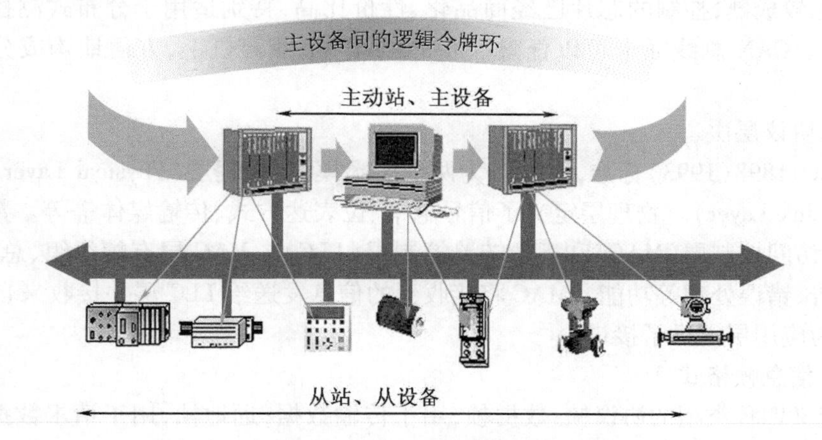

图 7.19　3 个主站、7 个从站构成的 Profibus 系统

(7)在总线系统初建时,主站介质存取控制 MAC 的任务是制定总线上的站点分配并建立逻辑环。在总线运行期间,断电或损坏的主站必须从环中排除,新上电的主站必须加入逻辑环。

(8)第 2 层的另一重要工作任务是保证数据的可靠性。Profibus 第 2 层的数据结构格式可保证数据的高度完整性。

(9)Profibus 第 2 层按照非连接的模式操作,除提供点对点逻辑数据传输外,还提供多点通信,其中包括广播及有选择广播功能。

7.4.3 CAN 现场总线

CAN 是 Controller Area Network 的缩写(以下称为 CAN),是 ISO 国际标准化的串行通信协议。CAN 总线是德国 BOSCH 公司从 20 世纪 80 年代初为解决现代汽车中众多的控制与测试仪器之间的数据交换而开发的一种串行数据通信协议,它是一种多主总线,通信介质可以是双绞线、同轴电缆或光导纤维,通信速率可达 1 MBPS。CAN 总线通信接口中集成了 CAN 协议的物理层和数据链路层功能,可完成对通信数据的成帧处理,包括位填充、数据块编码、循环冗余检验、优先级判别等项工作。

CAN 协议的一个最大特点是废除了传统的站地址编码,而代之以对通信数据块进行编码。采用这种方法的优点可使网络内的节点个数在理论上不受限制,数据块的标识码可由 11 位或 29 位二进制数组成,因此可以定义 211 或 229 个不同的数据块,这种按数据块编码的方式,还可使不同的节点同时接收到相同的数据,这一点在分布式控制系统中非常有用。数据段长度最多为 8 个字节,可满足通常工业领域中控制命令、工作状态及测试数据的一般要求。同时,8 个字节不会占用总线时间过长,从而保证了通信的实时性。CAN 协议采用 CRC 检验并可提供相应的错误处理功能,保证了数据通信的可靠性。CAN 卓越的特性、极高的可靠性和独特的设计,特别适合工业过程监控设备的互连,因此越来越受到工业界的重视,并已公认为最有前途的现场总线之一。

另外,CAN 总线采用了多主竞争式总线结构,具有多主站运行和分散仲裁的串行总线以及广播通信的特点。CAN 总线上任意节点可在任意时刻主动地向网络上其他节点发送信息而不分主次,因此可在各节点之间实现自由通信。CAN 总线协议已被国际标准化组织认证,技术比较成熟,控制的芯片已经商品化、性价比高,特别适用于分布式测控系统之间的数据通信。CAN 总线插卡可以任意插在 PC AT XT 兼容机上,方便地构成分布式监控系统。

1. CAN 协议层次

根据 ISO11898(1993)标准,CAN 分为两个层次模型:物理层(Physical Layer)和数据链路层(Data Link Layer)。物理层定义了信号电平、位表达方式、传输媒体等等。数据链路层又分为媒体访问控制层(MAC)和逻辑链路控制层(LLC)。MAC 层有帧组织、总线仲裁、检错、错误报告、错误处理等功能。MAC 将接收到的信息发送给 LLC 层并接收来自 LLC 层的信息,LLC 为应用层提供了接口。

2. CAN 信息帧格式

CAN 定义四种类型的协议帧:数据帧,用于传输数据;远地帧,用于请求数据;错误帧,用于指示检测到的错误状态;过载帧,用于后续帧的延时。

(1)起始位(SOF):标志数据帧的开始,由一个主控位构成。

(2)仲裁域:由11位标识符(ID)和远程发送请求位(RTR)组成,其中最高七位不能全是隐性位,ID决定了信息帧的优先权。ID的数值越小,则优先权越高;对数据帧,RTR为“0”;对远地帧,RTR为“1”。这决定了数据帧的优先权总是比远地帧的优先权高。

(3)控制域:RB1和RB0为保留位,用于以后数据帧的扩展。这两位为主控电平,DLC为数据域长度代码,数据帧长度允许的数据字节数为0~8。

(4)数据域:允许传输的数据字节长度为0~8,其长度由DLC决定。

(5)CRC域:它采用15位CRC,CRC最后一位为CRC分界符,它为隐性电平。

(6)应答域:包括应答位和应答分界符,发送站发出的这两位均为隐性电平。而正确地接收到有效报文的接收站,在应答位期间应传送主控电平给发送站,应答分界符为隐性电平。

(7)结束位:由七位隐性电平组成。

7.4.4 其他几种现场总线

1. LONWORKS总线

LONWORKS现场总线全称为LONWORKS NetWorks,即分布式智能控制网络技术,希望推出能够适合各种现场总线应用场合的测控网络。目前LONGWORKS应用范围广泛,主要包括工业控制、楼宇自动化、数据采集、SCADA系统等,国内主要应用于楼宇自动化方面。

2. CANBUS现场总线

CANBUS现场总线已由ISO/TC22技术委员会批准为国际标准IOS 11898(通信速率小于1 Mb/s)和ISO 11519(通信速率小于125 kb/s)。CANBUS主要产品应用于汽车制造、公共交通车辆、机器人、液压系统、分散型I/O。另外,在电梯、医疗器械、工具机床、楼宇自动化等场合均有所应用。

3. WorldFIP现场总线

1990~1991年FIP现场总线成为法国国家安全标准,1996年成为欧洲标准(EN 50170 V.3)。下一步目标是靠近IEC标准,现在技术上已做好充分准备。WorldFIP国际组织在北京设有办事处,即WorldFIP中国信息中心,负责中国的技术支持。

WorldFIP现场总线采用单一总线结构来适应不同应用领域的需求,不同应用领域采用不同的总线速率。过程控制采用31.25 kb/s,制造业为1 Mbit/s,驱动控制为1~2.5 Mb/s。采用总线仲裁器和优先级来管理总线上(包括各支线)的各控制站的通信。可进行1对1、1对多点(组)、1对全体等多重通信方式。在应用系统中,可采用双总线结构,其中一条总线为备用线,增加了系统运行的安全性。

WorldFIP现场总线适用范围广泛,在过程自动化、制造业自动化、电力及楼宇自动化方面都有很好的应用。

4. P-NET现场总线

P-NET现场总线筹建于1983年。1984年推出采用多重主站现场总线的第一批产品。1986年通信协议中加入了多重网络结构和多重接口功能。1987年推出P-NET的多重接口产品。1987年P-NET标准成为开放式的完整标准,成为丹麦的国家标准。1996年成为欧洲总线标准的一部分(EN 50170 V.1)。1997年组建国际P-NET用户组织,现有企业会员近百家,总部设在丹麦的Siekeborg,并在德国、英国、葡萄牙和加拿大等地设有地区性组织分部。P-NET现场总线在欧洲及北美地区得到广泛应用,其中包括石油化工、能源、交通、轻工、建材、环保工程和制造业等应用领域。

7.5 CIP 和工业以太网

7.5.1 CIP－控制及信息协议

CIP(Commmon Industrail Protocol,通用工业协议)是一种为工业应用开发的应用层协议,被 DeviceNet、ControllNet、EtherNet/IP 三种网络所采用,因此这三种网络相应地统称为 CIP 网络。三种 CIP 网络都已成为国际标准,DeviceNet、ControllNet、EtherNet/IP 各自的规范中分别给出 CIP 的定义(以下称 CIP 规范),三种规范对 CIP 的定义大同小异,只是在与网络底层有关的部分不一样。三种 CIP 网络的网络模型和 ISO/OSI 参考模型对照,如图 7.20 所示。

DeviceNet 是一种基于控制器局域网(CAN)的网络,除了其物理层的传输介质、收发器等是自己定义的以外,物理层的其他部分和数据链路都采用 CAN 协议。

ControllNet 的物理层是自己定义的,数据链路层用的是同时间域多路访问(Concurrent Time Domain Multiple Access,CTDMA)协议。

EtherNet/IP 是一种基于以太网技术和 TCP/IP 技术的工业以太网,因此其物理层和数据链路层用的是以太网的协议,网络层和传输层用的是 TCP/IP 协议族中的协议,应用层除了使用 CIP 外,也使用了 TCP/IP 协议族中的应用层协议。由于应用层采用 CIP,相对而言 CIP 网络具有以下特点:

(1)CIP 网络功能的强大,体现在可通过一个网络传输多种类型的数据,完成以前需要两个网络才能完成的任务,其灵活性体现在对多种通信模式和多种 I/O 数据触发方式的支持。

(2)具有良好的实时性、确定性、可重复性和可靠性。主要体现在用基于生产者/消费者(Producer/Consumer)模型的方式发送对时间有苛求的报文等方面。

(3)DeviceNet 具有节点成本低、网络供电等特点;ControlNet 具有通信波特率高、支持介质冗余和本质安全等特点;而 EtherNet/IP 作为一种工业以太网,具有高性能、低成本、易使用、易于和内部网甚至因特网进行信息集成等特点。

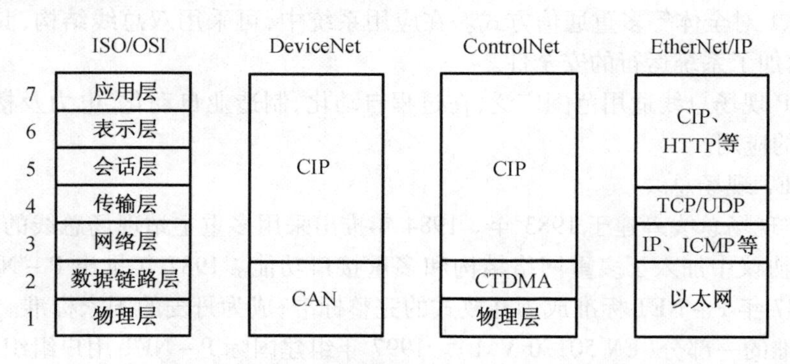

图 7.20 三种 CIP 网络模型和 ISO/OSI 参考模型

7.5.2 什么是工业以太网

工业以太网是应用于工业控制领域、基于 IEEE 802.3(Ethernet)的强大的区域和单元网络。工业以太网总线和我们现在使用的局域网是一致的,它采用统一的 TCP/IP 协议,避免了不同协议间通信不了的困扰。它可以直接和局域网的计算机互连而不要额外的硬件设备,它方便数据在局域网的共享,它可以用 IE 浏览器访问终端数据,而不要专门的软件。它可以和现有的基于局域网的 ERP 数据库管理系统实现无缝连接,它特别适合远程控制,配合电话交换网和 GSM,GPRS 无线电话网实现远程数据采集,它采用统一的网线,减少了布线成本和难度,避免多种总线并存。工业以太网总线正因为有诸多的优点,在国内外逐步得到了迅速的普及,现在已经有大量的配套产品在使用中。

以太网是应用最广泛的计算机网络技术,几乎所有的编程语言如 Visual C ++ 、Java、Visual Basic 等都支持以太网的应用开发。

目前,10~100 Mb/s 的快速以太网已开始广泛应用,1 Gb/s 以太网技术也逐渐成熟,而传统的现场总线最高速率只有 12 Mb/s(如西门子 Profibus-DP)。显然,以太网的速率要比传统现场总线快得多,完全可以满足工业控制网络不断增长的带宽要求。

随着 Internet/ Intranet 的发展,以太网已渗透到各个角落,网络上的用户已解除了资源地理位置上的束缚,在联入互联网的任何一台计算机上就能浏览工业控制现场的数据,实现“控管一体化”,这是其他任何一种现场总线都无法比拟的。

虽然,工业以太网在一些行业的应用上已经真正实现了一网到底,但对于另一些行业,现场总线和工业以太网将会并存多年。现场总线和工业以太网是当前工业控制应用中普遍采用的两个技术。虽然多种现场总线技术之间存在互不兼容,不同公司的控制器之间不能实现高速实时数据传输,以及信息网络存在协议上的鸿沟等导致的“自动化孤岛”等问题。但在控制网络中,网络故障的快速恢复、本质安全等问题依然是制约以太网全面应用的主要障碍。因此,一般在设备层仍然广泛地采用了现场总线技术,而工业以太网应用主要集中在制造执行层与设备层之间。这样既减少了用户的投资风险,又保护了用户的已有设备和技术投资。可以预计,现场总线与工业以太网混存的状态还会持续相当长的时间。不过,可以肯定的是,以太网已经成为工业现场不可逆转的“存在”。从目前国际、国内工业以太网技术的发展来看,目前工业以太网在制造执行层已得到广泛应用,并成为事实上的标准。未来工业以太网将在工业企业综合自动化系统中的现场设备之间的互连和信息集成中发挥越来越重要的作用。

7.5.3 工业以太网的关键技术

1.通信实时性的解决

(1)采用快速以太网加大网络带宽。Ethernet 的通信速率从 10~100 Mb/s 增大到如今的 1~10 Gb/s。在数据吞吐量相同的情况下,通信速率的提高意味着网络负荷的减轻和网络传输延时的减小,即网络碰撞机率大大下降,从而提高其实时性。

(2)采用全双工交换式以太网。用交换技术替代原有的总线型 CSMA/CD 技术,避免了由于多个站点共享并竞争信道导致发生的碰撞,减少了信道带宽的浪费,同时还可以实现全双工通信,提高信道的利用率。

(3)降低网络负载。工业控制网络与商业控制网络不同,每个结点传送的实时数据量很少,一般为几个位或几个字节,而且突发性的大量数据传输也很少发生,因此可以通过限制网段站点数目降低网络流量,进一步提高网络传输的实时性。

(4)应用报文优先级技术。在智能交换机或集线器中,通过设计报文的优先级来提高传输的实时性。

2. 稳定性与可靠性的解决措施

为了解决在不间断的工业应用领域,在极端条件下网络也能稳定工作的问题,美国Synergetic 微系统公司和德国 Hirschmann,Jetter AG 等公司专门开发和生产了导轨式集线器、交换机产品,安装在标准 DIN 导轨上,并有冗余电源供电,接插件采用牢固的 DB-9 结构。此外,在实际应用中,主干网可采用光纤传输,现场设备的连接则可采用屏蔽双绞线,对于重要的网段还可采用冗余网络技术,以此提高网络的抗干扰能力和可靠性。

3. 安全性问题

一般情况下,可以采用网关或防火墙等对工业网络与外部网络进行隔离,还可以通过权限控制、数据加密等多种安全机制加强网络的安全管理。

4. 总线供电问题

对于现场设备供电可以采取以下方法:

(1)在目前以太网标准的基础上适当地修改物理层的技术规范,将以太网的曼彻斯特信号调制到一个直流或低频交流电源上,在现场设备端再将这两路信号分离开来。

(2)不改变目前物理层的结构,而通过连接电缆中的空闲线缆为现场设备提供电源。

7.5.4 基于 TCP/IP 协议的工业以太网

正是基于 TCP/IP 协议的可靠和稳定性,大多数工业以太网协议,如 Modbus/TCP、PROFInet、INTERBUS、MMS TCP/IP 及.NET for Manufacturing 等都选择了 TCP/IP。下面仅就 Modbus/TCP、PROFInet 做简单介绍。

(1)Modbus/TCP

回到对于工业以太网数据传输的特点和需求上,我们可以看到并不是所有的工业环境都需要达到微秒级别的时间要求,类似于 IDA 所采用的 RTPS 模式虽然能使工业以太网的传输层性能达到相当的标准,但同时又增加了过多的成本。另一方面,某些看上去似乎需要 UDP 协议来体现其高速性能的场合,其实可以通过在物理层和链路层优化的基础上(如采用星型交换机等),结合工业以太网数据量小的特点,采用传统方式的 TCP 协议来实现。这样既省去了在使用 UDP 协议时必须做增强开发来构造通信的确定性方面所付出的高额代价(TCP 本身就是确定性的),又可以实现工业以太网的实时性要求。这方面的一个典型就是施耐德公司的一个相对价格低廉的工业以太网方案即 Modbus/TCP 协议。

Modbus/TCP 协议是在 Modbus 协议的基础上发展而来的。为了尽量地使用已有成果,Modbus/ TCP 协议的实现是在不改变原有 Modbus 协议的基础上,只是将它的传输层协议简单地移植到 TCP/IP 上。因此在 TCP/IP 网络中 Modbus/TCP 使用传输控制协议(TCP)进行 Modbus 应用协议的数据传输。参数和数据使用封装的方法嵌入到 TCP 报文的用户数据容器中进行传送。另外,地址和校验在 Modbus/TCP 中也由底层的 TCP 协议来完成。由于传输层以上遵循 Modbus 协议,所以采用 C/S 结构,在数据传输进行之前,需要在客户和服务器之间建立一个 TCP/IP 连接。服务器使用端口 502 作为 Modbus/TCP 连接的端口。连接的建立通常由 TCP/IP 的 Socket 接口的软件协议自动实现,因此对应用完全透明。

一旦客户和服务器之间的 TCP/IP 连接建立,同样的连接可以根据要求的方向用来传输任意数量的用户数据。客户和服务器还可以同时建立多个 TCP/IP 连接,最大的连接数量取决于 TCP/IP 接口的规范。在输入输出数据循环传输的情况下,永久的连接通常维持在客户和服务器之间,只有在发生特殊事件而有必要传送参数和诊断报文时,连接才能在每一次数据传送后被关闭,需要时再次建立。这也是 Modbus/TCP 在工业以太网中采用 TCP 作为传输层协议,而不采用速度更快的 UDP 协议的原因所在。

虽然 Modbus/TCP 由于在传输层采用 TCP 协议,而使其不得不在传输层协议以下的诸层采取更有效的实时性策略。但与 ProfiNet,Ethemet/IP 和 IDA 等方案相比,Modbus/TCP 在其开放性、简单和稳定的性能上具有优势,是一个具有较高的性能价格比的工业以太网方案。

(2)ProfiNet

事实上,在工业以太网应用中,网络互连层和传输层协议并非仅仅局限在 TCP/IP 之上。在由 Profibus Internationa(PI)组织提出的基于以太网的自动化标准 ProfiNet 实时以太网中,就采用了独立的实时通道来扩展系统的实时性能。ProfiNet 的通信模型如图 7.21 所示。

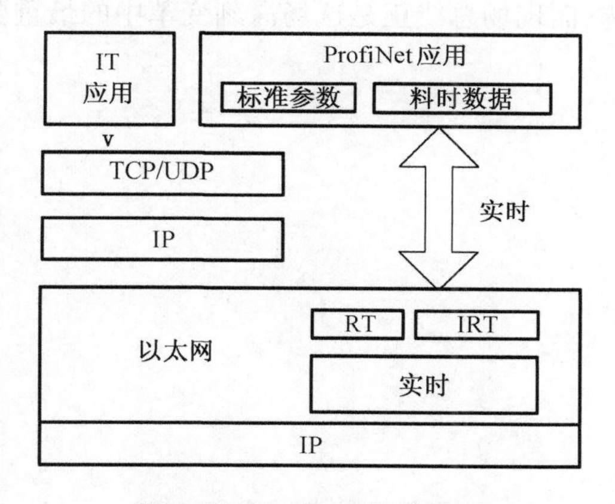

图 7.21 ProfiNet 通信模型

在 ProfiNet 应用中,其标准参数(如设备参数、组态和读取的诊断数据)是由传统的 CP/UDP + IP + 以太网来传送的,与之对应的是非实时的数据传输标准通道,但其实时数据则由 ProfiNet 提供的两类实时通信通道 RT 和 IRT 完成。实时通道 RT 是软实时 SRT(Software RT)方案,主要用于过程数据的高性能循环传输、事件控制的信号与报警信号等。它位于旁路3 层和第 4 层,可以提供精确通信能力。为进一步优化通信功能,ProfiNet 根据 IEEE802.1p 定义了报文的优先级,最多可用 7 级。而实时通道 IRT 采用了 IRT(Isochronous realtime)等时同步的 ASIC 芯片解决方案,以进一步缩短通信栈软件的处理时间,特别适用于高性能传输、过程数据的等时同步传输,以及快速的时钟同步运动控制,其可以在 1 ms 时间周期内,实现对 100 多个轴的控制,而抖动不足 1 μs。

7.6 本章小结

现场总线被誉为自动化领域的计算机局域网,当今自动化领域技术发展 3C(Computer, Communication,Control)技术,它是现代计算机、通信和控制技术的集成。作为一种工业总线,它是自动化领域中计算机通信体系最底层的成本网络。

本章首先介绍了早期的企业网络系统与现场总线,现场总线的分类,网络化控制系统(NCS)及其构成,以及现场总线的市场需求与发展趋势。

其次,介绍了现场总线控制系统,包括其基本构成、通信模型以及技术标准。

再次,重点介绍了基金会现场总线、Profibus 现场总线、CAN 现场总线三类典型的现场总线技术。

最后,介绍了 CIP－控制及信息协议,工业以太网及其关键技术,以及基于 TCP/IP 协议的工业以太网。

信息技术的飞速发展,逐渐形成了自动化领域的开放系统互连通信网络,形成了全分布式网络集成化自控系统,而现场总线正是这场深刻变革中的最重要技术。

第8章 工业机器人

工业机器人是面向工业领域的多关节机械手或多自由度的机器人。工业机器人是自动执行工作的机器装置,是靠自身动力和控制能力来实现各种功能的一种机器。它可以接受人类指挥,也可以按照预先编排的程序运行,现代的工业机器人还可以根据人工智能技术制定的原则纲领行动。

戴沃尔提出的工业机器人有以下特点:将数控机床的伺服轴与遥控操纵器的连杆机构连接在一起,预先设定的机械手动作经编程输入后,系统就可以离开人的辅助而独立运行。这种机器人还可以接受示教而完成各种简单的重复动作,示教过程中,机械手可依次通过工作任务的各个位置,这些位置序列全部记录在存储器内,任务的执行过程中,机器人的各个关节在伺服驱动下依次再现上述位置,故这种机器人的主要技术功能被称为"可编程"和"示教再现"。

8.1 工业机器人概述

1962年美国推出的一些工业机器人的控制方式与数控机床大致相似,但外形主要由类似人的手和臂组成。后来,出现了具有视觉传感器的、能识别与定位的工业机器人系统。当今工业机器人技术正逐渐向着具有行走能力、具有多种感觉能力、具有较强的对作业环境的自适应能力的方面发展。目前,对全球机器人技术的发展最有影响的国家应该是美国和日本。美国在工业机器人技术的综合研究水平上仍处于领先地位,而日本生产的工业机器人在数量、种类方面则居世界首位。

8.1.1 工业机器人应用现状与发展

工业机器人是集机械、电子、控制、计算机、传感器、人工智能等多学科先进技术于一体的现代制造业重要的自动化装备。机器人技术及其产品发展很快,已成为柔性制造系统(FMS)、自动化工厂(FA)、计算机集成制造系统(CIMS)的自动化工具。广泛采用工业机器人,不仅可提高产品的质量与数量,而且对保障人身安全、改善劳动环境、减轻劳动强度、提高劳动生产率、节约材料消耗以及降低生产成本有着十分重要的意义。和计算机、网络技术一样,工业机器人的广泛应用正在日益改变着人类的生产和生活方式。如图8.1所示为几种工业机器人。

工业机器人的发展通常可划分为三代。

第一代工业机器人:通常是指目前国际上商品化与使用化的"可编程的工业机器人",又称"示教再现工业机器人",即为了让工业机器人完成某项作业,首先由操作者将完成该作业所需要的各种知识(如运动轨迹、作业条件、作业顺序和作业时间等),通过直接或间接手段,对工业机器人进行"示教",工业机器人将这些知识记忆下来后,即可根据"再现"指令,在一定精度范围内,忠实地重复再现各种被示教的动作。1962年美国万能自动化公司的第一台Unimate工业机器人在美国通用汽车公司投入使用,标志着第一代工业机器人的诞生。

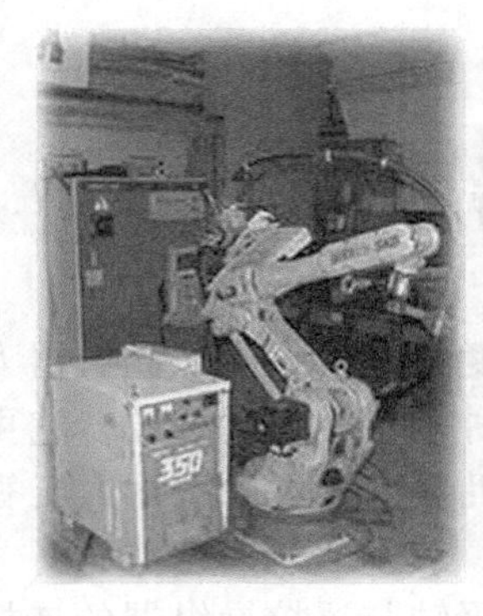
焊接器人

自动钻孔机器人

包装机器人

等离子切割机器人

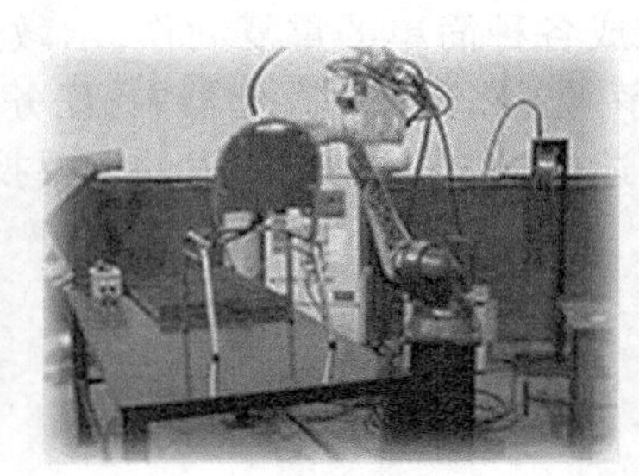
装配机器人

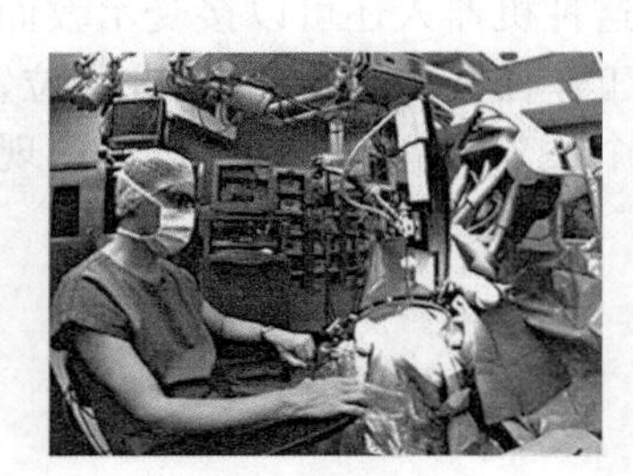
医用机器人

图 8.1　几种工业机器人

第二代工业机器人:通常是指具有某种智能(如触觉、力觉、视觉等)功能的“智能机器人”。即由传感器得到触觉、力觉和视觉等信息计算机处理后,控制机器人的操作机完成相应的适当操作。1982 年美国通用汽车在装配线上为工业机器人装备了视觉系统,从而宣布了新一代智能工业机器人的问世。

第三代工业机器人:即所谓的“只治式工业机器人”。它不仅具有感知功能,而且还有一定的决策及规划能力。第一代工业机器人目前仍处在实验室研究阶段。工业机器人经历了诞生、成长、成熟期后,已成为制造业中不可缺少的核心装备,世界上有约 75 万台工业机器人正与工人朋友并肩战斗在各条生产线上,特种机器人作为机器人家族的后起之秀,由于其用途广泛而大有后来居上之势,仿人机器人、农业机器人、服务机器人、水下机器人、医疗机器人、军用机器人、娱乐机器人等各种用途特种机器人纷纷面世,而且正以飞快的速度向实用化迈进。

我国工业机器人起步于 20 世纪 70 年代初期,经过 20 多年的发展,大致经历了 3 个阶段:70 年代的萌芽期,80 年代的开发期和 90 年代的适用化期。

20 世纪 70 年代是世界科技发展的一个里程碑:人类登上了月球,实现了金星、火星的软着陆。我国也发射了人造卫星。世界上工业机器人应用掀起一个高潮,尤其在日本发展更为迅猛,它补充了日益短缺的劳动力。在这种背景下,我国于 1972 年开始研制自己的工业机器人。

进入80年代后,在高技术浪潮的冲击下,随着改革开放的不断深入,我国机器人技术的开发与研究得到了政府的重视与支持。"七五"期间,国家投入资金,对工业机器人及其零部件进行攻关,完成了示教再现式工业机器人成套技术的开发,研制出了喷涂、点焊、弧焊和搬运机器人。1986年国家高技术研究发展计划(863计划)开始实施,智能机器人主题跟踪世界机器人技术的前沿,经过几年的研究,取得了一大批科研成果,成功地研制出了一批特种机器人。

从90年代初期起,我国的国民经济进入实现两个根本转变时期,掀起了新一轮的经济体制改革和技术进步热潮,我国的工业机器人又在实践中迈进一大步,先后研制出了点焊、弧焊、装配、喷漆、切割、搬运、包装码垛等各种用途的工业机器人,并实施了一批机器人应用工程,形成了一批机器人产业化基地,为我国机器人产业的腾飞奠定了基础。

机器人化是先进制造领域的重要标志和关键技术,针对先进制造业生产效率提高的诸多瓶颈问题,尤其是在汽车产业中,机器人得到了广泛的应用。如在毛坯制造(冲压、压铸、锻造等)、机械加工、焊接、热处理、表面涂覆、上下料、装配、检测及仓库堆垛等作业中,机器人都已逐步取代了人工作业。目前汽车制造业是所有行业中人均拥有机器人密度最高的行业,如2004年德国制造业中每1万名工人中拥有机器人的数量为162台,而在汽车制造业中每1万名工人中拥有机器人的数量则为1 140台;意大利的这一数值更能说明问题,2004年意大利制造业中每1万名工人中拥有辅助操作的机器人数量为123台,而在汽车制造业中每1万名工人中机器人的拥有数量则高达1 600台。

在国外,应用于制造业的机器人取得了较显著进展,已成为一种标准设备而得到工业界广泛应用,从而也形成了一批在国际上较有影响力的、知名机器人公司。如德国的KUKA、瑞典的ABB、日本的安川等。据专家预测,机器人产业是继汽车、计算机之后出现的一种新的大型高技术产业。据联合国欧洲经济委员会(UNECE)和国际机器人联合会(IFR)的统计,2002年至2004年,世界机器人市场年增长率平均在10%左右,2005年达到创纪录的30%,2007年全球机器人实际安装量达到650万台,工业机器人新安装量比2006年增加3%,达到了114 365台。据统计,近年来全球机器人行业发展迅速,2008年全球机器人行业总销售量比2006年增长25%。而无论在使用、生产还是出口方面,日本一直是全球领先者,目前日本已经有130余家专业的机器人制造商。世界各国主要行业对机器人的需求详见图8.2所示。

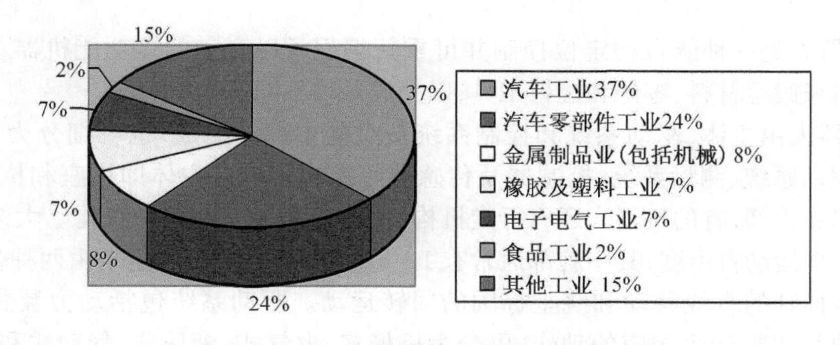

图8.2 世界各国主要行业对机器人的需求分布

在发达国家,以工业机器人为基础的自动化生产线成套装备已成为自动化装备的主流及未来发展方向。国外汽车行业、电子电器行业、工程机械等行业已大量使用机器人自动化生产线,以保证产品质量和生产效率。目前,典型的成套装备有:大型轿车壳体冲压自动化系统技术和成套装备,大型机器人车体焊装自动化系统技术和成套装备,电子电器等机器人柔性自动化装配及检测成套技术和装备,机器人发动机、变速箱装配自动化系统技术成套装备及板材激光拼焊成套装备等。这些机器人自动化成套装备的使用,大大推动了其行业的快速发展。

纵观世界各国在发展工业机器人产业过程中,可归纳为三种不同的发展模式,即日本模式、欧洲模式和美国模式。

日本模式:此种模式的特点是各司其职,分层面完成交钥匙工程。即机器人制造厂商以开发新型机器人和批量生产优质产品为主要目标,并由其子公司或社会上的工程公司来设计制造各行业所需要的机器人成套系统,并完成交钥匙工程。

欧洲模式:此种模式的特点是一揽子交钥匙工程。即机器人的生产和用户所需要的系统设计制造,全部由机器人制造厂商自己完成。

美国模式:此种模式的特点是采购与成套设计相结合。美国国内基本上不生产普通的工业机器人,企业需要时机器人通常由工程公司进口,再自行设计、制造配套的外围设备,完成交钥匙工程。

我国从20世纪80年代开始在高校和科研单位全面开展工业机器人的研究,近20年来取得不少的科研成果。但是由于没有和企业有机地进行联合,至今仍未形成具有影响力的产品和有规模的产业。目前,国内除了一家以组装为主的中日合资的机器人公司外,具有自主知识产权的工业机器人尚停留在高校或科研单位组织的零星生产,未能形成气候。近10年来,进口机器人的价格大幅度降低,对我国工业机器人的发展造成了一定的影响,特别是我国自行制造的普通工业机器人在价格上根本无法与之竞争。特别是我国在研制机器人的初期,没有同步发展相应的零部件产业,使得国内企业在生产的机器人过程中,只能依赖配套进口的零部件,更削弱了我国企业的价格竞争力。

从近几年世界机器人推出的产品来看,工业机器人技术正在向智能化、模块化和系统化的方向发展,其发展趋势主要为结构的模块化和可重构化;控制技术的开放化、PC化和网络化;伺服驱动技术的数字化和分散化;多传感器融合技术的实用化;工作环境设计的优化和作业的柔性化以及系统的网络化和智能化等方面。

8.1.2 工业机器人的基本组成与类型

工业机器人是一种能自动定位控制并可重新编程予以变动的多功能机器。它有多个自由度,可用来搬运材料、零件和握持工具,以完成各种不同的作业。

工业机器人由主体、驱动系统和控制系统三个基本部分组成,也可细分为主构架(手臂)、手腕、驱动系统、测量系统、控制器及传感器等组成部分。主体即机座和执行机构,包括臂部、腕部和手部,有的机器人还有行走机构,主体通常为空间连杆机构。大多数工业机器人有3~6个运动自由度,其中腕部通常有1~3个运动自由度;其运动由两种基本运动组成,即沿着坐标轴的直线移动和绕坐标轴的回转运动。驱动系统包括动力装置和传动机构,用以使执行机构产生相应的动作,可分为机械式、电气式、液压式、气动式和复合式等;控制系统是按照输入的程序对驱动系统和执行机构发出指令信号,并进行控制,一般由控制计算机和伺服控制器组成。

工业机器人按不同的方法可分为下述类型：

(1)工业机器人的机械结构部分称为操作机，工业机器人按操作机坐标形式分类(图8.3)(坐标形式是指操作机的手臂在运动时所取的参考坐标系的形式)

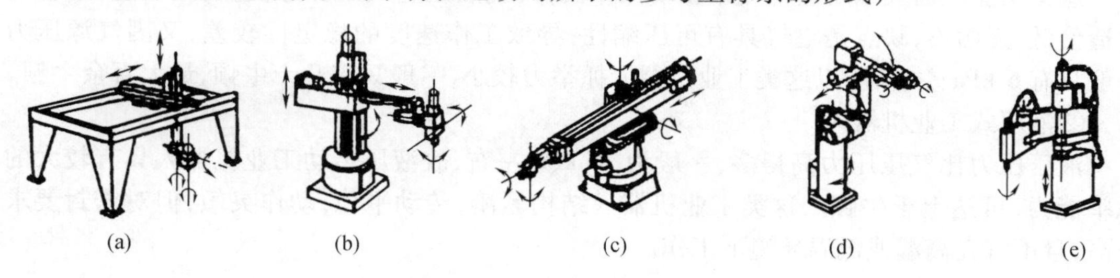

图8.3　工业机器人的分类

①直角坐标型工业机器人

图(a)中有三个直线坐标轴构成的直角坐标型工业机器人。其运动部分由三个相互垂直的直线移动(即PPP)组成，其工作空间图形为长方形。它在各个轴向的移动距离，可在各个坐标轴上直接读出，直观性强，易于位置和姿态的编程计算，定位精度高，控制无耦合，结构简单，但机体所占空间体积大，动作范围小，灵活性差，难与其他工业机器人协调工作。

②圆柱坐标型工业机器人

图(b)中有两个直线坐标轴和一个回转轴构成的圆柱坐标型工业机器人。其运动形式是通过一个转动和两个移动组成的运动系统来实现的，其工作空间图形为圆柱，与直角坐标型工业机器人相比，在相同的工作空间条件下，机体所占体积小，而运动范围大，其位置精度仅次于直角坐标型机器人，难与其他工业机器人协调工作。

③球坐标型工业机器人

图(c)中有一个直线坐标轴和两个回转轴构成的球坐标型机器人。又称极坐标型工业机器人，其手臂的运动由两个转动和一个直线移动(即RRP，一个回转，一个俯仰和一个伸缩运动)所组成，其工作空间为一球体，它可以作上下俯仰动作并能抓取地面上或较低位置的协调工件，其位置精度高，位置误差与臂长成正比。

④多关节型工业机器人

图(d)中有三个回转轴关节构成的多关节型工业机器人。又称回转坐标型工业机器人，这种工业机器人的手臂与人体上肢类似，其前三个关节是回转副(即RRR)，该工业机器人一般由立柱和大小臂组成，立柱与大臂形成肩关节，大臂和小臂间形成肘关节，可使大臂做回转运动和俯仰摆动，小臂做仰俯摆动。其结构最紧凑，灵活性大，占地面积最小，能与其他工业机器人协调工作，但位置精度较低，有平衡问题，控制耦合，这种工业机器人应用越来越广泛。

⑤平面关节型工业机器人

图(e)中有三个平面运动关节构成的平面关节型工业机器人。它采用一个移动关节和两个回转关节(即PRR)，移动关节实现上下运动，而两个回转关节则控制前后、左右运动。这种形式的工业机器人又称(Seletive Compliance Assembly Robot Arm，SCARA)作灵活，多用于装配作业中，特别适合小规格零件的插接装配，如在电子工业的插接、装配中应用广泛。

(2)工业机器人按驱动方式分类

①气动式工业机器人

这类工业机器人以压缩空气来驱动操作机,其优点是空气来源方便,动作迅速,结构简单造价低,无污染,缺点是空气具有可压缩性,导致工作速度的稳定性较差,又因气源压力一般只有 6 kPa 左右,所以这类工业机器人抓举力较小,一般只有几十牛顿,最大百余牛顿。

②液压式工业机器人

液压压力比气压压力高得多,一般为 70 kPa 左右,故液压传动工业机器人具有较大的抓举能力,可达上千牛顿。这类工业机器人结构紧凑,传动平稳,动作灵敏,但对密封要求较高,且不宜在高温或低温环境下工作。

③电动式工业机器人

这是目前用得最多的一类工业机器人,不仅因为电动机品种众多,为工业机器人设计提供了多种选择,也因为它们可以运用多种灵活控制的方法。早期多采用步进电机驱动,后来发展了直流伺服驱动单元,目前交流伺服驱动单元也在迅速发展。这些驱动单元或是直接驱动操作机,或是通过诸如谐波减速器的装置来减速后驱动,结构十分紧凑、简单。

(3)按机器人的控制方式分类

①非伺服机器人

非伺服机器人工作能力比较有限,机器人按照预先编好的程序顺序进行工作,使用限位开关、制动器、插销板和定序器来控制机器人的运动。插销板是用来预先规定机器人的工作顺序,而且往往是可调的。定序器按照预定的正确顺序接通驱动装置的能源。驱动装置接通能源后,就带动机器人的手臂、腕部和手部等装置运动。当他们移动到由限位开关所规定的位置时,限位开关切换工作状态,给定序器送去一个工作任务已经完成的信号,并始终端制动器动作,切断驱动能源,使机器人停止运动。

②伺服控制机器人

伺服控制机器人比非伺服机器人有更强的工作能力。伺服系统的被控量可为机器人手部执行装置的位置、速度、加速度和力等。通过传感器取得反馈信号与来自给定装置的综合信号,用比较器加以比较后,得到误差信号,经过放大后用以激发机器人的驱动装置,进而带动手部执行装置以一定规律运动,到达规定的位置或速度等,这是一个反馈控制系统。

伺服控制机器人按执行机构运动的控制机能,又可分点位型和连续轨迹型:点位型只控制执行机构由一点到另一点的准确定位,适用于机床上下料、点焊和一般搬运、装卸等作业;连续轨迹型可控制执行机构按给定轨迹运动,适用于连续焊接和涂装等作业。

(4)按程序输入方式分为编程输入型和示教输入型

①编程输入型是将计算机上已编好的作业程序文件,通过 RS232 串口或者以太网等通信方式传送到机器人控制柜。

②示教输入型的示教方法有两种:一种是由操作者用手动控制器(示教操纵盒),将指令信号传给驱动系统,使执行机构按要求的动作顺序和运动轨迹操演一遍;另一种是由操作者直接执行机构,按要求的动作顺序和运动轨迹操演一遍。在示教过程的同时,工作程序的信息即自动存入程序存储器中,在机器人自动工作时,控制系统从程序存储器中检出相应信息,将指令信号传给驱动机构,使执行机构再现示教的各种动作。示教输入程序的工业机器人称为示教再现型工业机器人。

8.1.3 工业机器人的主要技术指标

工业机器人的主要技术指标包括：自由度、分辨率、精度、重复定位精度、工作范围、承载能力、最大速度等等。

(1)自由度

又称为坐标轴数，机器人所具有的独立运动坐标轴的数目。机器人的自由度表示机器人动作灵活的尺度，一般以轴的直线移动、摆动或旋转动作的数目来表示，手部的动作不包括在内。机器人的自由度越多，就越能接近人手的动作机能，通用性就越好；但是自由度越多，结构越复杂，对机器人的整体要求就越高，这是机器人设计中的一个矛盾。

在三维空间中描述一个物体的位姿(位置和姿态)需要6个自由度。工业机器人的自由度是根据其用途而设计的，可能小于6个自由度，也可能大于6个自由度。例如，A4020装配机器人具有4个自由度，可以在印刷电路板上接插电子器件，PUMA562机器人具有6个自由度，可以进行复杂空间曲面的弧焊作业。

(2)精度

包括定位精度和重复定位精度。定位精度是指机器人手部实际到达位置与目标位置之间的差异。重复定位精度是指机器人手部重复定位于同一目标位置的能力。在相同的位置指令下，机器人连续重复若干次其位置的分散情况。它是衡量一列误差值的密集程度的，即重复度，用标准偏差表示。

(3)工作空间(Working space)

机器人手腕参考点或末端操作器安装点(不包括末端操作器)所能到达的所有空间区域，一般不包括末端操作器本身所能到达的区域。机器人所具有的自由度数目及其组合不同，则其运动图形不同，而自由度的变化量(即直线运动的距离和回转角度的大小)则决定着运动图形的大小。

(4)最大工作速度

工作速度是指机器人在工作载荷条件下、匀速运动过程中，机械接口中心或工具中心点在单位时间内所移动的距离或转动的角度。确定机器人手臂的最大行程后，根据循环时间安排每个动作的时间，并确定各动作同时进行或顺序进行，就可确定各动作的运动速度。分配动作时间除考虑工艺动作要求外，还要考虑惯性和行程大小、驱动和控制方式、定位和精度要求。

为了提高生产效率，要求缩短整个运动循环时间。运动循环包括加速度启动，等速运行和减速制动三个过程。过大的加减速度会导致惯性力加大，影响动作的平稳和精度。为了保证定位精度，加减速过程往往占去较长时间。

最大工作速度指工业机器人主要自由度上最大的稳定速度，或手臂末端的最大合成速度。

(5)承载能力

指机器人在工作范围内的任何位姿上所能承受的最大重力，用质量、力矩、惯性矩来表示。负载大小主要考虑机器人各运动轴上的受力和力矩，包括手部的质量、抓取工件的质量，以及由运动速度变化而产生的惯性力和惯性力矩。一般低速运行时，承载能力大，为安全考虑，规定在高速运行时所能抓取的工件质量作为承载能力指标。承载能力不仅决定于负载的质量，还与机器人运行的速度和加速度有关。目前使用的工业机器人，其承载能力范围较大,最大可达 9 kN。

(6)分辨率

指机器人每根轴能够实现的最小移动距离或最小转动角度。精度和分辨率不一定相关。一台设备的运动精度是指命令设定的运动位置与该设备执行此命令后能够达到的运动位置之间的差距,分辨率则反映了实际需要的运动位置和命令所能够设定的位置之间的差距。

8.2 工业机器人的运动学分析

工业机器人运动学研究的是各连杆之间的位移关系、速度关系和加速度关系。工业机器人运动学主要包括正向运动学和反向运动学两类问题。正向运动学是在已知各个关节变量的前提下,解决如何建立工业机器人运动学方程,及如何求解手部相对固定坐标系位姿的问题。反向运动学则是在已知手部要到达目标位姿的前提下,解决如何求出关节变量的问题。反向运动学也称为求运动学逆解反向运动学。

8.2.1 工业机器人运动学的矩阵表示

矩阵可用来表示点、向量、坐标系、平移、旋转以及变换,还可以表示坐标系中的物体和其他运动元件。一个物体在空间的表示可以这样实现:通过在它上面固连一个坐标系,再将该固连的坐标系在空间表示出来。由于这个坐标系一直固连在该物体上,所以该物体相对于坐标系的位姿是已知的。因此,只要这个坐标系可以在空间表示出来,那么这个物体相对于固定坐标系的位姿也就已知了(如图 8.4 所示)。如前所述,空间坐标系可以用矩阵表示,其中坐标原点以及相对于参考坐标系的表示该坐标系姿态的三个向量也可以由该矩阵表示出来。于是有

$$\boldsymbol{F}_{\text{object}}=\begin{bmatrix} n_x & o_x & a_x & p_x \\ n_y & o_y & a_y & p_y \\ n_z & o_z & a_z & p_z \\ 0 & 0 & 0 & 1 \end{bmatrix} \tag{8-1}$$

空间中的一个点只有三个自由度,它只能沿三条参考坐标轴移动。但在空间的一个刚体有六个自由度,也就是说,它不仅可以沿着 X,Y,Z 三轴移动,而且还可绕这三个轴转动。因此,要全面地定义空间以物体,需要用6条独立的信息来描述物体原点在参考坐标系中相对于三个参考坐标轴的位置,以及物体关于这三个坐标轴的姿态。而式(8-1)给出了 12 条信息,其中9条为姿态信息,三条为位置信息(排除矩阵中最后一行的比例因子,因为它们没有附加信息)。显然,在该表达式中必定存在一定的约束条件将上述信息数限制为6。因此,需要用6个约束方程将12条信息减少到6条信息。这些约束条件来自于目前尚未利用的已知的坐标系特性,即三个向量 $\boldsymbol{n}$、$\boldsymbol{o}$、$\boldsymbol{a}$ 相互垂直,每个单位向量的长度必须为1。

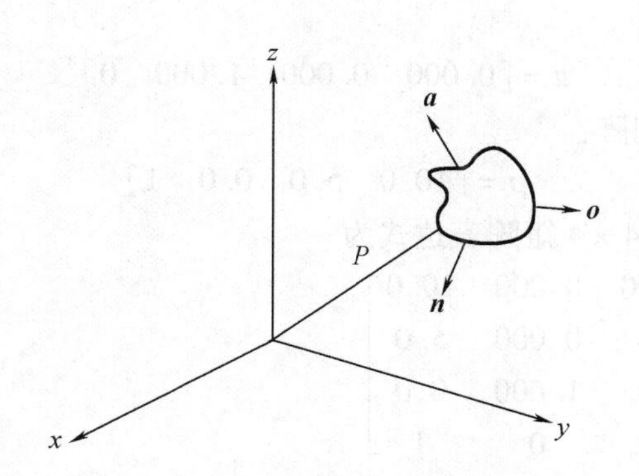

图8.4　空间物体的表示

我们可以将其转换为以下六个约束方程：

①$\boldsymbol{n} \cdot \mathbf{o}=0$

②$\boldsymbol{n} \cdot \boldsymbol{a}=0$

③$\boldsymbol{a} \cdot \boldsymbol{o}=0$

④$|n|=1$（向量的长度必须为1）　　(8-2)

⑤$|o|=1$

⑥$|a|=1$

因此，只有前述方程成立时，坐标系的值才能用矩阵表示。否则，坐标系将不正确。式(8-2)中前三个方程可以换用如下的三个向量的叉积来代替：

$$\boldsymbol{n} \times \boldsymbol{o}=\boldsymbol{a} \tag{8-3}$$

例8-1　图8.5表示固连于刚体的坐标系$\{B\}$位于O_B点，$x_b=10$，$y_b=5$，$z_b=0$。Z_B轴与画面垂直，坐标系$\{B\}$相对固定坐标系$\{A\}$有一个30°偏转，试写出表示刚体位姿的坐标系$\{B\}$的(4×4)矩陈表达式。

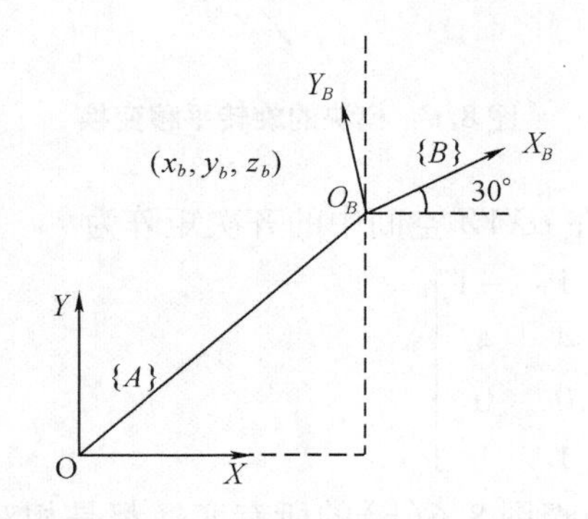

图8.5　动坐标系{B}的描述

解：X_B的方向列阵

$$\boldsymbol{n}=[\cos 30° \quad \cos 60° \quad \cos 90° \quad 0]^{\mathrm{T}}=[0.866 \quad 0.500 \quad 0.000 \quad 0]^{\mathrm{T}}$$

Y_B的方向列阵

$$\boldsymbol{o}=[\cos 120° \quad \cos 30^0 \quad \cos 90° \quad 0]^{\mathrm{T}}=[-0.500 \quad 0.866 \quad 0.000 \quad 0]^{\mathrm{T}}$$

Z_B 的方向列阵

$$\boldsymbol{a}=[0.000\quad 0.000\quad 1.000\quad 0]^{\mathrm{T}}$$

坐标系{B}的位置列阵：

$$\boldsymbol{p}=[10.0\quad 5.0\quad 0.0\quad 1]^{\mathrm{T}}$$

所以，坐标系{B}的 4×4 矩阵表达式为

$$\boldsymbol{T}=\begin{bmatrix}0.866 & -0.500 & 0.000 & 10.0\\ 0.500 & 0.866 & 0.000 & 5.0\\ 0.000 & 0.000 & 1.000 & 0.0\\ 0 & 0 & 0 & 1\end{bmatrix}$$

8.2.2 齐次矩阵的旋转、平移变换

变换定义为空间的一个运动。当空间的一个坐标系(一个向量、一个物体或一个运动坐标系)相对于固定参考坐标系运动时，这一运动可以用类似于表示坐标系的方式来表示。这是因为变换本身就是坐标系状态的变化(表示坐标系位姿的变化)，因此变换可以用坐标系来表示。变换可为：纯平移；绕一个轴的纯旋转；平移与旋转的结合。

例 8-2 求图 8.6 中的模块 Q 绕固定坐标系 $OXYZ$ 的 Z 轴旋转 90°，再绕 Y 轴旋转 90°，最后沿 X 轴方向平移 4 个单位后的齐次矩阵表达式。

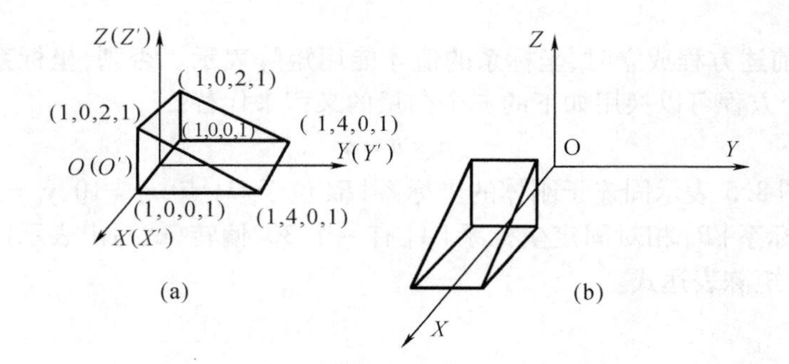

图 8.6 模块的旋转平移变换

解：图 8.6(a)中的模块在 $OXYZ$ 空间中的齐次矩阵为

$$\boldsymbol{Q}_a=\begin{bmatrix}1 & -1 & -1 & 1 & 1 & -1\\ 0 & 0 & 0 & 0 & 4 & 4\\ 0 & 0 & 2 & 2 & 0 & 0\\ 1 & 1 & 1 & 1 & 1 & 1\end{bmatrix}$$

因为模块 Q 从图 8.6(a)至图 8.6(b)的所有变换都是相对固定坐标系 $OXYZ$ 进行的，所以各坐标变换算子应该依次左乘，即存在

$$\boldsymbol{Q}_B=\underset{(3)}{\mathrm{Trans}(4,0,0)}\,\underset{(2)}{\mathrm{Rot}(y,90°)}\,\underset{(1)}{\mathrm{Rot}(z,90°)}\,\boldsymbol{Q}_a$$

$$=\begin{bmatrix}1 & 0 & 0 & 4\\ 0 & 1 & 0 & 0\\ 0 & 0 & 1 & 0\\ 0 & 0 & 0 & 1\end{bmatrix}\begin{bmatrix}0 & 0 & 1 & 0\\ 0 & 1 & 0 & 0\\ -1 & 0 & 0 & 0\\ 0 & 0 & 0 & 1\end{bmatrix}\begin{bmatrix}0 & -1 & 0 & 0\\ 1 & 0 & 0 & 0\\ 0 & 0 & 1 & 0\\ 0 & 0 & 0 & 1\end{bmatrix}\begin{bmatrix}1 & -1 & -1 & 1 & 1 & -1\\ 0 & 0 & 0 & 0 & 4 & 4\\ 0 & 0 & 2 & 2 & 0 & 0\\ 1 & 1 & 1 & 1 & 1 & 1\end{bmatrix}$$

$$
=\begin{bmatrix}0&0&1&4\\1&0&0&0\\0&1&0&0\\0&0&0&1\end{bmatrix}\begin{bmatrix}1&-1&-1&1&1&-1\\0&0&0&0&4&4\\0&0&2&2&0&0\\1&1&1&1&1&1\end{bmatrix}=\begin{bmatrix}4&4&6&6&4&4\\1&-1&-1&1&1&-1\\0&0&0&0&4&4\\1&1&1&1&1&1\end{bmatrix}
$$

式子中$\begin{bmatrix}0&0&1&4\\1&0&0&0\\0&1&0&0\\0&0&0&1\end{bmatrix}$即为模块 Q 平移加旋转的复合变换矩阵。

8.2.3　变换矩阵的逆

在图 8.7 中,假设机器人要在零件 p 上钻孔而须向零件 p 处移动。机器人基座相对于参考坐标系 U 的位置用坐标系 R 来描述,机器人手用坐标系 H 来描述,末端执行器(即用来钻孔的钻头的末端)用坐标系 E 来描述,零件的位置用坐标系 P 来描述。钻孔的点的位置与参考坐标系 U 可以通过两个独立的路径发生联系:一个是通过该零件的路径,另一个是通过机器人的路径。因此,可以写出下面的方程:

$$
{}^{U}T_{E}={}^{U}T_{P}{}^{P}T_{E}={}^{U}T_{R}{}^{R}T_{H}{}^{H}T_{E} \tag{8-3}
$$

这就是说,该零件中点 E 的位置可以通过从 U 变换到 P,并从 P 变换到 E 来完成,或者从 U 变换到 R,从 R 变换到 H,再从 H 变换到 E。

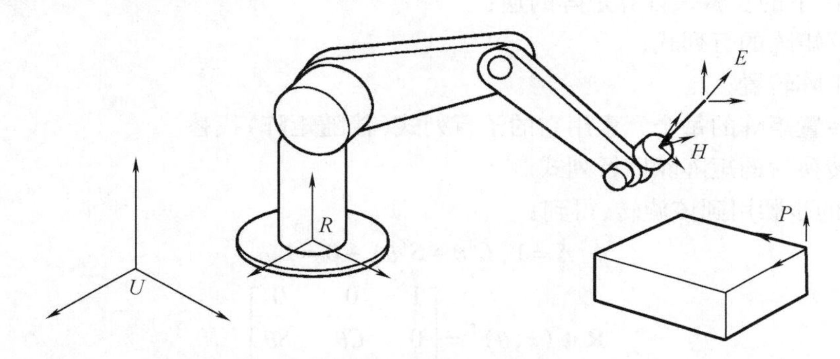

图 8.7　全局坐标系、机器人坐标系、手坐标系、零件坐标系及末端执行器坐标系

事实上,由于在任何情况下机器人的基座位置在安装时就是已知的,因此变换${}^{U}T_{R}$(坐标系 R 相对于坐标系 U 的变换)是已知的。比如,一个机器人安装在一个工作台上,由于它被紧固在工作台上,所以它的基座的位置是已知的。即使机器人是可移的或放在传送带上,因为控制器始终掌控着机器人基座的运动,因此它在任意时刻的位置也是已知的。由于用于末端执行器的任何器械都是已知的,而且其尺寸和结构也是已知的,所以${}^{H}T_{E}$(机器人末端执行器相对于机器人手的变换)也是已知的。此外,${}^{U}T_{P}$(零件相对于全局坐标系的变换)也是已知的,还必须要知道将在其上面钻孔的零件的位置,该位置可以通过将该零件放在钻模上,然后用照相机,视觉系统,传送带,传感器或其他类似仪器来确定。最后需要知道零件上钻孔的位置,所以${}^{P}T_{E}$ 也是已知的。此时,唯一未知的变换就是${}^{R}T_{H}$(机器人手相对于机器人基座的变换)。因此,必须找出机器人的关节变量(机器人旋转关节的角度以及滑动关节的连杆长度),以便将末端执行器定位在要钻孔的位置上。可见,必须要计算出这个变换,它指出机器人需要完成的工作。后面将用所求出的变换来求解机器人关节的角度和连杆的长度。

不能像在代数方程中那样来计算这个矩阵,即不能简单地用方程的右边除以方程的左边,而应该用合适的矩阵的逆并通过左乘或右乘来将它们从左边去掉。因此有:

$$({}^{U}T_{R})^{-1}({}^{U}T_{R}{}^{R}T_{H}{}^{H}T_{E})({}^{H}T_{E})^{-1}=({}^{U}T_{R})^{-1}({}^{U}T_{P}{}^{P}T_{E})({}^{H}T_{E})^{-1} \tag{8-4}$$

由于$({}^{U}T_{R})^{-1}({}^{U}T_{R})=1$ 和$({}^{H}T_{E})({}^{H}T_{E})^{-1}=1({}^{H}T_{E})({}^{H}T_{E})^{-1}=1$,式(8-4)的左边可简化为${}^{R}T_{H}$,于是得

$${}^{R}T_{H}=({}^{U}T_{R})^{-1}{}^{U}T_{P}{}^{P}T_{E}({}^{H}T_{E})^{-1} \tag{8-5}$$

该方程的正确性可以通过认为${}^{E}T_{H}$与$({}^{H}T_{E})^{-1}$相同来加以检验。因此,该方程可重写为

$${}^{R}T_{H}=({}^{U}T_{R})^{-1}{}^{U}T_{P}{}^{P}T_{E}({}^{H}T_{E})^{-1}={}^{R}T_{U}{}^{U}T_{P}{}^{P}T_{E}{}^{E}T_{H}={}^{R}T_{H} \tag{8-6}$$

显然为了对机器人运动学进行分析,需要能够计算变换矩阵的逆。关于 x 轴的旋转矩阵是

$$\mathbf{Rot}(x,\theta)=\begin{bmatrix}1&0&0\\0&C\theta&-S\theta\\0&S\theta&C\theta\end{bmatrix} \tag{8-7}$$

可采用以下的步骤来计算矩阵的逆:

(1)计算矩阵的行列式;

(2)将矩阵转置;

(3)将转置矩阵的每个元素用它的子行列式(伴随矩阵)代替;

(4)用转换后的矩阵除以行列式。

将上面的步骤用到该旋转,得到:

$$\Delta=1(C^{2}\theta+S^{2}\theta)+0=1$$

$$\mathbf{Rot}\ (x,\theta)^{\mathrm{T}}=\begin{bmatrix}1&0&0\\0&C\theta&S\theta\\0&-S\theta&C\theta\end{bmatrix} \tag{8-8}$$

现在计算每一个子行列式(伴随矩阵)。例如,元素2,2 的子行列式是 $C\theta-0=C\theta$,元素1,1 的子行列式 $C^{2}\theta+S^{2}\theta=1$。可以注意到,这里的每一个元素的子行列式与其本身相同,因此有

$$\mathbf{Rot}\ (x,\theta)^{\mathrm{T}}_{\mathrm{minor}}=\mathrm{Rot}\ (x,\theta)^{\mathrm{T}} \tag{8-9}$$

由于原旋转矩阵的行列式为1,因此用 $\mathbf{Rot}\ (x,\theta)^{\mathrm{T}}_{\mathrm{minor}}$ 矩阵除以行列式仍得出相同的结果。因此,关于 x 轴的旋转矩阵的逆的行列式与它的转置矩阵相同,即

$$\mathbf{Rot}\ (x,\theta)^{-1}=\mathbf{Rot}\ (x,\theta)^{\mathrm{T}} \tag{8-10}$$

具有这种特征的矩阵称为酉矩阵,也就是说所有的旋转矩阵都是酉矩阵。因此,计算旋转矩阵的逆就是将该矩阵转置。可以证明,关于 y 轴和 z 轴的旋转矩阵同样也是酉矩阵。

应注意,只有旋转矩阵才是酉矩阵。如果一个矩阵不是一个简单的旋转矩阵,那么它也许就不是酉矩阵。

以上结论只对简单的不表示位置的 3×3 旋转矩阵成立。对一个齐次的 4×4 变换矩阵

而言，它的求逆可以将矩阵分为两部分。矩阵的旋转部分仍是酉矩阵，只需简单的转置；矩阵的位置部分是向量 $\boldsymbol{P}$ 分别与 $\boldsymbol{n},\boldsymbol{o},\boldsymbol{a}$ 向量点积的负值，其结果为

$$\boldsymbol{F}=\begin{bmatrix} n_x & o_x & a_x & p_x \\ n_y & o_y & a_y & p_y \\ n_z & o_z & a_z & p_z \\ 0 & 0 & 0 & 1 \end{bmatrix} \tag{8-11}$$

$$\boldsymbol{F}=\begin{bmatrix} n_x & n_y & n_z & -\boldsymbol{P}\cdot\boldsymbol{n} \\ o_x & o_y & o_z & -\boldsymbol{P}\cdot\boldsymbol{o} \\ a_x & a_y & a_z & -\boldsymbol{P}\cdot\boldsymbol{a} \\ 0 & 0 & 0 & 1 \end{bmatrix} \tag{8-12}$$

如上所示，矩阵的旋转部分是简单的转置，位置的部分由点乘的负值代替，而最后一行（比例因子）则不受影响。上述处理对于计算变换矩阵的逆是很有帮助的，而直接计算 4×4 矩阵的逆是一个很冗长的过程。

例 8-3　计算表示 $\mathbf{Rot}(x,40°)^{-1}$ 的矩阵。

解：绕 x 轴旋转 40°的矩阵为

$$\mathbf{Rot}(x,40°)=\begin{bmatrix} 1 & 0 & 0 & 0 \\ 0 & 0.766 & -0.643 & 0 \\ 0 & 0.643 & 0.766 & 0 \\ 0 & 0 & 0 & 1 \end{bmatrix}$$

其矩阵的逆是

$$\mathbf{Rot}(x,40°)^{-1}=\begin{bmatrix} 1 & 0 & 0 & 0 \\ 0 & 0.766 & 0.643 & 0 \\ 0 & -0.643 & 0.766 & 0 \\ 0 & 0 & 0 & 1 \end{bmatrix}$$

需注意的是，由于矩阵的位置向量为 0，它与 $\boldsymbol{n},\boldsymbol{o},\boldsymbol{a}$ 向量的点积也为零。

例 8-4　计算如下变换矩阵的逆。

$$\boldsymbol{T}=\begin{bmatrix} 0.5 & 0 & 0.866 & 3 \\ 0.866 & 0 & -5 & 2 \\ 0 & 1 & 0 & 5 \\ 0 & 0 & 0 & 1 \end{bmatrix}$$

解：根据先前的计算，变换矩阵的逆是

$$\boldsymbol{T}^{-1}=\begin{bmatrix} 0.5 & 0.866 & 0 & -(3\times 0.5+2\times 0.866+5\times 0) \\ 0 & 0 & 1 & -(3\times 0+2\times 0+5\times 1) \\ 0.866 & -0.5 & 0 & -(3\times 0.866+2\times -0.5+5\times 0) \\ 0 & 0 & 0 & 1 \end{bmatrix}$$

$$=\begin{bmatrix} 0.5 & 0.866 & 0 & -3.23 \\ 0 & 0 & 1 & -5 \\ 0.866 & -0.5 & 0 & -1.598 \\ 0 & 0 & 0 & 1 \end{bmatrix}$$

可以证明 TT^{-1} 是单位阵。

例 8-5 一个具有六个自由度的机器人的第五个连杆上装有照相机,照相机观察物体并测定它相对于照相机坐标系的位置,然后根据以下数据来确定末端执行器要到达物体所必须完成的运动。

$$^{5}T_{cam}=\begin{bmatrix}0&0&-1&3\\0&-1&0&0\\-1&0&0&5\\0&0&0&1\end{bmatrix}\qquad ^{5}T_{H}=\begin{bmatrix}0&-1&0&0\\1&0&0&0\\0&0&1&4\\0&0&0&1\end{bmatrix}$$

$$^{cam}T_{obj}=\begin{bmatrix}0&0&1&2\\1&0&0&2\\0&1&0&4\\0&0&0&1\end{bmatrix}\qquad ^{H}T_{E}=\begin{bmatrix}1&0&0&0\\0&1&0&0\\0&0&1&3\\0&0&0&1\end{bmatrix}$$

解:参照式子(8-3),可以写出一个与它类似的方程,它将不同的变换和坐标系联系在一起。

$$^{R}T_{5}\times{}^{5}T_{H}\times{}^{H}T_{E}\times{}^{E}T_{obj}={}^{R}T_{5}\times{}^{5}T_{cam}\times{}^{cam}T_{obj}$$

由于方程两边都有 $^{R}T_{5}$,所以可以将它消去。除了 $^{E}T_{obj}$ 之外所有其他矩阵都是已知的,所以

$$^{E}T_{obj}={}^{H}T_{E}{}^{-1}\times{}^{5}T_{H}{}^{-1}\times{}^{5}T_{cam}\times{}^{cam}T_{obj}={}^{E}T_{H}\times{}^{H}T_{5}\times{}^{5}T_{cam}\times{}^{cam}T_{obj}$$

$$({}^{H}T_{E}{}^{-1})=\begin{bmatrix}1&0&0&0\\0&1&0&0\\0&0&1&-3\\0&0&0&1\end{bmatrix}\qquad ({}^{5}T_{H})^{-1}=\begin{bmatrix}1&1&0&0\\-1&0&0&0\\0&0&1&-4\\0&0&0&1\end{bmatrix}$$

将矩阵及矩阵的逆代入前面的方程,得:

$$^{E}T_{obj}=\begin{bmatrix}1&0&0&0\\0&1&0&0\\0&0&1&-3\\0&0&0&1\end{bmatrix}\begin{bmatrix}0&1&0&0\\-1&0&0&0\\0&0&1&-4\\0&0&0&1\end{bmatrix}\begin{bmatrix}0&0&-1&3\\0&-1&0&0\\-1&0&0&5\\0&0&0&1\end{bmatrix}\begin{bmatrix}0&0&1&2\\1&0&0&2\\0&1&0&4\\0&0&0&1\end{bmatrix}$$

$$^{E}T_{obj}=\begin{bmatrix}-1&0&0&-2\\0&1&0&1\\0&0&-1&-4\\0&0&0&1\end{bmatrix}$$

8.2.4 机器人的正、逆运动学方程

假设有一个构型已知的机器人,即它的所有连杆长度和关节角度都是已知的,那么计算机器人手的位姿就称为正运动学分析。换言之,如果已知所有机器人关节变量,用正运动学方程就能计算任一瞬间机器人的位姿。然而,如果想要将机器人的手放在一个期望的位姿,就必须知道机器人的每一个连杆的长度和关节的角度,才能将手定位在所期望的位姿,这就叫作逆运动学分析,也就是说,这里不是把已知的机器人变量代入正向运动学方程中,而是要设法找到这些方程的逆,从而求得所需的关节变量,使机器人放置在期望的位姿。事实上,逆运动学方程更为重要,机器人的控制器将用这些方程来计算关节值,并以此

来运行机器人到达期望的位姿。

工业机器人运动学问题有两类:①运动学正问题,已知杆件几何参数和关节角矢量,求操作机末端执行器相对于固定参考坐标的位置和姿态。②运动学逆问题,已知操作机杆件的几何参数,给定操作机末端执行器相对于参考坐标系的期望位置和姿态,操作机能否使其末端执行器达到这个预期的位姿?如能达到,那么操作机有几种不同形态可以满足同样的条件?

对正运动学,必须推导出一组与机器人特定构型(将构件组合在一起构成机器人的方法)有关的方程,以使得将有关的关节和连杆变量代入这些方程就能计算出机器人的位姿,然后可用这些方程推出逆运动学方程。

要确定一个刚体在空间的位姿,须在物体上固连一个坐标系,然后描述该坐标系的原点位置和它三个轴的姿态,总共需要六个自由度或六条信息来完整地定义该物体的位姿。同理,如果要确定或找到机器人手在空间的位姿,也必须在机器人手上固连一个坐标系并确定机器人手坐标系的位姿,这正是机器人正运动学方程所要完成的任务。换言之,根据机器人连杆和关节的构型配置,可用一组特定的方程来建立机器人手的坐标系和参考坐标系之间的联系。

图8.8所示为机器人手的坐标系、参考坐标系以及它们的相对位姿,两个坐标系之间的关系与机器人的构型有关。当然,机器人可能有许多不同的构型,根据机器人的构型来推导出相关的方程。为使过程简化,通常可分别分析位置和姿态问题,首先推导出位置方程,然后再推导出姿态方程,再将两者结合在一起而形成一组完整的方程。

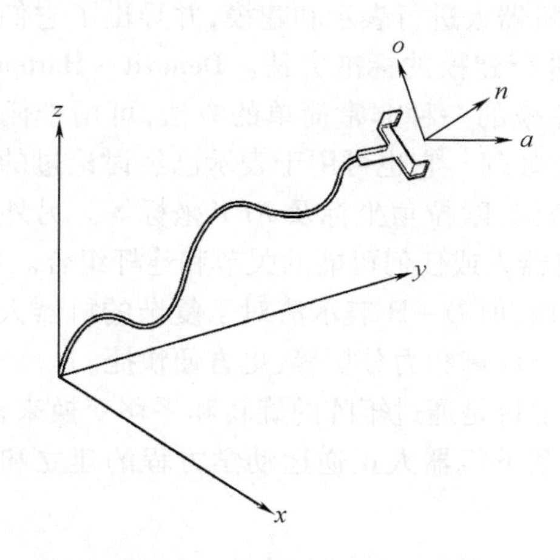

图8.8　机器人的手坐标系相对于参考坐标系

1. 位置的正逆运动学方程

对于机器人的定位,可以通过相对于任何惯用坐标系的运动来实现。比如,基于直角坐标系对空间的一个点定位,这意味着有三个关于 x、y、z 轴的线性运动,此外,如果用球坐标来实现,就意味着需要有一个线性运动和两个旋转运动。常见的情况有:

①笛卡尔(台架,直角)坐标;

②圆柱坐标;

③球坐标;

④链式(拟人或全旋转)坐标。

2. 姿态的正逆运动学方程

假设固连在机器人手上的运动坐标系已经运动到期望的位置上，但它仍然平行于参考坐标系，或者假设其姿态并不是所期望的，下一步是要在不改变位置的情况下，适当地旋转坐标系而使其达到所期望的姿态。合适的旋转顺序取决于机器人手腕的设计以及关节装配在一起的方式。考虑以下三种常见的构型配置：

①滚动角、俯仰角、偏航角（*RPY*）；

②欧拉角；

③链式关节；

3. 位姿的正逆运动学方程。

表示机器人最终位姿的矩阵是前面方程的组合，该矩阵取决于所用的坐标。假设机器人的运动是由直角坐标和 *RPY* 的组合关节组成，那么该坐标系相对于参考坐标系的最终位姿是表示直角坐标位置变化的矩阵和 *RPY* 矩阵的乘积。它可表示为

$$^{R}T_{H}=T_{\text{cart}}(P_{x},P_{y},P_{z})\times RPY(\varphi_{a},\varphi_{o},\varphi_{n}) \tag{8-13}$$

如果机器人是采用球坐标定位、欧拉角定姿的方式所设计的，那么将得到下列方程。其中位置由球坐标决定，而最终姿态既受球坐标角度的影响也受欧拉角的影响。

$$^{R}T_{H}=T_{\text{sph}}(r,\beta,\gamma)\times \text{Euler}(\varphi,\theta,\psi) \tag{8-14}$$

由于有多种不同的组合，所以这种情况下的正逆运动学解不在这里讨论。

4. 正运动学方程的 D－H 表示法

在 1955 年，Denavit 和 Hartenberg 在“ASME Journal of Applied Mechanics”发表了一篇论文，后来利用这篇论文来对机器人进行表示和建模，并导出了它们的运动方程，这已成为表示机器人和对机器人运动进行建模的标准方法。Denavit－Hartenberg（D－H）模型表示了对机器人连杆和关节进行建模的一种非常简单的方法，可用于任何机器人构型，而不管机器人的结构顺序和复杂程度如何。它也可用于表示已经讨论过的在任何坐标中的变换，例如直角坐标、圆柱坐标、球坐标、欧拉角坐标及 *RPY* 坐标等。另外，它也可以用于表示全旋转的链式机器人、SCARA 机器人或任何可能的关节和连杆组合。尽管采用前面的方法对机器人直接建模会更快、更直接，但 D－H 表示法对于复杂的机器人设计，使用它已经开发了许多技术，例如雅克比矩阵的计算和力分析等，更方便快捷。

由于篇幅所限，本节的主旨是通过矩阵的旋转和平移变换来理解多自由度机器人在空间的运动学，对于不同坐标系下机器人正逆运动学方程的建立和求解不做详细介绍，相关内容可参考相应专业书籍。

8.3 工业机器人的静力学与动力学分析

工业机器人作业时，在工业机器人与环境之间存在着相互作用力。外界对手部（或末端操作器）的作用力将导致各关节产生相应的作用力。假定工业机器人各关节“锁住”，关节的“锁定用”力与外界环境施加给手部的作用力取得静力学平衡。工业机器人静力学就是分析手部上的作用力与各关节“锁定用”力之间的平衡关系，从而根据外界环境在手部上的作用力求出各关节的“锁定用”力，或者根据已知的关节驱动力求解出手部的输出力。

关节的驱动力与手部施加的力之间的关系是工业机器人操作臂力控制的基础,也是利用达朗贝尔原理解决工业机器人动力学问题的基础。

工业机器人动力学问题有两类:①动力学正问题,已知关节的驱动力,求工业机器人系统相应的运动参数,包括关节位移、速度和加速度;②动力学逆问题,已知运动轨迹点上的关节位移、速度和加速度,求出相应的关节力矩。

动力学正问题对工业机器人运动仿真是非常有用的。动力学逆问题对实现工业机器人实时控制是相当有用的。利用动力学模型,实现最优控制,以期达到良好的动态性能和最优指标。工业机器人动力学模型主要用于工业机器人的设计和离线编程。在设计中需根据连杆质量、运动学和动力学参数,传动机构特征和负载大小进行动态仿真,对其性能进行分析,从而决定工业机器人的结构参数和传动方案,验算设计方案的合理性和可行性。在离线编程时,为了估计工业机器人高速运动引起的动载荷和路径偏差,要进行路径控制仿真和动态模型的仿真。这些都必须以工业机器人动力学模型为基础。工业机器人是一个非线性的复杂的动力学系统。动力学问题的求解比较困难,而且需要较长的运算时间。因此,简化求解过程,最大限度地减少工业机器人动力学在线计算的时间是一个受到关注的研究课题。

8.3.1　工业机器人的速度雅可比矩阵

数学上雅可比矩阵(Jacobian matrix)是一个多元函数的偏导矩阵。假设有六个函数,每个函数有六个变量,即

$$\begin{cases} y_1 = f_1(x_1, x_2, x_3, x_4, x_5, x_6) \\ y_2 = f_2(x_1, x_2, x_3, x_4, x_5, x_6) \\ \vdots \\ y_6 = f_6(x_1, x_2, x_3, x_4, x_5, x_6) \end{cases} \tag{8-15}$$

可写成 $Y = F(X)$ 。将其微分,得

$$\begin{cases} \mathrm{d}y_1 = \dfrac{\partial f_1}{\partial x_1}\mathrm{d}x_1 + \dfrac{\partial f_1}{\partial x_2}\mathrm{d}x_2 + \cdots + \dfrac{\partial f_1}{\partial x_6}\mathrm{d}x_6 \\ \mathrm{d}y_2 = \dfrac{\partial f_2}{\partial x_1}\mathrm{d}x_1 + \dfrac{\partial f_2}{\partial x_2}\mathrm{d}x_2 + \cdots + \dfrac{\partial f_2}{\partial x_6}\mathrm{d}x_6 \\ \vdots \\ \mathrm{d}y_6 = \dfrac{\partial f_6}{\partial x_1}\mathrm{d}x_1 + \dfrac{\partial f_6}{\partial x_2}\mathrm{d}x_2 + \cdots + \dfrac{\partial f_6}{\partial x_6}\mathrm{d}x_6 \end{cases} \tag{8-16}$$

也可简写成

$$\mathrm{d}Y = \frac{\partial F}{\partial X}\mathrm{d}X \tag{8-17}$$

式(8-17)中的 6×6 矩阵$\dfrac{\partial F}{\partial X}$叫作雅可比矩阵。

在工业机器人速度分析和以后的静力学分析中都将遇到类似的矩阵,我们称之为工业机器人雅可比矩阵,或简称雅可比,一般用符号 J 表示。

图8.9为二自由度平面关节型工业机器人(2R 工业机器人),其端点位置(x,y)与关节变量 θ_1、θ_2 的关系为

$$\begin{cases} x = l_1\cos\theta_1 + l_2\cos(\theta_1+\theta_2) \\ y = l_1\sin\theta_1 + l_2\sin(\theta_1+\theta_2) \end{cases} \tag{8-18}$$

即

$$\begin{cases} x = x(\theta_1,\theta_2) \\ y = y(\theta_1,\theta_2) \end{cases} \tag{8-19}$$

将其微分，得

$$\begin{cases} \mathrm{d}x = \dfrac{\partial x}{\partial\theta_1}\mathrm{d}\theta_1 + \dfrac{\partial x}{\partial\theta_2}\mathrm{d}\theta_2 \\ \mathrm{d}y = \dfrac{\partial y}{\partial\theta_1}\mathrm{d}\theta_1 + \dfrac{\partial y}{\partial\theta_2}\mathrm{d}\theta_2 \end{cases} \tag{8-20}$$

将其写成矩阵形式为

$$\begin{bmatrix} \mathrm{d}x \\ \mathrm{d}y \end{bmatrix} = \begin{bmatrix} \dfrac{\partial x}{\partial\theta_1} & \dfrac{\partial x}{\partial\theta_2} \\ \dfrac{\partial y}{\partial\theta_1} & \dfrac{\partial y}{\partial\theta_2} \end{bmatrix} \begin{bmatrix} \mathrm{d}\theta_1 \\ \mathrm{d}\theta_2 \end{bmatrix} \tag{8-21}$$

令

$$\boldsymbol{J} = \begin{bmatrix} \dfrac{\partial x}{\partial\theta_1} & \dfrac{\partial x}{\partial\theta_2} \\ \dfrac{\partial y}{\partial\theta_1} & \dfrac{\partial y}{\partial\theta_2} \end{bmatrix} \tag{8-22}$$

式(8－21)可简写为

$$\mathrm{d}\boldsymbol{X} = \boldsymbol{J}\mathrm{d}\theta \tag{8-23}$$

式中：$\mathrm{d}\boldsymbol{X} = \begin{bmatrix} \mathrm{d}x \\ \mathrm{d}y \end{bmatrix}$；$\mathrm{d}\theta = \begin{bmatrix} \mathrm{d}\theta_1 \\ \mathrm{d}\theta_2 \end{bmatrix}$。

我们将 $\boldsymbol{J}$ 称为图 8.9 所示二自由度平面关节型工业机器人的速度雅可比，它反映了关节空间微小运动 $\mathrm{d}\theta$ 与手部作业空间微小位移 $\mathrm{d}X$ 之间的关系。注意，$\mathrm{d}X$ 此时表示微小线位移。

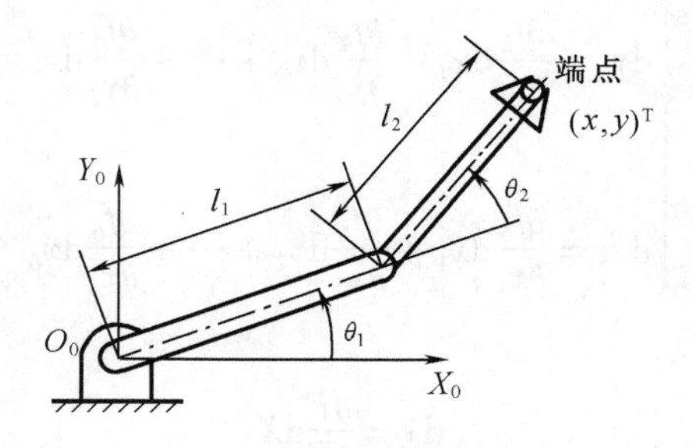

图 8.9　二自由度平面关节工业机器人

若对式(8－22)进行运算，则 $2R$ 工业机器人的雅可比写为

$$\boldsymbol{J} = \begin{bmatrix} -l_1\sin\theta_1 - l_2\sin(\theta_1+\theta_2) & -l_2\sin(\theta_1+\theta_2) \\ l_1\cos\theta_1 + l_2\cos(\theta_1+\theta_2) & l_2\cos(\theta_1+\theta_2) \end{bmatrix} \tag{8-24}$$

从 $\boldsymbol{J}$ 中元素的组成可见，$\boldsymbol{J}$ 阵的值是 θ_1 及 θ_2 的函数。

对于 n 个自由度的工业机器人，其关节变量可以用广义关节变量 $\boldsymbol{q}$ 表示，$\boldsymbol{q}=[q_1,q_2,\cdots,q_n]^{\mathrm{T}}$，当关节为转动关节时，$\boldsymbol{q}_i=\boldsymbol{\theta}_i$，当关节为移动关节时，$\boldsymbol{q}_i=\boldsymbol{d}_i$，$d\boldsymbol{q}=[dq_1,dq_2,...,dq_n]^{\mathrm{T}}$ 反映了关节空间的微小运动。工业机器人手部在操作空间的运动参数用 X 表示，它是关节变量的函数，即 $\boldsymbol{X}=\boldsymbol{X}(q)$，并且是一个6维列矢量(因为表达空间刚体的运动需要6个参数，即三个沿坐标轴的独立移动和三个绕坐标轴的独立转动)。因此，$\mathrm{d}\boldsymbol{X}=[\mathrm{d}x,\mathrm{d}y,\mathrm{d}z,\partial\varphi_x,\partial\varphi_y,\partial\varphi_z]^{\mathrm{T}}$ 反映了操作空间的微小运动，它由工业机器人手部微小线位移和微小角位移(微小转动)组成，d 和∂没差别，因为在数学上 $\mathrm{d}x=\partial x$。于是，参照(8-23)式可写出类似的方程式，即

$$\mathrm{d}\boldsymbol{X}=\boldsymbol{J}(q)\mathrm{d}q \tag{8-25}$$

式中 $\boldsymbol{J}(q)$ 是 $6\times n$ 的偏导数矩阵，称为 n 自由度工业机器人速度雅可比矩阵。它反映了关节空间微小运动 $\mathrm{d}q$ 与手部作业空间微小运动 $\mathrm{d}\boldsymbol{X}$ 之间的关系。它的第 i 行第 j 列元素为

$$\boldsymbol{J}_{ij}(q)=\frac{\partial x_i(q)}{\partial qj},i=1,2,\cdots,6;\ j=1,2,\cdots,n; \tag{8-26}$$

8.3.2 工业机器人的速度分析

对式(8-25)左、右两边各除以 $\mathrm{d}t$，得

$$\frac{\mathrm{d}X}{\mathrm{d}t}=\boldsymbol{J}(q)\frac{\mathrm{d}q}{\mathrm{d}t} \tag{8-27}$$

即

$$\boldsymbol{V}=\boldsymbol{J}(q)\dot{q} \tag{8-28}$$

式中 $\boldsymbol{V}$——工业机器人手部在操作空间中的广义速度，$\boldsymbol{V}=\dot{X}$；

$\dot{q}$——工业机器人关节在关节空间中的关节速度；

$\boldsymbol{J}(q)$——确定关节空间速度 $\dot{q}$ 与操作空间速度 $\boldsymbol{V}$ 之间关系的雅可比矩阵。

对于图8.9所示2R工业机器人来说，$\boldsymbol{J}(q)$ 是式子(8-24)所示的 2×2 矩阵。若令 $\boldsymbol{J}_1$、$\boldsymbol{J}_2$ 分别为式(8-24)所示雅可比的第一列矢量和第二列矢量，则式(8-28)可写成：

$$\boldsymbol{V}=\boldsymbol{J}_1\dot{\theta}_1+\boldsymbol{J}_2\dot{\theta}_2 \tag{8-29}$$

式中右边第一项表示仅由第一个关节运动引起的端点速度；右边第二项表示仅由第二个关节运动引起的端点速度；总的端点速度为这两个速度矢量的合成。因此，工业机器人速度雅可比的每一列表示其他关节不动而某一关节运动产生的端点速度。

图8.9所示二自由度平面关节型工业机器人手部的速度为

$$\boldsymbol{V}=\begin{bmatrix}v_x\\v_y\end{bmatrix}=\begin{bmatrix}-l_1\sin\theta_1-l_2\sin(\theta_1+\theta_2) & -l_2\sin(\theta_1+\theta_2)\\ l_1\cos\theta_1+l_2\cos(\theta_1+\theta_2) & l_2\cos(\theta_1+\theta_2)\end{bmatrix}\begin{bmatrix}\dot{\theta}_1\\\dot{\theta}_2\end{bmatrix}$$

$$=\begin{bmatrix}-[l_1\sin\theta_1+l_2\sin(\theta_1+\theta_2)]\dot{\theta}_1-l_2\sin(\theta_1+\theta_2)\dot{\theta}_2\\ [l_1\cos\theta_1+l_2\cos(\theta_1+\theta_2)]\dot{\theta}_1+l_2\cos(\theta_1+\theta_2)\dot{\theta}_2\end{bmatrix} \tag{8-30}$$

假如 θ_1 及 θ_2 是时间的函数，$\theta_1=f_1(t)$，$\theta_2=f_2(t)$，则可求出该工业机器人手部在某一时刻的速度 $\boldsymbol{V}=f(t)$，即手部瞬时速度。

反之，假如给定工业机器人手部速度，可由式(8-28)解出相应的关节速度，即

$$\dot{q}=\boldsymbol{J}^{-1}V \tag{8-31}$$

式中 J^{-1}称为工业机器人逆速度雅可比。

式(8-31)是一个很重要的关系式。例如,我们希望工业机器人手部在空间按规定的速度进行作业,那么用式(8-31)可以计算出沿路径上每一瞬时相应的关节速度。但是,一般来说,求逆速度雅可比J^{-1}是比较困难的,有时还会出现奇异解,就无法解算关节速度。

通常我们可以看到工业机器人逆速度雅可比J^{-1}出现奇异解的情况有下面两种:

①工作域边界上奇异。当工业机器人臂全部伸展开或全部折回而使手部处于工业机器人工作域的边界上或边界附近时,出现逆雅可比奇异,这时工业机器人相应的形位叫作奇异形位。

②工作域内部奇异。奇异并不一定发生在工作域边界上,也可以是由两个或更多个关节轴线重合所引起的。

当工业机器人处在奇异形位时,就会产生退化现象,丧失一个或更多自由度。这意味着在空间某个方向(或子域)上,不管工业机器人关节速度怎样选择手部也不可能实现移动。

8.3.3 操作臂中的静力学

这里以操作臂中单个杆件为例分析受力情况,如图8.10所示,杆件i通过关节i和$i+1$分别与杆件$i-1$和杆件$i+1$相连接,两个坐标系$\{i-1\}$和$\{i\}$分别如图8.10所示。

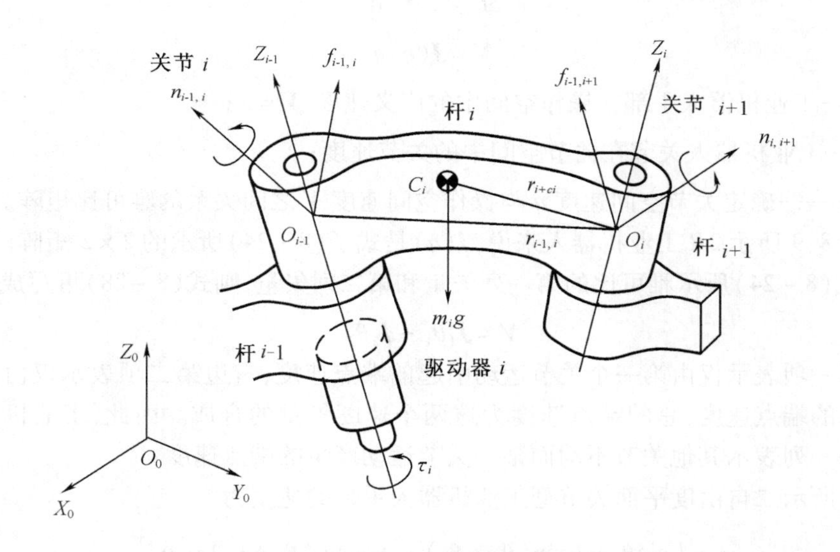

图8.10 杆i上的力和力矩

图8.10中:

$f_{i-1,i}$及$n_{i-1,i}$——$i-1$杆通过关节i作用在i杆上的力和力矩;

$f_{i,i+1}$及$n_{i,i+1}$——i杆通过关节$i+1$作用在$i+1$杆上的力和力矩;

$-f_{i,i+1}$及$-n_{i,i+11}$——$i+1$杆通过关节$i+1$作用在i杆上的反作用力和反作用力矩;

$f_{n,n+1}$及$n_{n,n+1}$——工业机器人手部端点对外界环境的作用力和力矩;

$-f_{n,n+1}$及$-n_{n,n+1}$——外界环境对工业机器人手部端点的作用力和力矩;

$f_{0,1}$及$n_{0,1}$——工业机器人底座对杆1的作用力和力矩;

$m_i g$——连杆 i 的重量,作用在质心 C_i 上。

连杆 i 的静力学平衡条件为其上所受的合力和合力矩为零,因此力和力矩平衡方程式为

$$f_{i-1,i} + (-f_{i,i+1}) + m_i g = 0 \tag{8-32}$$

$$n_{i-1,i} + (-n_{i,i+1}) + (r_{i-1,i} + r_{i,ci}) \times f_{i-1,i} + (r_{i,ci}) \times (-f_{i,i+1}) = 0 \tag{8-33}$$

式中　$r_{i-1,i}$——坐标系$\{i\}$的原点相对于坐标系$\{i-1\}$的位置矢量;

$r_{i,ci}$——质心相对于坐标系$\{i\}$的位置矢量。

假如已知外界环境对工业机器人最末杆的作用力和力矩,那么可以由最后一个连杆向第零号连杆(机座)依次递推,从而计算出每个连杆上的受力情况。

为了便于表示工业机器人手部端点对外界环境的作用力和力矩(简称为端点力 F),可将 $f_{n,n+1}$ 和 $n_{n,n+1}$ 合并写成一个 6 维矢量:

$$F = \begin{bmatrix} f_{n,n+1} \\ n_{n,n+1} \end{bmatrix} \tag{8-34}$$

各关节驱动器的驱动力或力矩可写成一个 n 维矢量的形式,即

$$\boldsymbol{\tau} = \begin{bmatrix} \tau_1 \\ \tau_2 \\ \vdots \\ \tau_n \end{bmatrix} \tag{8-35}$$

式中　n——关节的个数;

$\boldsymbol{\tau}$——关节力矩(或关节力)矢量,简称广义关节力矩,对于转动关节,τ_i 表示关节驱动力矩;对于移动关节,τ_i 表示关节驱动力。

8.3.4　工业机器人的动力学建模方法

工业机器人是由多个连杆和多个关节组成的复杂的动力学系统,具有多个输入和多个输出,存在着错综复杂的耦合关系和严重的非线性。因此,对于工业机器人动力学的研究,所采用的方法很多,有拉格朗日(Lagrange)方法、牛顿－欧拉(Newton－Euler)、高斯(Gauss)、凯恩(Kane)、旋量对偶数、罗伯逊－魏登堡(Roberson－Wittenburg)等方法。由于篇幅所限,本节的主旨是通过速度雅克比矩阵、速度分析、操作臂静力学分析来理解多自由度机器人的空间动力学研究正逆问题,对于工业机器人的上述动力学建模方法不做详细介绍,相关内容可参见相应专业书籍。

8.4　工业机器人轨迹规划、生成与控制

机器人轨迹泛指工业机器人在运动过程中的运动轨迹,即运动点的位移、速度和加速度。

机器人在作业空间要完成给定的任务,其手部运动必须按一定的轨迹(Trajectory)进行。轨迹的生成一般是先给定轨迹上的若干个点,将其经运动学反解映射到关节空间,对关节空间中的相应点建立运动方程,然后按这些运动方程对关节进行插值,从而实现作业

空间的运动要求,这一过程通常称为轨迹规划。

8.4.1 工业机器人的轨迹规划

通常将操作臂的运动看作是工具坐标系$\{T\}$相对于工件坐标系$\{S\}$的一系列运动。这种描述方法既适用于各种操作臂,也适用于同一操作臂上装夹的各种工具。对于移动工作台(例如传送带),这种方法同样适用。这时,工作坐标$\{S\}$位姿随时间而变化。

例如,图 8.11 所示将销插入工件孔中的作业可以借助工具坐标系的一系列位姿$P_i(i=1,2,\cdots,n)$来描述。这种描述方法不仅符合机器人用户考虑问题的思路,而且有利于描述和生成机器人的运动轨迹。

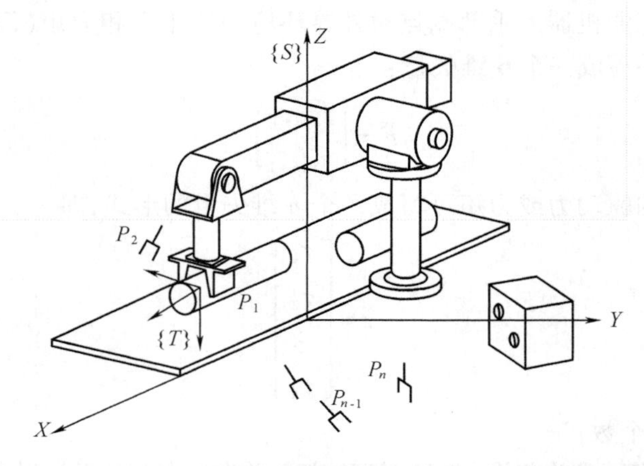

图 8.11 机器人将销插入工件孔中的作业描述

用工具坐标系相对于工件坐标系的运动来描述作业路径是一种通用的作业描述方法。它把作业路径描述与具体的机器人、手爪或工具分离开来,形成了模型化的作业描述方法,从而使这种描述既适用于不同的机器人,也适用于在同一机器人上装夹不同规格的工具。在轨迹规划中,为叙述方便,也常用点来表示机器人的状态,或用它来表示工具坐标系的位姿,例如起始点、终止点就分别表示工具坐标系的起始位姿及终止位姿。

对点位作业的机器人(如用于上、下料),需要描述它的起始状态和目标状态,即工具坐标系的起始值$\{T_0\}$,目标值$\{T_f\}$。在此,用"点"这个词表示工具坐标系的位置和姿态(简称位姿),例如起始点和目标点等。

对于另外一些作业,如弧焊和曲面加工等,不仅要规定操作臂的起始点和终止点,而且要指明两点之间的若干中间点(称路径点),必须沿特定的路径运动(路径约束)。这类称为连续路径运动(Continuous - Path motion)或轮廓运动(Contour motion),而前者称点到点运动(Point to point motion,PTP)。

在规划机器人的运动时,还需要弄清楚在其路径上是否存在障碍物(障碍约束)。路径约束和障碍约束的组合将机器人的规划与控制方式划分为四类,如表 8.1 所示。

表 8.1　机器人的规划与控制方式

		障碍约束	
		有	无
路径约束	有	离线无碰撞路径规则 + 在线路径跟踪	离线路径规划 + 在线路径跟踪
	无	位置控制 + 在线障碍探测和避障	位置控制

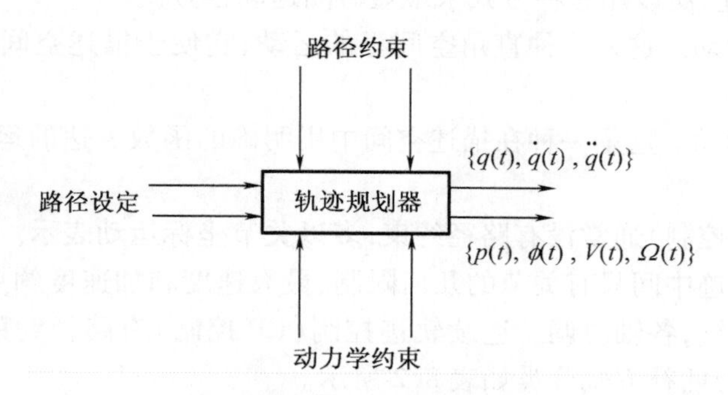

图 8.12　轨迹规划器框图

轨迹规划器可形象地看成为一个黑箱(图 8.12),其输入包括路径的“设定”和“约束”,输出的是操作臂末端手部的“位姿序列”,表示手部在各离散时刻的中间形位。操作臂最常用的轨迹规划方法有两种:

第一种方法,要求用户对于选定的轨迹结点(插值点)上的位姿、速度和加速度给出一组显式约束(例如连续性和光滑程度等),轨迹规划器从一类函数(例如 n 次多项式)中选取参数化轨迹,对结点进行插值,并满足约束条件。

第二种方法,要求用户给出运动路径的解析式;如直角坐标空间中的直线路径,轨迹规划器在关节空间或直角坐标空间中确定一条轨迹来逼近预定的路径。

在第一种方法中,约束的设定和轨迹规划均在关节空间进行。由于对操作臂手部(直角坐标形位)没有施加任何约束,用户很难弄清手部的实际路径,因此可能会发生与障碍物相碰;第二种方法的路径约束是在直角坐标空间中给定的,而关节驱动器是在关节空间中受控的。因此,为了得到与给定路径十分接近的轨迹,首先必须采用某种函数逼近的方法将直角坐标路径约束转化为关节坐标路径约束,然后确定满足关节路径约束的参数化路径。

轨迹规划既可在关节空间也可在直角空间中进行,但是所规划的轨迹函数都必须连续和平滑,使得操作臂的运动平稳。在关节空间进行规划时,是将关节变量表示成时间的函数,并规划它的一阶和二阶时间导数;在直角空间进行规划,是指将手部位姿、速度和加速度表示为时间的函数,而相应的关节位移、速度和加速度由手部的信息导出。通常通过运动学反解得出关节位移,用逆雅可比求出关节速度,用逆雅可比及其导数求解关节加速度。

用户根据作业给出各个路径结点后,规划器的任务包含:解变换方程、进行运动学反解和插值运算等;在关节空间进行规划时,大量工作是对关节变量的插值运算。

8.4.2 工业机器人轨迹的生成方式

运动轨迹的描述或生成有以下几种方式：

(1)示教－再现运动。这种运动由人手把手示教机器人，定时记录各关节变量，得到沿路径运动时各关节的位移时间函数 $q(t)$；再现时，按内存中记录的各点的值产生序列动作。

(2)关节空间运动。这种运动直接在关节空间里进行。由于动力学参数及其极限值直接在关节空间里描述，所以用这种方式求最短时间运动很方便。

(3)空间直线运动。这是一种直角空间里的运动，它便于描述空间操作，计算量小，适宜简单的作业。

(4)空间曲线运动。这是一种在描述空间中用明确的函数表达的运动，如圆周运动、螺旋运动等。

点位控制(PTP 控制)通常没有路径约束，多以关节坐标运动表示。点位控制只要求满足起终点位姿，在轨迹中间只有关节的几何限制、最大速度和加速度约束；为了保证运动的连续性，要求速度连续，各轴协调。连续轨迹控制(CP 控制)有路径约束，因此要对路径进行设计。路径控制与插补方式分类如表 8.2 所示。

表 8.2 路径控制与插补方式分类

路径控制	不插补	关节插补(平滑)	空间插补
点位控制 PTP	(1)各轴独立快速到达 (2)各关节最大加速度限制	(1)各轴协调运动定时插补 (2)各关节最大加速度限制	
连续路径 控制 CP		(1)在空间插补点间进行关节定时插补 (2)用关节的低阶多项式拟合空间直线使各轴协调运动 (3)各关节最大加速度限制	(1)直线、圆弧、曲线等距插补 (2)起停线速度、线加速度给定，各关节速度、加速度限制

8.4.3 工业机器人轨迹控制过程

给定目标轨迹的方式有示教再现方式和数控方式(离线编程)两种：

(1)示教再现方式

示教再现方式是在机器工作之前，让机器人手端沿目标轨迹移动，同时将位置及速度等数据存入机器人控制计算机中。在机器人工作时再现所示教的动作，使手端沿目标轨迹运动。示教时使机器人手臂运动的方法有两种：一种是用示教盒上的控制按钮发出各种运动指令；另一种是操作者直接用手抓住机器人手部，使其手端按目标轨迹运动。轨迹记忆再现的方式有点位控制(PTP)和连续路径控制(CP)。点位控制主要用于点焊作业、更换刀具或其他工具等情况，连续路径控制主要用于弧焊、喷漆等作业。

(2)数控方式

数控方式与数控机床的控制方式一样，是把目标轨迹用数值数据的形式给出。这些数据是根据工作任务的需要设置的。无论是采用示教再现方式还是用数值方式，都需要生成点与点之间的目标轨迹。此种目标轨迹要根据不同的情况要求生成，但是也要遵循一些共同的原则。

例如，生成的目标轨迹应是实际上能实现的平滑的轨迹；要保证位置、速度及加速度的连续性。保证手端轨迹、速度及加速度的连续性，是通过各关节变量的连续性实现的。

机器人的基本操作方式是“示教、再现”，即首先教机器人如何做，机器人记住了这个过程，于是它可以根据需要重复这个动作。操作过程中，不可能把空间轨迹的所有点都示教一遍使机器人记住，这样太繁琐，也浪费很多计算机内存。实际上，对于有规律的轨迹，仅示教几个特征点，计算机就能利用插补算法获得中间点的坐标，如直线需要示教两点，圆弧需要示教三点，通过机器人逆向运动学算法由这些点的坐标求出机器人各关节的位置和角度($\theta_1, \cdots, \theta_n$)，然后由后面的角位置闭环控制系统实现要求的轨迹上的一点。继续插补并重复上述过程，从而实现要求的轨迹。

机器人轨迹控制过程如图 8.13 所示。

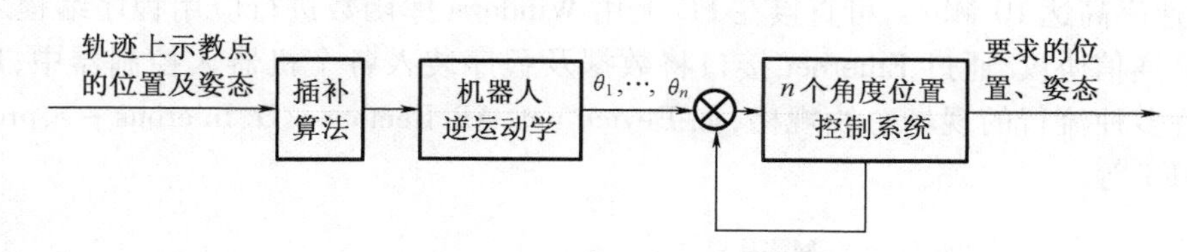

图 8.13　机器人轨迹控制过程

8.5　工业机器人控制系统

8.5.1　工业机器人控制系统的基本功能与组成

机器人控制系统是机器人的重要组成部分，用于对操作机的控制，以完成特定的工作任务，其基本功能如下：

(1)记忆功能。存储作业顺序、运动路径、运动方式、运动速度和与生产工艺有关的信息。

(2)示教功能。离线编程，在线示教，间接示教，在线示教包括示教盒和导引示教两种。

(3)与外围设备联系功能。输入和输出接口、通信接口、网络接口、同步接口。

(4)坐标设置功能。有关节、绝对、工具、用户自定义四种坐标系。

(5)人机接口。示教盒、操作面板、显示屏。

(6)传感器接口。位置检测、视觉、触觉、力觉等。

(7)位置伺服功能。机器人多轴联动、运动控制、速度和加速度控制、动态补偿等。

(8)故障诊断安全保护功能。运行时系统状态监视、故障状态下的安全保护和故障自诊断。

工业机器人控制系统的组成包括(图 8.14)：

(1)控制计算机。控制系统的调度指挥机构。一般为微型机、微处理器，有 32 位、64 位等，如奔腾系列 CPU 以及其他类型 CPU。

(2)示教盒。示教机器人的工作轨迹和参数设定,以及所有人机交互操作,拥有自己独立的 CPU 以及存储单元,与主计算机之间以串行通信方式实现信息交互。

(3)操作面板。由各种操作按键、状态指示灯构成,只完成基本功能操作。

(4)硬盘和软盘存储。存储机器人工作程序的外围存储器。

(5)数字和模拟量输入输出。各种状态和控制命令的输入或输出。

(6)打印机接口。记录需要输出的各种信息。

(7)传感器接口。用于信息的自动检测,实现机器人柔顺控制,一般为力觉、触觉和视觉传感器。

(8)轴控制器。完成机器人各关节位置、速度和加速度控制。

(9)辅助设备控制。用于和机器人配合的辅助设备控制,如手爪变位器等。

(10)通信接口。实现机器人和其他设备的信息交换,一般有串行接口、并行接口等。

(11)网络接口。Ethernet 接口,可通过以太网实现数台或单台机器人的直接 PC 通信,数据传输速率高达 10 Mb/s,可直接在 PC 上用 Windows 库函数进行应用程序编程之后,支持 TCP/IP 通信协议,通过 Ethernet 接口将数据及程序装入各个机器人控制器中;Fieldbus 接口,支持多种流行的现场总线规格,如 Device net、AB Remote I/O、Interbus - s、profibus - DP、M - NET 等。

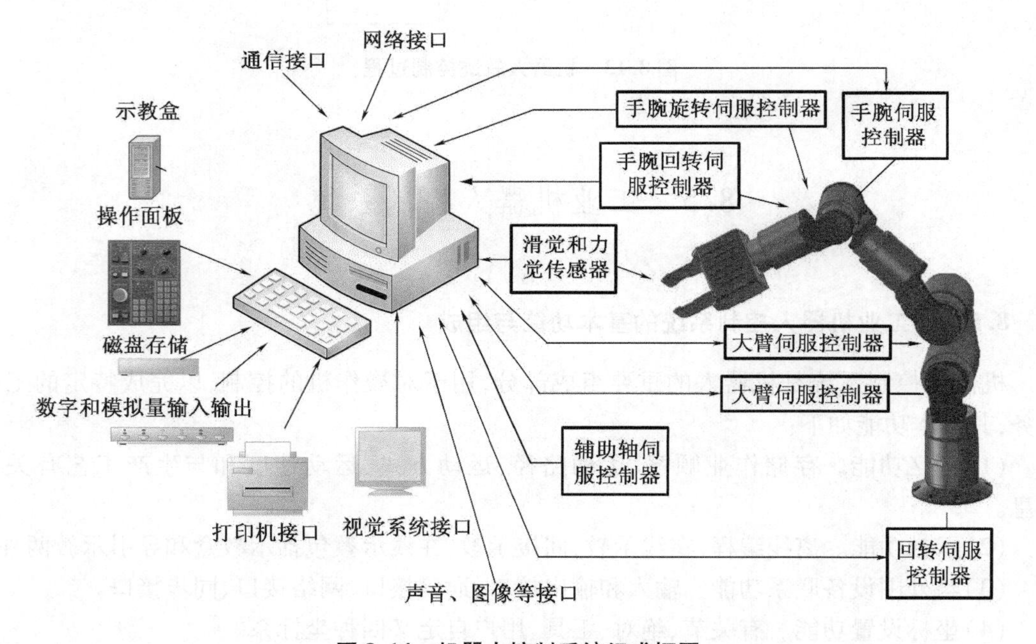

图 8.14　机器人控制系统组成框图

8.5.2　工业机器人控制系统的结构

工业机器人的控制系统组成形式主要决定了系统中各部件的逻辑关系和数据的传输、处理。控制系统组成形式是机器人体系结构的具体化、实例化。对于工业机器人的控制系统,需要先考虑其硬件平台。目前,开放式机器人控制系统的硬件平台基本可以分为两类:基于 VME 总线的系统和基于 PC 总线的系统。基于 VME 总线的系统通常采用 Vxworks,

Unix 操作系统以及 Unix 扩展版本(如 LynxOS),该总线广泛应用于工业控制、军事、航空和交通等领域。PC 总线是一种开放性总线,具有模块化、开放性、可嵌入等特点。基于 PC 的控制系统是工业机器人开放式控制系统开发的主要方向。

控制系统的结构将直接决定系统最后的实现样式。对于机器人系统,可归纳为两种结构形式:集中式控制系统和分布式控制系统。

1. 集中式控制系统 CCS

集中式控制系统(Centralized Control System):利用一台微型计算机实现系统的全部控制功能,在早期的机器人中常采用这种结构。基于 PC 的集中控制系统里,充分利用了 PC 资源开放性的特点,可以实现很好的开放性。多种控制卡,传感器设备等都可以通过标准 PCI 插槽或通过标准串口、并口集成到控制系统中,图 8.15 是多关节机器人集中式结构示意图。

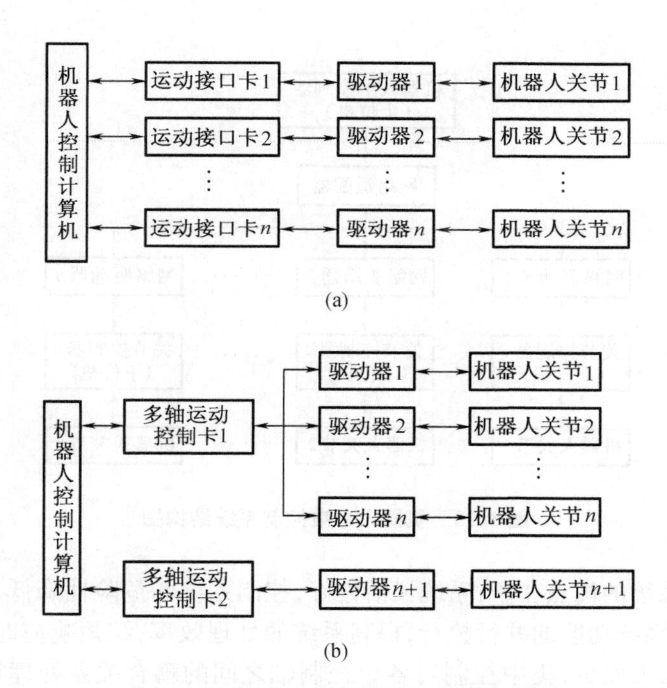

图 8.15　集中式控制系统结构示意图

(a)使用单轴的接口卡驱动每一个机器人关节;(b)使用多轴运动控制卡驱动多个机器人关节

集中式控制系统的优点是:硬件成本较低,便于信息的采集和分析,易于实现系统的最优控制,整体性与协调性较好,基于 PC 的系统硬件扩展较为方便。其缺点也显而易见:系统控制缺乏灵活性,控制危险容易集中,一旦出现故障,其影响面广,后果严重;由于工业机器人的实时性要求很高,当系统进行大量数据计算时,会降低系统实时性,系统对多任务的响应能力也会与系统的实时性相冲突;此外,系统连线复杂,会降低系统的可靠性。

2. 分布式控制系统 DCS

分布式控制系统(Distribute Control System):其主要思想是"分散控制,集中管理",即系统对其总体目标和任务可以进行综合协调和分配,并通过子系统的协调工作来完成控制任务,整个系统在功能、逻辑和物理等方面都是分散的,所以 DCS 系统又称为集散控制系统或分散控制系统。这种结构中,子系统是由控制器和不同被控对象或设备构成的,各个子系统之间通过网络等相互通信。分布式控制结构提供了一个开放、实时、精确的机器人控制系统。分布式系统中常采用两级控制方式,如图 8.16 所示。

两级分布式控制系统,通常由上位机、下为机和网络组成。上位机可以进行不同的轨迹规划和控制算法,下位机进行插补细分、控制优化等的研究和实现。上位机和下位机通过通信总线相互协调工作,这里的通信总线可以是 RS-232、RS-485、EEE-488 以及 USB 总线等形式。现在,以太网和现场总线技术的发展为机器人提供了更快速、稳定、有效的通信服务。尤其是现场总线,它应用于生产现场、在微机化测量控制设备之间实现双向多结点数字通信,从而形成了新型的网络集成式全分布控制系统,即现场总线控制系统(Filedbus Control System,FCS)。在工厂生产网络中,将可以通过现场总线连接的设备统称为“现场设备/仪表”。从系统论的角度来说,工业机器人作为工厂的生产设备之一,也可以归纳为现场设备。在机器人系统中引入现场总线技术后,更有利于机器人在工业生产环境中的集成。

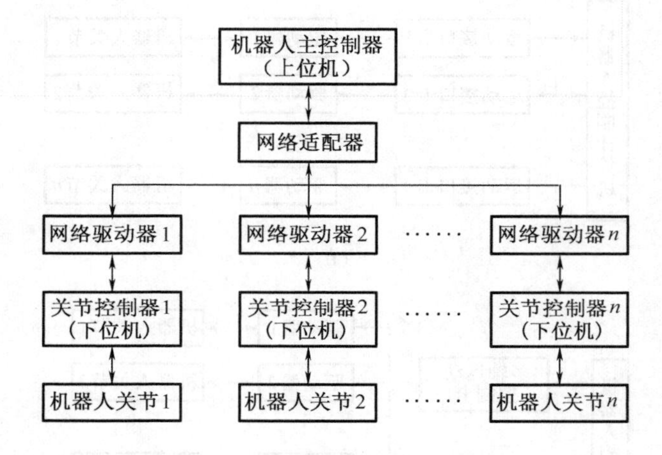

图 8.16 机器人分散控制系统结构图

分布式控制系统的优点在于:系统灵活性好,控制系统的危险性降低,采用多处理器的分散控制,有利于系统功能的并行执行,提高系统的处理效率,缩短响应时间。对于具有多自由度的工业机器人而言,集中控制对各个控制轴之间的藕合关系处理得很好,可以很简单地进行补偿。但是,当轴的数量增加到使控制算法变得很复杂时,其控制性能会恶化。而且,当系统中轴的数量或控制算法变得很复杂时,可能会导致系统的重新设计。与之相比,分布式结构的每一个运动轴都由一个控制器处理,这意味着系统有较少的轴间耦合和较高的系统重构性。

8.5.3 机器人控制系统的上位控制

在一个机器人控制系统中“上位控制”和“执行机构”是系统中举足轻重的两个组成部分。“执行机构”部分一般不外乎步进电机、伺服电机、以及直流电机等。它们作为执行机构,带动刀具或工件动作,我们称之为“四肢”;“上位控制”单元的方案主要有三种:单片机系,专业运动控制 PLC,PC+运动控制卡。“上位控制”是“指挥”执行机构动作的,我们也称之为“大脑”。

1. 用单片机系统来实现运动控制

此系统由单片机芯片、外围扩展芯片以及通过搭建外围电路组成。在“位置控制”方式时，通过单片机的I/O口发数字脉冲信号来控制执行机构行走；“速度控制”方式时，需加D/A转换模块输出模拟量信号达到控制。此方案优点在于成本较低，但由于一般单片机I/O口产生脉冲频率不高，对于分辨率高的执行机构尤其是对于控制伺服电机来说，存在速度达不到、控制精度受限等缺点。对于运动控制复杂的场合，例如升降速的处理，多轴联动，直线、圆弧插补等功能实现起来都需要自己编写算法，这必将带来开发起来难度较大，研发周期较长，调试过程繁琐，系统一旦定型不太容易扩充功能、升级、柔性不强等问题。因此这种方案一般适用于产品批量较大、运动控制系统功能简单且有丰富的单片机系统开发经验的用户。

2. 采用专业运动控制PLC来实现运动控制

目前，许多品牌的PLC都可选配定位控制模块，有些PLC的CPU单元本身就具有运动控制功能（如松下NAIS的FP0，FPΣ系列），包括脉冲输出功能，模拟量输出等等。使用这种PLC来做运动控制系统的上位控制时，可以同时利用PLC的I/O口功能，可谓一举两得。PLC通常都采用梯形图编程，对开发人员来说简单易学，省时省力。还有一点不可忽视，就是它可以与HMI（人机界面）进行通信，在线修改运动参数，如轴号，速度，位移等。这样，整个控制系统中从输入到控制再到显示，非常便利。一方面将界面友好化，另一方面将控制系统的成本从整体上节省了。但具有脉冲输出功能的PLC大多都是晶体管输出类型的，这种输出类型的输出口驱动电流不大，一般只有0.1～0.2 A。在工业生产中，作为PLC驱动的负载来说，很多继电器开关的容量都要比这大，需要添加中间放大电路或转换模块。与此同时，由于PLC的工作方式（循环扫描）决定了它作为上位控制时的实时性能不是很高，要受PLC每步扫描时间的限制。而且控制执行机构进行复杂轨迹的动作就不太容易实现，虽说有的PLC已经有直线插补、圆弧插补功能，但由于其本身的脉冲输出频率也是有限的（一般为10～100 K），对于诸如伺服电机高速高精度多轴联动，高速插补等动作，它实现起来仍然较为困难。这种方案主要适用于运动过程比较简单、运动轨迹固定的设备，如送料设备、自动焊机等。

3. 采用“PC＋运动控制卡”作为上位控制的方案

随着PC（Personal Computer）的发展和普及，采用“PC＋运动控制卡”作为上位控制将是机器人控制系统的一个主要发展趋势。这种方案可充分利用计算机资源，用于运动过程、运动轨迹都比较复杂且柔性比较强的机器和设备。从用户使用的角度来看，基于PC机的运动控制卡主要是功能上的差别：硬件接口（输入/输出信号的种类、性能）和软件接口（运动控制函数库的功能函数）。按信号类型一般分为数字卡和模拟卡。数字卡一般用于控制步进电机和伺服电机，模拟卡用于控制模拟式的伺服电机；数字卡可分为步进卡和伺服卡，步进卡的脉冲输出频率一般较低（最高可达几百KHz左右的频率），适用于控制步进电机；伺服卡的脉冲输出频率较高（最高可达几兆Hz的频率），能够满足对伺服电机的控制。

从运动控制卡的主控芯片来看，一般有三种形式：单片机、专用运动控制芯片、DSP。

以单片机为主控芯片的运动控制卡，成本较低，外围电路较为复杂。由于这种方案仍是采用在程序中靠延时来控制发脉冲，脉冲波形的质量和频率都受到限制，一般用这种卡控制步进电机；以专用运动控制芯片为主控芯片的运动控制卡成本较高，但其运动控制功能有硬件电路实现，而且集成度高，所以可靠性、实时性都比较好；输出脉冲频率可以达到几兆赫兹,能够满足对步进电机和数字式伺服电机的控制。以 DSP(Digital Signal Processor)为主控芯片的运动控制卡利用了 DSP 对数字信号的高速处理,能够实时完成极其复杂的运动轨迹,常用于像工业机器人等运动复杂的自动化设备中。

运动控制卡是基于 PC 机各种总线的步进电机或数字式伺服电机的上位控制单元,总线形式也是多种多样,通常使用的是基于 ISA 总线、PCI 总线的。而且由于计算机主板的更新换代,ISA 插槽都越来越少了,PCI 总线的运动控制卡应该是目前的主流。卡上专用 CPU 与 PC 机 CPU 构成主从式双 CPU 控制模式:PC 机 CPU 可以专注于人机界面、实时监控和发送指令等系统管理工作;卡上专用 CPU 来处理所有运动控制的细节,如升降速计算、行程控制、多轴插补等,无需占用 PC 机资源。同时随卡还提供功能强大的运动控制软件库,如 C 语言运动库、Windows DLL 动态链接库等,让用户更快、更有效地解决复杂的运动控制问题。

控制卡接受主 CPU 的指令,进行运动轨迹规划,包括脉冲和方向信号的输出、自动升降速处理、原点和限位开关等信号的检测等。每块运动控制卡可控制多轴步进电机或数字式伺服电机,并支持多卡共用,以实现更多运动轴的控制;每个轴都可以输出脉冲和方向信号,并可输入原点、减速、限位等开关信号,以实现回原点、限位保护等功能。开关信号由控制卡自动检测并做出反应。

控制卡的运动控制功能主要取决于运动函数库。运动函数库为单轴及多轴的步进或伺服控制提供了许多运动函数:单轴运动、多轴独立运动、多轴插补运动等等。另外,为了配合运动控制系统的开发,还提供了一些辅助函数:中断处理、编码器反馈、间隙补偿、运动中变速等。

8.5.4 工业机械手 PLC 控制系统

1. 机械手的控制要求

机械手的动作有水平手臂的伸缩,垂直手臂的升降,执行手爪的加紧与松开以及腰部的旋转。其中,垂直升降和水平伸缩由液压实现驱动,而液压缸又由相应的电磁阀控制。其中,升降分别由双线圈的两位电磁阀控制,例如当下降电磁阀通电时,机械手下降;当下降电磁阀断电时,机械手下降停止。只有当上升电磁阀通电时,机械手才上升;而当上升电磁阀断电时,机械手上升停止。

水平方向的伸缩主要由电液伺服阀、伺服驱动器、感应式位移传感器构成的回路进行调节控制。执行手爪的加紧与放松,通过柱塞缸与齿轮来实现。柱塞缸由单线圈的电磁阀(夹紧电磁阀)来控制,当线圈不通电时,柱塞缸不工作,当线圈通电时,柱塞缸工作冲程,手爪张开,柱塞缸工作回程,手爪闭合。

当机械手旋转到机床上方时并准备下降进行上下料工作时,为了确保安全,必须在机床停止工作并发出上下料命令时,才允许机械手下降进行作业。同时,从工件料架上抓取工件时,也要先判断料架上有无工件可取。

2. 机械手的控制流程

机械手的控制流程如图 8.17 所示:从原点开始,按下启动键,且有上下料命令,则水平液压缸开始前伸并进行伺服定位,前伸到位后,停止前伸→下降电磁阀通电,同时手爪柱塞缸电磁阀也通电,机械手下降,同时张开手爪,下降到位后碰到下限行程开关,下降电磁阀断电,下降停止,同时手爪夹紧,抓住工件→上升电磁阀通电,机械手开始上升,上升到位后,碰到上限位开关,上升电磁阀断电,上升停止→PLC 开始输出高速脉冲,驱动机械手逆时针转动,当转过 90°到位后,PLC 停止输出脉冲,机械手停止转动→接着下降电磁阀通电,机械手下降,下降到位后,碰到下限行程开关,下降电磁阀断电,下降停止,机械手到达卡盘中心高度→机械手开始水平定位后缩,将工件装入机床卡盘→当工件装入到位后,卡盘收紧→机械手松开手爪,准备离开→接着上升电磁阀通电,机械手开始上升,上升到位后,碰到上限位开关,上升电磁阀断电,上升停止→PLC 启动高速脉冲驱动机械手作顺时针转动,当转过 90°到位后,PLC 停止输出脉冲,机械手停止转动,机械手回到原点待命→机床进行加工。

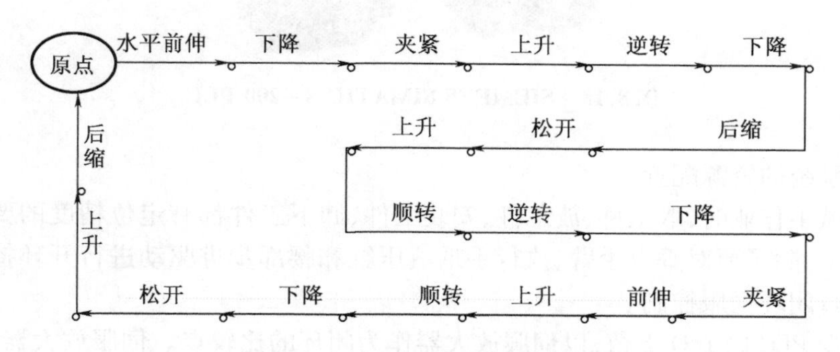

图 8.17　上下料机械手工作流程图

当数控机床加工完一个工件时,发送下料命令给机械手,机械手接到命令后,PLC 马上输出脉冲驱动机械手逆时针转动,当转过 90°到位后,PLC 停止输出脉冲,机械手停止转动→下降电磁阀通电,同时手爪柱塞缸电磁阀也通电,机械手下降且张开手爪,下降到位后碰到下限行程开关,下降电磁阀断电,下降停止且手爪夹紧,夹紧已加工好的工件→机床卡盘松开→机械手开始前伸,将工件从机床上取出,准备运走→上升电磁阀通电,机械手开始上升,上升到位后,碰到上限位开关,上升电磁阀断电,上升停止→PLC 输出高速脉冲,驱动机械手顺时针转动,当转过 90°到位后,PLC 停止输出脉冲,机械手停止转动→下降电磁阀通电,机械手下降,下降到位后碰到下限行程开关,下降电磁阀断电,下降停止→接着手爪柱塞缸电磁阀通电,手爪张开,放下工件准备离开→接着上升电磁阀通电,机械手开始上升,上升到位后,碰到上限位开关,上升电磁阀断电,上升停止同时手爪也闭合复原→接着机械手水平手臂开始后缩,准备回原点,当后缩到位时,后缩停止,机械手回到原点,一个上下料过程结束→机械手在原点等待命令,准备下一个工作循环。

3. 控制器的选型

机械手控制系统的硬件设计上考虑到机械手工作的稳定性、可靠性以及各种控制元件连接的灵活性和方便性,控制器选择有极高可靠性、专门面向恶劣工业环境设计开发的工业控制器 PLC,选择在国内应用较多的西门子 S7 - 200 型 PLC(见图 8.18)。

SIMATIC S7 - 200PLC 包括一个单独的中央处理单元 S7 - 200CPU,或者带有电源以及数字量 I/O 点的各种各样的可选扩展模块,,这些都被集成在一个紧凑、独立的设备中。SIMATIC S7 - 200 CPU224,该机集成 14 输入/10 输出共 24 个数字量 I/O 点。可连接 7 个扩展模块,最大扩展至 168 路数字量 I/O 点或 35 路模拟量 I/O 点。16K 字节程序和数据存储空间。6 个独立的 30 kHz 高速计数器,2 路独立的 20 kHz 高速脉冲输出,具有 PID 控制器。1 个 RS485 通信/编程口,具有 PPI 通信协议、MPI 通信协议和自由方式通信能力。I/O

端子排可容易地整体拆卸，是具有较强控制能力的控制器。

图 8.18 SIEMENS SIMATIC S－200 PLC

4. 控制系统的资源配置

因为机械手作业时，取工件、放工件、安装工件、卸下工件都有定位精度的要求，所以在机械手控制中，除了要对垂直手臂、执行手爪液压缸和腰部步进驱动进行开环控制外，还要水平手臂进行闭环伺服控制。

为了减少 PLC 的 I/O 点数，以伺服放大器作为闭环的比较点。伺服放大器具有传感器反馈输入端，给定的输入信号和反馈信号进行比较后形成的控制信号经过 PID 调节和功率放大后，驱动电液伺服阀对液压缸进行伺服定位。PLC 将上位机输入的给定信号转换为电压信号，输出至伺服放大器，由伺服放大器作为闭环比较点，组成模拟控制系统，如图 8.19 所示。这种方案使得 PLC 控制量少（尤其是模拟量），节省了系统资源，而且编程简单，不必过多考虑控制算法等优点，也是完全能满足工作要求的。

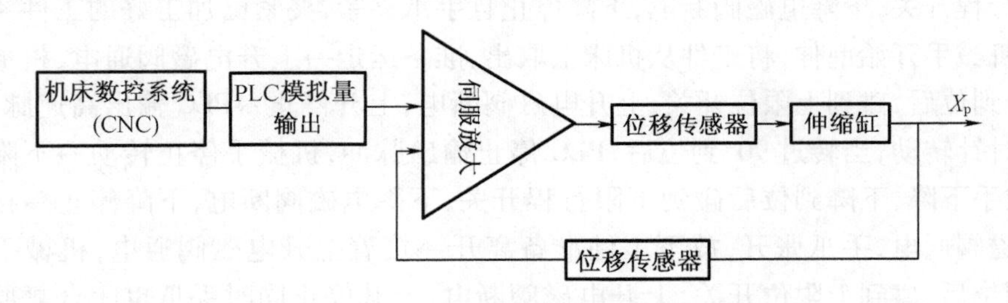

图 8.19 水平手臂伺服定位控制原理图

5. PLC 选型与外部接线设计

为适应水平手臂液压缸的伺服定位的控制要求，利用西门子 SIMATIC S7－200（CPU224）PLC，考虑到位移传感器和伺服放大器工作采用的都为模拟量，故增加一个模拟量输出模块 EM232，鉴于伺服放大器和位移传感器的输入要求，PLC 的模拟量采用 －10～＋10 V 输入输出，I/O 地址分配见表 8.3 和表 8.4。

表 8.3　PLC 输入元件地址分配明细表

控制元件	符号	编程地址	备注
总停开关	SB0	I0.0	按下停止工作
启动开关	SB1	I0.1	按下开始工作
垂直缸上限行程开关	SM1	I0.2	
垂直缸下限行程开关	SM2	I0.3	
机床上下料命令开关	SB2	I0.4	
检测料架有无工件光电开关	SP0	I0.5	常闭开关,闭合表示有工件
控制面板上/下选择开关	SQ1	I0.6	用手动调整时
控制面板夹紧/松开选择开关	SQ2	I0.7	用手动调整时
控制面板顺/逆选择开关	SQ3	I1.0	用手动调整时
控制面板手动工作选择开关	SQ4	I1.1	用手动调整时
控制面板自动工作选择开关	SQ5	I1.2	

表 8.4　PLC 输出元件地址分配明细表

控制元件	符号	编程地址	备注
步进电机高速驱动脉冲输出	/	Q0.0	按下停止工作
步进电机方向控制	/	Q0.2	Q0.2 为 1 顺时针,反之为逆时针
垂直缸上升动作电磁阀	2DT	Q0.1	
垂直缸下降动作电磁阀	3DT	Q0.3	
手爪张开动作电磁阀	5DT	Q0.4	
机械手原点状态指示灯	L1	Q0.5	
中断强制关机开关	KM	Q0.6	显示原点位置

6. 机械手控制系统软件

系统软件采用模块化结构,包括初始化、启动预告、启动停车等三段程序。PLC 程序框图,如图 8.20 所示。

在编程中,机械手的动作顺序及各种动作时间的间隔采用按时间原则控制。为保证各设备安全,在设备出现故障或紧停时,机械手将立即停止动作,在编程逻辑图时,引入了相关的制约条件和辅助继电器。

机械手控制系统的软件设计采用西门子 S7 - 200 PLC 的编程软件 STEP7 - Micro/WIN32 进行,通过编程给出具体控制程序梯形图并进行编译和调试。

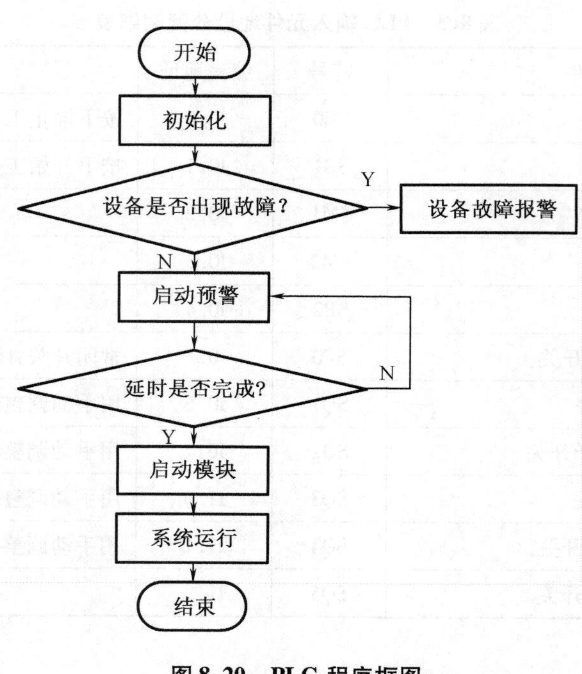

图 8.20 PLC 程序框图

8.6 本章小结

未来几年,传感技术、激光技术、工程网络技术将会被广泛应用在工业机器人工作领域,工业机器人将在现代制造、医疗、教育、救灾、海洋开发、机器维修、交通运输等领域得到广泛应用。

本章首先介绍了工业机器人应用现状与发展、工业机器人的基本组成与类型以及主要技术指标

其次,简要介绍了工业机器人的运动学,包括工业机器人运动学的矩阵表示、矩阵变换与变换矩阵的逆、机器人的正、逆运动学方程。

再次,对工业机器人的静力学与动力学进行了分析,包括工业机器人的速度雅可比矩阵与速度分析、静力学、动力学建模方法。

接下来,重点介绍了工业机器人轨迹规划、生成与控制。

最后,介绍了工业机器人的控制系统,涉及到工业机器人控制系统的基本功能与组成,结构与上位控制,例举了一个基于 PLC 的工业机械手控制系统案例。

中国要从一个"制造大国"向"制造强国"迈进,面临着与国际接轨、参与国际分工的巨大挑战,提高我国工业机器人的研发和制造水平迫在眉睫。

参考文献

[1] 王琳,商周,王学伟.数据采集系统的发展与应用[J].电测与仪表,2004,41(8):4-8.

[2] 章昌南.我国工业自动化市场现状分析报告[J/OL].中国化工信息,2003,11.http://www.cheminfo.gov.cn/HezuoPage/gongkong.aspx?code=cheminfo&action=detail&type=Paper&infoId=6-8E16-5C88B75949ED.

[3] 章昌南.浅谈我国工业自动化发展状况[J].金属加工,2008,19.

[4] 章昌南.我国工业自动化市场现状分析报告[J/OL].百度文库,2003,11.http://wenku.baidu.com/link?url=evtXl5P0WYoYIAZ2U2SDK1D6Zx WwPx GDwKqerem PLWAOk7WvPPZhWGQo6fqzDneU6IVNXVDimiN0d - 0U _ 6b0Wkm JlRQ X1yi Nuh81FTAYYBm&pn=51

[5] 张宇,许东来,付胜,等.基于工业以太网远程数据采集系统的设计[J].微计算机信息,2006,22(9-1):4-6.

[6] 张东起.工控自动化行业现状及未来发展趋势展望[J].工业技术,2011,4.

[7] 陈光军.饲料配料自动化生产线的设计与实现[J].微计算机信息,2005,21(5).

[8] 陈瑞阳.工业自动化技术[M].北京:机械工业出版社,2011.

[9] 孙立志.PWM与数字化电动机控制技术应用[M].北京:中国电力出版社,2008.

[10] 韩伟.自动化立体仓库系统的研究与开发[D].南昌:南昌大学,2008.

[11] 谢本凯.自动化立体仓库物流系统规划与仿真分析[D].武汉:武汉理工大学,2011.

[12] 史敬灼.步进电动机伺服控制技术[M].北京:科学出版社,2007.

[13] 李文涛.自动化立体仓库仿真分析与实例应用[M].大连:大连海事大学出版社,2012.

[14] 刘昌祺,董良.自动化立体仓库设计[M].北京:机械工业出版社,2004.

[15] 李波.现代物流系统规划[M].北京:中国水利水电出版社,2005.

[16] Mikell P,Groover.自动化、生产系统与计算机集成制造[M].李志忠,译.北京:清华大学出版社,2009.

[17] 林敏,于忠得,崔远慧.自动化系统工程设计与实施[M].北京:电子工业出版社,2008.

[18] 童敏明,唐守锋,董海波.传感器原理与检测技术[M].北京:机械工业出版社,2014.

[19] 高晓蓉,李金龙,彭朝勇.传感器技术[M].成都:西南交通大学出版社,2013.

[20] 赵玉刚,邱东.传感器基础[M].北京:北京大学出版社,2013.

[21] 李英姿.低压电器应用技术[M].北京:机械工业出版社,2009.

[22] 苏保明.低压电器选用手册[M].北京:机械工业出版社,2008.

[23] 施仁.自动化仪表与过程控制[M].北京:电子工业出版社,2011.

[24] 张智贤,沈永良.自动化仪表与过程控制[M].北京:中国电力出版社,2009.

[25] 郭庆鼎,赵希梅.直流无刷电动机原理与技术应用[M].北京:中国电力出版社,2008.

[26] 孙伟.PWM技术在电机驱动控制中的应用[D].合肥:合肥工业大学,2009.

[27] 赖重平.永磁同步电机交流伺服控制系统的研究[D].成都:西南交通大学,2009.

[28] 姜飞荣.永磁同步电机伺服控制系统研究[D].杭州:浙江大学,2006.

[29] 于航.基于计算机控制的直流伺服系统算法研究及仿真[D].大连:大连交通大学,2005.
[30] 陈先锋.PMSM位置伺服系统的介析设计及其应用研究[D].南京:南京工业大学,2005.
[31] 孙永奎.高精度转台伺服控制系统的研究[D].成都:电子科技大学,2004.
[32] 邹月海.基于模糊控制的永磁无刷直流电机调速系统研究[D].哈尔滨:哈尔滨工程大学,2009.
[33] 蔡祺祥.交流永磁同步电机位置伺服系统的研究[D].南京:南京航空航天大学,2009.
[34] 王军锋,唐宏.伺服电机选型的原则和注意事项[J].装备制造技术,2009,(11):129-133.
[35] 孙玉敏.基于PMAC的运动控制系统的研究[D].北京:北方工业大学,2007.
[36] 李崇坚.交流同步电机调速系统[M].北京:科学出版社,2013.
[37] R. Krishnan.永磁无刷电机及其驱动技术[M].柴凤,译.北京:机械工业出版社,2013.
[38] 寇宝泉,程树康.交流伺服电机及其控制[M].北京:机械工业出版社,2008.
[39] 王鸿钰.步进电机控制技术入门[M].上海:同济大学出版社,1990.
[40] 颜嘉男.伺服电机应用技术[M].北京:科学出版社,2010.
[41] 王秀和.永磁电机[M].北京:中国电力出版社,2007.
[42] 袁登科,陶生桂.交流永磁电机变频调速系统[M].北京:机械工业出版社,2011.
[43] 马小亮.大功率交-交变频调速及矢量控制技术[M].北京:机械工业出版社,2004.
[44] 李宁,白晶,陈桂.电力拖动与运动控制系统[M].北京:高等教育出版社,2009.
[45] 荣莉.计算机监控系统在变电所典型设计中的应用[J].电力电气专刊,2007(2):42-45.
[46] 汪建强.基于RFID的城市道路车辆监控系统的设计研究[D].济南:山东大学,2009.
[47] 刘超.自动化立体仓库通信网络和监控系统的研究与设计[D].太原:太原理工大学,2008.
[48] 任阿丹.基于PLC控制的高温高压试验站计算机监控系统设计[D].西安:西安理工大学,2010.
[49] 杨令.基于工业组态软件的发电机组计算机监控系统改造[D].成都:电子科技大学,2008.
[50] 李刚.基于CORBA的分布式计算机监控[D].南宁:广西大学,2003.
[51] 张爱华.基于组态王软件的泵站计算机监控系统研究[D].西安:西安建筑科技大学,2004.
[52] 吴力炜.机场助航灯光计算机监控系统的设计与实现[D].武汉:华中科技大学,2007.
[53] 饶志波.基于网络的小型水电站计算机监控系统设计与研究[D].重庆:重庆大学,2012.
[54] 单锦宝.发电机组后台监控系统设计与实现[D].济南:山东大学,2012.
[55] 张惠生.MCGS在中小型自动化立体仓库监控系统中的应用研究[J].北京建筑工程学院学报,2004,20(4):21-25.
[56] 金芳,方凯,沈君,等.基于iFIX的自动化立体仓库监控系统[J].自动化与仪表,2005(1):7-10.

[57] 朱晓荣,李新叶,石新春,等. 基于 iFIX 的制氢装置监控系统的实现[J]. 华北电力大学学报,2002,29(3):109 - 112.
[58] 沈永林. 基于 RFID 技术的现代物流信息系统研究[D]. 天津:天津工业大学,2012.
[59] 李全利. PLC 运动控制技术应用设计与实践(西门子)[M]. 北京:机械工业出版社,2010.
[60] 郑魁敬,高建设. 运动控制技术及工程实践[M]. 北京:中国电力出版社,2009.
[61] 薛安克,周亚军. 运动控制系统[M]. 北京:高等教育出版社,2012.
[62] 班华,李长友. 运动控制系统[M]. 北京:电子工业出版社,2012.
[63] 成永红,陈玉,陈小林. 测控技术在电力设备在线检测中的应用[M]. 北京:中国电力出版社,2006.
[64] 王志新,金寿松. 制造执行系统 MES 及应用[M]. 北京:中国电力出版社,2006.
[65] 陈军. 机电传动控制[M]. 徐州:中国矿业大学出版社,2012.
[66] 吕宁. CAN 现场总线网络环境通信协议研究与实现[D]. 西安:西安电子科技大学,2004.
[67] 曹流. 罗克韦尔自动化 NetLinx 网络体系研究与应用[D]. 上海:上海交通大学,2009.
[68] 张晓刚. 基于 PROFIBUS 现场总线控制系统的研究与开发[D]. 杭州:浙江大学,2003.
[69] 李烨. 现场总线技术及其应用研究[D]. 长沙:湖南大学,2002.
[70] 韩兵,于飞. 现场总线控制系统应用实例[M]. 北京:化学工业出版社,2006.
[71] 夏继强,邢春香. 现场总线工业控制网络技术[M]. 北京:北京航空航天大学出版社,2005.
[72] 李正军. 现场总线及其应用技术[M]. 北京:机械工业出版社,2005.
[73] 刘海涛. 工业机器人的高速高精度控制方法研究[D]. 广州:华南理工大学,2012.
[74] 奚陶. 工业机器人运动学标定与误差补偿研究[D]. 武汉:华中科技大学,2012.
[75] 田媛. PLC 先进控制策略研究与应用[D]. 北京:北京化工大学,2005.
[76] 刘源. 多自由度工业机器人控制系统设计[D]. 赣州:江西理工大学,2012.
[77] 叶长龙. 工业机器人的运动学及动力学研究[D]. 沈阳:沈阳工业大学,2002.
[78] 尹吉. 工业机器人智能化技术在 IGM 焊接机器人中的应用研究[D]. 合肥:合肥工业大学,2005.
[79] 姜家宏. 平面关节型机器人结构优化研究[D]. 沈阳:东北大学,2010.
[80] 王天然,曲道奎. 工业机器人控制系统的开放体系结构[J]. 机器人,2002,24(3):256 - 261.
[81] 吴新忠,乔宏颖,任子晖. 现场总线技术综述[J]. 工矿自动化,2004(1):23 - 25.
[82] 吴振彪. 工业机器人[M]. 武汉:华中科技大学出版社,1997.
[83] 郭洪红. 工业机器人技术[M]. 西安:西安电子科技大学出版社,2012.
[84] 宋伟刚. 机器人学:运动学、动力学与控制[M]. 北京:科学出版社,2007.
[85] Saeed B. Niku. 机器人学导论:分析、系统及应用[M]. 孙富春,等,译. 北京:电子工业出版社,2004.
[86] 曲学基,曲敬铠,于明扬,等. 电力电子整流技术及应用[M]. 北京:电子工业出版社,2008.
[87] 丁荣军,黄济荣. 现代变流技术与电气传动[M]. 北京:科学出版社,2009.
[88] 吴振彪,王正家. 工业机器人[M]. 武汉:华中科技大学出版社,2006.